工业和信息化
精品系列教材 · **电子信息类**

1+X“集成电路开发与测试”职业技能等级证书系列教材
全国职业院校技能大赛
“集成电路开发及应用”赛项转化成果系列教材

集成电路测试项目教程

（微课版）

郭志勇 李征◎主编 **林洁 彭瑾 韩振花**◎副主编
杭州朗迅科技有限公司◎组编

Integrated Circuit Test

人民邮电出版社
北京

图书在版编目（CIP）数据

集成电路测试项目教程 ：微课版 / 郭志勇，李征主编. -- 北京 ：人民邮电出版社，2022.8
ISBN 978-7-115-58795-4

Ⅰ. ①集… Ⅱ. ①郭… ②李… Ⅲ. ①集成电路－电路测试－教材 Ⅳ. ①TN407

中国版本图书馆CIP数据核字(2022)第038654号

内 容 提 要

本书共有11个项目、36个任务、18个技能训练，涵盖了数字集成电路、模拟集成电路及集成电路综合应用等的基本测试知识和实际操作，分别介绍常见的74HC138、CD4511、74HC245、ULN2003、LM358、NE555、ADC0804、DAC0832和74HC151等芯片测试及集成电路综合应用测试。

本书引入全国技能大赛“集成电路开发与应用”赛项和“1+X集成电路开发与测试”关键知识点，采用“活页手册式”的编写形式，以及“项目引领、任务驱动”的模式，突出“教学做一体化、边做边学”的基本理念，每个任务均将相关知识和职业岗位基本技能融合在一起，把知识、实操的学习结合任务来完成。

本书已获得中国半导体行业协会集成电路分会、中国职业教育微电子产教联盟、全国集成电路专业群职业教育标准建设委员会和杭州朗迅科技有限公司的认可，可作为全国职业院校技能大赛“集成电路开发与应用”赛项的培训教材，还可以作为参加1+X“集成电路开发与测试”和1+X“集成电路封装与测试”的参考教材。同时，本书可作为集成电路技术、微电子技术、电子技术应用、电子信息工程等相关专业集成电路测试课程的教材，也可作为广大集成电路测试人员的自学用书。

◆ 主　　编　郭志勇　李　征
副 主 编　林　洁　彭　瑾　韩振花
责任编辑　祝智敏
责任印制　王　郁　焦志炜

◆ 人民邮电出版社出版发行　　北京市丰台区成寿寺路11号
邮编　100164　　电子邮件　315@ptpress.com.cn
网址　https://www.ptpress.com.cn
北京联兴盛业印刷股份有限公司印刷

◆ 开本：787×1092　1/16
印张：17.5　　2022年8月第1版
字数：429千字　　2025年1月北京第5次印刷

定价：69.80元

读者服务热线：(010)81055256　印装质量热线：(010)81055316
反盗版热线：(010)81055315
广告经营许可证：京东市监广登字20170147号

编委会

袁科新　山东商业职业技术学院
安雪娥　上海电子信息职业技术学院
杜　峰　江苏电子信息职业学院
潘汉怀　江苏电子信息职业学院
王　宇　山西工程职业学院
林　洁　金华职业技术学院
彭　瑾　安徽水利水电职业技术学院
谢　琴　河北交通职业技术学院
闫　青　山东商业职业技术学院
胡晓明　武汉铁路职业技术学院
白天明　辽宁机电职业技术学院
周文清　杭州朗迅科技有限公司
林　涛　重庆电子工程职业学院
马岗强　重庆电子工程职业学院
朱　琳　武汉铁路职业技术学院
刘　佶　山西职业技术学院
项莉萍　六安职业技术学院
李　棚　六安职业技术学院
严峥晖　贵州电子信息职业技术学院
李　亮　苏州市职业大学
张　辉　武汉铁路职业技术学院
金　玮　南京科技职业学院
孙丽莉　苏州工业园区职业技术学院
朱正国　安徽城市管理学院

前言 FOREWORD

集成电路产业是国家战略性、基础性和先导性产业，事关国家安全和国民经济命脉，对国民经济的增长具有巨大的拉动作用。《集成电路测试项目教程（微课版）》顺应“岗课赛证”的综合育人精神，突出“书证融通、课证融通、赛证融通、业证融通”的职业教育模式。

本书以“活页手册式”的编写形式，采用“项目引领、任务驱动”的模式，突出“教学做一体化、边做边学”的基本理念，注重与职业岗位标准密切接轨，突出技能培养在课程中的主体地位，以集成电路测试从业人员所需的关键知识、常见的集成电路芯片产品测试为主线，主要介绍了常用集成电路测试的原理、方法和技术，内容涵盖了数字集成电路、模拟集成电路及集成电路综合应用等。

本书的项目设置基于杭州朗迅科技有限公司的集成电路测试平台 LK8820/LK8810S，共有 11 个项目、36 个任务、18 个技能训练，注重职业岗位的基本知识和基本实操技能。项目 1 主要介绍集成电路测试硬件环境搭建、创建第一个集成电路测试程序等；项目 2～项目 9 主要介绍常见的集成电路 74HC138、CD4511、74HC245、ULN2003、LM358、NE555、ADC0804 及 DAC0832 等芯片测试；项目 10 主要介绍基于 LK8820 的集成电路 74HC151 芯片测试；项目 11 主要介绍基于 LK8810S 和 LK8820 的集成电路综合应用（电压调挡显示）的组合电路测试。全书融入了全国技能大赛“集成电路开发与应用”赛项、1+X“集成电路开发与测试”和 1+X“集成电路封装与测试”职业技能等级标准的关键知识点，每个任务均将相关知识和职业岗位基本技能融合在一起，把知识、技能的学习结合任务来完成。

本书可作为职业院校集成电路技术、微电子技术、电子技术应用、电子信息工程等相关专业集成电路测试课程的教材，也可作为广大集成电路测试相关人员的自学用书。本书参考学时为 56～78 学时，其参考学时分配为：项目 1，4～6 学时；项目 2，6～8 学时；项目 3，4～6 学时；项目 4，6～8 学时；项目 5，4～6 学时；项目 6，4～6 学时；项目 7，4～6 学时；项目 8，6～8 学时；项目 9，6～8 学时；项目 10，6～8 学时；项目 11，6～8 学时。

本书已获得中国半导体行业协会集成电路分会、中国职业教育微电子产教联盟、全国集成电路专业群职业教育标准建设委员会和杭州朗迅科技有限公司的认可，可作为全国职业院校技能大赛“集成电路开发与应用”赛项的培训教材，还可以作为 1+X“集成电路开发与测试”和 1+X“集成电路封装与测试”职业技能等级证书考核实施的参考教材。本书的课程资源丰富，提供满足自主学习要求的集成电路测试的微课资源、课件、课程标准、实操训练、习题等。

本书是由学校骨干教师和杭州朗迅科技有限公司教研团队共同编写的。安徽电子信息职业技术学院省级教学名师郭志勇对本书的编写思路与大纲进行了总体规划，指导全书的编写，并承担了统稿工作。项目 1 由郭志勇编写，项目 2 由上海电子信息职业技术学院安雪娥编写，项目 3 由杭州职业技术学院吴弋旻编写，项目 4 和附录由安徽水利水电职业技术学院彭瑾编写，项目 5 和项目 6 由金华职业技术学院林洁编写，项目 7 由淄博职业学院韩振花编写，项目 8 和项目 9 由安徽电子信息职业技术学院李征编写，项目 10 由山东商业职业技术学院袁科新编写，项目 11 由浙江机电职业技术学院卓婧编写。杭州朗迅科技有限公司教研团队提供全国职业院校技能大赛“集成电路开发与应用”赛项、1+X“集成电路开发与测试”和1+X“集成电路封装与测试”等级考试中的典型测试项目，并对本书的编写提供了宝贵的意见和相关课程资源。

最后向参加本书校对、相关教学资源建设的教师及专家表示衷心感谢！

由于编者水平有限，书中难免有错误和不妥之处，敬请广大读者和专家批评指正。

编者

2022年5月

目录 CONTENTS

项目 1

项目 2

项目 3

项目 6

项目 7

项目 8

项目 9

项目 10

项目 11

附录 1

附录 2

项目1

搭建集成电路测试平台

项目导读

在集成电路封装后或使用集成电路时，需要对集成电路芯片进行测试，把不合格的芯片筛选出来，这时就要用到集成电路测试平台。

本项目从 LK8810S 集成电路测试机入手，首先让读者对集成电路测试平台有一个初步了解；然后介绍如何搭建集成电路测试平台，并介绍集成电路测试平台的测试流程。通过搭建集成电路测试平台及创建第一个集成电路测试程序，让读者进一步了解集成电路测试平台。

知识目标	1. 了解集成电路测试平台 2. 掌握 LK8810S 集成电路测试机的结构和功能 3. 掌握 LK220T 集成电路测试资源系统的组成和功能 4. 学会集成电路测试硬件和软件环境搭建
技能目标	能完成 LK8810S 集成电路测试机智能锁设置、常见故障判断与维护，能完成集成电路测试硬件环境搭建，能完成集成电路测试软件环境搭建，以及创建第一个集成电路测试程序
教学重点	1. 集成电路测试硬件环境的 3 种搭建方式 2. 集成电路测试软件环境的搭建及运行方法 3. 创建第一个集成电路测试程序
教学难点	集成电路测试硬件和软件环境搭建
建议学时	4～6 学时
推荐教学方法	通过集成电路测试硬件和软件环境搭建，让读者了解集成电路测试平台，进而通过创建第一个集成电路测试程序，让读者熟悉 LK8810S 集成电路测试机的应用
推荐学习方法	勤学勤练、动手操作是学好集成电路测试的关键，动手完成集成电路测试的硬件和软件环境搭建，通过“边做边学”达到更好的学习效果

1.1 认识集成电路测试平台

集成电路测试是确保产品良品率和成本控制的重要环节，在集成电路生产过程中起着举足轻重的作用。本书中所有的集成电路测试，是在全国技能大赛“集成电路开发及应用”赛项的 LK8810S、1+X“集成电路开发与测试”和 1+X“集成电路封装与测试”的 LK8820 集成电路测试机上完成的。

1.1.1 LK8810S 集成电路测试机

1.1.1 LK8810S 集成电路测试机

1. LK8810S 组成与安装

LK8810S 集成电路测试机，是一款高性价比的集成电路测试设备，采用模块化和工业化的设计思路，可以完成集成电路芯片测试和板级电路测试。LK8810S 由工控机、测试主机、测试软件、测试终端接口、液晶显示器等部分组成。

LK8810S 正面图，如图 1-1 所示。

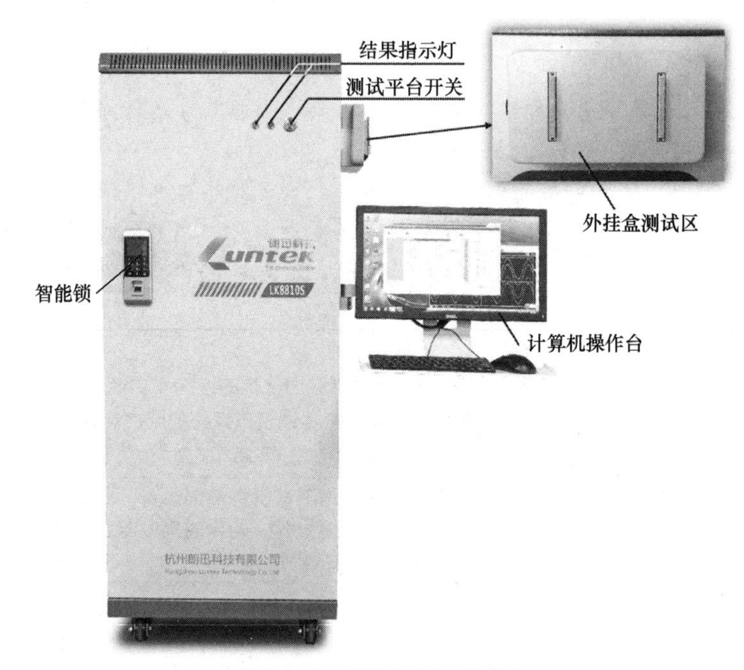

图 1-1　LK8810S 正面图

LK8810S 内部结构图，如图 1-2 所示。

图 1-2　LK8810S 内部结构图

LK8810S 背面图，如图 1-3 所示。

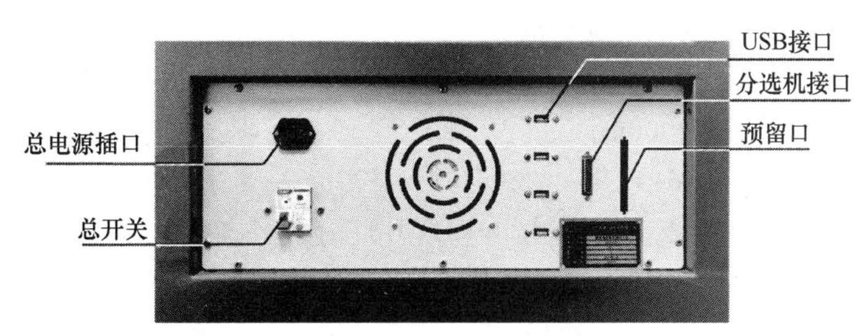

图 1-3　LK8810S 背面图

在安装 LK8810S 的外挂盒，或安装数字功能引脚模块（又称 PE 板）和专用测试与模拟开关模块（又称 CS 板）时，一定要注意外挂盒通信线的正确连接方式。

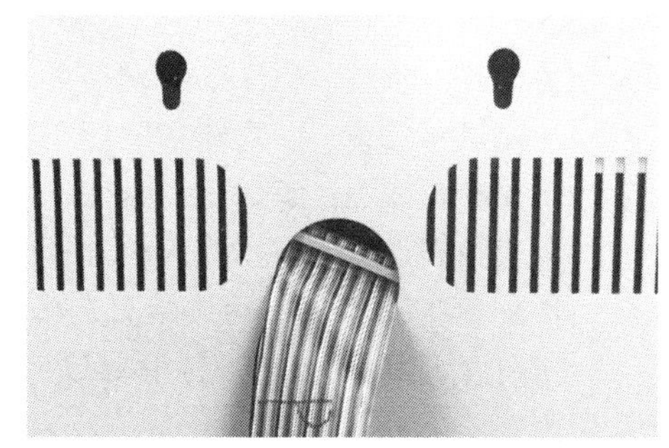

图 1-4　通信线拉入 LK8810S 机箱示意图

（1）先把 2 条 40PIN 和 1 条 26PIN 通信线对应连接到外挂盒上的插槽；然后将 3 条通信线通过 LK8810S 侧面圆孔穿入，将通信线拉入机箱内，如图 1-4 所示。

（2）根据图 1-2 所示，先把标有“PE 板”的 40PIN 通信线连接到 PE 板的接口位置上；然后把标有“CS 板”的 40PIN 通信线连接到 CS 板的接口位置上；最后把 26PIN 通信线连接到 CS 板对应的 26PIN 接口上。PE 板和 CS 板可以根据各自板上的丝印文字来判别，如图 1-5 所示。

（a）PE 板的丝印文字

（b）CS 板的丝印文字

图 1-5　丝印文字

注意　**40PIN 和 26PIN 的接插口都具有防反插功能，在连接时需注意接插方向，如图 1-6 所示。**

图 1-6　正确接线示意图

2. LK8810S 综合指标

LK8810S 集成电路测试机的综合指标，主要有以下几点。

（1）工作温度：0～40℃（32～104℉）；
（2）存储温度：−10～50℃（14～122℉）；
（3）相对湿度：0～30℃以下不大于 75%，30～40℃不大于 50%；
（4）海拔高度：不超过 2000m；
（5）电磁兼容性：按 EN61326-1：2006；EN61326-2-2：2006 标准；
（6）LK8810S 测试平台尺寸（mm）：600（长）×600（宽）×1500（高）；
（7）LK220T 资源系统尺寸（mm）：505（长）×422（宽）×185（高）；
（8）总重量：113kg；
（9）工控机主要配置：4GB 内存/1TB 硬盘，Windows 7 操作系统。

3．LK8810S 的特点

LK8810S 集成电路测试机主要采用数模混合测量技术，可以完成常见数字芯片、模拟芯片及相关电路的测试。LK8810S 具有如下特性：

（1）测试接口统一，功能拓展便利；
（2）具有程序源代码调试功能；
（3）支持多通道示波器、逻辑分析仪和任意信号发生器；
（4）配有 TTL 接口，可连接分选机进行芯片筛选及测试；
（5）直流测量系统以 16 位模拟数字（analoy digital，AD）转换器为核心，可精确测量电压或电流；
（6）可提供频率和电平可程控的用户时钟信号，频率选择范围为 8kHz～1MHz；
（7）应用资源系统的结构紧凑，实现了虚拟仪器功能，并提供多种测试教学案例，方便教学；
（8）测试软件平台采用扁平化设计，功能分区清晰而明确。

1.1.2 LK220T 集成电路测试资源系统

1.1.2 LK220T 集成电路测试资源系统

在使用 LK8810S 集成电路测试机时，需要结合 LK220T 集成电路测试资源系统来完成芯片测试。

1．为什么要使用 LK220T

LK8810S 集成电路测试机在完成一个测试方案时，需要搭建测试电路及完成测试电路板的焊接，过程较为复杂且容易出错。为了简化使用者的繁复操作，降低集成电路测试平台的使用难度，LK220T 集成电路测试资源系统提供了丰富的测试电路实例，可以满足用户需求的多样化。

2．LK220T 的组成

LK220T 集成电路测试资源系统主要由测试区、练习区、接口区、虚拟仪器区、芯片测试板卡区及配件区等组成，如图 1-7 所示。

（1）测试区

测试区具有测试的便利性和可扩展性，扩展了 LK8810S 集成电路测试机的功能，如图 1-8 所示。

（2）练习区

练习区采用面包板进行动手能力训练，具有免焊接以降低耗材成本及操作灵活等优点，如图 1-9 所示。

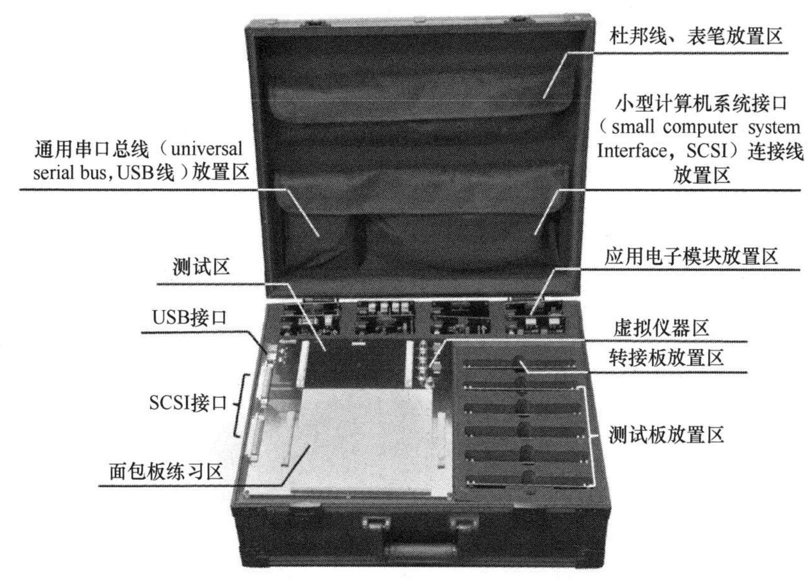

图 1-7　LK220T 的组成

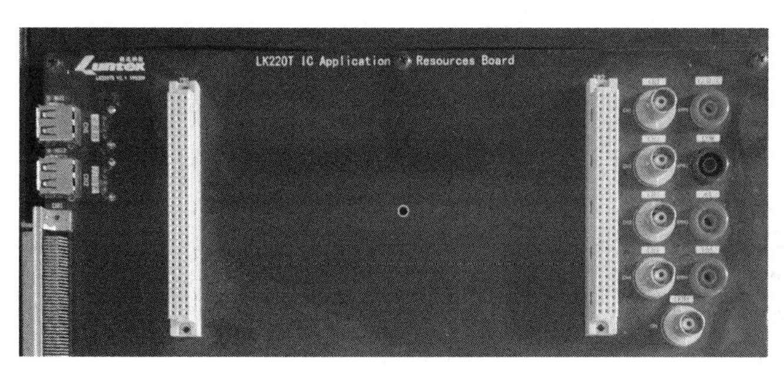

图 1-8　LK220T 的测试区

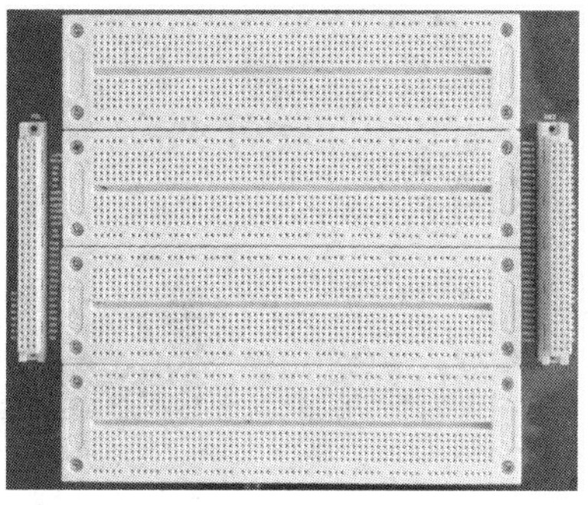

图 1-9　LK220T 的练习区

（3）虚拟仪器区

虚拟仪器区集成了常见的实验仪器，可以满足实训中的仪器仪表需求，还可实现数据的可视化，如图 1-10 所示。

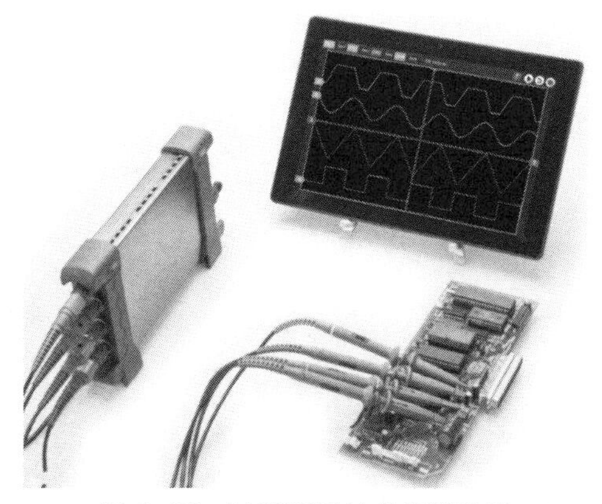

图 1-10　LK220T 的虚拟仪器区

LK220T 的部分资源如表 1-1 所示。

表 1-1　LK220T 的部分资源

序号	名称	数量	备注
1	配件区	2 排	可用于放置线材等配件
2	插板卡槽	14 个	可插入配套的测试模块板，供练习使用
3	虚拟仪器 USB 接口	2 个	用于虚拟仪器和计算机上位机通信
4	虚拟仪器示波器测量通道	5 个	5 个银色接口
5	虚拟仪器万用表测量通道	4 个	2 个红接口，2 个黑接口
6	测试区 96PIN 母座	2 个	用于插入测试板
7	面包板	4 个	用于学生自行动手搭建电路实验
8	面包板区 96PIN 母座	2 个	用于和面包板之间通过杜邦线连接
9	100PIN 的 SCSI 转接座	2 个	分别用于测试区和 LK8810S 连接、面包板区和 LK8810S 连接

1.1.3　集成电路测试软件

1.1.3 集成电路测试软件

1. 安装 Visual C++ 6.0

LK8810S 集成电路测试机使用的是 Visual C++ 6.0 版，双击安装文件，进入 Visual C++ 6.0 安装界面，如图 1-11 所示。

根据安装提示，单击“下一步”按钮，即可完成 Visual C++ 6.0 的安装。

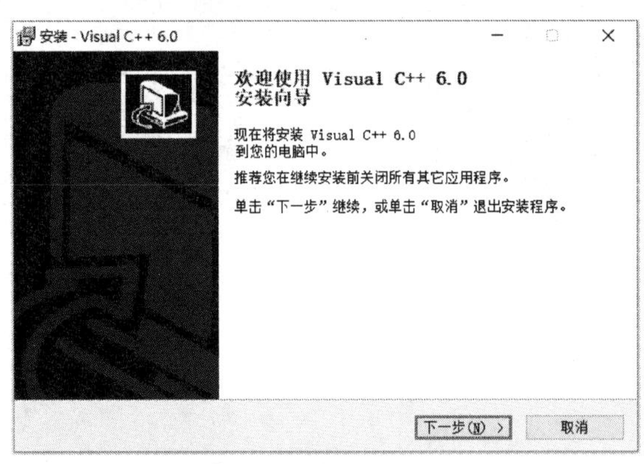

图 1-11　Visual C++ 6.0 安装界面

2. LK8810S 测试软件

LK8810S 测试软件是一个上位机软件，无须自己安装，双击“LK8810S.exe”图标即可直接运行，LK8810S 图标如图 1-12（a）所示。

（a）LK8810S 图标

（b）Luntek360 图标

（c）Luntek600 图标

图 1-12　集成电路测试软件与虚拟仪器应用软件

LK8810S 测试软件运行于 Windows 7 操作系统，用户可方便地新建、打开、复制用户测试程序。通过使用测试机的专用函数，在 Visual C++ 6.0 编程环境下编写相应的芯片测试程序，可有效地使用和控制测试机的硬件资源。

3. 虚拟仪器应用软件

虚拟仪器应用软件有 Luntek360 和 Luntek600，分别对应 LK220T 集成电路测试资源系统中的虚拟仪器万用表和示波器，这两个应用软件同样无须自己安装，可以直接运行。Luntek360 图标如图 1-12（b）所示，Luntek600 图标如图 1-12（c）所示。

1.1.4 LK8810S 常见故障与维护

1.1.4 LK8810S 常见故障与维护

1. 智能锁设置

LK8810S 智能锁的初始设置是体验模式，任何人都可用指纹解锁密码锁。在安装调试完成后，需要重新设置密码并更改管理员，以防留下安全隐患。设置步骤如下：

（1）进入主菜单

长按“C/M”键进入“主菜单”，键盘有数字 0～9、C/M、OK 等按键，其中“2”为上翻键，“8”为下翻键，“C/M”为返回键，“OK”为确认键。

（2）时间设置

时间设置是对智能锁当前时间的校正，让开锁记录更加准确、有效。

选择“时间设置”，设置日期、时间，按“OK”键确认；完成设置后按“C/M”键退出。

（3）语言设置功能

长按“C/M”键进入主菜单，选择“系统设置”，按“OK”键确认；根据菜单提示，选择“语言选项”，按“OK”键确认；选择要使用的语言（中文、英文）模式，按“OK”键确认；完成设置后按“C/M”键退出。

（4）管理员设置

长按“C/M”键进入“主菜单”，选择“用户管理”，按“OK”键确认；选择“新增管理员”，按“OK”键确认；选择“指纹”“卡”或“密码”进行注册，按“OK”键确认；完成设置后按“C/M”键退出。

（5）用户设置

长按“C/M”键进入主菜单，选择“用户管理”，按“OK”键确认；进入菜单界面，编辑工号、姓名、指纹、密码、ID 号、部门等信息，其中数字密码由 12 位数字组成、指纹需要 2 次确认、卡 1 次配置成功；确认成功后按“C/M”键退出菜单。

（6）删除用户

长按“C/M”键进入主菜单，选择“用户管理”，按“OK”键确认；选择“删除用户”，选择要删除的用户，按“OK”键确认。

注意　若重新装上电池，长按设置键 5 秒以上，智能锁将强制恢复出厂设置。

2. 智能锁的常见故障与维护

LK8810S 智能锁的常见故障与维护如表 1-2 所示。

表 1-2　智能锁的常见故障与维护

故障现象	原因	维护方法
门卡/指纹/密码开锁无反应	电池耗尽； 其他原因	更换电池或使用应急电源开锁； 联系售后服务
开锁舌头不动	门未对齐； 电量不足	门对齐后再试一次； 使用应急电源开锁
无法读取指纹	手指皮肤干燥起褶皱； 采集头表面脏污或有划痕； 其他原因	使手指稍有湿润感，令指纹清晰； 使用不干胶布粘贴采集头表面的脏污； 联系供应商申请保修
不能自动关门	电池耗尽； 不是自动锁门模式	更换电池； 设置为自动锁门模式
不能设置开门锁门卡/指纹/密码	没有得到授权； 没有按步骤进行授权； 门卡加上密码后总数超过 2000 个	得到授权（输入管理指纹、卡、密码）； 参照前面的开门锁设置按步骤进行操作； 删除不需要的门卡/指纹/密码
屏不显示/白屏/花屏	屏坏	更换显示屏

3. 设备的常见故障与维护

LK8810S 设备的常见故障与维护如表 1-3 所示。

表 1-3　设备的常见故障与维护

故障现象	原因	维护方法
打开上位机报错	PCI 卡松动或氧化	将主机箱中的 PCI 卡重新插拔，或取出 PCI 卡用橡皮擦拭金手指
上位机打不开	LK8810S 和计算机开机顺序错误	先打开计算机，再打开 LK8810S
工控主机无法开机	工控主机内存条松动或氧化	将主机箱中的内存条重新插拔，或取出内存条用橡皮擦拭金手指
无法进行测试	LK8810S 内 50PIN 的 SCSI 接口松动	将 50PIN 的 SCSI 接口重新插紧
正常测试电路的测试结果错误	检查测试板是否插反	拆下测试板，重新正确安装测试板（测试板上的 Luntek 标志正放）
工控主机工作，显示器不显示	VGA 连接线可能没插紧	重新插紧 VGA 线

1.2 任务 1　集成电路测试硬件环境搭建

1.2.1　任务描述

在使用 LK8810S 集成电路测试机进行芯片测试时，可以直接采用 LK8810S 集成电路测试机来搭建集成电路测试硬件环境；或把 LK8810S 集成电路测试机与 LK220T 集成电路测试资源系统结合起来，搭建集成电路测试硬件环境。

按照以下 3 种方式，可以完成集成电路测试硬件环境搭建。

（1）基于 LK8810S 的芯片测试硬件环境搭建；

（2）基于 LK220T 测试区的芯片测试硬件环境搭建；

（3）基于 LK220T 练习区的芯片测试硬件环境搭建。

1.2.2 集成电路测试硬件环境实现分析

1.2.2 集成电路测试硬件环境实现分析

根据任务描述，搭建集成电路测试硬件环境有 3 种方式，一种是通过 LK8810S 集成电路测试机进行芯片测试；另外两种是将 LK8810S 集成电路测试机与 LK220T 集成电路测试资源系统结合起来，分别使用 LK220T 的测试区（即测试区测试方式）、面包板练习区（即练习区测试方式）进行芯片测试。

1. 芯片测试板卡

芯片测试板卡，也称为被测器件（device under test，DUT）板。在进行芯片测试时，通常需要搭建焊接测试电路板，这个过程较为复杂且容易出错。这时可以使用设计好的芯片测试板卡来完成集成电路芯片测试。

芯片测试板卡的正面如图 1-13 所示。

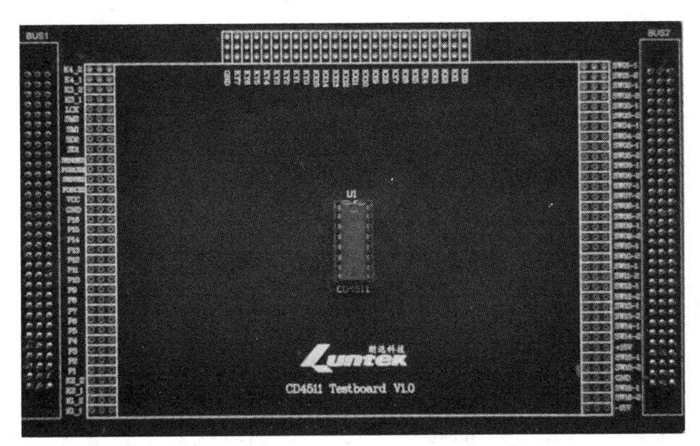

图 1-13 芯片测试板卡的正面

芯片测试板卡的背面如图 1-14 所示。

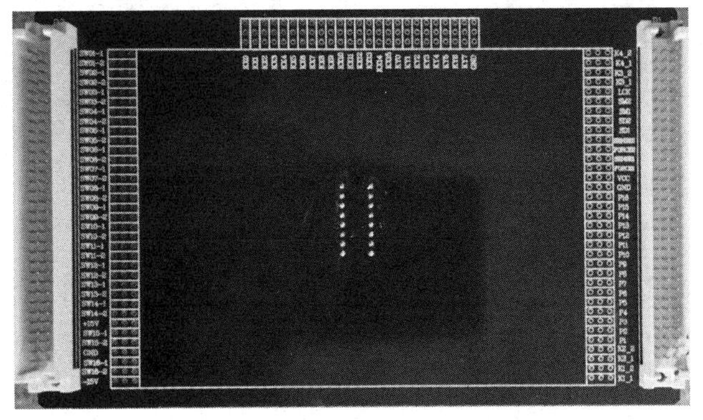

图 1-14 芯片测试板卡的背面

2. 测试区测试方式

采用测试区测试方式，把 LK8810S 和 LK220T 结合起来，实现基于 LK220T 测试区的芯片测试硬件环境搭建。该方式的步骤如下：

（1）把在 LK220T 的测试区上，把芯片测试板卡插接到 LK220T 的测试区上；

（2）使用一根 100PIN 的 SCSI 转换接口线，把 LK220T 的测试区连接到 LK8810S 的芯片测试转接板上。

3. 练习区测试方式

采用练习区测试方式，把 LK8810S 和 LK220T 结合起来，实现基于 LK220T 练习区的芯片测试硬件环境搭建。该方式的步骤如下：

（1）在 LK220T 的面包板练习区上，先使用杜邦线连接芯片测试电路；

（2）使用杜邦线将测试的芯片引脚连接到 96PIN 插座上，具体连接方法参考芯片技术手册、芯片测试电路和 96PIN 定义；

（3）使用一根 100PIN 的 SCSI 转换接口线，把 LK220T 的面包板练习区和 LK8810S 的芯片测试转接板连接起来。

1.2.3 搭建集成电路测试硬件环境

1.2.3 搭建集成电路测试硬件环境

根据任务描述，搭建集成电路测试硬件环境，有基于 LK8810S 的芯片测试硬件环境搭建、基于 LK220T 测试区的芯片测试硬件环境搭建和基于 LK220T 练习区的芯片测试硬件环境搭建 3 种方式。

1. 基于 LK8810S 的芯片测试硬件环境搭建

基于 LK8810S 的芯片测试硬件环境是采用 LK8810S 的测试接口来完成搭建的。

LK8810S 的测试接口在 LK8810S 机体的右面上侧，如图 1-15 所示。

将芯片测试板卡的正面向外、丝印向下插接到 LK8810S 的测试接口。到此，基于 LK8810S 的芯片测试硬件环境就搭建完成，如图 1-16 所示。

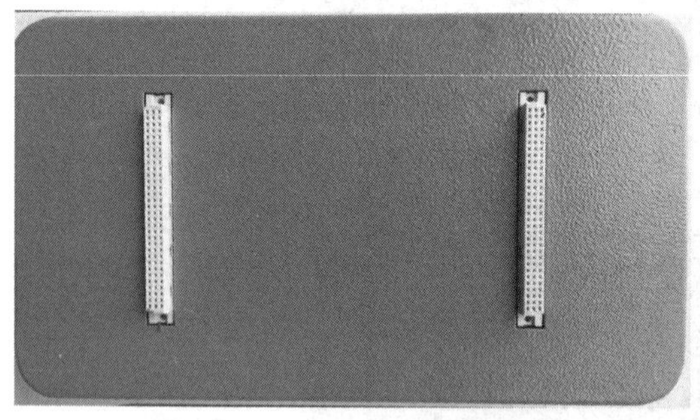

图 1-15　LK8810S 的测试接口

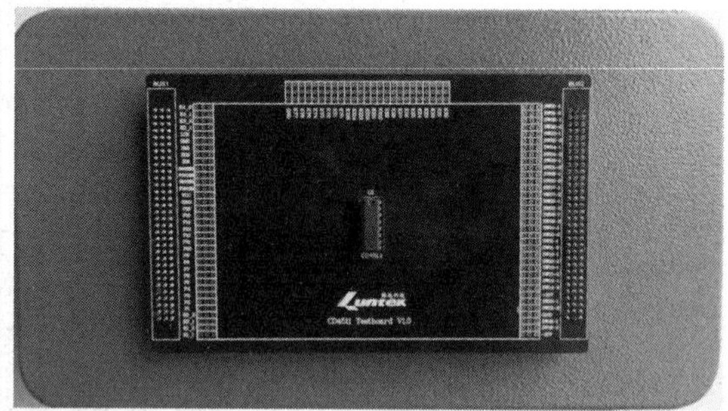

图 1-16　搭建完成的 LK8810S 芯片测试硬件环境

2. 基于 LK220T 测试区的芯片测试硬件环境搭建

基于 LK220T 测试区的测试方式与基于 LK8810S 的测试方式基本一样，只是将 LK8810S 与 LK220T 的测试区结合起来，来完成芯片测试硬件环境搭建。芯片测试硬件环境的搭建步骤如下：

（1）芯片测试转接板

芯片测试转接板是一个把 96PIN 转换成 100PIN 的转接板，芯片测试转接板的正面如图 1-17 所示。

图 1-17　芯片测试转接板的正面

芯片测试转接板的背面如图 1-18 所示。

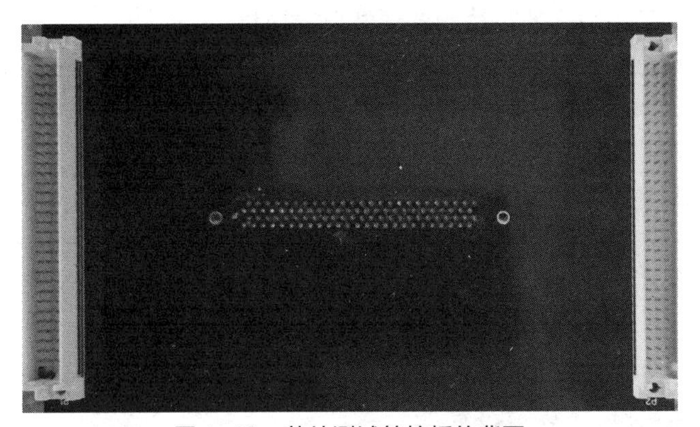
图 1-18　芯片测试转接板的背面

（2）芯片测试板卡连接测试区

将芯片测试板卡的正面向外、丝印向下插接到 LK220T 的测试区接口，如图 1-19 所示。

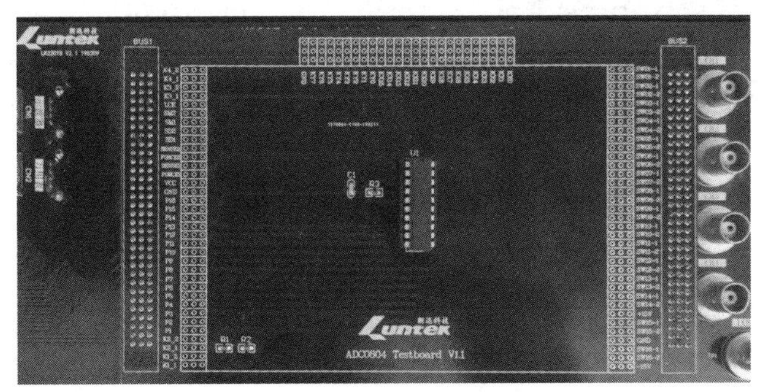

图 1-19　芯片测试板卡连接测试区

（3）测试区与 LK8810S 连接

先在靠近 LK220T 测试区一侧的 SCSI 接口处上插接一根 100PIN 的 SCSI 转换接口线，如图 1-20 所示。

然后将芯片测试转接板（96PIN 转 100PIN 转接板）的正面向外、丝印向下插接到

LK8810S 的外挂盒上；然后把 SCSI 转换接口线的另一端插接到芯片测试转接板的 SCSI 接口上，如图 1-21 所示。

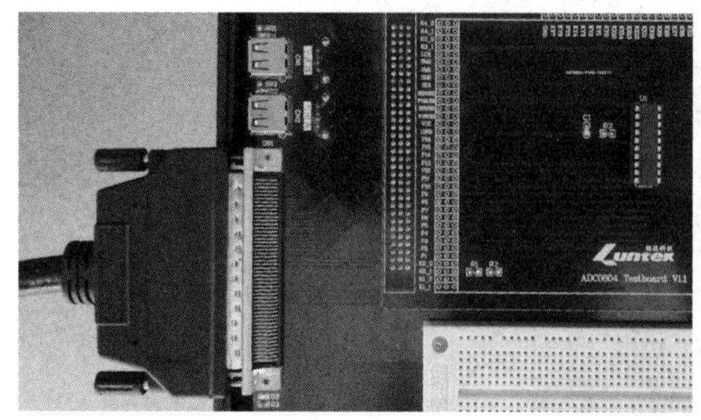

图 1-20　100PIN 转换接口线

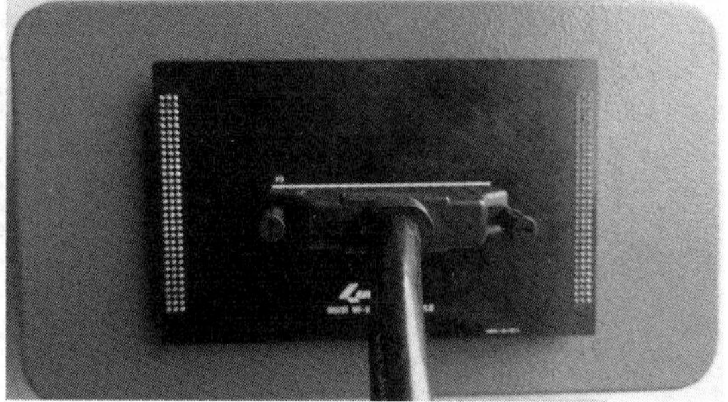

图 1-21　转换接口线连接示意图

到此，基于测试区的芯片测试硬件环境就搭建好了。

3. 基于 LK220T 练习区的芯片测试硬件环境搭建

基于练习区的测试方式，是通过 LK220T 集成电路测试资源系统提供的面包板练习区、杜邦线、SCSI 接口及 SCSI 转换接口线，来完成芯片测试硬件环境搭建的。该测试方法无须进行额外的制板和焊接工作。

（1）搭建芯片测试电路

在面包板练习区上使用杜邦线，将测试的芯片引脚连接到 96PIN 插座上，具体连接方法请参考芯片技术手册、芯片测试电路和 96PIN 定义。面包板练习区测试电路的连线如图 1-22 所示。

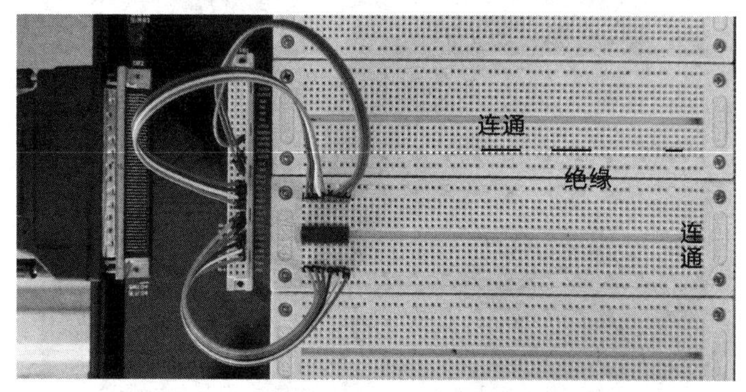

图 1-22　面包板练习区测试电路的连线

LK220T 面包板练习区提供了 4 块标准面包板，每块面包板上下两侧的五个一组的插孔已连通，中间区域的插孔横向互为绝缘，纵向连通。每块面包板的插孔互连情况如图 1-22 所示。

（2）面包板练习区与 LK8810S 连接

先在靠近 LK220T 面包板练习区一侧的 SCSI 接口处上插接一根 100PIN 的 SCSI 转换接口线，如图 1-22 所示。然后把 SCSI 转换接口线的另一端插接到芯片测试转接板的 SCSI 接口上，如图 1-21 所示。

到此，基于练习区的芯片测试硬件环境就搭建好了。

> **注意** 对于微安、毫伏等小信号来说，经过长距离的传输后，信号的损耗较大，会导致一定的偏差。因此对于小信号，建议直接使用基于 LK8810S 测试平台的测试方法。

1.3 任务 2 创建第一个集成电路测试程序

1.3.1 任务描述

以创建 74HC08 芯片测试程序为例，通过 LK8810S 和 74HC08 测试电路，创建第一个集成电路测试程序，并完成测试程序的编译、载入与运行。

1.3.2 集成电路测试实现分析

1.3.2 集成电路测试实现分析

集成电路芯片参数测试，分为数字集成电路芯片参数测试和模拟集成电路芯片参数测试。

1. 集成电路测试的目的

集成电路测试的目的，是保证芯片在恶劣环境下，能够完全实现设计规格书规定的功能及性能指标。

集成电路测试通常是由一系列测试项目组成的，能够从各个方面对芯片进行充分测试。

每一个测试项目都会产生一系列的测试数据，不仅可以判断芯片性能是否符合标准、芯片是否可以进入市场，而且能从测试结果的详细数据中充分、定量地反映出每个芯片从结构、功能到电气特性等各项指标。

2. 数字集成电路芯片常见参数测试

数字集成电路芯片常见参数测试方式，有开短路测试、输出高低电平测试和电源电流测试 3 种。

（1）开短路测试

开短路测试是对芯片引脚内部对地或对 V_{CC} 是否出现开路或短路的一种测试方法。该方法是基于产品本身引脚的静电放电（electrostatic discharge，ESD）保护二极管的正向导通压降的原理进行测试。通常可以进行开短路测试的器件引脚，对地或者对电源端，都有 ESD 保护二极管，利用二极管正向导通的特性，就可以判别该引脚的通断情况。

（2）输出高低电平测试

输出高低电平测试是根据电源供电电压和输出高/低电压（V_{OH}/V_{OL}）的值进行判断的一种测试方法。

（3）电源电流测试

电源电流测试是通过信号源给芯片供电，在芯片处于正常工作状态时测量电源端的电流的一种测试方法。电源电流（I_{CC}）是芯片一项常见的直流参数，是一个非常微小的参数，通常以 μA 为单位。

3. 模拟集成电路芯片常见参数测试

模拟集成电路芯片常见参数测试方式，有输入失调电压测试、共模抑制比测试和最大不失真输出电压测试 3 种。

（1）输入失调电压测试

输入失调电压是指在差分放大器或差分输入的运算放大器中，为了在输出端获得恒定的零电压输出，而需在两个输入端所加的直流电压之差。此参数表征差分放大器的本级匹配程度，该值越小越好。

输入失调电压测试有辅助运放测试和简易测试两种方式。

（2）共模抑制比测试

共模抑制比（common mode rejection ratio，CMRR）定义为放大器对差模电压的放大倍数与对共模电压的放大倍数之比，表征差分电路抑制共模信号及对差模信号的放大能力，单位是分贝（dB）。

共模抑制比测试同样有两种方式。

（3）最大不失真输出电压测试

最大不失真输出电压（voltage operation peak，Vop-p）定义为运算放大器在额定电源电压和额定负载下，不出现明显削波失真时所得到的最大峰值输出电压，也称为最大输出电压、输出电压摆幅、输出电压动态范围。

一般常规运放的 Vop-p 指标约比正、负电源电压各小 2～3V。最大不失真输出电压测试有如下注意事项：

① 输入信号步进值越小越好，但测试时间会随输入电压步进值减小而增加。实际测量时，需综合考虑起点、步进值的测试时间。

② 加在输出端测试点（test point，TP）1 的负载电阻应满足测试要求，即阻值大小不会引起电压的较大波动。

4．创建集成电路测试程序的步骤

创建集成电路测试程序的步骤如下：

（1）新建测试程序模板；

（2）打开测试程序模板；

（3）根据集成电路测试的参数，编写测试程序并进行编译；

（4）载入测试程序；

（5）运行测试程序。

1.3.3 创建第一个集成电路测试程序

1.3.3 创建第一个集成电路测试程序

根据任务描述，下面以创建 74HC08 芯片测试程序为例，介绍如何创建第一个集成电路测试程序，并完成测试程序编译、载入与运行。

1．新建测试程序模板

打开“LK8810S 程序”文件夹，双击“LK8810S.exe”（或双击桌面上的 LK8810S 图标），即可运行 LK8810S 上位机软件，打开“LK8810S”界面。单击界面上“创建程序”按钮或单击菜单栏“文件”选项下的“新建程序”命令，弹出“新建程序”对话框，如图 1-23 所示。

图 1-23 “新建程序”对话框

先在对话框中输入程序名“SN74hc08”，然后选择保存路径，最后单击“确定”按钮保存，此时系统会自动为用户在 C 盘创建一个“SN74hc08”文件夹（也称为测试程序模板）。该文件夹主要包括 Debug 文件夹（主要存放动态连接库文件）、工程文件及 C 文件等。

注意 **测试程序模板一般都是保存在 C 盘目录下，否则通过 LK8810S 界面的“载入程序”按钮载入程序时，将找不到测试程序。**

2. 打开测试程序模板

双击桌面上的 Visual C++ 6.0 图标，打开“Visual C++ 6.0”运行界面。单击菜单栏“文件”选项下的“打开”命令，弹出“打开”对话框，如图 1-24 所示。

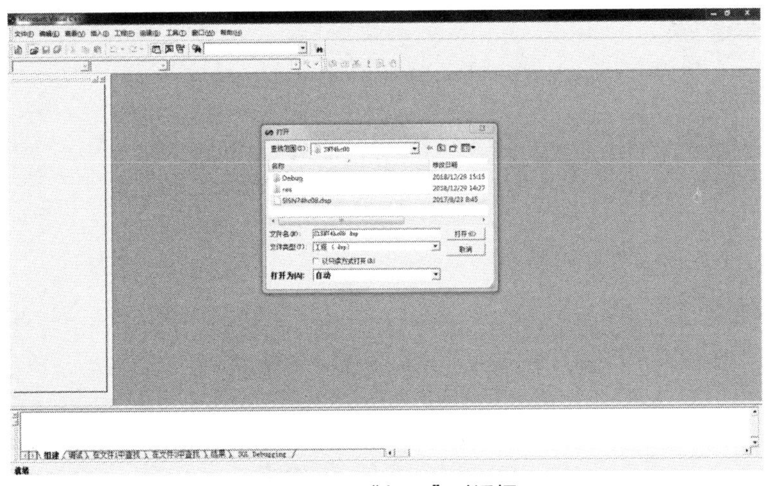

图 1-24 “打开”对话框

在“打开”对话框中，先定位到“SN74hc08”文件夹（测试程序模板），然后选择“SN74hc08.dsp”，最后单击“打开”按钮。打开的“SN74hc08.dsp”工程文件如图 1-25 所示。

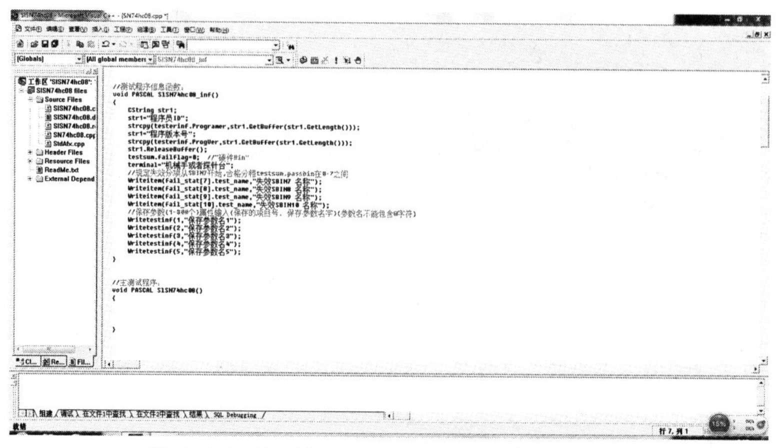

图 1-25　打开的“SN74hc08.dsp”工程文件

说明：若按照上述步骤，打开“SN74hc08.dsp”工程文件失败，可将“SN74hc08.dsp”拖拽到 Visual C++ 6.0 图标上打开。

3. 编写测试程序及编译

在图 1-25 中，可以看到一个自动生成的主测试函数 void PASCAL SlSN74hc08()，代码如下：

```
1.  //主测试程序：
2.  void PASCAL SlSN74hc08()
3.  {
4.      ……                          //空函数体，可添加测试芯片的代码
5.  }
```

这时，还需要在这个空函数中编写测试 74HC08 芯片的代码，具体代码将在后面的项目中介绍。编写完测试程序后进行编译，若编译发生错误，则要进行分析与检查，直至编译成功为止，如图 1-26 所示。

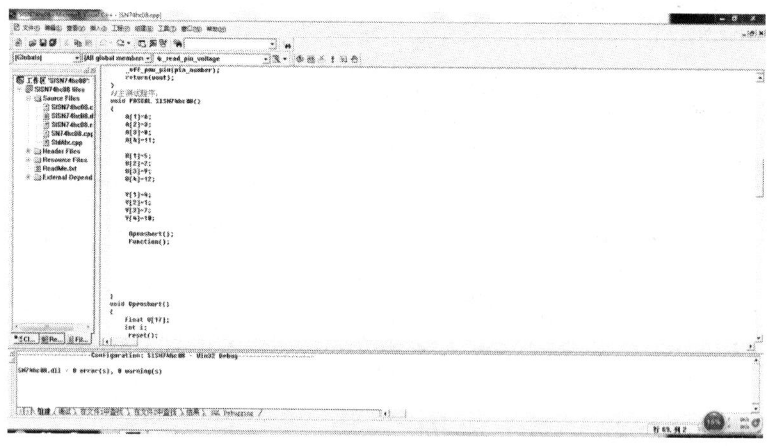

图 1-26　测试程序及编译

4. 载入测试程序

运行 LK8810S 测试程序“LK8810S.exe”，打开“LK8810S”界面。单击界面上“载入程序”按钮或单击菜单栏“文件”选项下的“载入程序”命令，弹出“程序选择”对话框，如图 1-27 所示。

（a）选中 SN74hc08

（b）选中 SN74hc08.dll

图 1-27　LK8810S 选择并载入文件

（1）选择“*.*”文件类型，选中“SN74hc08”，如图 1-27（a）所示；

（2）定位路径到...\SN74hc08\Debug，选中“SN74hc08.dll”，单击“OK”按钮，如图 1-27（b）所示。

这样，就可以获取 74HC08 芯片的动态连接库文件 SN74hc08.dll，并完成 74HC08 芯片测试程序的载入。

5. 运行测试程序

参考基于测试区的芯片测试硬件环境的搭建步骤，74HC08 芯片短路测试的步骤如下：

（1）将 74HC08 芯片测试板卡插接到 LK220T 的测试区接口；

（2）将 100PIN 的 SCSI 转换接口线一端插接到靠近 LK220T 测试区一侧的 SCSI 接口上，另一端插接到 LK8810S 外挂盒上的芯片测试转接板的 SCSI 接口上；

（3）打开 LK8810S 前面板上的电源开关，单击“LK8810S”界面的“开始测试”按钮，在“LK8810S”界面的窗体中显示测试结果，如图 1-28 所示。

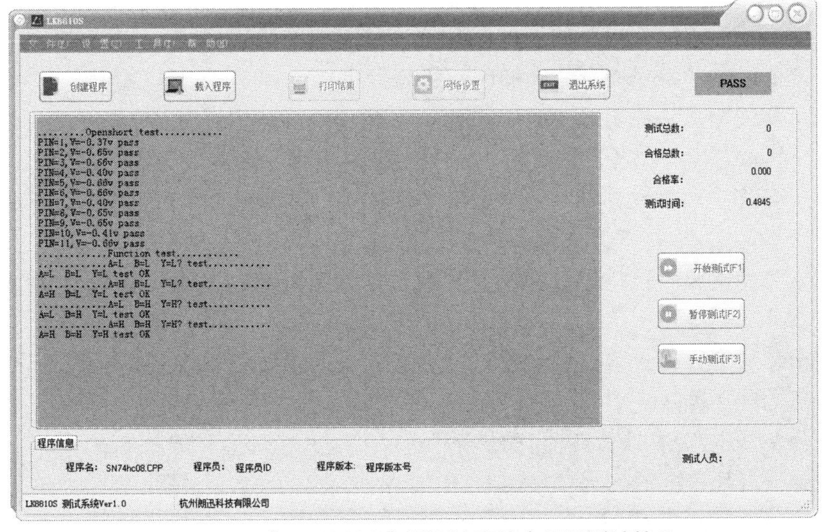

图 1-28　“LK8810S”界面的窗体中显示测试结果

注意 芯片测试板卡上的 Luntek 标志要正放，防止反插；在安装芯片测试板卡之前，要先断电；芯片测试板卡要先进行开短路测试。

关键知识点梳理

1．LK8810S 集成电路测试机采用模块化和工业化的设计思路，可以完成集成电路芯片测试和板级电路测试。

2．LK8810S 由工控机、测试主机、测试软件、测试终端接口、液晶显示器等部分组成。

3．LK220T 集成电路测试资源系统主要由测试区、练习区、接口区、虚拟仪器区、芯片测试板卡区及配件区等组成。

4．测试区具有测试的便利性和可扩展性，扩展了 LK8810S 集成电路测试机的功能。

5．练习区采用面包板进行动手能力训练，具有免焊接降低耗材成本及操作灵活等优点。

6．虚拟仪器区集成了常见实验仪器，满足实训中的仪器仪表需求，还可实现数据的可视化。

7．LK8810S 测试软件运行于 Windows 7 操作系统，用户可方便地新建、打开、复制用户测试程序。通过使用测试机的专用函数，在 Visual C++ 6.0 编程环境下编写相应的芯片测试程序，可以有效地使用和控制测试机的硬件资源。

8．虚拟仪器应用软件有 Luntek360 和 Luntek600，其分别对应 LK220T 集成电路测试资源系统中的虚拟仪器万用表和示波器。

9．集成电路测试硬件环境搭建有以下 3 种方式：

（1）基于 LK8810S 的芯片测试硬件环境搭建：是采用 LK8810S 的测试接口来完成芯片测试硬件环境搭建的。

（2）基于 LK220T 测试区的芯片测试硬件环境搭建：是将 LK8810S 与 LK220T 的测试区结合起来，来完成芯片测试硬件环境搭建的。

（3）基于 LK220T 练习区的芯片测试硬件环境搭建：是通过 LK220T 集成电路测试资源系统提供的面包板练习区、杜邦线、SCSI 接口及 SCSI 转换接口线，来完成芯片测试硬件环境搭建的。该测试方法无须进行额外的制板和焊接工作。

10．芯片测试板卡：在进行芯片测试时，通常需要搭建焊接测试电路板，这个过程较为复杂且容易出错。这时可以使用设计好的芯片测试板卡来完成集成电路芯片测试。

11．集成电路芯片参数测试，分为数字集成电路芯片参数测试和模拟集成电路芯片参数测试。

（1）数字集成电路芯片常见参数测试，有开短路测试、输出高低电平测试和电源电流测试 3 种方式。

（2）模拟集成电路芯片常见参数测试，有输入失调电压测试、共模抑制比测试和最大不失真输出电压测试 3 种方式。

12．创建集成电路测试程序的步骤如下：

（1）新建测试程序模板；

（2）打开测试程序模板；

（3）根据集成电路测试的参数，编写测试程序及编译；

（4）载入测试程序；

（5）运行测试程序。

13. 集成电路测试的操作步骤如下：

（1）将芯片测试板卡插接到 LK220T 的测试区接口；

（2）将 100PIN 的 SCSI 转换接口线一端插接到靠近 LK220T 测试区一侧的 SCSI 接口上，另一端插接到 LK8810S 外挂盒上的芯片测试转接板的 SCSI 接口上；

（3）打开 LK8810S 后面板的空气开关，接通电源；

（4）打开 LK8810S 前面板，启动工控机；

（5）启动工控机后，运行 LK8810S 测试程序“LK8810S.exe”，打开“LK8810S”界面，通过单击界面上“载入程序”按钮来获取芯片的动态连接库文件，并完成芯片测试程序的载入；

（6）打开 LK8810S 前面板上的电源开关，单击“LK8810S”界面上的“开始测试”按钮，在“LK8810S”界面的窗体中就能显示出测试结果。

问题与实操

1-1　填空题

（1）LK8810S 由________、________、________、________及________等部分组成。

（2）LK220T 集成电路测试资源系统主要由________、________、________、________、________及________等组成。

（3）数字集成电路芯片常见参数测试有________、________和________3 种方式。

（4）模拟集成电路芯片常见参数测试有________、________和________3 种方式。

1-2　搭建一个基于 LK8810S 的芯片测试硬件环境。

1-3　搭建一个基于 LK220T 测试区的芯片测试硬件环境。

1-4　搭建一个基于 LK220T 练习区的芯片测试硬件环境。

1-5　创建一个集成电路测试程序。

项目2

74HC138芯片测试

02

项目导读

74HC138 芯片常见参数测试，主要有开短路测试、静态工作电流测试、直流参数测试和功能测试 4 种方式。

本项目从 74HC138 芯片测试电路设计入手，首先让读者对 74HC138 芯片的基本结构有一个初步了解；然后介绍 74HC138 芯片的开短路测试、静态工作电流测试、直流参数测试及功能测试程序设计的方法。通过 74HC138 芯片测试电路连接及测试程序设计，让读者进一步了解 74HC138 芯片。

知识目标	1. 了解 74HC138 芯片及应用 2. 掌握 74HC138 芯片的结构和引脚功能 3. 掌握 74HC138 芯片的工作过程 4. 学会 74HC138 芯片的测试电路设计和测试程序设计
技能目标	能完成 74HC138 芯片测试的电路连接，能完成 74HC138 芯片测试的相关编程，实现 74HC138 芯片的开短路测试、静态工作电流测试、直流参数测试以功能测试
教学重点	1. 74HC138 芯片的工作过程 2. 74HC138 芯片的测试电路设计 3. 74HC138 芯片的测试程序设计
教学难点	74HC138 芯片的测试步骤及测试程序设计
建议学时	6～8 学时
推荐教学方法	从任务入手，通过 74HC138 芯片的测试电路设计，让读者了解 74HC138 芯片的基本结构，进而通过 74HC138 芯片的测试程序设计，进一步熟悉 74HC138 芯片的测试方法
推荐学习方法	勤学勤练、动手操作是学好 74HC138 芯片测试的关键，动手完成一个 74HC138 芯片测试，通过“边做边学”达到更好的学习效果

2.1 任务 3 74HC138 测试电路设计与搭建

2.1.1 任务描述

利用 LK8810S 集成电路测试机和 LK220T 集成电路测试资源系统，根据 74HC138 译码器的工作原理，完成 74HC138 测试电路设计与搭建。该任务的要求如下：

（1）测试电路能实现 74HC138 的开短路测试、静态工作电流测试、直流参数测试以及功能测试；

（2）74HC138 测试电路的搭建，采用基于测试区的测试方式。也就是把 LK8810S 与 LK220T 的测试区结合起来，完成 74HC138 测试电路搭建。

2.1.2 认识 74HC138

2.1.2 认识 74HC138

74HC138 是一款高速互补金属氧化物半导体（complementary metal oxide semiconductor，CMOS）器件，其引脚兼容低功耗肖特基晶体管-晶体管逻辑电平（low-power Schottky transistor-transistor logic，LSTTL）系列，具有传输延迟时间短、高性能的特点。例如，在高性能存储器系统中，使用 74HC138 译码器可以提高译码系统的效率。

1. 74HC138 芯片引脚功能

74HC138 是一个 3 线-8 线译码器，采用 16 引脚的双列直插封装（dual in-line package，DIP）或小外形封装（small out-line package，SOP），其引脚图如图 2-1 所示。

通常，在芯片封装正方向上有一个缺口，靠近缺口左边有一个小圆点，其对应引脚的引脚号为 1，然后以逆时针方向编号。74HC138 引脚功能如表 2-1 所示。

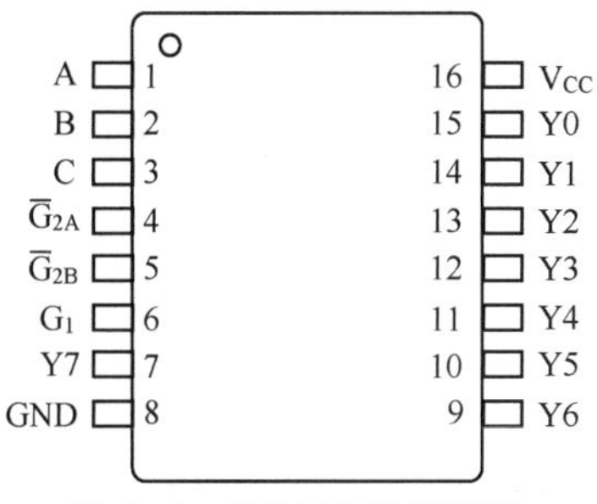

图 2-1　74HC138 引脚图

表 2-1　74HC138 引脚功能

引脚序号	引脚名称	引脚功能	引脚序号	引脚名称	引脚功能
1	A	地址输入端	9	Y6	输出端（低电平有效）
2	B		10	Y5	
3	C		11	Y4	
4	$\overline{G}_{2A}$	选通端（低电平有效）	12	Y3	
5	$\overline{G}_{2B}$		13	Y2	
6	G_1	选通端（高电平有效）	14	Y1	
7	Y7	输出端（低电平有效）	15	Y0	
8	GND	接地	16	V_{CC}	电源正

说明：引脚 A、B 和 C 是以二进制形式输入，然后转换成十进制，对应 Y0～Y7 序号的输出端输出低电平，其他输出端均输出高电平。

2. 74HC138 真值表

74HC138 真值表如表 2-2 所示。

表 2-2　74HC138 真值表

输入						输出							
控制			地址										
G_1	$\bar{G}_{2B}$	$\bar{G}_{2A}$	C	B	A	Y0	Y1	Y2	Y3	Y4	Y5	Y6	Y7
x	1	x	x	x	x	1	1	1	1	1	1	1	1
x	x	1	x	x	x	1	1	1	1	1	1	1	1
0	x	x	x	x	x	1	1	1	1	1	1	1	1
1	0	0	0	0	0	0	1	1	1	1	1	1	1
1	0	0	0	0	1	1	0	1	1	1	1	1	1
1	0	0	0	1	0	1	1	0	1	1	1	1	1
1	0	0	0	1	1	1	1	1	0	1	1	1	1
1	0	0	1	0	0	1	1	1	1	0	1	1	1
1	0	0	1	0	1	1	1	1	1	1	0	1	1
1	0	0	1	1	0	1	1	1	1	1	1	0	1
1	0	0	1	1	1	1	1	1	1	1	1	1	0

3. 74HC138 工作原理

74HC138 工作原理如图 2-2 所示。

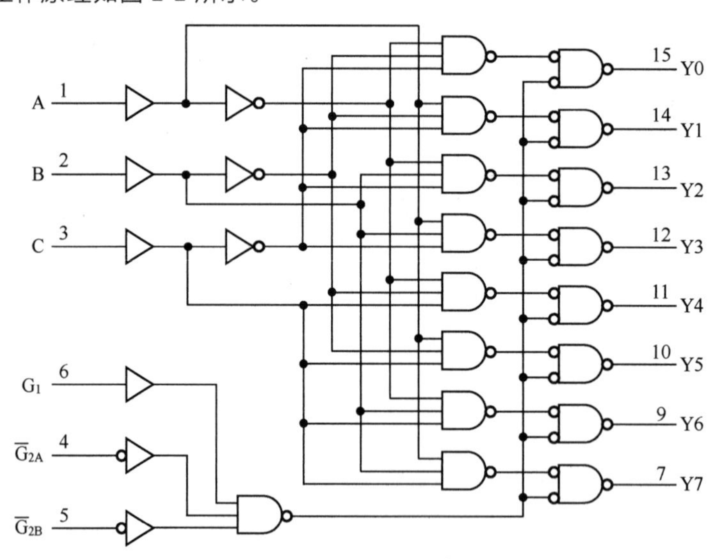

图 2-2　74HC138 工作原理

根据表 2-2 和图 2-2 所示，可知 74HC138 的工作原理如下：

（1）当选通端 G_1 为高电平、$\bar{G}_{2A}$ 和 $\bar{G}_{2B}$ 为低电平时，可将 3 个地址端 A、B 和 C（其中 A 为低位地址、C 为高位地址）的二进制编码，在 Y0～Y7 对应的输出端以低电平译出。

例如，CBA=110 时，Y6 输出低电平信号。

又如，CBA=011 时，Y3 输出低电平信号。

（2）当选通端 G_1 为高电平、$\bar{G}_{2A}$ 和 $\bar{G}_{2B}$ 为低电平的其他任何状态时，不论 3 个地址端 A、B 和 C 为什么值，Y0～Y7 的输出都是高电平。

4. 74HC138 直流特性

74HC138 直流特性如表 2-3 所示。

表 2-3　74H138 直流特性

参数	符号	测试条件			最小	最大	单位
高电平输出电压	V_{OH}	V_I= V_{IH} 或 V_{IL}	I_{OH}=−20μA	V_{CC}=2V	1.9		V
				V_{CC}=4.5V	4.4		
				V_{CC}=6V	5.9		
			I_{OH}=−4mA、V_{CC}=4.5V		3.84		
			I_{OH}=−5.2mA、V_{CC}=6V		5.34		
低电平输出电压	V_{OL}	V_I= V_{IH} 或 V_{IL}	I_{OL}= 20 μA	V_{CC}=2V		0.1	V
				V_{CC}=4.5V		0.1	
				V_{CC}=6V		0.1	
			I_{OL}= 4mA、V_{CC}=4.5V			0.33	
			I_{OL}= 5.2mA、V_{CC}=6V			0.33	
静态工作电流	I_{CC}	V_I= V_{CC} 或 0、I_O=0、V_{CC}=6.0V				80	μA

74HC138 正常工作范围（Ta=−40～+80℃）如表 2-4 所示。

表 2-4　74HC138 正常工作范围

参数	符号	最小	典型	最大	单位	测试条件
逻辑电源电压	V_{CC}	3.0	5	5.5	V	-
高电平输入电压	V_{IH}	3.3			V	V_{CC}=5.0V
低电平输入电压	V_{IL}			1.5	V	V_{CC}=5.0V

2.1.3 74HC138 测试电路设计与搭建

2.1.3 74HC138 测试电路设计与搭建

根据任务描述，74HC138 测试电路能满足开短路测试、静态工作电流测试、直流参数测试及功能测试。

1. 测试接口

74HC138 引脚与 LK8810S 的芯片测试接口是 74HC138 测试电路设计的基本依据。74HC138 引脚与 LK8810S 测试接口的配接表如表 2-5 所示。

表 2-5　74HC138 芯片引脚与 LK8810S 测试接口的配接表

74HC138		LK8810S 测试接口		功能
引脚号	引脚符号	引脚号	引脚符号	
1	A	3	PIN3	地址输入端
2	B	2	PIN2	
3	C	1	PIN1	
4	$\bar{G}_{2A}$	17、92、93	GND	选通端（低电平有效）
5	$\bar{G}_{2B}$			

续表

74HC138		LK8810S 测试接口		功能
引脚号	引脚符号	引脚号	引脚符号	
6	G_1	12	PIN12	选通端（高电平有效）
7	Y7	11	PIN11	输出端（低电平有效）
8	GND	17、92、93	GND	接地
9	Y6	10	PIN10	输出端（低电平有效）
10	Y5	9	PIN9	
11	Y4	8	PIN8	
12	Y3	7	PIN7	
13	Y2	6	PIN6	
14	Y1	5	PIN5	
15	Y0	4	PIN4	
16	V_{CC}	22	FORCE2	电源正

2. 测试电路设计

根据表 2-5 所示，LK8810S 芯片的测试接口电路如图 2-3（a）所示，这里只用到 P1 接口，P2 接口未用。74HC138 测试电路如图 2-3（b）所示。

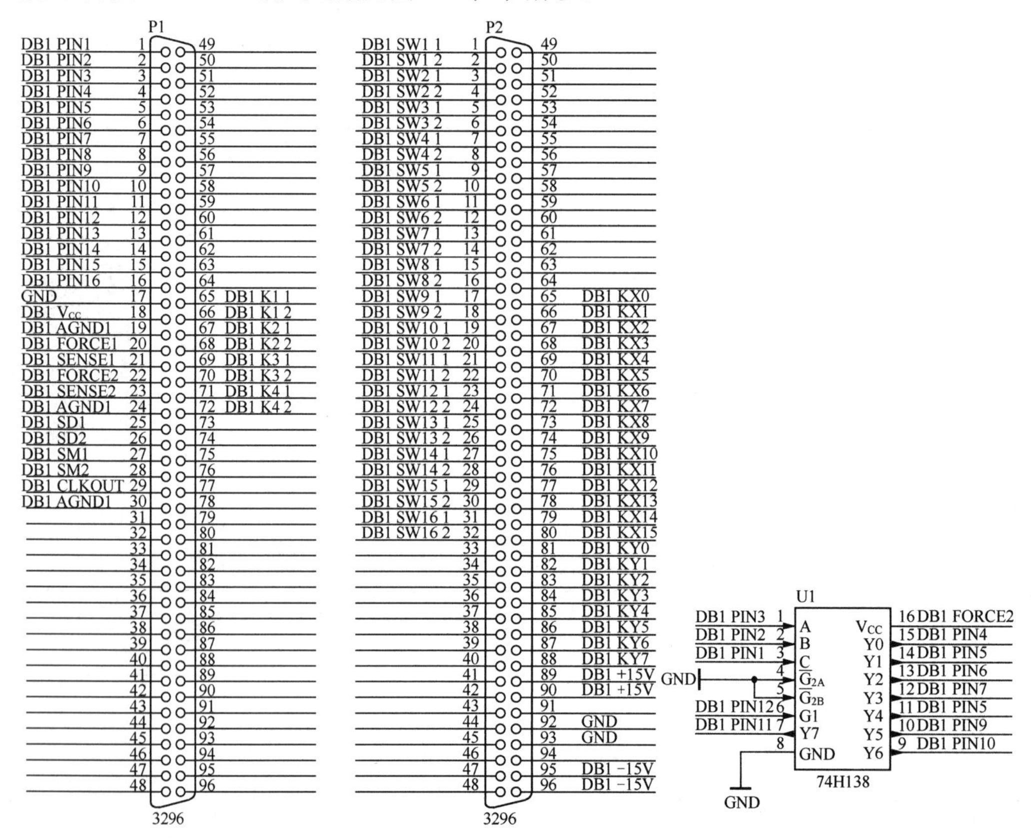

（a）LK8810S 的芯片测试接口电路　　（b）74HC138 测试电路

图 2-3　74HC138 测试电路设计

3. 74HC138 测试板卡

根据图 2-3 所示的 74HC138 测试电路，74HC138 测试板卡的正面如图 2-4 所示。74HC138 测试板卡的背面如图 2-5 所示。

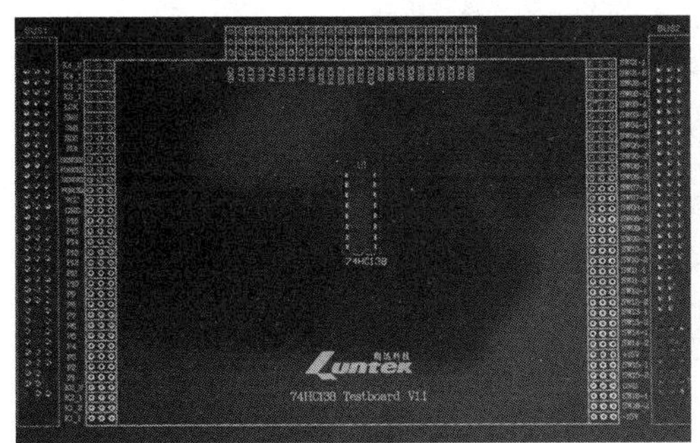

图 2-4　74HC138 测试板卡的正面

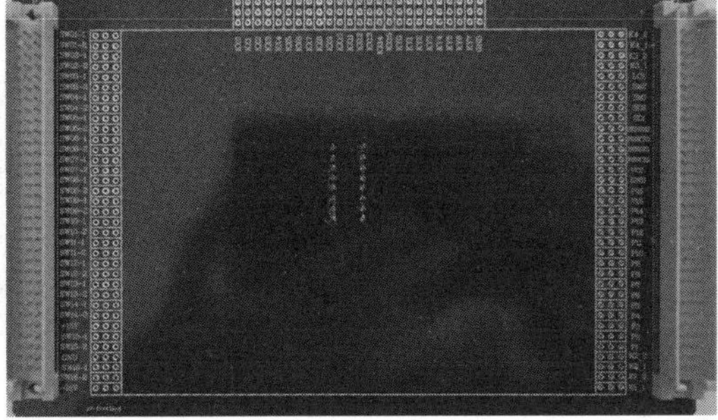

图 2-5　74HC138 测试板卡的背面

4. 74HC138 测试电路搭建

按照任务要求，采用基于测试区的测试方式，把 LK8810S 与 LK220T 的测试区结合起来，完成 74HC138 测试电路搭建。

（1）将 74HC138 测试板卡插接到 LK220T 的测试区接口；

（2）将 100PIN 的 SCSI 转换接口线一端插接到靠近 LK220T 测试区一侧的 SCSI 接口上，另一端插接到 LK8810S 外挂盒上的芯片测试转接板的 SCSI 接口上。

到此，基于测试区的 74HC138 测试电路搭建完成，如图 2-6 所示。

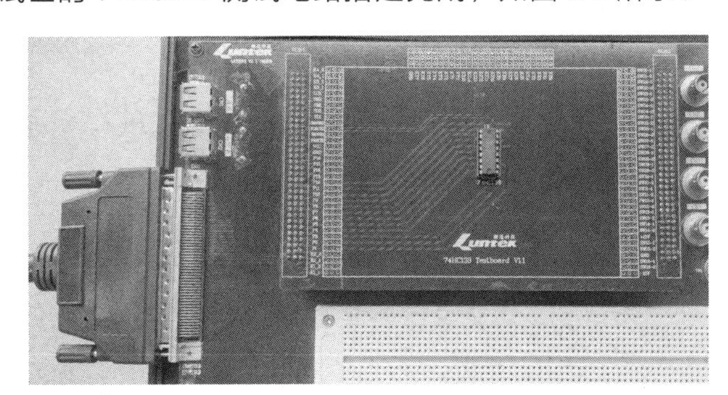

图 2-6　基于测试区的 74HC138 测试电路

【技能训练 2-1】基于练习区的 74HC138 测试电路搭建

【技能训练 2-1】基于练习区的 74HC138 测试电路搭建

任务 3 是基于测试区的测试方式，完成 74HC138 测试电路搭建的。如果采用基于练习区的测试方式，该如何搭建 74HC138 测试电路呢？

（1）在练习区的面包板上插上一个 74HC138 芯片，芯片正面缺口向左；

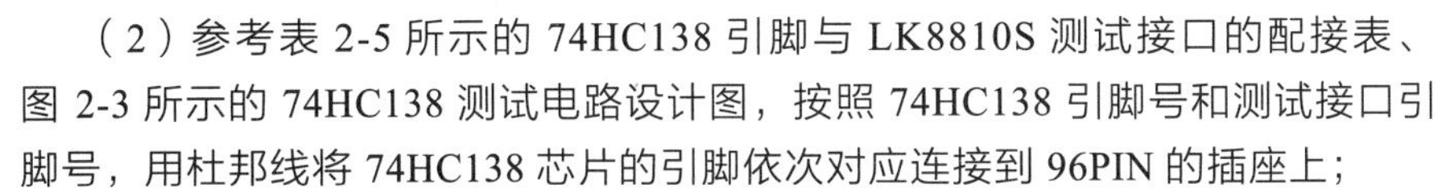

（2）参考表 2-5 所示的 74HC138 引脚与 LK8810S 测试接口的配接表、图 2-3 所示的 74HC138 测试电路设计图，按照 74HC138 引脚号和测试接口引脚号，用杜邦线将 74HC138 芯片的引脚依次对应连接到 96PIN 的插座上；

（3）将 100PIN 的 SCSI 转换接口线一端插接到靠近 LK220T 练习区一侧的 SCSI 接口上，另一端插接到 LK8810S 外挂盒上的芯片测试转接板的 SCSI 接口上。

搭建好的基于练习区的 74HC138 测试电路如图 2-7 所示。

图 2-7　基于练习区的 74HC138 测试电路

2.2　任务 4　74HC138 的开短路测试

2.2.1　任务描述

利用 LK8810S 集成电路测试机和 74HC138 测试电路，通过对 74HC138 的输入和输出引脚提供电流，并测其引脚电压，完成 74HC138 的开短路测试。测试结果的要求如下：测得引脚的电压若在−1.2～−0.3V，则为良品；否则为非良品。

2.2.2　开短路测试实现分析

2.2.2 开短路测试实现分析

开短路测试通常被称为 continuity test 或者 open/short test，是针对芯片引脚内部对地或对 V_{CC} 是否出现开路或短路进行测试的一种方法。

1. 开短路测试

74HC138 芯片开短路测试通过在芯片被测引脚加入适当的小电流来测试芯片引脚的电压。在向被测引脚施加−100μA 电流进行开短路测试时，被测引脚的电压有以下 3 种不同情况。

（1）引脚正常连接：电压在−1.2～−0.3V，大约在−0.6V 左右，表示 74HC138 芯片为良品。

（2）引脚出现短路：电压为 0V，表示 74HC138 芯片内部电路有短路，通常是被测引脚与地之间有短路。

（3）引脚出现开路：电压为无限小（负压），若钳位电压设置为 4V，引脚出现开路时的电压为−4V，表示 74HC138 芯片内部电路有开路，通常是在被测引脚附近。

这里主要测试 74HC138 芯片的每个引脚是否存在对地短路或开路现象。

2. 开短路测试关键函数

在 74HC138 芯片开短路测试程序中，主要使用了_reset()、_wait()及_pmu_test_iv()等关键函数。

（1）_reset()函数

_reset()函数用于产生 CLR 复位脉冲，使 LK8810S 集成电路测试机复位，接口数据清零。

函数原型是:

```
void _reset(void);
```

_reset()函数是无参数函数。

（2）_wait()函数

_wait()函数用于延时等待。函数原型是:

```
void _wait(float n_ms);
```

参数 n_ms 是延时时间，取值范围是 0.001～65535ms。例如，延时 20ms 的代码如下:

```
_wait(20);
```

（3）_pmu_test_iv()函数

_pmu_test_iv()函数用于向被测引脚提供适当的小电流，然后对被测引脚进行电压测量，返回值是被测引脚的电压（V）。函数原型是:

```
float _pmu_test_iv(unsigned int pin_number, unsigned int power_channel, float current_souse, unsigned int gain);
```

第 1 个参数 pin_number 是被测引脚号，选择范围是 1、2、3、…、16;

第 2 个参数 power_channel 是电源通道，选择范围是 1、2;

第 3 个参数 current_souse 是给定电流，取值范围是−100000～+100000μA;

第 4 个参数 gain 是测量增益，选择范围是 1、2、3。

例如，选择电源通道 1、测量增益为 1，向被测引脚提供−100μA 的电流，并获取其引脚的电压，代码如下:

```
V[num-1]=_pmu_test_iv(num,1,-100,1);
//num 为被测引脚号，V[num-1]是存放被测引脚的电压
```

3. 开短路测试流程

74HC138 芯片的开短路测试流程如下:

（1）通过_reset()函数对 LK8810S 集成电路测试机的测试接口进行复位;

（2）通过_wait()函数延时等待一段时间，通常延时 10ms;

（3）通过_pmu_test_iv()函数向被测引脚提供−100μA 电流，测量的被测引脚电压作为函数的返回值;

（4）根据_pmu_test_iv()函数的返回值（被测引脚电压），判断 74HC138 芯片是否为良品;

（5）为防止上次参数测试留下的电量对下次造成影响，最后还需要适当延时，以提高测试的准确性。

2.2.3 开短路测试程序设计

2.2.3 开短路测试程序设计

参考项目 1 中任务 2 “创建第一个集成电路测试程序”的步骤，完成 74HC138 开短路测试程序设计。

1. 新建 74HC138 测试程序模板

运行 LK8810S 上位机软件，打开“LK8810S”界面。单击界面上“创建程序”按钮，弹出“新建程序”对话框，如图 2-8 所示。

先在对话框中输入程序名“74HC138”，然后单击“确定”按钮保存，弹出“程序创建成功”消息对话框，如图 2-9 所示。

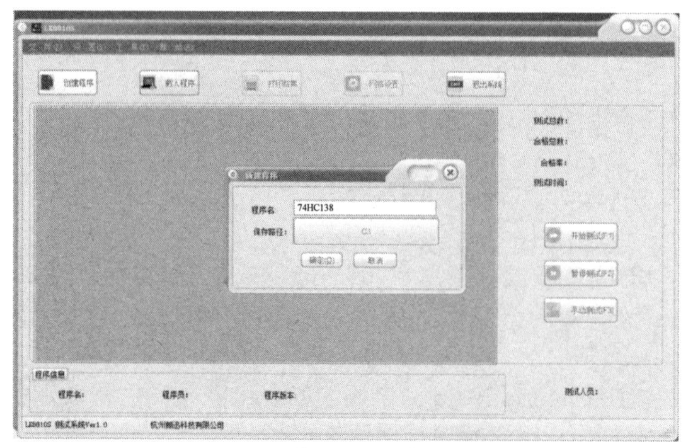

图 2-8 “新建程序”对话框

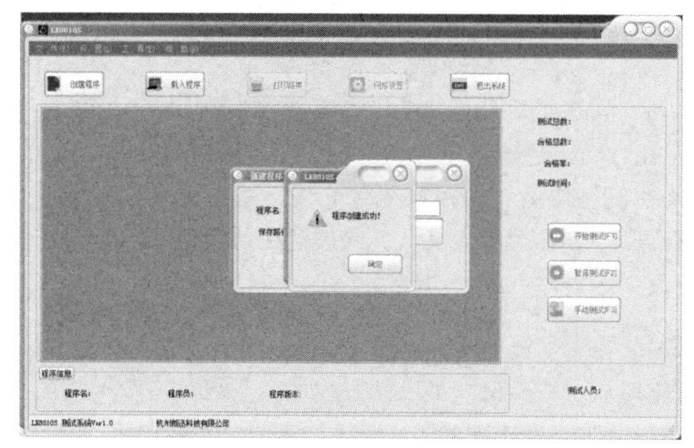

图 2-9 “程序创建成功”消息对话框

单击“确定”按钮，此时系统会自动为用户在 C 盘创建一个“74HC138”文件夹（即 74HC138 测试程序模板）。74HC138 测试程序模板中主要包括 C 文件 74HC138.cpp、工程文件 Sl74HC138.dsp 及 Debug 文件夹等。

2. 打开测试程序模板

定位到“74HC138”文件夹（测试程序模板），打开的“74HC138.dsp”工程文件如图 2-10 所示。

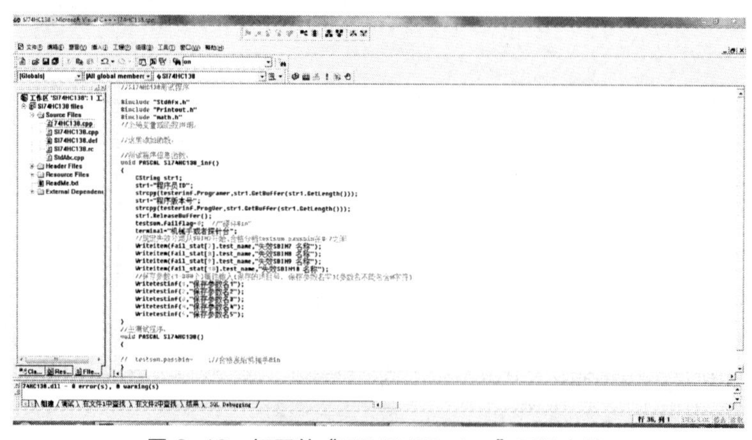

图 2-10 打开的“74HC138.dsp”工程文件

在图 2-10 中，我们可以看到一个自动生成的 74HC138 测试程序，代码如下：

```
1.   /**********74HC138 测试程序**********/
2.   #include "StdAfx.h"
3.   #include "Printout.h"
4.   #include "math.h"
5.   //添加全局变量或函数声明
6.   //添加芯片测试函数，这里是添加芯片开短路测试函数
7.   /**********74HC138 测试程序信息函数**********/
8.   void PASCAL S174HC138_inf()
9.   {
10.      CString str1;
11.      str1="程序员 ID";
12.      strcpy(testerinf.Programer,str1.GetBuffer(str1.GetLength()));
13.      str1="程序版本号";
14.      strcpy(testerinf.ProgVer,str1.GetBuffer(str1.GetLength()));
15.      str1.ReleaseBuffer();
16.      testsum.failflag=0;  //"硬件 Bin"
17.      terminal="机械手或者探针台";
18.      //规定失效分项从 SBIN7 开始,合格分档 testsum.passbin 在 0～7
19.      Writeitem(fail_stat[7].test_name,"失效 SBIN7 名称");
20.      Writeitem(fail_stat[8].test_name,"失效 SBIN8 名称");
21.      Writeitem(fail_stat[9].test_name,"失效 SBIN9 名称");
22.      Writeitem(fail_stat[10].test_name,"失效 SBIN10 名称");
23.      //保存参数(1～300 个)的属性输入(保存的项目号，保存参数名)(参数名不能包含@字符)
24.      Writetestinf(1,"保存参数名 1");
25.      Writetestinf(2,"保存参数名 2");
26.      Writetestinf(3,"保存参数名 3");
27.      Writetestinf(4,"保存参数名 4");
28.      Writetestinf(5,"保存参数名 5");
29.  }
30.  /**********74HC138 主测试函数**********/
31.  void PASCAL S1SN74HC138()
32.  {
33.      //添加 74HC138 主测试函数的函数体代码
34.  }
```

其中 74HC138 测试程序信息函数 PASCAL Sl74HC138_inf()是在测试运行界面上显示程序信息的，如图 2-11 所示。

图 2-11　显示程序信息

3. 编写测试程序及编译

在自动生成的 74HC138 测试程序中，需要添加全局变量声明、Openshort()开短路测试函数（即添加芯片测试函数）及 74HC138 主测试函数的函数体。

（1）全局变量声明

全局变量声明，代码如下：

```
1.  //全局变量声明
2.  unsigned int A;                //A、B、C 地址输入引脚
3.  unsigned int B;
4.  unsigned int C;
5.  unsigned int G1;               //选通引脚，另外两个选通引脚在电路搭建时已经接地了
6.  unsigned int Y[8];             //数组元素 Y[0]～Y[7]对应 74HC138 的 8 个输出引脚
7.  unsigned int failflag;         //故障标志位。如果 failflag=1，表示出现故障
```

（2）编写 Openshort()开短路测试函数

74HC138 芯片的开短路测试函数 Openshort()，代码如下：

```
1.  /**********芯片开短路测试函数**********/
2.  void Openshort()
3.  {
4.      Mprintf("\n.........74HC138 Openshort test............\n");
5.      int num;
6.      float V[16];                    //声明一个浮点型 V[16]数组，有 16 个元素
7.      _reset();                       //LK8810S 集成电路测试机复位
8.      _wait(10);                      //延时 10ms
9.      for(num=1;num<17;num++)         //74HC138 芯片有 16 个引脚，循环测试 16 次
10.     {
11.         V[num-1]=_pmu_test_iv(num,1,-100,1);
            //向被测引脚施加-100μA 电流，返回被测引脚电压
12.         Mprintf("V[%d]=%5.3fV",num,V[num-1]);
            //打印显示 V[0]～V[15]引脚返回的电压信息
13.         if(V[num-1]<-1.2||V[num-1]>-0.3)
            //判断被测引脚的返回电压是否在-1.2～-0.3V
14.         {
15.             Mprintf("\tOVERFLOW!\n"); //返回电压不在-1.2～-0.3V
16.             failflag=1;               //故障标志位，出现故障直接退出
17.             return;
18.         }
19.         else
20.             Mprintf("\tOK!\n");       //返回电压在-1.2～-0.3V
21.     }
22. }
```

代码说明：

① Mprintf()函数是格式化输出函数，与 C 语言的 printf()函数一样，用于将格式化后的字符串输出到标准输出。

② “for(num=1;num<17;num++)”中的 num 是被测引脚号，74HC138 芯片有 16 个引脚，for 语句循环 16 次，依次对 74HC138 的 16 个引脚进行测试。

③ “V[num-1]=_pmu_test_iv(num,1,−100,1);”语句中的 num 是被测引脚号，返回值为被测引脚电压（V），返回值依次保存到数组的 V[0]～V[15]下标变量中。

④ “if(V[num-1]<−1.2||V[num-1]>−0.3)”语句用于判断被测引脚的返回电压，若测得 74HC138 引脚电压在−1.2～−0.3V，表示芯片为良品，显示“OK!”；否则为非良品，显示“OVERFLOW!”。

（3）编写 74HC138 主测试函数，添加 74HC138 主测试函数的函数体

在自动生成的 74HC138 主测试函数中，只要添加 74HC138 主测试函数的函数体代码即

可，代码如下：

```
1.  /**********74HC138 主测试函数**********/
2.  void PASCAL S174HC138()
3.  {
4.      A=3;            //定义芯片引脚同测试机引脚的连接，如表 2-5 所示
5.      B=2;            //A、B、C 地址输入引脚
6.      C=1;
7.      G1=12;          //选通引脚，另外 2 个选通引脚（低电平有效）在电路搭建时已经接地了
8.      Y[0]=4;         //数组元素 Y[0]～Y[7]对应 74HC138 的 8 个输出引脚
9.      Y[1]=5;
10.     Y[2]=6;
11.     Y[3]=7;
12.     Y[4]=8;
13.     Y[5]=9;
14.     Y[6]=10;
15.     Y[7]=11;
16.     _reset();       //软件复位 LK8810S
17.     Openshort();    //74HC138 芯片开短路测试
18.     _wait(10);      //适当延时，以提高测试的准确性（防止上次参数测试留下的电量对下次造成影响）
19. }
```

下面给出 74HC138 开短路测试程序的完整代码，这里省略前面已经给出的代码。

```
1.  /***************S174HC138 开短路测试***************/
2.  #include "StdAfx.h"
3.  #include "Printout.h"
4.  #include "math.h"
5.  /***************全局变量或函数声明***************/
6.  ……                                          //全局变量声明代码
7.  /**********芯片开短路测试函数**********/
8.  void Openshort()
9.  {
10.     ……                                      //开短路测试函数的函数体
11. }
12. /**********74HC138 测试程序信息函数**********/
13. void PASCAL S174HC138_inf()
14. {
15.     ……                                      //74HC138 测试程序信息函数的函数体
16. }
17. /**********74HC138 主测试函数**********/
18. void PASCAL S174HC138()
19. {
20.     ……                                      //74HC138 主测试函数的函数体
21. }
```

（4）74HC138 测试程序编译

编写完 74HC138 开短路测试程序后，进行编译。若编译发生错误，则要进行分析与检查，直至编译成功为止。

4. 74HC138 测试程序的载入与运行

参考项目 1 中任务 2“创建第一个集成电路测试程序”的载入测试程序的步骤，完成 74HC138 开短路测试程序的载入与运行。74HC138 开短路测试结果如图 2-12 所示。

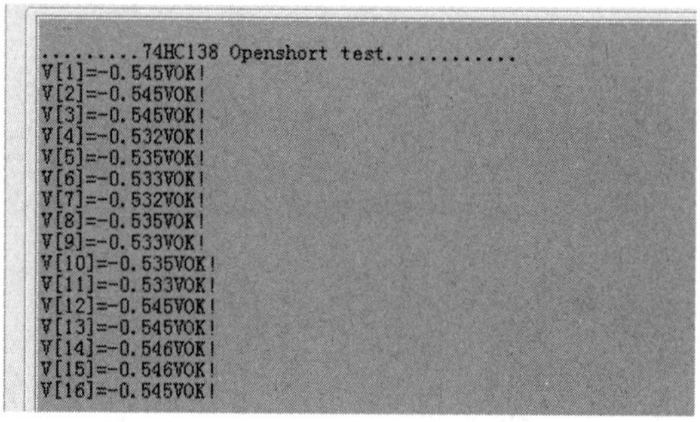

```
.........74HC138 Openshort test...........
V[1]=-0.545VOK!
V[2]=-0.545VOK!
V[3]=-0.545VOK!
V[4]=-0.532VOK!
V[5]=-0.535VOK!
V[6]=-0.533VOK!
V[7]=-0.532VOK!
V[8]=-0.535VOK!
V[9]=-0.533VOK!
V[10]=-0.535VOK!
V[11]=-0.533VOK!
V[12]=-0.545VOK!
V[13]=-0.545VOK!
V[14]=-0.546VOK!
V[15]=-0.546VOK!
V[16]=-0.545VOK!
```

图 2-12　74HC138 开短路测试结果

观察 74HC138 开短路测试程序的运行结果是否符合任务要求。若运行结果不能满足任务要求，则要对测试程序进行分析、检查、修改，直至运行结果满足任务要求为止。

2.3　任务 5　74HC138 的静态工作电流测试

2.3.1　任务描述

通过 LK8810S 集成电路测试机和 74HC138 测试电路，完成 74HC138 的静态工作电流测试。对 74HC138 的 V_{CC} 引脚施加 6V 电压，并测其引脚电流，测试结果要求如下：测得引脚的电流若小于 80μA，则芯片为良品；否则芯片为非良品。

2.3.2　静态工作电流测试实现分析

2.3.2 静态工作电流测试实现分析

1. 静态工作电流测试实现方法

根据表 2-3 所示，74HC138 静态工作电流测试的条件是：

$$V_I=V_{CC} \text{ 或 } V_I=0,\ I_O=0,\ V_{CC}=6.0\text{V}$$

（1）74HC138 输入引脚有 G_1、A、B 和 C，另外两个选通引脚是接地的。只要设置 G_1、A、B 和 C 为高电平或低电平，即可满足 $V_I=V_{CC}$ 或 $V_I=0$ 的条件；

（2）不要打开连接 74HC138 输出引脚的继电器，使得输出引脚对外连接是断开的，即可满足 $I_O=0$ 的条件；

（3）向 V_{CC} 引脚施加一个 6.0V 电压，即可满足 $V_{CC}=6.0\text{V}$ 的条件。

在满足 74HC138 静态工作电流测试的条件后，可使用电流测试函数测试 74HC138 的 V_{CC} 引脚电流 I_{CC}，然后根据测试的结果判断静态工作电流 I_{CC} 是否小于 80μA。若结果小于 80μA，则芯片为良品，否则为非良品。

2. 静态工作电流测试关键函数

在 74HC138 芯片静态工作电流测试程序中，主要使用了_set_logic_level()、_on_vpt()、_sel_drv_pin()、_set_drvpin()、_measure_i()等函数。

（1）_set_logic_level()函数

_set_logic_level()函数用于设置参考电压。函数原型是：

```
void _set_logic_level(float VIH,float VIL,float VOH,float VOL);
```

第 1 个参数 VIH 是设置输入引脚高电平的电压，取值范围是 0～10V；

第 2 个参数 VIL 是设置输入引脚低电平的电压，取值范围是 0～10V；

第 3 个参数 VOH 是设置输出引脚高电平的电压，取值范围是 0～10V；

第 4 个参数 VOL 是设置输出引脚低电平的电压，取值范围是 0～10V。

例如，设置输入引脚高电平的电压是 6V、低电平的电压是 0V，设置输出引脚高电平的电压是 4V、低电平的电压是 0V，代码如下：

```
_set_logic_level(6,0,4,0);
```

（2）_on_vpt()函数

_on_vpt()函数用于选择电源通道和电流挡位、设置电压。函数原型是：

```
void _on_vpt(unsigned int channel, unsigned int current_stat, float voltage);
```

第 1 个参数 channel 是电源通道，选择范围是 1、2；

第 2 个参数 current_stat 是电流挡位，选择范围是 1、2、3、4、5、6，其中 1 表示 100mA，2 表示 10mA，3 表示 1mA，4 表示 100μA，5 表示 10μA，6 表示 1μA；

第 3 个参数 voltage 是输出电压，取值范围是−20～+20V。

例如，在电源通道 2（FORCE2）输出 6V 电压，电流挡位是 4（即 100μA），代码如下：

```
_on_vpt(2,4,6);
```

（3）_sel_drv_pin()函数

_sel_drv_pin()函数用于设定输入引脚。函数原型是：

```
void _sel_drv_pin(unsigned int pin,...);
```

参数 pin 是引脚序列，选择范围是 1、2、3、……、16，引脚序列要以 0 结尾。

例如，设定 G_1、A、B、C 为输入引脚，代码如下：

```
_sel_drv_pin(G1,A,B,C,0);
```

（4）_set_drvpin()函数

_set_drvpin()函数用于设置输入引脚的逻辑状态，H 为高电平，L 为低电平。函数原型是：

```
void _set_drvpin(char *logic, unsigned int pin,...);
```

第 1 个参数*logic 是逻辑标志，选择范围是“H”、“L”；

第 2 个参数 pin 是引脚序列，选择范围是 1、2、3、…、16，引脚序列要以 0 结尾。

例如，把 G_1 引脚设置为高电平，代码如下：

```
_set_drvpin("H",G1,0);
```

（5）_measure_i()函数

_measure_i()函数用于选择合适的电流挡位，精确测量工作电流，然后返回工作电流（μA）。函数原型是：

```
float _measure_i(unsigned int channel,unsigned int current_ch,unsigned int gain);
```

第 1 个参数 channel 是电源通道，选择范围是 1、2；

第 2 个参数 current_ch 是电流挡位，选择范围是 1、2、3、4、5、6，其中 1 表示 100 mA，2 表示 10 mA，3 表示 1 mA，4 表示 100μA，5 表示 10μA、6 表示 1μA；

第 3 个参数 gain 是测量增益，选择范围是 1、2、3，其中 1 表示 0.5，2 表示 1，3 表示 5。

例如，测量电源通道 2（FORCE2）上的电流（即 V_{CC} 引脚的电流），电流挡位是 4（即 100μA），测量增益是 1，获取工作电流的代码如下：

```
current = _measure_i(2,4,2);
```

3. 静态工作电流测试流程

74HC138 芯片静态工作电流测试流程如下：

（1）通过_reset()函数对 LK8810S 集成电路测试机的测试接口进行复位；

（2）通过_wait()函数延时等待一段时间，通常延时 10ms；

（3）通过_set_logic_level()函数，设置输入引脚高电平与低电平分别为 6V 和 0V，设置输出引脚高电平与低电平分别为 4V 和 0V；

（4）通过_on_vpt()函数选择电源通道和电流挡位，并设置电压。这里是通过电源通道 2 向 V_{CC} 引脚提供 6.0V 电压；

（5）通过_sel_drv_pin 函数设置 G_1、A、B 和 C 为输入引脚；

（6）通过_set_drvpin 函数设置 G_1 为高电平，A、B 和 C 为低电平（A、B 和 C 也可以设置为其他状态）；

（7）通过_wait()函数延时等待一段时间，通常延时 10ms；

（8）通过_measure_i()函数选择电源通道 2（与_on_vpt()函数选择的电源通道 2 一致）、电流挡位及测量增益，然后返回 74HC138 的工作电流（μA）；

（9）根据_measure_i()函数的返回值（被测静态工作电流）是否小于 80μA 来判断 74HC138 芯片是否为良品。

> **注意** **根据测试接口配接表 2-5 所示，在电路上 LK8810S 测试接口的 FORCE2（即电源通道 2），是直接连接在 74HC138 的 V_{CC} 引脚上的。**

2.3.3 静态工作电流测试程序设计

2.3.3 静态工作电流测试程序设计

新建 74HC138 芯片静态工作电流测试程序模板，可以参考任务 4 中“开短路测试程序设计”下的“新建 74HC138 测试程序模板”操作步骤。在这里，只详细介绍如何编写 74HC138 芯片静态工作电流测试程序，后面不再赘述。

1. 编写静态工作电流测试函数 ICC()

74HC138 芯片静态工作电流测试函数 ICC()，代码如下：

```
1.  /**********芯片静态工作电流测试函数**********/
2.  void ICC()                              //静态工作电流测试
3.  {
4.      float current;
5.      _reset();
6.      Mprintf("........Supply Current Test........\n");
7.      _wait(10);
8.      _on_vpt(2,4,6.0);
        //通过 FORCE2（即电源通道 2）向 Vcc 引脚提供 6V 的电压，电流挡位是 4
9.      _wait(10);
10.     current = _measure_i(2,4,2);
        //测量 FORCE2 上的电流（即 Vcc 引脚的电流），电流挡位是 4（100μA）
11.     Mprintf("\tSupply Current is %7.3fuA\t",current);
12.     if(current<80)                      //判断 Vcc 引脚的静态工作电流的阈值范围
13.             Mprintf("\tOK!\n");    //Vcc 引脚电流小于 80μA，芯片为良品，显示“OK!”
```

```
14.         else
15.                 Mprintf("\tOVERFLOW!\n");
    //Vcc 引脚电流大于 80μA，芯片为非良品，显示“OVERFLOW!”
16.     }
```

其中，“if(current<80)”语句是判断被测引脚的工作电流返回值，若测得 74HC138 的 V_{CC} 引脚电流小于 80μA，则芯片为良品，显示“OK!”；否则为非良品，显示“OVERFLOW!”。

2. 74HC138 静态工作电流测试程序的编写及编译

下面完成 74HC138 静态工作电流测试程序的编写，在这里省略前面（包括任务 4）已经给出的代码，代码如下：

```
1.  /***************Sl74HC138 静态工作电流测试***************/
2.  ……                                          //头文件包含，见任务 4
3.  /***************全局变量或函数声明***************/
4.  ……
5.  ……                                          //全局变量声明代码，见任务 4
6.  /**********芯片静态工作电流测试函数**********/
7.  void ICC()
8.  {
9.      ……                                      //静态工作电流测试函数的函数体
10. }
11. /**********74HC138 测试程序信息函数**********/
12. void PASCAL Sl74HC138_inf()
13. {
14.     ……                                      //见任务 4
15. }
16. /**********74HC138 主测试函数**********/
17. void PASCAL Sl74HC138()
18. {
19.     ……                                      //见任务 4
20.     _reset();                               //软件复位 LK8810S 的测试接口
21.     ICC();                                  //74HC138 芯片静态工作电流测试函数
22.     _wait(10);    //适当延时提高测试的准确性(防止上次参数测试留下的电量对下次造成影响)
23. }
```

编写完 74HC138 静态工作电流测试程序后，进行编译。若编译发生错误，要进行分析与检查，直至编译成功为止。

3. 74HC138 测试程序的载入与运行

参考任务 2 的“创建第一个集成电路测试程序”的载入测试程序的步骤，完成 74HC138 静态工作电流测试程序的载入与运行。74HC138 静态工作电流测试结果如图 2-13 所示。

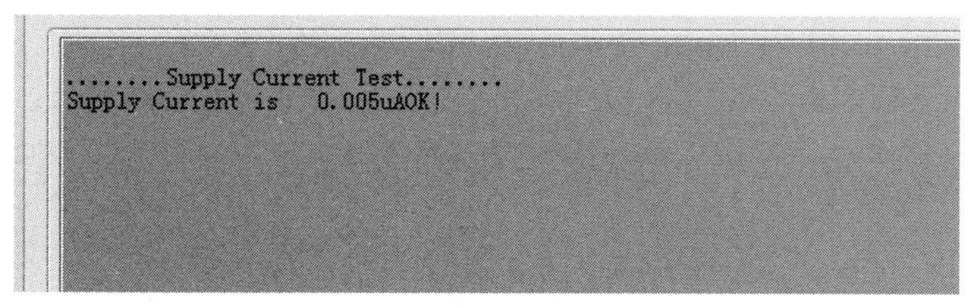

图 2-13　74HC138 静态工作电流测试结果

观察 74HC138 静态工作电流测试程序的运行结果是否符合任务要求。若运行结果不能满足任务要求，则要对测试程序进行分析、检查、修改，直至运行结果满足任务要求为止。

2.4 任务6 74HC138的直流参数测试

2.4.1 任务描述

通过 LK8810S 集成电路测试机和 74HC138 测试电路，完成 74HC138 的直流参数测试。测试结果要求如下：

（1）在输出高电平测试时，测得输出引脚的电压大于 4.4V，则芯片为良品，否则为非良品；

（2）在输出低电平测试时，测得输出引脚的电压小于 0.1V，则芯片为良品，否则为非良品。

2.4.2 直流参数测试实现分析

2.4.2 直流参数测试实现分析

1. 直流参数测试实现方法

74HC138 的直流参数测试有输出高电平测试和输出低电平测试两种方式。根据表 2-3 所示，输出高电平和输出低电平各有 5 种组合的测试条件。这里选择其中 1 种组合作为测试条件。

（1）输出高电平测试

选择 74HC138 输出高电平测试的条件是：

$$V_I=V_{IH} \text{或} V_I=V_{IL}，I_{OH}=-20\ \mu A，V_{CC}=4.5V$$

① 74HC138 输入引脚有 G_1、A、B 和 C，另外两个选通引脚是接地的。只要设置 G_1、A、B 和 C 为高电平或低电平，即可满足 $V_I=V_{IH}$ 或 $V_I=V_{IL}$ 的条件；

② 向 74HC138 的输出引脚施加−20μA 抽出电流（也称为拉电流），即可满足 $I_{OH}=-20\ \mu A$ 的条件；

③ 向 V_{CC} 引脚施加一个 4.5V 电压，即可满足 $V_{CC}=4.5V$ 的条件。

在满足 74HC138 输出高电平测试的条件后，可测试 74HC138 输出引脚的电压 V_{OH}，然后根据测试的结果判断输出高电平 V_{OH} 是否大于 4.4V。若结果大于 4.4V，则芯片为良品，否则为非良品。

（2）输出低电平测试

选择 74HC138 输出低电平测试的条件是：

$$V_I=V_{IH} \text{或} V_I=V_{IL}，I_{OL}=20\ \mu A，V_{CC}=4.5V$$

① 设置 74HC138 的 G_1、A、B 和 C 为高电平或低电平，即可满足 $V_I=V_{IH}$ 或 $V_I=V_{IL}$ 的条件；

② 向 74HC138 的输出引脚施加 20 μA 注入电流（也称为灌电流），即可满足 $I_{OL}=20\ \mu A$ 的条件；

③ 向 V_{CC} 引脚施加一个 4.5V 电压，即可满足 $V_{CC}=4.5V$ 的条件。

在满足 74HC138 输出低电平测试的条件后，可测试 74HC138 输出引脚的电压 V_{OL}，然后根据测试的结果判断输出高电平 V_{OL} 是否小于 0.1V。若结果小于 0.1V，则芯片为良品，否则为非良品。

2. 直流参数测试关键函数

在 74HC138 芯片直流参数测试程序中，主要使用了_on_vpt()、_sel_drv_pin()、_set_drvpin()、_set_logic_level()、_pmu_test_iv()、_off_fun_pin()等函数。这里主要介绍_off_fun_pin()函数，其他函数在前面已经介绍过。

_off_fun_pin()函数用于关闭用到的功能引脚继电器（用于测试机连接引脚的功能引脚继电器）。函数原型是：

```
void _off_fun_pin(unsigned int pin,...);
```

参数 pin 是引脚序列，选择范围是 1、2、3、…、16，引脚序列要以 0 结尾。

例如，为了不影响下次芯片测试，需要关闭所有用到的功能引脚继电器，恢复测试机的初始状态，代码如下：

```
_off_fun_pin(A,B,C,Y[0],Y[1],Y[2],Y[3],Y[4],Y[5],Y[6],Y[7],0);
```

3. 直流参数测试流程

74HC138 芯片直流参数测试流程如下：

（1）通过_on_vpt()函数选择 FORCE2（即电源通道 2），向 V_{CC} 引脚施加 4.5V 的电压，电流挡位是 4；

（2）通过_wait()函数延时等待一段时间，通常延时 10ms；

（3）通过_set_logic_level 函数设置输入引脚高电平的电压是 5V、低电平的电压是 0V，设置输出引脚高电平的电压是 4V、低电平的电压是 0V；

（4）通过_sel_drv_pin 函数设置 G_1、A、B 和 C 为输入引脚；

（5）通过_wait()函数延时等待一段时间，通常延时 10ms；

（6）通过_set_drvpin 函数设置 G_1 为高电平，A、B 和 C 为低电平（A、B 和 C 也可以设置为其他状态）；

（7）通过_pmu_test_iv()函数向被测引脚提供−20μA 电流，被测引脚电压作为函数的返回值，根据返回值来判断被测引脚电压是否符合输出高电平的要求；

（8）通过_wait()函数延时等待一段时间，通常延时 10ms；

（9）通过_set_drvpin 函数设置 A、B 和 C 为高电平（A、B 和 C 也可以设置为其他状态）；

（10）通过_pmu_test_iv()函数向被测引脚提供 20μA 电流，被测引脚电压作为函数的返回值，根据返回值来判断被测引脚电压是否符合输出低电平的要求；

（11）通过_off_fun_pin()函数关闭所有用到的功能继电器。

说明：（1）～（4）是直流参数测试初始化；（5）～（7）是输出高电平测试；（8）～（10）是输出低电平测试。

2.4.3 直流参数测试程序设计

2.4.3 直流参数测试程序设计

1. 编写直流参数测试函数 DC()

74HC138 芯片直流参数测试函数 DC()，代码如下：

```
1.   /**********直流参数测试**********/
2.   void DC()
3.   {
4.       int j;
5.       float voltage1[8],voltage2[8];
6.       Mprintf(".......High Level Output Voltage Test.......\n");
```

```
        //输出高电平测试
 7.     _wait(10);
 8.     _on_vpt(2,4,4.5);
        //通过 FORCE2（即电源通道 2）向 Vcc 引脚提供 4.5V 的电压，电流挡位是 4
 9.     _set_logic_level(5,0,4,0);     //设置输入引脚的高低电平、输出引脚的高低电平
10.     _sel_drv_pin(G1,A,B,C,0);      //设置 G1、A、B 和 C 为输入引脚
11.     _wait(10);
12.     _set_drvpin("H",G1,0);         //设置 G1 为高电平
13.     _set_drvpin("L",A,B,C,0);      //设置 A、B 和 C 为低电平
14.     for(j=0;j<8;j++)               //循环对被测输出引脚进行电压测试
15.     {
16.         voltage1[j] = _pmu_test_iv(j+4,2,-20,2);
            //向被测输出引脚施加-20μA 电流，返回被测引脚电压
17.         Mprintf("\tHigh Level Output Voltage is %7.3fV\t\n",voltage1[j]);
18.     if(voltage1[j]>4.4)        //根据数据手册设定输出电压的阈值范围
19.             Mprintf("\tHigh Voltage!\n");      //上位机显示
20.     else
21.             Mprintf("\tLOW Voltage!\n");
22.     }
23.     Mprintf("********Test Pass********\n");
24.     Mprintf("........Low Level Output Voltage Test........\n");
        //输出低电平测试
25.     _wait(10);
26.     _set_drvpin("H",A,B,C,0);      //设置 A、B、C 为低电平
27.     for(j=0;j<8;j++)               //循环对被测输出引脚进行电压测试
28.     {
29.         voltage2[j] = _pmu_test_iv(j+4,2,20,2);
            //向被测输出引脚施加 20μA 电流，返回被测引脚电压
30.         Mprintf("\tLow Level Output Voltage is %7.3fV\t\n",voltage2[j]);
31.         if(voltage2[j]<0.1)        //根据数据手册设定输出电压的阈值范围
32.             Mprintf("\tLOW Voltage!\n");          //上位机显示
33.         else
34.             Mprintf("\tHigh Voltage!\n");
35.     }
36.     Mprintf("********Test Pass********\n");
37.     //关闭所有用到的功能继电器，使测试机恢复初始状态，进而不影响下次测试
38.     _off_fun_pin(A,B,C,Y[0],Y[1],Y[2],Y[3],Y[4],Y[5],Y[6],Y[7],0);
39.     _reset();
40. }
```

代码说明如下：

（1）“for(j=0;j<8;j++)”语句，是对 74HC138 的 8 个被测输出引脚 Y0～Y7 依次进行循环测试；

（2）“if(voltage1[j]>4.4)”语句，是根据 74HC138 的数据手册判断输出引脚高电平电压是否大于 4.4V。若测得 74HC138 输出引脚电压大于 4.4V，则显示“High Voltage!”；否则显示“Low Voltage!”。

2. 74HC138 直流参数测试程序的编写及编译

下面完成 74HC138 直流参数测试程序的编写，在这里省略前面已经给出的代码，代码如下：

```
 1.  /***************S174HC138 直流参数测试***************/
```

```
2.   ……                                              //头文件包含，见任务 4
3.   /***************全局变量或函数声明***************/
4.   ……
5.   ……                                              //全局变量声明代码，见任务 4
6.   /**********直流参数测试函数**********/
7.   void DC()
8.   {
9.       ……                                          //直流参数测试函数的函数体
10.  }
11.  /**********74HC138 测试程序信息函数**********/
12.  void PASCAL Sl74HC138_inf()
13.  {
14.      ……                                          //见任务 4
15.  }
16.  /**********74HC138 主测试函数**********/
17.  void PASCAL Sl74HC138()
18.  {
19.      ……                                          //见任务 4
20.      _reset();                                   //软件复位 LK8810S 的测试接口
21.      DC();                                       //74HC138 直流参数测试函数
22.      _wait(10);    //适当延时提高测试的准确性(防止上次参数测试留下的电量对下次造成影响)
23.  }
```

编写完 74HC138 直流参数测试程序后，进行编译。若编译发生错误，则要进行分析与检查，直至编译成功为止。

3. 74HC138 测试程序的载入与运行

参考任务 2 的“创建第一个集成电路测试程序”的载入测试程序的步骤，完成 74HC138 直流参数测试程序的载入与运行。74HC138 直流参数测试结果如图 2-14 所示。

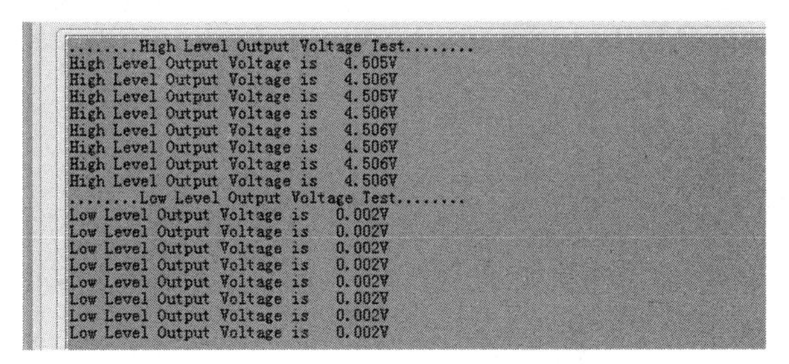

图 2-14　74HC138 直流参数测试结果

观察 74HC138 直流参数测试程序的运行结果是否符合任务要求。若运行结果不能满足任务要求，则要对测试程序进行分析、检查、修改，直至运行结果满足任务要求为止。

2.5 任务 7　74HC138 的功能测试

2.5.1 任务描述

通过 LK8810S 集成电路测试机和 74HC138 测试电路，完成 74HC138 的功能测试。测试结果要求如下：

（1）根据 74HC138 引脚功能表 2-1、真值表 2-2 所示，按照 3 个地址端 A、B 和 C 的 8 个组合，逐一测试 74HC138 的功能；

（2）74HC138 的功能测试结果与真值表符合，则芯片为良品，否则为非良品。

2.5.2 功能测试实现分析

2.5.2 功能测试实现分析

根据任务要求和 74HC138 的逻辑真值表 2-2 所示，验证 74HC138 的逻辑功能是否与真值表符合。

1. 功能测试实现方法

根据真值表 2-2 所示，74HC138 的功能测试实现过程如下：

（1）向 V_{CC} 引脚施加一个 5V 电压，设置选通引脚 G_1 为高电平，另外 2 个选通引脚是接地的；

（2）按照 3 个地址端 A、B 和 C 的 8 个组合，逐一测试 74HC138 的 Y0～Y7 输出引脚的状态；

（3）根据 74HC138 的逻辑真值表，逐一验证 74HC138 的 Y0～Y7 输出引脚的状态是否与真值表相符合，若符合，则芯片为良品，否则为非良品。

2. 功能测试关键函数

在 74HC138 芯片功能测试程序中，主要使用了_on_fun_pin()、_sel_drv_pin()、_sel_comp_pin()和_read_comppin()等函数。

（1）_on_fun_pin()函数

_on_fun_pin()函数用于打开用到的功能引脚继电器。函数原型是：

```
void _on_fun_pin(unsigned int pin,...);
```

参数 pin 是引脚序列，选择范围是 1、2、3、…、16，引脚序列要以 0 结尾。

例如，打开所有用到的与 74HC138 引脚连接的功能引脚继电器，代码如下：

```
_on_fun_pin(A,B,C,Y[0],Y[1],Y[2],Y[3],Y[4],Y[5],Y[6],Y[7],0);
```

（2）_sel_comp_pin()函数

_sel_comp_pin()函数用于设置输出引脚。函数原型是：

```
void _sel_comp_pin(unsigned int pin,...);
```

参数 pin 是引脚序列，选择范围是 1、2、3、…、16，引脚序列要以 0 结尾。

例如，设置 74HC138 的 8 个输出引脚，代码如下：

```
_sel_comp_pin(Y[0],Y[1],Y[2],Y[3],Y[4],Y[5],Y[6],Y[7],0);
```

（3）_read_comppin()函数

_read_comppin()函数用于读取输出引脚的状态或数据。函数原型是：

```
unsigned int _read_comppin(char *logic, unsigned int pin,...);
```

第 1 个参数*logic 是“H”、“L”或其他字符等逻辑标志；

第 2 个参数 pin 是引脚序列，选择范围是 1、2、3、…、16，引脚序列要以 0 结尾。

_read_comppin()函数的使用说明如下。

1）当*logic=“H”时：函数返回值为 0 则 Pass，表示读取的输出引脚是高电平；否则为 Fail，并返回引脚序列中第一个不是“H”的引脚值。

例如，读取 74HC138 的 Y[1]～Y[7]输出引脚的状态，代码如下：

```
_read_comppin("H",Y[1],Y[2],Y[3],Y[4],Y[5],Y[6],Y[7],0);
```

若函数返回值为 0，表示 Y[1]～Y[7]输出引脚都是高电平。

2）当*logic=“L”时：函数返回值为 0 则 Pass，表示读取的输出引脚是低电平；否则为 Fail，并返回引脚序列中第一个不是“L”的引脚值。

例如，读取 74HC138 的 Y[0]输出引脚的状态，代码如下：

```
_read_comppin("L",Y[0],0);
```

若函数返回值为 0，表示 Y[0]输出引脚是低电平。

3）当*logic 为非“H”或“L”时：返回引脚序列的实际逻辑值（1 表示 H、0 表示 L），并不判断比较结果是 Pass 还是 Fail。

3. 功能测试流程

74HC138 功能测试流程如下：

（1）通过_on_vpt()函数选择 FORCE2（即电源通道 2），向 V_{CC} 引脚施加 5V 的电压，电流挡位是 4；

（2）通过_wait()函数延时等待一段时间，通常延时 10ms；

（3）通过_set_logic_level 函数设置输入引脚高电平的电压是 5V、低电平的电压是 0V，设置输出引脚高电平的电压是 4.5V、低电平的电压是 0V；

（4）通过_on_fun_pin()函数打开所有用到的与 74HC138 引脚（A、B、C、Y[0]、Y[1]、Y[2]、Y[3]、Y[4]、Y[5]、Y[6]和 Y[7]）连接的功能引脚继电器；

（5）通过_sel_drv_pin 函数设置 G_1、A、B 和 C 为输入引脚；

（6）通过_sel_comp_pin 函数设置 Y[0]、Y[1]、Y[2]、Y[3]、Y[4]、Y[5]、Y[6]和 Y[7]为输出引脚；

（7）通过_set_drvpin 函数设置 G_1 为高电平，A、B 和 C 根据不同组合进行高电平与低电平设置。

CBA 有 000、001、010、011、100、101、110 和 111 组合，分别对应使 Y[0]、Y[1]、Y[2]、Y[3]、Y[4]、Y[5]、Y[6]和 Y[7]输出为低电平，其他引脚输出为高电平；

例如，CBA 为 010 时，Y[2]引脚输出为低电平，其他引脚输出为高电平。

又如，CBA 为 101 时，Y[5]引脚输出为低电平，其他引脚输出为高电平。

（8）通过_wait()函数延时等待一段时间，通常延时 5ms；

（9）通过_read_comppin()函数读取 Y[0]～Y[7]输出引脚的状态；

（10）通过_read_comppin()函数的返回值，对照 74HC138 的逻辑真值表，判断功能是否符合要求。若符合，则芯片为良品，否则为非良品；

（11）重复（3）～（10）步骤，直至 A、B 和 C 的 8 个组合全部测试完成为止；

（12）通过_reset()函数对 LK8810S 集成电路测试机的测试接口进行复位。

2.5.3 功能测试程序设计

2.5.3 功能测试程序设计

1. 编写功能测试函数 Function()

74HC138 功能测试函数 Function()，代码如下：

```
1.   /**********功能测试函数**********/
2.   void Function()
3.   {
4.       int i;
```

```
5.       _on_vpt(2,4,5);
         //通过 FORCE2（即电源通道 2）向 Vcc 引脚提供 5V 的电压，电流挡位是 4
6.       Mprintf("\n");
7.       Mprintf("............Function test...........\n");
8.       //1）设置 G1=H、C=L、B=L、A=L，使 Y=LHHH_HHHH（即 Y[0]～Y[7]=01111111，Y[0]
         //为 0，其他为 1）
9.       Mprintf("............G1=H G_2A=L G_2B=L C=L B=L A=L Y=LHHH HHHH?
    test...........\n");
10.      _wait(10);
11.      _set_logic_level(5,0,4.5,1);              //设置输入引脚与输出引脚的高低电平
12.      _on_fun_pin(A,B,C,Y[0],Y[1],Y[2],Y[3],Y[4],Y[5],Y[6],Y[7],0);
         //打开功能引脚继电器
13.      _sel_drv_pin(A,B,C,G1,0);                 //设置输入引脚
14.      _sel_comp_pin(Y[0],Y[1],Y[2],Y[3],Y[4],Y[5],Y[6],Y[7],0); //设定输出引脚
15.      _set_drvpin("H",G1,0);                    //设置 G1 为高电平
16.      _set_drvpin("L",C,B,A,0);                 //设置 A、B 和 C 为低电平
17.      _wait(5);
18.      //根据返回值，对照 74HC138 的逻辑真值表，判断功能是否符合要求，符合要求则显示"…… OK"
19.      if(_read_comppin("H",Y[1],Y[2],Y[3],Y[4],Y[5],Y[6],Y[7],0)||_read_
    comppin("L",Y[0],0))
20.          Mprintf("\t\tG1=H G_2A=L G_2B=L C=L B=L A=L Y=LHHH HHHH test error\n");
21.      else
22.              Mprintf("\t\tG1=H G_2A=L G_2B=L C=L B=L A=L Y=LHHH HHHH test
    OK\n");
23.      //2）设置 G1=H、C=L、B=L、A=H，使 Y=HLHH_HHHH（即 Y[0]～Y[7]=10111111，Y[1]
         //为 0，其他为 1）
24.      Mprintf("............G1=H G_2A=L G_2B=L C=L B=L A=H Y=HLHH HHHH?
    test...........\n");
25.      _wait(10);
26.      _set_logic_level(5,0,4.5,1);
27.      _on_fun_pin(A,B,C,Y[0],Y[1],Y[2],Y[3],Y[4],Y[5],Y[6],Y[7],0);
28.      _sel_drv_pin(A,B,C,G1,0);
29.      _sel_comp_pin(Y[0],Y[1],Y[2],Y[3],Y[4],Y[5],Y[6],Y[7],0);
30.      _set_drvpin("L",C,B,0);                   //设置 B、C 为低电平
31.      _set_drvpin("H",A,G1,0);                  //设置 G1、A 为高电平
32.      _wait(5);
33.      if(_read_comppin("H",Y[0],Y[2],Y[3],Y[4],Y[5],Y[6],Y[7],0)||_read_
    comppin("L",Y[1],0))
34.          Mprintf("\t\tG1=H G_2A=L G_2B=L C=L B=L A=H Y=HLHH HHHH test error\n");
35.      else
36.          Mprintf("\t\tG1=H G_2A=L G_2B=L C=L B=L A=H Y=HLHH HHHH test OK\n");
37.      //3）设置 G1=H、C=L、B=H、A=L，使 Y=HHLH_HHHH（即 Y[0]～Y[7]=11011111，Y[2]
         //为 0，其他为 1）
38.      Mprintf("............G1=H G_2A=L G_2B=L C=L B=H A=L Y=HHLH HHHH?
    test...........\n");
39.      _wait(10);
40.      _set_logic_level(5,0,4.5,1);
41.      _on_fun_pin(A,B,C,Y[0],Y[1],Y[2],Y[3],Y[4],Y[5],Y[6],Y[7],0);
42.      _sel_drv_pin(A,B,C,G1,0);
43.      _sel_comp_pin(Y[0],Y[1],Y[2],Y[3],Y[4],Y[5],Y[6],Y[7],0);
```

```
44.     _set_drvpin("L",C,A,0);                          //设置 A、C 为低电平
45.     _set_drvpin("H",B,G1,0);                         //设置 G1、B 为高电平
46.     _wait(5);
47.     if(_read_comppin("H",Y[0],Y[1],Y[3],Y[4],Y[5],Y[6],Y[7],0)||_read_
    comppin("L",Y[2],0))
48.         Mprintf("\t\tG1=H G_2A=L G_2B=L C=L B=H A=L Y=HHLH HHHH test error\n");
49.     else
50.         Mprintf("\t\tG1=H G_2A=L G_2B=L C=L B=H A=L Y=HHLH HHHH test OK\n");
51.     //4）设置 G1=H、C=L、B=H、A=H，使 Y=HHHL_HHHH（即 Y[0]~Y[7]=11101111，Y[3]
        //为 0，其他为 1）
52.     Mprintf("............G1=H G_2A=L G_2B=L C=L B=H A=H Y=HHHL HHHH?
    test............\n");
53.     _wait(10);
54.     _set_logic_level(5,0,4.5,1);
55.     _on_fun_pin(A,B,C,Y[0],Y[1],Y[2],Y[3],Y[4],Y[5],Y[6],Y[7],0);
56.     _sel_drv_pin(A,B,C,G1,0);
57.     _sel_comp_pin(Y[0],Y[1],Y[2],Y[3],Y[4],Y[5],Y[6],Y[7],0);
58.     _set_drvpin("L",C,0);                            //设置 C 为低电平
59.     _set_drvpin("H",B,A,G1,0);                       //设置 G1、A、B 为高电平
60.     _wait(5);
61.     if(_read_comppin("H",Y[0],Y[1],Y[2],Y[4],Y[5],Y[6],Y[7],0)||_read_
    comppin("L",Y[3],0))
62.         Mprintf("\t\tG1=H G_2A=L G_2B=L C=L B=H A=H Y=HHHL HHHH test error\n");
63.     else
64.         Mprintf("\t\tG1=H G_2A=L G_2B=L C=L B=H A=H Y=HHHL HHHH test OK\n");
65.     //5）设置 G1=H、C=L、B=H、A=H，使 Y=HHHH_LHHH（即 Y[0]~Y[7]=11110111，Y[4]
        //为 0，其他为 1）
66.     Mprintf("............G1=H G_2A=L G_2B=L C=H B=L A=L Y=HHHH LHHH?
    test............\n");
67.     _wait(10);
68.     _set_logic_level(5,0,4.5,1);
69.     _on_fun_pin(A,B,C,Y[0],Y[1],Y[2],Y[3],Y[4],Y[5],Y[6],Y[7],0);
70.     _sel_drv_pin(A,B,C,G1,0);
71.     _sel_comp_pin(Y[0],Y[1],Y[2],Y[3],Y[4],Y[5],Y[6],Y[7],0);
72.     _set_drvpin("L",B,A,0);                          //设置 A、B 为低电平
73.     _set_drvpin("H",C,G1,0);                         //设置 G1、C 为高电平
74.     _wait(5);
75.     if(_read_comppin("H",Y[0],Y[1],Y[2],Y[3],Y[5],Y[6],Y[7],0)||_read_
    comppin("L",Y[4],0))
76.         Mprintf("\t\tG1=H G_2A=L G_2B=L C=H B=L A=L Y=HHHH LHHH test error\n");
77.     else
78.         Mprintf("\t\tG1=H G_2A=L G_2B=L C=H B=L A=L Y=HHHH LHHH test OK\n");
79.     //6）设置 G1=H、C=H、B=L、A=H，使 Y=HHHH_HLHH（即 Y[0]~Y[7]=11111011，Y[5]
        //为 0，其他为 1）
80.     Mprintf("............G1=H G_2A=L G_2B=L C=H B=L A=H Y=HHHH HLHH?
    test............\n");
81.     _wait(10);
82.     _set_logic_level(5,0,4.5,1);
83.     _on_fun_pin(A,B,C,Y[0],Y[1],Y[2],Y[3],Y[4],Y[5],Y[6],Y[7],0);
84.     _sel_drv_pin(A,B,C,G1,0);
```

```
85.     _sel_comp_pin(Y[0],Y[1],Y[2],Y[3],Y[4],Y[5],Y[6],Y[7],0);
86.     _set_drvpin("L",B,0);                          //设置 B 为低电平
87.     _set_drvpin("H",C,A,G1,0);                     //设置 G1、A、C 为高电平
88.     _wait(5);
89.     if(_read_comppin("H",Y[0],Y[1],Y[2],Y[3],Y[4],Y[6],Y[7],0)||_read_
    comppin("L",Y[5],0))
90.         Mprintf("\t\tG1=H G_2A=L G_2B=L C=H B=L A=H Y=HHHH HLHH test error\n");
91.     else
92.         Mprintf("\t\tG1=H G_2A=L G_2B=L C=H B=L A=H Y=HHHH HLHH test OK\n");
93.     //7）设置 G1=H、C=H、B=H、A=L，使 Y=HHHH_HHLH（即 Y[0]～Y[7]=11111101，Y[6]
        //为 0，其他为 1）
94.     Mprintf("............G1=H G_2A=L G_2B=L C=H B=H A=L Y=HHHH HHLH?
    test...........\n");
95.     _wait(10);
96.     _set_logic_level(5,0,4.5,1);
97.     _on_fun_pin(A,B,C,Y[0],Y[1],Y[2],Y[3],Y[4],Y[5],Y[6],Y[7],0);
98.     _sel_drv_pin(A,B,C,G1,0);
99.     _sel_comp_pin(Y[0],Y[1],Y[2],Y[3],Y[4],Y[5],Y[6],Y[7],0);
100.    _set_drvpin("L",A,0);                          //设置 A 为低电平
101.    _set_drvpin("H",C,B,G1,0);                     //设置 G1、B、C 为高电平
102.    _wait(5);
103.    if(_read_comppin("H",Y[0],Y[1],Y[2],Y[3],Y[4],Y[5],Y[7],0)||_read_
    comppin("L",Y[6],0))
104.        Mprintf("\t\tG1=H G_2A=L G_2B=L C=H B=H A=L Y=HHHH HHLH test error\n");
105.    else
106.        Mprintf("\t\tG1=H G_2A=L G_2B=L C=H B=H A=L Y=HHHH HHLH test OK\n");
107.    //8）设置 G1=H、C=H、B=H、A=H，使 Y=HHHH_HHHL（即 Y[0]～Y[7]=11111110，Y[7]
        //为 0，其他为 1）
108.    Mprintf("............G1=H G_2A=L G_2B=L C=H B=H A=H Y=HHHH HHHL?
    test...........\n");
109.    _wait(10);
110.    _set_logic_level(5,0,4.5,1);
111.    _on_fun_pin(A,B,C,Y[0],Y[1],Y[2],Y[3],Y[4],Y[5],Y[6],Y[7],0);
112.    _sel_drv_pin(A,B,C,G1,0);
113.    _sel_comp_pin(Y[0],Y[1],Y[2],Y[3],Y[4],Y[5],Y[6],Y[7],0);
114.    _set_drvpin("H",C,B,A,G1,0);                   //设置 G1、A、B、C 为高电平
115.    _wait(5);
116.    if(_read_comppin("H",Y[0],Y[1],Y[2],Y[3],Y[4],Y[5],Y[6],0)||_read_
    comppin("L",Y[7],0))
117.        Mprintf("\t\tG1=H G_2A=L G_2B=L C=H B=H A=H Y=HHHH HHHL test error\n");
118.    else
119.        Mprintf("\t\tG1=H G_2A=L G_2B=L C=H B=H A=H Y=HHHH HHHL test OK\n");
120.    _reset();                                      //测试机的测试接口进行复位
```

下面以“设置 G_1=H、C=H、B=H、A=L，使 Y=HHHH_HHLH（即 Y[0]～Y[7]=11111101，Y[6]为 0，其他为 1）”为例，对功能测试代码进行详细说明。

设置 G_1=H、C=H、B=H、A=L 的代码如下：

```
1.  _set_drvpin("L",A,0);                              //设置 A 为低电平
2.  _set_drvpin("H",C,B,G1,0);                         //设置 G1、B、C 为高电平
```

判断是否 Y[6]为 0、其他为 1 的代码如下：

```
1.  if(_read_comppin("H",Y[0],Y[1],Y[2],Y[3],Y[4],Y[5],Y[7],0)||_read_
    comppin("L",Y[6],0))
2.      Mprintf("\t\tG1=H G_2A=L G_2B=L C=H B=H A=L Y=HHHH HHLH test error\n");
3.  else
4.      Mprintf("\t\tG1=H G_2A=L G_2B=L C=H B=H A=L Y=HHHH HHLH test OK\n");
```

if 语句是根据 74HC138 的逻辑真值表来判断其功能是否符合要求的。if 语句的条件表达式是由两个函数表达式_read_comppin()和或运算符“||”组成的，功能判断如下：

（1）“_read_comppin("H",Y[0],Y[1],Y[2],Y[3],Y[4],Y[5],Y[7],0)”是读取 Y[0]、Y[1]、Y[2]、Y[3]、Y[4]、Y[5]、Y[7]的状态，若这些引脚的状态都是高电平，则函数返回值是 0，否则是非 0；

（2）“_read_comppin("L",Y[6],0)”是读取 Y[6]的状态，若这个引脚的状态是低电平，则函数返回值是 0，否则是非 0；

（3）如果两个函数表达式_read_comppin()返回值都是 0，表示与真值表相符合，if 语句的条件表达式值为 0，即条件表达式不成立，执行 else 的语句体；

（4）如果两个函数表达式_read_comppin()返回值有一个是 1 或两个都是 1，表示与真值表不相符合，if 语句的条件表达式值为 1，即条件表达式成立，执行 if 的语句体。

2. 74HC138 功能测试程序的编写及编译

下面完成 74HC138 功能测试程序的编写，在这里省略前面已经给出的代码，代码如下：

```
1.  /***************Sl74HC138 功能测试***************/
2.  ……                                              //头文件包含，见任务 4
3.  /***************全局变量或函数声明***************/
4.  ……
5.  ……                                              //全局变量声明代码，见任务 4
6.  /**********功能测试函数**********/
7.  void Function()
8.  {
9.      ……                                          //功能测试函数的函数体
10. }
11. /**********74HC138 测试程序信息函数**********/
12. void PASCAL Sl74HC138_inf()
13. {
14.     ……                                          //见任务 4
15. }
16. /**********74HC138 主测试函数**********/
17. void PASCAL Sl74HC138()
18. {
19.     ……                                          //见任务 4
20.     _reset();
21.     Function();                                 //74HC138 功能测试函数
22.     _wait(10);
23. }
```

编写完 74HC138 功能测试程序后，进行编译。若编译发生错误，则要进行分析与检查，直至编译成功为止。

3. 74HC138 测试程序的载入与运行

参考任务 2 的“创建第一个集成电路测试程序”的载入测试程序的步骤，完成 74HC138

功能测试程序的载入与运行。74HC138 功能测试结果如图 2-15 所示。

```
............Function test............
............G1=H G_2A=L G_2B=L C=L B=L A=L Y=LHHH HHHH? test...........
G1=H G_2A=L G_2B=L C=L B=L A=L Y=LHHH HHHH test OK
............G1=H G_2A=L G_2B=L C=L B=L A=H Y=HLHH HHHH? test...........
G1=H G_2A=L G_2B=L C=L B=L A=H Y=HLHH HHHH test OK
............G1=H G_2A=L G_2B=L C=L B=H A=L Y=HHLH HHHH? test...........
G1=H G_2A=L G_2B=L C=L B=H A=L Y=HHLH HHHH test OK
............G1=H G_2A=L G_2B=L C=L B=H A=H Y=HHHL HHHH? test...........
G1=H G_2A=L G_2B=L C=L B=H A=H Y=HHHL HHHH test OK
............G1=H G_2A=L G_2B=L C=H B=L A=L Y=HHHH LHHH? test...........
G1=H G_2A=L G_2B=L C=H B=L A=L Y=HHHH LHHH test OK
............G1=H G_2A=L G_2B=L C=H B=L A=H Y=HHHH HLHH? test...........
G1=H G_2A=L G_2B=L C=H B=L A=H Y=HHHH HLHH test OK
............G1=H G_2A=L G_2B=L C=H B=H A=L Y=HHHH HHLH? test...........
G1=H G_2A=L G_2B=L C=H B=H A=L Y=HHHH HHLH test OK
............G1=H G_2A=L G_2B=L C=H B=H A=H Y=HHHH HHHL? test...........
G1=H G_2A=L G_2B=L C=H B=H A=H Y=HHHH HHHL test OK
```

图 2-15　74HC138 功能测试结果

观察 74HC138 功能测试程序的运行结果是否符合任务要求。若运行结果不能满足任务要求，则要对测试程序进行分析、检查、修改，直至运行结果满足任务要求为止。

【技能训练 2-2】74HC138 综合测试程序设计

【技能训练 2-2】74HC138 综合测试程序设计

在前面 4 个任务中，我们完成了开短路测试、静态工作电流测试、直流参数测试以及功能测试，那么，如何把 4 个任务的测试程序集成起来，完成 74HC138 综合测试程序设计呢？

我们只要把前面 4 个任务的测试程序集中放在一个文件里面，即可完成 74HC138 综合测试程序设计。在这里省略前面已经给出的代码，代码如下：

```
1.  /***************S174HC138 综合测试***************/
2.  ……                                      //头文件包含，见任务 4
3.  /***************全局变量和函数声明***************/
4.  ……
5.  ……                                      //全局变量声明代码，见任务 4
6.  /**********开短路测试函数**********/
7.  void Openshort()
8.  {
9.      ……                                  //开短路测试函数的函数体
10. }
11. /**********静态工作电流测试函数**********/
12. void ICC()
13. {
14.     ……                                  //静态工作电流测试函数的函数体
15. }
16. /**********直流参数测试函数**********/
17. void DC()
18. {
19.     ……                                  //直流参数测试函数的函数体
20. }
21. /**********功能测试函数**********/
```

```
22. void Function()
23. {
24.     ……                                          //功能测试函数的函数体
25. }
26. /**********74HC138 测试程序信息函数**********/
27. void PASCAL S174HC138_inf()
28. {
29.     ……                                          //见任务 4
30. }
31. /**********74HC138 主测试函数**********/
32. void PASCAL S174HC138()
33. {
34.     ……                                          //见任务 4
35.     _reset();
36.     Openshort();                                //74HC138 芯片开短路测试
37.     ICC();                                      //74HC138 芯片静态工作电流测试函数
38.     DC();                                       //74HC138 直流参数测试函数
39.     Function();                                 //功能测试函数
40.     _wait(10);
41. }
```

关键知识点梳理

1. 74HC138 是一款高速 CMOS 器件，其引脚兼容低功耗肖特基 TTL（LSTTL）系列，74HC138 是一个 3 线-8 线译码器。74HC138 的地址输入端 A、B 和 C 是以二进制形式输入，然后转换成十进制，对应 Y0～Y7 序号的输出端输出低电平，其他均输出高电平。

2. 基于测试区的 74HC138 测试电路的搭建步骤如下：

（1）将 74HC138 测试板卡插接到 LK220T 的测试区接口；

（2）将 100PIN 的 SCSI 转换接口线一端插接到靠近 LK220T 测试区一侧的 SCSI 接口上，另一端插接到 LK8810S 外挂盒上的芯片测试转接板的 SCSI 接口上。

3. 基于练习区的 74HC138 测试电路的搭建步骤如下：

（1）在练习区的面包板上插上一个 74HC138 芯片，芯片正面缺口向左；

（2）参考表 2-5 所示的 74HC138 引脚与 LK8810S 测试接口连接表、图 2-3 所示的 74HC138 测试电路图，按照 74HC138 引脚号和测试接口引脚号，用杜邦线将 74HC138 芯片的引脚依次对应连接到 96PIN 的插座上；

（3）将 100PIN 的 SCSI 转换接口线一端插接到靠近 LK220T 练习区一侧的 SCSI 接口上，另一端插接到 LK8810S 外挂盒上的芯片测试转接板的 SCSI 接口上。

4. 74HC138 芯片开短路测试，通过在芯片被测引脚加入适当的小电流（−100μA）来测试芯片引脚的电压。

（1）引脚正常连接：电压在−1.2～−0.3V，大约在−0.6V；

（2）引脚出现短路：电压为 0V，表示 74HC138 芯片内部电路有短路；

（3）引脚出现开路：电压为无限小（负压），若钳位电压设置为 4V，引脚出现开路时的电压为−4V，表示 74HC138 芯片内部电路有开路。

5. 74HC138 静态工作电流测试的条件是；

$$V_I=V_{CC} \text{ 或 } V_I=0, \ I_O=0, \ V_{CC}=6.0V$$

向 V_{CC} 引脚施加一个 6.0V 电压，使用电流测试函数测试 74HC138 的 V_{CC} 引脚电流 I_{CC}，然后根据测试的结果判断静态工作电流 I_{CC} 是否小于 80μA。若结果小于 80μA，则芯片为良品，否则为非良品。

6. 74HC138 的直流参数测试有输出高电平测试和输出低电平测试两种方式。

（1）输出高电平测试的条件是：

$$V_I=V_{IH} \text{ 或 } V_I=V_{IL}, \ I_{OH}=-20\ \mu A, \ V_{CC}=4.5V$$

向 V_{CC} 引脚施加一个 4.5V 电压，向被测输出引脚施加−20μA 抽出电流，测试被测输出引脚的电压 V_{OH}，然后根据测试的结果判输出高电平 V_{OH} 是否大于 4.4V。若结果大于 4.4V，则芯片为良品，否则为非良品。

（2）输出低电平测试的条件是：

$$V_I=V_{IH} \text{ 或 } V_I=V_{IL}, \ I_{OL}=20\ \mu A, \ V_{CC}=4.5V$$

向 V_{CC} 引脚施加一个 4.5V 电压，向被测输出引脚施加 20μA 抽出电流，测试被测输出引脚的电压 V_{OL}，然后根据测试的结果判输出高电平 V_{OL} 是否小于 0.1V。若结果小于 0.1V，则芯片为良品，否则为非良品。

7. 根据真值表 2-2 所示，74HC138 的功能测试的实现过程如下：

（1）向 V_{CC} 引脚施加一个 5V 电压，设置选通引脚 G_1 为高电平，另外 2 个选通引脚是接地的；

（2）按照 3 个地址端 A、B 和 C 的 8 个组合，逐一测试 74HC138 的 Y0～Y7 输出引脚的状态；

（3）根据 74HC138 的逻辑真值表，逐一验证 74HC138 的 Y0～Y7 输出引脚的状态是否与真值表相符合，若符合，则芯片为良品，否则为非良品。

8. 74HC138 测试程序使用如下主要函数：

（1）_reset()函数用于产生 CLR 复位脉冲，使 LK8810S 复位，接口数据清零；

（2）_wait()函数用于延时等待；

（3）_pmu_test_iv()函数用于向被测引脚提供适当的小电流，然后对被测引脚进行电压测量，返回值是被测引脚的电压（V）；

（4）_set_logic_level()函数用于设置参考电压；

（5）_on_vpt()函数用于选择电源通道和电流挡位、设置电压；

（6）_sel_drv_pin()函数用于设定输入引脚；

（7）_set_drvpin()函数用于设置输入引脚的逻辑状态，H 为高电平，L 为低电平；

（8）_measure_i()函数用于选择合适的电流挡位，返回工作电流（μA）；

（9）_off_fun_pin()函数用于关闭用到的功能引脚继电器（用于测试机连接引脚的功能引脚继电器）；

（10）_on_fun_pin()函数用于打开用到的功能引脚继电器；

（11）_sel_comp_pin()函数用于设置输出引脚；

（12）_read_comppin()函数用于读取输出引脚的状态或数据。

问题与实操

2-1　填空题

（1）74HC138 的地址输入端________、________和________是以二进制形式输入，然后转换成十进制，对应 Y0～Y7 序号的输出端输出________，其他均输出________。

（2）74HC138 芯片开短路测试通过在芯片被测引脚加入适当的________来测试芯片引脚的________。

（3）74HC138 静态工作电流测试是向 V_{CC} 引脚施加一个________电压，使用电流测试函数测试 74HC138 的 $\mathrm{V_{CC}}$ 引脚电流 I_{CC}，若电流 I_{CC} 小于________为良品，否则为非良品。

（4）输出高电平测试是向 $\mathrm{V_{CC}}$ 引脚施加一个 4.5V 电压，向被测输出引脚施加−20μA 抽出电流，测试被测输出引脚的电压 V_{OH}。V_{OH} 若大于________为良品，否则为非良品。

（5）输出低电平测试是向 $\mathrm{V_{CC}}$ 引脚施加一个 4.5V 电压，向被测输出引脚施加 20μA 抽出电流，测试被测输出引脚的电压 V_{OL}。V_{OL} 若小于________为良品，否则为非良品。

2-2　搭建基于 LK220T 测试区的 74HC138 芯片测试电路。

2-3　搭建基于 LK220T 练习区的 74HC138 芯片测试电路。

2-4　完成基于 LK220T 练习区的开短路测试、静态工作电流测试、直流参数测试及功能测试的程序设计。

项目3

CD4511芯片测试

项目导读

CD4511 芯片常见参数测试方式，主要有开短路测试和功能测试。

本项目从 CD4511 芯片测试电路设计入手，首先让读者对 CD4511 芯片基本结构有一个初步了解；然后介绍 CD4511 芯片的开短路测试、功能测试程序设计的方法。通过 CD4511 芯片测试电路连接及测试程序设计，让读者进一步了解 CD4511 芯片。

知识目标	1. 了解 CD4511 芯片及应用 2. 掌握 CD4511 芯片的结构和引脚功能 3. 掌握 CD4511 芯片的工作过程 4. 学会 CD4511 芯片的测试电路设计和测试程序设计
技能目标	能完成 CD4511 芯片测试的电路连接，能完成 CD4511 芯片测试的相关编程，实现 CD4511 芯片的开短路测试和功能测试
教学重点	1. CD4511 芯片的工作过程 2. CD4511 芯片的测试电路设计 3. CD4511 芯片的测试程序设计
教学难点	CD4511 芯片的测试步骤及测试程序设计
建议学时	4～6 学时
推荐教学方法	从任务入手，通过 CD4511 芯片的测试电路设计，让读者了解 CD4511 芯片的基本结构，进而通过 CD4511 芯片的测试程序设计，进一步熟悉 CD4511 芯片的测试方法
推荐学习方法	勤学勤练、动手操作是学好 CD4511 芯片测试的关键，动手完成一个 CD4511 芯片测试，通过“边做边学”达到更好的学习效果

3.1 任务 8 CD4511 测试电路设计与搭建

3.1.1 任务描述

利用 LK8810S 集成电路测试机和 LK220T 集成电路测试资源系统，根据 CD4511 的工作原理，完成 CD4511 测试电路设计与搭建。该任务要求如下：

（1）测试电路能实现 CD4511 的开短路测试及功能测试；

（2）CD4511 测试电路的搭建，采用基于测试区的测试方式。也就是把 LK8810S 与

LK220T 的测试区结合起来，完成 CD4511 测试电路搭建。

3.1.2 认识 CD4511

3.1.2 认识 CD4511

CD4511 是一个用于驱动共阴发光二极管（light emitting diode，LED）的 BCD-7 段码译码器/驱动器，具有二一十进制代码（binary-coded decimal，BCD）转换、消隐和锁存控制、7 段译码及驱动功能的 CMOS 电路，能提供较大的拉电流，可直接驱动共阴 LED 数码管。

1. CD4511 芯片引脚功能

CD4511 能将 4 位二进制编码一十进制数（BCD 码）转化成 7 段字型码，然后驱动一个 7 段数码管。也就是说，CD4511 可以直接把数字转换为数码管的显示数字。CD4511 引脚图如图 3-1 所示。

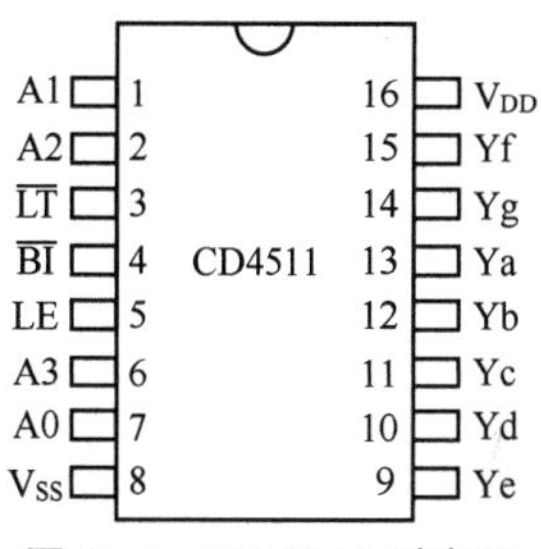

图 3-1　CD4511 引脚图

芯片封装正方向上有一个缺口，靠近缺口左边有一个小圆点，其对应引脚的引脚号为 1，然后以逆时针方向编号。引脚功能如下。

（1）A0～A3：二进制数据（BCD 码）输入端，其中 A0 为最低位。

（2）Ya～Yg：译码输出端，输出为高电平“1”有效。

（3）$\overline{BI}$：消隐输入控制端（消隐功能端），当 $\overline{BI}$=0（为低电平）时，不管其他输入端状态如何，7 段数码管均处于熄灭（消隐）状态，不显示数字；在正常显示时，$\overline{BI}$ 端应加高电平。

（4）$\overline{LT}$：测试输入端（灯测试端），当 $\overline{BI}$=1，$\overline{LT}$=0 时，译码输出全为 1，不管输入的 A0～A3 状态如何，数码管的 7 段均发亮，一直显示“8”，以检查数码管是否有故障；当 $\overline{BI}$=1，$\overline{LT}$=1 时，数码管正常显示。

（5）LE：锁定控制端，当 LE=0（为低电平）时，允许译码输出；当 LE=1 时，使 CD4511 处于锁定保持状态，其输出被保持在 LE=0 时的数值。

（6）V_{DD}：电源正极。

（7）V_{SS}：接地。

由于 CD4511 的内部有上拉电阻，在输出引脚 Ya～Yg 与数码管 7 段引脚 a～g 之间连接限流电阻即可工作。限流电阻的电阻值必须根据电源电压来选取，当电源电压为 5V 时，可选取 300Ω 的限流电阻。

2. CD4511 真值表

CD4511 真值表如表 3-1 所示。

表 3-1　CD4511 真值表

输入							输出							
LE	$\overline{BI}$	$\overline{LT}$	A3	A2	A1	A0	Ya	Yb	Yc	Yd	Ye	Yf	Yg	显示
X	0	X	X	X	X	X	0	0	0	0	0	0	0	消隐
X	1	0	X	X	X	X	1	1	1	1	1	1	1	8

续表

输入							输出							
LE	$\overline{BI}$	$\overline{LT}$	A3	A2	A1	A0	Ya	Yb	Yc	Yd	Ye	Yf	Yg	显示
0	1	1	0	0	0	0	1	1	1	1	1	1	0	0
0	1	1	0	0	0	1	0	1	1	0	0	0	0	1
0	1	1	0	0	1	0	1	1	0	1	1	0	1	2
0	1	1	0	0	1	1	1	1	1	1	0	0	1	3
0	1	1	0	1	0	0	0	1	1	0	0	1	1	4
0	1	1	0	1	0	1	1	0	1	1	0	1	1	5
0	1	1	0	1	1	0	0	0	1	1	1	1	1	6
0	1	1	0	1	1	1	1	1	1	0	0	0	0	7
0	1	1	1	0	0	0	1	1	1	1	1	1	1	8
0	1	1	1	0	0	1	1	1	1	0	0	1	1	9
0	1	1	1	0	1	0	0	0	0	0	0	0	0	消隐
0	1	1	1	0	1	1	0	0	0	0	0	0	0	消隐
0	1	1	1	1	0	0	0	0	0	0	0	0	0	消隐
0	1	1	1	1	0	1	0	0	0	0	0	0	0	消隐
0	1	1	1	1	1	0	0	0	0	0	0	0	0	消隐
0	1	1	1	1	1	1	0	0	0	0	0	0	0	消隐
1	1	1	X	X	X	X	锁存							

由表 3-1 可以看出，当输入 A3～A0 为 0010 时，则输出 Ya～Yg 为 1101101，数码管显示“2”；当输入 A3～A0 为 0110 时，则输出 Ya～Yg 为 0011111，数码管显示“6”。

3.1.3 CD4511 测试电路设计与搭建

根据任务描述，CD4511 测试电路能满足开短路测试及功能测试。

3.1.3 CD4511 测试电路设计与搭建

1. 测试接口

CD4511 引脚与 LK8810S 的芯片测试接口是 CD4511 测试电路设计的基本依据。CD4511 测试板硬件配接表如表 3-2 所示。

表 3-2　CD4511 测试板硬件资源配接表

LK8810S 测试接口		CD4511	
引脚号	引脚符号	引脚号	引脚符号
1	PIN1	7	A0
2	PIN2	6	A3
3	PIN3	5	LE
4	PIN4	4	$\overline{BI}$
5	PIN5	3	$\overline{LT}$
6	PIN6	2	A2

续表

LK8810S 测试接口		CD4511	
引脚号	引脚符号	引脚号	引脚符号
7	PIN7	1	A1
9	PIN9（K2_1/K1_2）	9	Ye（K1_1/K3_1）
10	PIN10	10	Yd
11	PIN11	11	Yc
12	PIN12	12	Yb
13	PIN13	13	Ya
14	PIN14	14	Yg
15	PIN15	15	Yf
17	GND	8	V_{SS}
20	FORCE1（K3_2/K4_1）	16	V_{DD}（K4_2/K2_2）

注：同一栏中“/”号，表示左右两边的引脚连接在一起。例如，“FORCE1（K3_2/K4_1）”表示 FORCE1、K3_2 与 K4_1 是连接在一起的。

2. 测试电路设计

根据表 3-2 所示，LK8810S 的芯片测试接口电路如图 3-2（a）所示。CD4511 测试电路如图 3-2（b）所示。

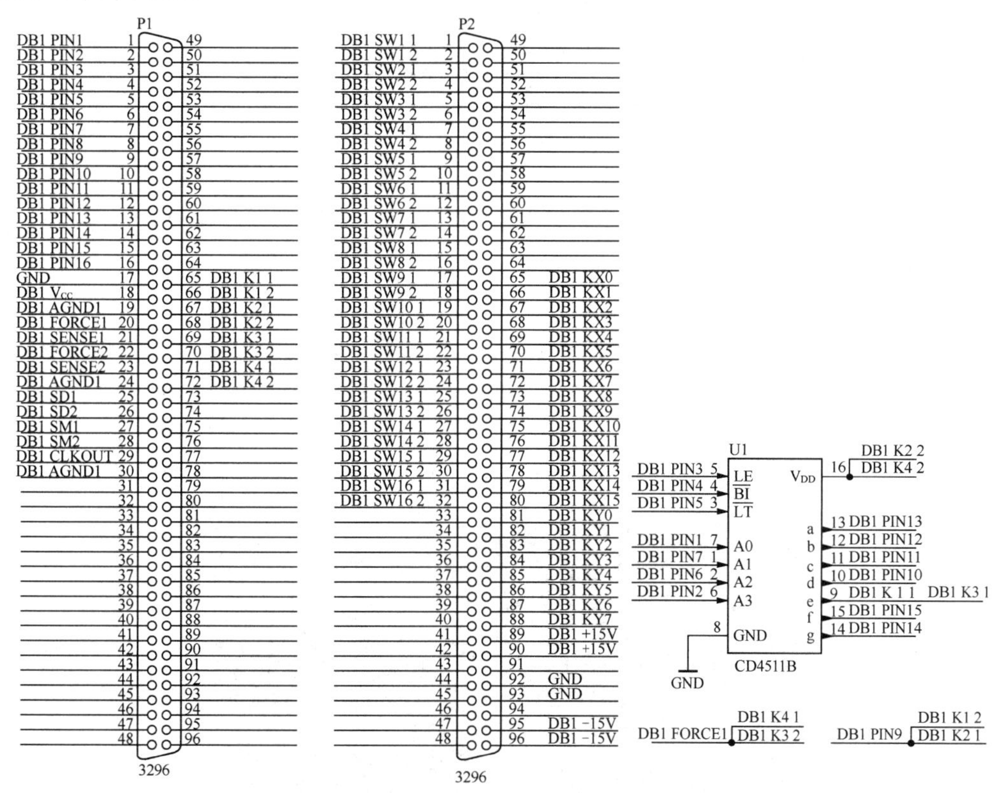

（a）LK8810S 的芯片测试接口电路　　（b）CD4511 测试电路

图 3-2　CD4511 测试电路设计

3. CD4511 测试板卡

根据图 3-2 所示的 CD4511 测试电路，CD4511 测试板卡的正面如图 3-4 所示。

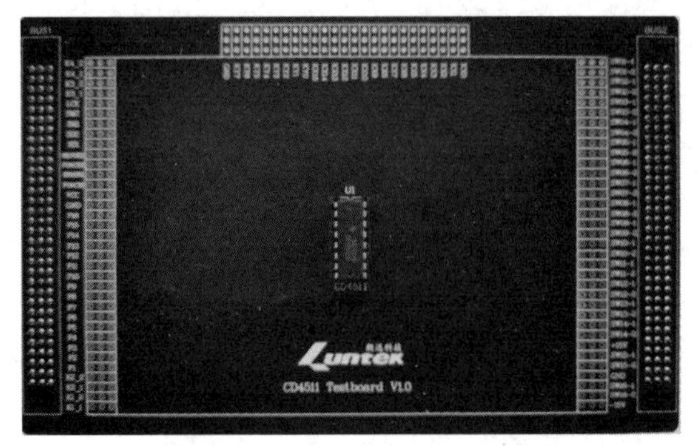

图 3-3　CD4511 测试板卡的正面

CD4511 测试板卡的背面如图 3-4 所示。

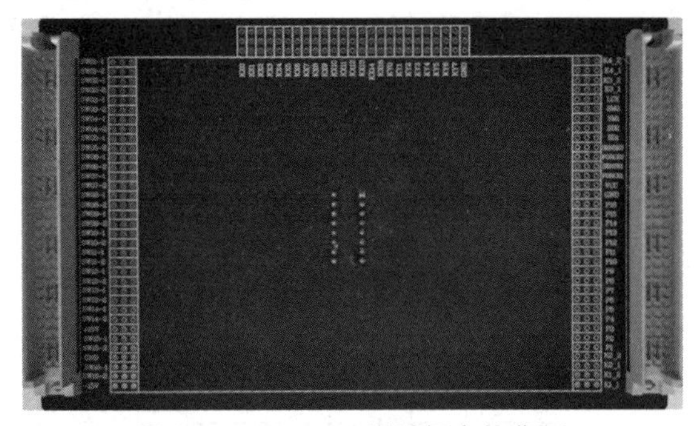

图 3-4　CD4511 测试板卡的背面

4. CD4511 测试电路搭建

按照任务要求，采用基于测试区的测试方式，把 LK8810S 与 LK220T 的测试区结合起来，完成 CD4511 测试电路搭建。

（1）将 CD4511 测试板卡插接到 LK220T 的测试区接口；

（2）将 100PIN 的 SCSI 转换接口线一端插接到靠近 LK220T 测试区一侧的 SCSI 接口上，另一端插接到 LK8810S 外挂盒上的芯片测试转接板的 SCSI 接口上。

到此，完成基于测试区的 CD4511 测试电路搭建，如图 3-5 所示。

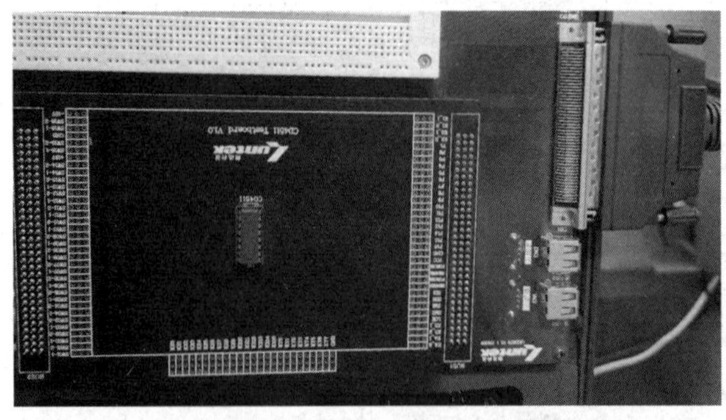

图 3-5　基于测试区的 CD4511 测试电路搭建

【技能训练 3-1】基于练习区的 CD4511 测试电路搭建

【技能训练 3-1】基于练习区的 CD4511 测试电路搭建

任务 8 是采用基于测试区的测试方式，完成 CD4511 测试电路搭建的。如果采用基于练习区的测试方式，我们该如何搭建 CD4511 测试电路呢？

（1）在练习区的面包板上插上一个 CD4511 芯片，芯片正面缺口向左；

（2）参考表 3-2 所示的 CD4511 测试板硬件资源配接表、图 3-2 所示的 CD4511 测试电路设计，按照 CD4511 引脚号和测试接口引脚号，用杜邦线将 CD4511 芯片的引脚依次对应连接到 96PIN 的插座上；

（3）将 100PIN 的 SCSI 转换接口线一端插接到靠近 LK220T 练习区一侧的 SCSI 接口上，另一端插接到 LK8810S 外挂盒上的芯片测试转接板的 SCSI 接口上。

完成的基于练习区的 CD4511 测试电路搭建如图 3-6 所示。

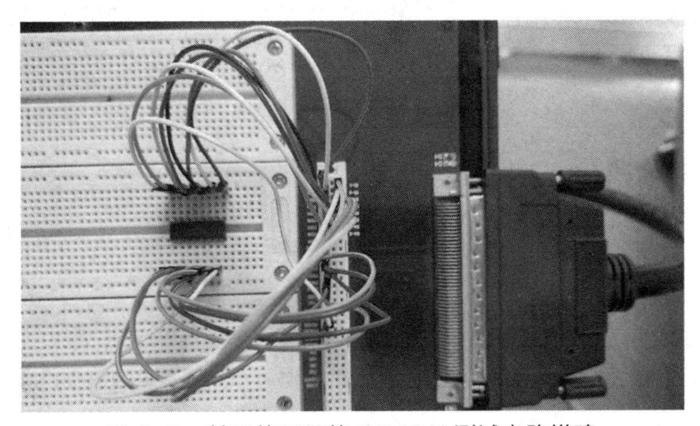

图 3-6　基于练习区的 CD4511 测试电路搭建

3.2 任务 9　CD4511 的开短路测试

3.2.1 任务描述

通过 LK8810S 集成电路测试机和 CD4511 测试电路，通过对 CD4511 的输出引脚提供电流，并测其引脚电压，完成 CD4511 的开短路测试。测试结果要求如下：测得引脚的电压若在−1.2～−0.3V，则芯片为良品；否则芯片为非良品。

3.2.2 开短路测试实现分析

3.2.2 开短路测试实现分析

1. 开短路测试实现方法

CD4511 芯片开短路测试方法，是在芯片的被测引脚加入适当的小电流，然后测试该引脚的电压。在向被测引脚施加−100mA 电流进行开短路测试时，被测引脚的电压有以下 3 种不同情况。

（1）引脚正常连接：电压在−1.2～−0.3V，大约在−0.6V 左右，表示 CD4511 芯片为良品。

（2）引脚出现短路：电压为 0V，表示 CD4511 芯片内部电路有短路，通常是被测引脚与地之间有短路。

（3）引脚出现开路：电压为无限小（负压），若钳位电压设置为 4V，引脚出现开路时的电压为-4V，表示 CD4511 芯片内部电路有开路，通常是在被测引脚附近。

这里主要测试 CD4511 芯片的每个引脚是否存在对地短路或开路现象。

2. 开短路测试关键函数

在 CD4511 芯片开短路测试程序中，主要使用了_on_relay()、_off_relay()、_on_vpt()和_pmu_test_iv()等关键函数。其中，_on_vpt()和_pmu_test_iv()函数在项目 2 中已做介绍。

（1）_on_relay()函数

_on_relay()函数用于合上用户继电器，函数原型是：

```
void _on_relay(unsigned int number);
```

参数 number 是继电器编号，取值范围是 1、2、3、4。

例如，在本任务中，合上用户继电器 1，也就是合上图 3-2 中的继电器 K1，使 K1_1 与 K1_2 连接，代码如下：

```
_on_relay(1);
```

（2）_off_relay()函数

_off_relay()函数用于断开用户继电器，函数原型是：

```
void _off_relay(unsigned int number);
```

参数 number 是继电器编号，取值范围是 1、2、3、4。

3. 开短路测试流程

CD4511 芯片开短路测试流程如下：

（1）通过_pmu_test_iv()函数向被测引脚施加-100mA 电流，测量的被测引脚电压作为函数的返回值；

（2）根据_pmu_test_iv()函数的返回值（被测引脚电压），判断 CD4511 芯片是否为良品；

（3）依次完成 CD4511 的输出引脚 Ya～Yg 的测试。

3.2.3 开短路测试程序设计

3.2.3 开短路测试程序设计

参考项目 1 中任务 2“创建第一个集成电路测试程序”的步骤，完成 CD4511 开短路测试程序设计。

1. 新建 CD4511 测试程序模板

运行 LK8810S 上位机软件，打开“LK8810S”界面。单击界面上“创建程序”按钮，弹出“新建程序”对话框，如图 3-7 所示。

先在对话框中输入程序名“CD4511”，然后单击“确定”按钮保存，弹出“程序创建成功”消息对话框，如图 3-8 所示。

单击“确定”按钮，此时系统会自动为用户在 C 盘创建一个“CD4511”文件夹（即 CD4511 测试程序模板）。CD4511 测试程序模板中主要包括 C 文件 CD4511.cpp、工程文件 SlCD4511.dsp 及 Debug 文件夹等。

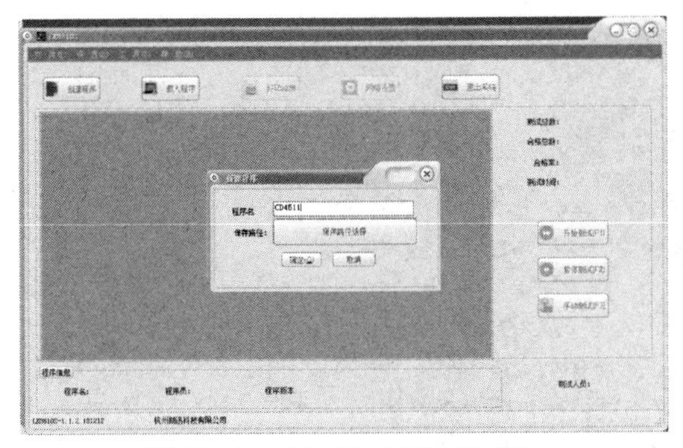
图 3-7 “新建程序”对话框

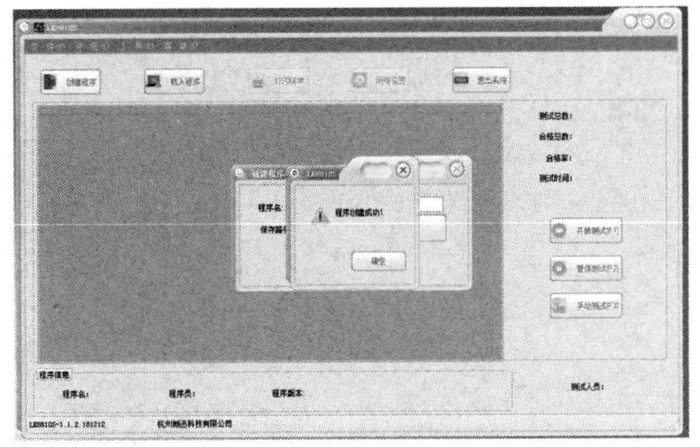
图 3-8 “程序创建成功”消息对话框

2. 打开测试程序模板

定位到“CD4511”文件夹（测试程序模板），打开的“CD4511.dsp”工程文件如图 3-9 所示。

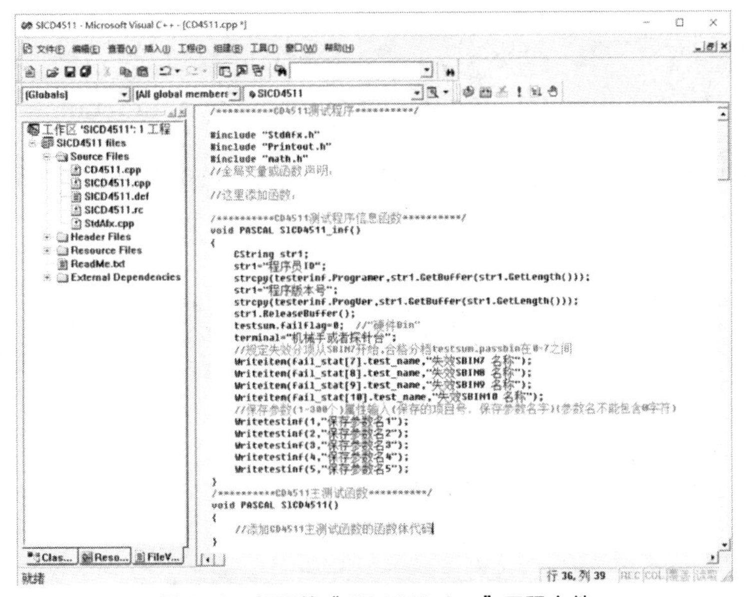
图 3-9 打开的“CD4511.dsp”工程文件

在图 3-9 中，我们可以看到一个自动生成的 CD4511 测试程序，代码如下：

```
1.  /**********CD4511 测试程序**********/
2.  #include "StdAfx.h"
3.  #include "Printout.h"
4.  #include "math.h"
5.  //添加全局变量或函数声明
6.  //添加芯片测试函数，这里是添加芯片开短路测试函数
7.  /**********CD4511 测试程序信息函数**********/
8.  void PASCAL SlCD4511_inf()
9.  {
10.     CString str1;
11.     str1="程序员 ID";
12.     strcpy(testerinf.Programer,str1.GetBuffer(str1.GetLength()));
13.     str1="程序版本号";
```

```
14.         strcpy(testerinf.ProgVer,str1.GetBuffer(str1.GetLength()));
15.         str1.ReleaseBuffer();
16.         testsum.failflag=0;  //"硬件 Bin"
17.         terminal="机械手或者探针台";
18.         //规定失效分项从 SBIN7 开始,合格分档 testsum.passbin 在 0～7
19.         Writeitem(fail_stat[7].test_name,"失效 SBIN7 名称");
20.         Writeitem(fail_stat[8].test_name,"失效 SBIN8 名称");
21.         Writeitem(fail_stat[9].test_name,"失效 SBIN9 名称");
22.         Writeitem(fail_stat[10].test_name,"失效 SBIN10 名称");
23.         //保存参数(1～300 个)的属性输入(保存的项目号，保存参数名)(参数名不能包含@字符)
24.         Writetestinf(1,"保存参数名 1");
25.         Writetestinf(2,"保存参数名 2");
26.         Writetestinf(3,"保存参数名 3");
27.         Writetestinf(4,"保存参数名 4");
28.         Writetestinf(5,"保存参数名 5");
29.     }
30.     /**********CD4511 主测试函数**********/
31.     void PASCAL SlSNCD4511()
32.     {
33.         //添加 CD4511 主测试函数的函数体代码
34.     }
```

其中 CD4511 测试程序信息函数 PASCAL SlCD4511_inf()是在测试运行界面上显示程序信息的，如图 3-10 所示。

图 3-10　显示程序信息

3．编写测试程序及编译

在自动生成的 CD4511 测试程序中，需要添加全局变量声明、Openshort()开短路测试函数（即添加芯片测试函数）及 CD4511 主测试函数的函数体。

（1）全局变量声明

全局变量声明，代码如下：

```
1.  //全局变量声明
2.  unsigned  int  A;                //声明与 A0～A3 引脚对应的变量
3.  unsigned  int  B;
4.  unsigned  int  C;
5.  unsigned  int  D;
6.  unsigned  int  Y[7];             //Y 数组的 Y[0]～Y[6]对应 CD4511 的 Ya～Yg 引脚
7.  unsigned  int  LT;               //声明与灯测试端对应的变量
8.  unsigned  int  BI;               //声明与输出消隐控制端对应的变量
9.  unsigned  int  LE;               //声明与数据锁定控制端对应的变量
```

（2）编写 Openshort()开短路测试函数

CD4511 芯片的开短路测试函数 Openshort()，代码如下：

```
1.  /**********芯片开短路测试函数**********/
2.  void Openshort()
3.  {
```

```
4.        float V[17];
5.        int i;
6.        Mprintf("\n.........Openshort test............\n");
7.        for(i=9;i<16;i++)                    //测试 9-15 号引脚（即 Ya~Yg 引脚）的电压
8.        {
9.                V[i-1]=_pmu_test_iv(i,2,-100,2);
                  //Ya~Yg 引脚依次施加-100mA 电流，并测量其电压
10.               if(V[i-1]<-1.2||V[i-1]>-0.3)
                  //以上测得的电压若在-0.3~-1.2V 则为良品，否则为非良品
11.                   Mprintf("\tPIN=%d\t,V=%2.2fv\t error\n",i,V[i-1]);
12.               else
13.                   Mprintf("\tPIN=%d\t,V=%2.2fv\t pass\n",i,V[i-1]);
14.       }
15.   }
```

代码说明如下：

①“for(i=9;i<16;i++)”中的 i 是被测引脚号，CD4511 芯片的 9～15 引脚，分别对应数码管的 a～g，for 语句循环 7 次，依次对数码管控制端的 7 个引脚进行测试。

②“V[i−1]=_pmu_test_iv(i,2,−100,2);”语句，利用_pmu_test_iv()函数分别给各个引脚施加−100mA 电流，返回值为被测引脚电压（V），返回值依次保存到数组 V[8]～V[14]。

③“if(V[i−1]<−1.2||V[i-1]>−0.3)”语句，用于判断被测引脚的返回电压，若测得 CD4511 引脚电压在−1.2～−0.3V，表示芯片为良品，显示“pass”；否则为非良品，显示“error”。

（3）编写 CD4511 主测试函数，添加 CD4511 主测试函数的函数体

在自动生成的 CD4511 主测试函数中，只要添加 CD4511 主测试函数的函数体代码即可，代码如下：

```
1.   /**********CD4511 主测试函数**********/
2.   void PASCAL S1CD4511()
3.   {
4.        LE=3;            //根据表 3-2，定义 CD4511 引脚与 LK8810S 测试接口引脚号对应的变量
5.        B1=4;
6.        LT=5;
7.        A=1;
8.        B=7;
9.        C=6;
10.       D=2;
11.       Y[1]=13;
12.       Y[2]=12;
13.       Y[3]=11;
14.       Y[4]=10;
15.       Y[5]=9;
16.       Y[6]=15;
17.       Y[7]=14;
18.       _on_relay(1);     //合上用户继电器 1（图 3-2 中的继电器 K1），使 K1_1 与 K1_2 连接
19.       _on_relay(4);     //合上用户继电器 4（图 3-2 中的继电器 K4），使 K4_1 与 K4_2 连接
20.       Openshort();      //开短路测试
21.   }
```

下面给出 CD4511 开短路测试程序的完整代码，这里省略前面已经给出的代码，代码如下：

```
1.   /***************S1CD4511 开短路测试***************/
```

```
2.   #include "StdAfx.h"
3.   #include "Printout.h"
4.   #include "math.h"
5.   /***************全局变量或函数声明***************/
6.   ……                                           //全局变量声明代码
7.   /**********芯片开短路测试函数**********/
8.   void Openshort()
9.   {
10.      ……                                       //开短路测试函数的函数体
11.  }
12.  /**********CD4511测试程序信息函数**********/
13.  void PASCAL S1CD4511_inf()
14.  {
15.      ……                                       //CD4511测试程序信息函数的函数体
16.  }
17.  /**********CD4511主测试函数**********/
18.  void PASCAL S1CD4511()
19.  {
20.      ……                                       //CD4511主测试函数的函数体
21.  }
```

（4）CD4511 测试程序编译

编写完 CD4511 开短路测试程序后，进行编译。若编译发生错误，则要进行分析与检查，直至编译成功为止。

4．CD4511 测试程序的载入与运行

参考项目 1 中任务 2“创建第一个集成电路测试程序”的载入测试程序的步骤，完成 CD4511 开短路测试程序的载入与运行。CD4511 开短路测试结果如图 3-11 所示。

观察 CD4511 开短路测试程序的运行结果是否符合任务要求。若运行结果不能满足任务要求，则要对测试程序进行分析、检查、修改，直至运行结果满足任务要求为止。

```
.........Openshort test...........
PIN=9,V=-0.51v pass
PIN=10,V=-0.50v pass
PIN=11,V=-0.50v pass
PIN=12,V=-0.50v pass
PIN=13,V=-0.50v pass
PIN=14,V=-0.50v pass
PIN=15,V=-0.50v pass
```

图 3-11　CD4511 开短路测试结果

3.3　任务 10　CD4511 的功能测试

3.3.1　任务描述

通过 LK8810S 集成电路测试机和 CD4511 测试电路，完成 CD4511 的功能测试。测试结果要求如下：

（1）根据 CD4511 真值表 3-1 所示，按照 4 个输入端 A3～A0 的组合，逐一测试 CD4511 的功能；

（2）CD4511 的功能测试结果与真值表相符，并满足高电平大于 4V、低电平小于 1V 的为良品，否则为非良品。

3.3.2 功能测试实现分析

3.3.2 功能测试实现分析

根据任务要求和 CD4511 真值表及功能说明，编写相应测试程序，验证 CD4511 的逻辑功能是否与真值表符合。

1. 功能测试实现方法

根据真值表 3-1 所示，CD4511 的功能测试实现过程如下：

（1）使 $\overline{BI}$ 输入高电平，LE 和 $\overline{LT}$ 输入低电平，A0～A3 输入 0～9 中除 8（1000B）以外的任意数，逐一验证 Ya～Yg 输出是否全为高电平，即显示数字 8。

（2）使 $\overline{BI}$ 和 $\overline{LT}$ 输入高电平，LE 输入低电平，A0～A3 依次输入数字 0（0000）～9（1001），逐一验证 Ya～Yg 输出是否与真值表相符。若符合，则芯片为良品，否则为非良品。

2. 功能测试关键函数

在 CD4511 芯片功能测试程序中，不仅使用了项目 2 用到的一些函数，还用到 _on_pmu_pin()、_off_pmu_pin()、_ad_conver()和_read_pin_voltage()等函数。

（1）_on_pmu_pin()函数

_on_pmu_pin()函数用于合上电源管理单元（power mangment unit，PMU）引脚继电器，该继电器是用于连接被测引脚与测量电源通道的，函数原型是：

```
void _on_pmu_pin(unsigned int pin);
```

参数 pin 是引脚号，取值范围是 1、2、3、…、16。

（2）_off_pmu_pin()函数

_off_pmu_pin()函数用于断开 PMU 引脚继电器，函数原型是：

```
void _off_pmu_pin(unsigned int pin);
```

参数 pin 是引脚号，取值范围是 1、2、3、…、16。

（3）_ad_conver()函数

_ad_conver()函数用于读取选中的测量电源通道，输出电压（V）或输出电流（μA）的实际测量值，函数原型是：

```
float _ad_conver(unsigned int measure_ch,unsigned int gain);
```

第 1 个参数 measure_ch 是测量电源通道，取值范围是 1、2、3、4、5、6。其中，“1”代表测量电源通道是测量电源通道 1 的输出电流，单位是 μA；“2”代表测量电源通道是测量电源通道 1 的输出电压，单位是 V；“3”代表测量电源通道是测量电源通道 2 的输出电流，单位是 μA；“4”代表测量电源通道是测量电源通道 2 的输出电压，单位是 V；“5”代表测量电源通道是 AD2 外部输入信号的电压或压差，单位是 V；“6”代表测量电源通道是 AD1 外部输入信号的电压，单位是 V。

第 2 个参数 gain 是测量增益，取值范围是 1、2、3。“1”代表增益是 0.5；“2”代表增益是 1；“3”代表增益是 5。

例如，读取电源通道 1 的输出电压，增益是 0.5，代码如下：

```
_ad_conver(2, 1);              //读取电源通道 1 的输出电压（V），增益是 0.5
```

（4）_read_pin_voltage()函数

_read_pin_voltage()函数用于读取被测引脚的电压值（V），函数原型是：

```
float _read_pin_voltage(unsigned int pin_number,unsigned int channel);
```

第 1 个参数 pin 是被测引脚号，取值范围是 1、2、3、…、16；

第 2 个参数 channel 是测量电源通道，取值范围是 1、2、3、4、5、6。

_read_pin_voltage()函数的代码如下：

```
1.  /**********读取被测引脚电压函数**********/
2.  float _read_pin_voltage(unsigned int pin_number,unsigned int channel)
3.  {
4.      float vout;
5.      _on_pmu_pin(pin_number);           //打开连接被测引脚与测量电源通道的继电器
6.      switch(channel)
7.      {
8.          case 1:
9.              SUBPORT[113]|=0xc0;
10.             _outsubport(0x71,SUBPORT[113]);
11.             SUBPORT[124]|=0x03;
12.             _outsubport(0x7c,SUBPORT[124]);
                //以上代码是把被测引脚连接到测量电源通道 1
13.             _wait(5);
14.             vout=_ad_conver(2,2); //通过测量电源通道 1，读取被测引脚的电压值
15.             break;
16.         case 2:
17.             SUBPORT[115]|=0xc0;
18.             _outsubport(0x73,SUBPORT[115]);
19.             SUBPORT[124]|=0x0c;
20.             _outsubport(0x7c,SUBPORT[124]);    //把被测引脚连接到测量电源通道 2
21.             _wait(5);
22.             vout=_ad_conver(4,2); //通过测量电源通道 2，读取被测引脚的电压值
23.             break;
24.         default:
25.             vout=0.0;
26.             break;
27.     }
28.     _off_pmu_pin(pin_number);        //断开连接被测引脚与测量电源通道的继电器
29.     return(vout);                    //返回读取的被测引脚电压值
30. }
```

3. 功能测试流程

CD4511 功能测试流程如下：

（1）通过_on_vpt()函数选择 FORCE1（电源通道 1），向 V_{CC} 引脚施加 5V 的电压、1mA 电流；

（2）通过_set_logic_level()函数设置输入引脚高电平的电压是 5V、低电平的电压是 0V，设置输出引脚高电平的电压是 0V、低电平的电压是 0V；

（3）通过_sel_drv_pin()函数设置 $\overline{BI}$、$\overline{LT}$、LE、A0、A1、A2 及 A3 为输入（驱动）引脚；

（4）设置 $\overline{BI}$ 为高电平、LE 和 $\overline{LT}$ 为低电平，通过 A0～A3 输入 0～9 中除 8（1000B）以外的任意数，逐一验证 Ya～Yg 输出是否全为高电平（大于 4V），即显示数字 8；

（5）设置 $\overline{BI}$ 和 $\overline{LT}$ 为高电平、LE 为低电平，通过 A0～A3 依次输入 0（0000B）～9（1001B），逐一验证 Ya～Yg 输出是否与真值表相符，并满足高电平大于 4V、低电平小于 1V，若符合，则芯片为良品，否则为非良品。

3.3.3 功能测试程序设计

3.3.3 功能测试程序设计

1. 编写功能测试函数 Function()

CD4511 功能测试函数 Function()，代码如下：

```
1.  /**********功能测试函数**********/
2.  void Function()
3.  {
4.      float V[7];
5.      _reset();           //复位
6.      _on_relay(4);       //打开继电器 4
7.      _on_relay(1);       //打开继电器 1
8.      Mprintf("............开始测试 ...........\n");
9.      /*(1)设 BI 为“H”、LE 和 LT 为“L”，A0～A3 输入 0～7 和 9 的任意数，判断 Ya～Yg 是否
         全为高电平*/
10.     _on_vpt(1,3,5);                   //FORCE1 输出 1mA 电流、5V 电压
11.     _set_logic_level(5,0,0,0);        //设置 VIH、VIL、VOH、VOL 参考电压
12.     _sel_drv_pin(1,2,3,4,5,6,7,0);
        //设置输入（驱动）引脚 BI 、 LT 、LE、A0、A1、A2 以及 A3
13.     Mprintf("...........LT...........\n");       //（1）开始使能灯测试
14.     _set_drvpin("H",4,0);             // BI =H，关闭输出消隐控制
15.     _set_drvpin("L",3,5,0);           //LE=L，关闭数据锁定控制； LT =L，使能灯测试端
16.     _set_drvpin("L",1,7,6,2,0);       //A0、A1、A2 和 A3 为“L”，即输入“0000”表示数字 0
17.     for(a=1;a<8;a++)
18.     {
19.         V[a-1]=_read_pin_voltage(Y[a],2);
            //依次读取被测引脚 Ya～Yg 的电压值，并保存在数组 V 中
20.         Mprintf("\tY%d=\t%2.2f ",a,V[a-1]);    //依次显示被测引脚 Ya～Yg 的电压值
21.     }
22.     if(V[0]>4 && V[1]>4 && V[2]>4 && V[3]>4 && V[4]>4 && V[5]>4 && V[6]>4)
23.             Mprintf("pass\n");
                //Ya～Yg 与真值表相符，并满足高电平大于 4V，显示 pass，否则显示 error
24.     else
25.             Mprintf("error\n");
26.     /*(2)设 BI 和 LT 为“H”、LE 为“L”，A0～A3 输入数字 0，判断 Ya～Yg 是否与真值表相符*/
27.     Mprintf("...........0...........\n");     //（2）开始显示“0”测试
28.     _set_drvpin("H",4,5,0);           // BI =H、 LT =H
29.     _set_drvpin("L",3,0);             //LE=L
30.     _set_drvpin("L",1,7,6,2,0);       //A0、A1、A2 和 A3 为“L”，即输入“0000”表示数字 0
31.     for(a=1;a<8;a++)
32.     {
33.         V[a-1]=_read_pin_voltage(Y[a],2);
            //依次读取被测引脚 Ya～Yg 的电压值，并保存在数组 V 中
34.         Mprintf("\tY%d=\t%2.2f ",a,V[a-1]);
            //依次显示被测引脚 Ya～Yg 的电压值
35.     }
36.     if(V[0]>4 && V[1]>4 && V[2]>4 && V[3]>4 && V[4]>4 && V[5]>4 && V[6]<1)
37.         Mprintf("pass\n");
            //Ya～Yg 与真值表相符，并满足高电平大于 4V、低电平小于 1V，显示 pass
38.     else
```

```
39.         Mprintf("error\n");          //否则显示 error
40.     /*（3）设BI和LT为“H”、LE为“L”，A0～A3输入数字1，判断Ya～Yg是否与真值表相符*/
41.     Mprintf("...........1...........\n");     //（3）开始显示“1”测试
42.     _set_drvpin("H",4,5,0);
43.     _set_drvpin("L",3,0);
44.     _set_drvpin("H",1,0);       //A0=H，A1、A2和A3为“L”，即输入“0001”，表示数字1
45.     _set_drvpin("L",7,6,2,0);
46.     for(a=1;a<8;a++)
47.     {
48.         V[a-1]=_read_pin_voltage(Y[a],2);              //同上
49.         Mprintf("\tY%d=\t%2.2f ",a,V[a-1]);            //同上
50.         }
51.     if(V[0]<1 && V[1]>4 && V[2]>4 && V[3]<1 && V[4]<1 && V[5]<1 && V[6]<1)
52.         Mprintf("pass\n");
53.     else
54.         Mprintf("error\n");
55.     /*（4）设BI和LT为“H”、LE为“L”，A0～A3输入数字2，判断Ya～Yg是否与真值表相符*/
56.     Mprintf("...........2...........\n");     //（4）开始显示“2”测试
57.     _set_drvpin("H",4,5,0);
58.     _set_drvpin("L",3,0);
59.     _set_drvpin("H",7,0);       //A1=H，A0、A2和A3为“L”，即输入“0010”表示数字2
60.     _set_drvpin("L",1,6,2,0);
61.     for(a=1;a<8;a++)
62.     {
63.         V[a-1]=_read_pin_voltage(Y[a],2);
64.         Mprintf("\tY%d=\t%2.2f ",a,V[a-1]);
65.     }
66.     if(V[0]>4 && V[1]>4 && V[2]<1 && V[3]>4 && V[4]>4 && V[5]<1 && V[6]>4)
67.         Mprintf("pass\n");
68.     else
69.         Mprintf("error\n");
70.     /*（5）设BI和LT为“H”、LE为“L”，A0～A3输入数字3，判断Ya～Yg是否与真值表相符*/
71.     Mprintf("...........3...........\n");     //（5）开始显示“3”测试
72.     _set_drvpin("H",4,5,0);
73.     _set_drvpin("L",3,0);
74.     _set_drvpin("H",1,7,0);   //A0和A1为“H”，A2和A3为“L”，即输入“0011”表示数字3
75.     _set_drvpin("L",6,2,0);
76.     for(a=1;a<8;a++)
77.     {
78.         V[a-1]=_read_pin_voltage(Y[a],2);
79.         Mprintf("\tY%d=\t%2.2f ",a,V[a-1]);
80.     }
81.     if(V[0]>4 && V[1]>4 && V[2]>4 && V[3]>4 && V[4]<1 && V[5]<1 && V[6]>4)
82.         Mprintf("pass\n");
83.     else
84.         Mprintf("error\n");
85.     /*（6）设BI和LT为“H”、LE为“L”，A0～A3输入数字4，判断Ya～Yg是否与真值表相符*/
86.     Mprintf("...........4...........\n");          //（6）开始显示“4”测试
87.     _set_drvpin("H",4,5,0);
88.     _set_drvpin("L",3,0);
```

```
89.         _set_drvpin("H",6,0);   //A2 为"H", A0、A1 和 A3 为"L", 即输入"0100"表示数字 4
90.         _set_drvpin("L",1,7,2,0);
91.         for(a=1;a<8;a++)
92.         {
93.             V[a-1]=_read_pin_voltage(Y[a],2);
94.             Mprintf("\tY%d=\t%2.2f ",a,V[a-1]);
95.         }
96.         if(V[0]<1 && V[1]>4 && V[2]>4 && V[3]<1 && V[4]<1 && V[5]>4 && V[6]>4)
97.             Mprintf("pass\n");
98.         else
99.             Mprintf("error\n");
100.        /*(7)设 BI 和 LT 为"H"、LE 为"L", A0~A3 输入数字 5, 判断 Ya~Yg 是否与真值表相符*/
101.        Mprintf("............5............\n");     //(7)开始显示"5"测试
102.        _set_drvpin("H",4,5,0);
103.        _set_drvpin("L",3,0);
104.        _set_drvpin("H",1,6,0);   //A0 和 A2 为"H", A1 和 A3 为"L", 即输入"0101"表示数字 5
105.        _set_drvpin("L",7,2,0);
106.        for(a=1;a<8;a++)
107.        {
108.            V[a-1]=_read_pin_voltage(Y[a],2);
109.            Mprintf("\tY%d=\t%2.2f ",a,V[a-1]);
110.        }
111.        if(V[0]>4 && V[1]<1 && V[2]>4 && V[3]>4 && V[4]<1 && V[5]>4 && V[6]>4)
112.            Mprintf("pass\n");
113.        else
114.            Mprintf("error\n");
115.        /*(8)设 BI 和 LT 为"H"、LE 为"L", A0~A3 输入数字 6, 判断 Ya~Yg 是否与真值表相符*/
116.        Mprintf("............6............\n");     //(8)开始显示"6"测试
117.        _set_drvpin("H",4,5,0);
118.        _set_drvpin("L",3,0);
119.        _set_drvpin("H",7,6,0);   //A1 和 A2 为"H", A0 和 A3 为"L", 即输入"0110"表示数字 6
120.        _set_drvpin("L",1,2,0);
121.        for(a=1;a<8;a++)
122.        {
123.            V[a-1]=_read_pin_voltage(Y[a],2);
124.            Mprintf("\tY%d=\t%2.2f ",a,V[a-1]);
125.        }
126.        if(V[0]<1 && V[1]<1 && V[2]>4 && V[3]>4 && V[4]>4 && V[5]>4 && V[6]>4)
127.            Mprintf("pass\n");
128.        else
129.            Mprintf("error\n");
130.        /*(9)设 BI 和 LT 为"H"、LE 为"L", A0~A3 输入数字 7, 判断 Ya~Yg 是否与真值表相符*/
131.        Mprintf("............7............\n");     //(9)开始显示"7"测试
132.        _set_drvpin("H",4,5,0);
133.        _set_drvpin("L",3,0);
134.        _set_drvpin("H",1,7,6,0);  //A0、A1 和 A2 为"H", A3 为"L", 即输入"0111"表示数字 7
135.        _set_drvpin("L",2,0);
136.        for(a=1;a<8;a++)
137.        {
138.            V[a-1]=_read_pin_voltage(Y[a],2);
```

```
139.            Mprintf("\tY%d=\t%2.2f ",a,V[a-1]);
140.        }
141.        if(V[0]>4 && V[1]>4 && V[2]>4 && V[3]<1 && V[4]<1 && V[5]<1 && V[6]<1)
142.            Mprintf("pass\n");
143.        else
144.            Mprintf("error\n");
145.        /*（10）设BI和LT为“H”、LE为“L”，A0～A3 输入数字 8，判断 Ya～Yg 是否与真值表相符*/
146.        Mprintf("............8...........\n");      //（10）开始显示“8”测试
147.        _set_drvpin("H",4,5,0);
148.        _set_drvpin("L",3,0);
149.        _set_drvpin("H",2,0);   //A3为“H”，A0、A1和A2为“L”，即输入“1000”表示数字8
150.        _set_drvpin("L",1,7,6,0);
151.        for(a=1;a<8;a++)
152.        {
153.            V[a-1]=_read_pin_voltage(Y[a],2);
154.            Mprintf("\tY%d=\t%2.2f ",a, V[a-1]);
155.        }
156.        if(V[0]>4 && V[1]>4 && V[2]>4 && V[3]>4 && V[4]>4 && V[5]>4 && V[6]>4)
157.            Mprintf("pass\n");
158.        else
159.            Mprintf("error\n");
160.        /*（11）设BI和LT为“H”、LE为“L”，A0～A3 输入数字 9，判断 Ya～Yg 是否与真值表相符*/
161.        Mprintf("............9...........\n");      //（11）开始显示“9”测试
162.        _set_drvpin("H",4,5,0);
163.        _set_drvpin("L",3,0);
164.        _set_drvpin("H",1,2,0);   //A0和A3为“H”，A1和A2为“L”，即输入“1001”表示数字9
165.        _set_drvpin("L",7,6,0);
166.        for(a=1;a<8;a++)
167.        {
168.            V[a-1]=_read_pin_voltage(Y[a],2);
169.            Mprintf("\tY%d=\t%2.2f ",a, V[a-1]);
170.        }
171.        if(V[0]>4 && V[1]>4 && V[2]>4 && V[3]<1 && V[4]<1 && V[5]>4 && V[6]>4)
172.            Mprintf("pass\n");
173.        else
174.            Mprintf("error\n");
175. }
```

代码说明如下：

（1）在“V[a-1]=_read_pin_voltage(Y[a],2);”语句中，使用_read_pin_voltage(Y[a],2)依次读取被测引脚的输出电压，并分别保存到 V 数组的 V[0]～V[6]中。函数中的“Y[a]”是被测引脚号，“a”的取值范围是 1、2、…、7，“2”是选择测量电源通道 2。

（2）if 语句条件表达式中的“&&”是逻辑与运算符，当表达式中的 V[0]～V[6]都符合真值表 3-1 的要求，并满足高电平大于 4V 以及低电平小于 1V 时，表达式成立，显示 pass 表示功能符合要求，否则显示 error 表示功能不符合要求。

2. CD4511 功能测试程序的编写及编译

下面完成 CD4511 功能测试程序的编写，这里省略前面已经给出的代码，代码如下：

```
1.    /***************S1CD4511 测试程序***************/
2.    ……                                                //头文件包含
```

```
3.  /***************全局变量或函数声明***************/
4.  ……
5.  ……                                          //全局变量声明代码
6.  /**********CD4511 测试程序信息函数**********/
7.  void PASCAL S1CD4511_inf()
8.  {
9.      ……                                      //见任务 9
10. }
11. /**********CD4511 主测试函数**********/
12. void PASCAL S1CD4511()
13. {
14.     ……                                      //见任务 9
15.
16.     Void Function();                        //CD4511 功能测试函数
17. }
```

编写完 CD4511 功能测试程序后，进行编译。若编译发生错误，则要进行分析与检查，直至编译成功为止。

3. CD4511 测试程序的载入与运行

参考任务 2“创建第一个集成电路测试程序”的载入测试程序的步骤，完成 CD4511 功能测试程序的载入与运行。CD4511 功能测试结果如图 3-12 所示。

```
............开始测试............
............LT............
Y1=4.74 Y2=4.78 Y3=4.81 Y4=4.81 Y5=4.81 Y6=4.79 Y7=4.82 pass
............0............
Y1=4.80 Y2=4.81 Y3=4.83 Y4=4.84 Y5=4.83 Y6=4.81 Y7=0.00 pass
............1............
Y1=0.00 Y2=4.72 Y3=4.76 Y4=0.00 Y5=0.00 Y6=0.00 Y7=0.00 pass
............2............
Y1=4.71 Y2=4.79 Y3=0.00 Y4=4.72 Y5=4.75 Y6=-0.00 Y7=4.71 pass
............3............
Y1=4.80 Y2=5.00 Y3=4.96 Y4=4.94 Y5=-0.00 Y6=0.00 Y7=4.71 pass
............4............
Y1=-0.00 Y2=4.72 Y3=4.75 Y4=0.00 Y5=0.00 Y6=4.71 Y7=4.76 pass
............5............
Y1=4.72 Y2=0.00 Y3=4.73 Y4=4.76 Y5=-0.00 Y6=4.71 Y7=4.90 pass
............6............
Y1=-0.00 Y2=-0.00 Y3=4.72 Y4=4.78 Y5=4.76 Y6=4.75 Y7=4.78 pass
............7............
Y1=4.74 Y2=4.77 Y3=4.78 Y4=0.00 Y5=0.00 Y6=0.00 Y7=-0.00 pass
..........8............
Y1=4.72 Y2=4.78 Y3=4.97 Y4=4.95 Y5=4.86 Y6=4.83 Y7=4.84 pass
............9............
Y1=4.83 Y2=4.85 Y3=4.84 Y4=0.00 Y5=-0.00 Y6=4.71 Y7=4.76 pass
```

图 3-12　CD4511 功能测试结果

观察 CD4511 功能测试程序的运行结果是否符合任务要求。若运行结果不能满足任务要求，则要对测试程序进行分析、检查、修改，直至运行结果满足任务要求为止。

【技能训练 3-2】CD4511 综合测试程序设计

在前面 3 个任务中，完成了开短路测试和功能测试，那么，如何把 3 个任务的测试程序集成起来，完成 CD4511 综合测试程序设计呢？

【技能训练 3-2】CD4511 综合测试程序设计

我们只要把前面 3 个任务的测试程序集中放在一个文件中，即可完成 CD4511 综合测试程序设计。这里省略前面已经给出的代码，代码如下：

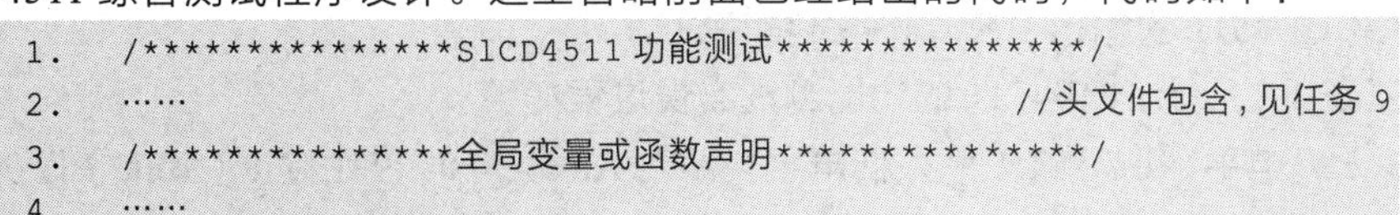

```
1.  /***************S1CD4511 功能测试***************/
2.  ……                                      //头文件包含，见任务 9
3.  /***************全局变量或函数声明***************/
4.  ……
```

```
5.  ……                                        //全局变量声明代码，见任务 9
6.  /**********CD4511 测试程序信息函数**********/
7.  void  PASCAL S1CD4511_inf()
8.  {
9.      ……                                    //见任务 9
10. }
11.
12. /**********开短路测试函数**********/
13. void Openshort()
14. {
15.     ……                                    //开短路测试函数的函数体
16. }
17. /**********功能测试函数**********/
18. void Function()
19. {
20.     ……                                    //功能测试函数的函数体
21. }
```

关键知识点梳理

1．CD4511 是一个用于驱动共阴 LED 数码管的 BCD-7 段码译码器/驱动器，具有 BCD 转换、消隐和锁存控制、7 段译码及驱动功能的 CMOS 电路，能提供较大的拉电流，可直接驱动共阴 LED 数码管。

2．CD4511 能将 4 位二进制编码—十进制数（BCD 码）转化成 7 段字型码，然后驱动一个 7 段数码管。也就是说，CD4511 可以直接把数字转换为数码管的显示数字。

（1）A0～A3：二进制数据（BCD 码）输入端，其中 A0 为最低位。

（2）Ya～Yg：译码输出端，输出为高电平“1”有效。

（3）$\overline{BI}$：消隐输入控制端（消隐功能端），当 $\overline{BI}$=0（为低电平）时，不管其他输入端状态如何，7 段数码管均处于熄灭（消隐）状态，不显示数字；在正常显示时，$\overline{BI}$端应加高电平。

（4）$\overline{LT}$：测试输入端（灯测试端），当 $\overline{BI}$=1，$\overline{LT}$=0 时，译码输出全为 1，不管输入的 A0～A3 状态如何，数码管的 7 段均发亮，一直显示“8”，以检查数码管是否有故障；当 $\overline{BI}$=1，$\overline{LT}$=1 时，数码管正常显示。

（5）LE：锁定控制端，当 LE=0（为低电平）时，允许译码输出；当 LE=1 时，使 CD4511 处于锁定保持状态，其输出被保持在 LE=0 时的数值。

（6）V_{DD}：电源正极。

（7）V_{SS}：接地。

3．CD4511 的开短路测试流程如下：

（1）通过_pmu_test_iv()函数向被测引脚施加−100mA 电流，测量的被测引脚电压作为函数的返回值；

（2）根据_pmu_test_iv()函数的返回值（被测引脚电压），判断 CD4511 芯片是否为良品；

（3）依次完成 CD4511 的输出引脚 Ya～Yg 的测试。

4．根据真值表 3-2 所示，CD4511 的功能测试实现过程如下：

（1）使 $\overline{BI}$输入高电平，LE 和 $\overline{LT}$ 输入低电平，A0～A3 输入 0～9 中除 8（1000）以外的

任意数，检验输出 Ya～Yg 是否全为高电平，即显示数字 8，测试灯控制引脚是否正常；

（2）使 $\overline{BI}$ 和 $\overline{LT}$ 输入高电平，LE 输入低电平，A0～A3 依次输入数字 0（0000）～数字 9（1001），检验输出 Ya～Yg 是否与真值表相符；

（3）根据 CD4511 真值表，逐一验证 CD4511 的 Ya～Yg 输出引脚的状态是否与真值表相符合，若符合，则芯片为良品，否则为非良品。

5. CD4511 测试程序主要使用如下函数：

（1）_on_relay()函数，用于合上用户继电器；

（2）_off_relay()函数，用于关闭用户继电器；

（3）_read_pin_voltage()函数，用于读取被测引脚的电压值（V）；

（4）_on_pmu_pin()函数，用于闭合 PMU 引脚继电器，该继电器用于连接被测引脚与测量电源通道；

（5）_off_pmu_pin()函数，用于断开 PMU 引脚继电器；

（6）_ad_conver()函数，用于读取选中的测量电源通道，输出电压（V）或输出电流（μA）的实际测量值。

问题与实操

3-1 填空题

（1）CD4511 的二进制输入端是________、________、________和________，数据输出端对应________～________。

（2）CD4511 的开短路测试是通过在芯片引脚加入适当的________，测试芯片引脚的________。

（3）CD4511 的功能测试中，当 $\overline{BI}$ 引脚输入________电平，LE 和 $\overline{LT}$ 输入________电平，输入 0～9 中除 8 以外的任意数，输出均为________电平，即显示数字________。

（4）CD4511 的功能测试中，当 $\overline{BI}$ 和 $\overline{LT}$ 输入高电平，LE 输入低电平，A0～A3 依次输入 0010，输出 Ya～Yg 依次为________则是良品，否则为非良品。

3-2 搭建基于 LK220T 测试区的 CD4511 芯片测试电路。

3-3 搭建基于 LK220T 练习区的 CD4511 芯片测试电路。

3-4 完成基于 LK220T 练习区的 CD4511 开短路测试和功能测试。

项目4

74HC245芯片测试

项目导读

74HC245 芯片常见参数测试方式，主要有开短路测试、直流参数测试和功能测试等 3 种。

本项目从 74HC245 芯片测试电路设计入手，首先让读者对 74HC245 芯片基本结构有一个初步了解；然后介绍 74HC245 芯片的开短路测试、直流参数测试及功能测试程序设计的方法。通过 74HC245 芯片测试电路连接及测试程序设计，让读者进一步了解 74HC245 芯片。

知识目标	1. 了解 74HC245 芯片及应用 2. 掌握 74HC245 芯片的结构和引脚功能 3. 掌握 74HC245 芯片的工作过程 4. 学会 74HC245 芯片的测试电路设计和测试程序设计
技能目标	能完成 74HC245 芯片测试电路连接，能完成 74HC245 芯片测试的相关编程，实现 74HC245 芯片的开短路测试、直流参数测试及功能测试
教学重点	1. 74HC245 芯片的工作过程 2. 74HC245 芯片的测试电路设计 3. 74HC245 芯片的测试程序设计
教学难点	74HC245 芯片的测试步骤及测试程序设计
建议学时	6～8 学时
推荐教学方法	从任务入手，通过 74HC245 芯片的测试电路设计，让读者了解 74HC245 芯片的基本结构，进而通过 74HC245 芯片的测试程序设计，进一步熟悉 74HC245 芯片的测试方法
推荐学习方法	勤学勤练、动手操作是学好 74HC245 芯片测试的关键，动手完成一个 74HC245 芯片测试，通过“边做边学”达到更好的学习效果

4.1 任务 11 74HC245 测试电路设计与搭建

4.1.1 任务描述

利用 LK8810S 集成电路测试机和 LK220T 集成电路测试资源系统，根据 74HC245 的工作原理，完成 74HC245 测试电路设计与搭建。该任务要求如下：

（1）测试电路能实现 74HC245 的开短路测试、直流参数测试及功能测试；

（2）74HC245 测试电路的搭建，采用基于测试区的测试方式。也就是把 LK8810S 与 LK220T 的测试区结合起来，完成 74HC245 测试电路搭建。

4.1.2 认识 74HC245

4.1.2 认识 74HC245

74HC245 总线收发器是典型的 CMOS 型三态缓冲门电路，是方向可控的 8 路缓冲器。为了保护脆弱的主控芯片，通常在主控芯片的并行接口与外部受控设备的并行接口间添加缓冲器。

1. 74HC245 芯片引脚功能

74HC245 是 8 路同相三态双向数据总线驱动芯片，具有双向三态功能，既可以输出数据，也可以输入数据。74HC245 引脚图如图 4-1 所示。

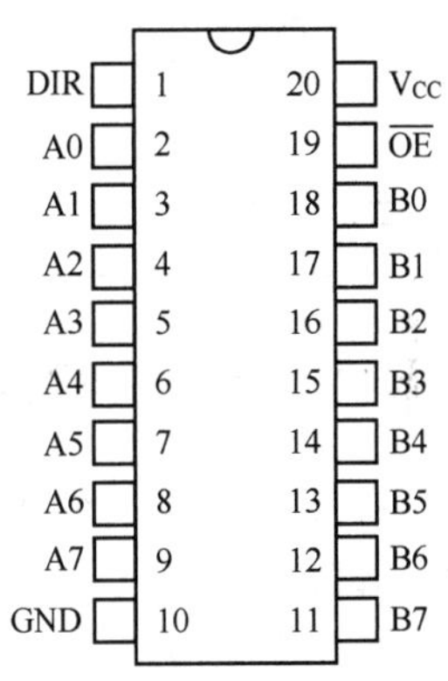

图 4-1　74HC245 引脚图

在芯片左上角有一个小圆点，其对应引脚的引脚号为 1，然后以逆时针方向编号，依次为芯片的其他引脚号。74HC245 引脚功能如下。

（1）DIR：方向控制端。当 DIR=“1”时，信号由 A 端输入、由 B 端输出，即信号由 A 向 B 传输；当 DIR=“0”时，信号由 B 端输入、由 A 端输出，即信号由 B 向 A 传输。

（2）$\overline{OE}$：74HC245 芯片使能端，也称为三态允许端，低电平有效。当 $\overline{OE}$ 为“1”时，芯片不能使用；当 $\overline{OE}$ 为“0”时，芯片可以使用。

（3）A0～A7：A 总线端，即 A 信号输入输出端。当 DIR=“1”、$\overline{OE}$ =“0”时，A0 输入，B0 输出，其他类同；当 DIR=“0”、$\overline{OE}$ =“0”时，B0 输入，A0 输出，其他类同。

（4）B0～B7：B 总线端，即 B 信号输入输出端，功能与 A 端一样。

（5）GND：电源地。

（6）V_{CC}：电源正极。

2. 74HC245 真值表

74HC245 真值表如表 4-1 所示。

表 4-1　74HC245 真值表

控制信号		输出/输入	
$\overline{OE}$	DIR	A*n*(*n*=0～7)	B*n*(*n*=0～7)
0	0	A=B	输入 B→A
0	1	输入 A→B	B=A
1	X	隔开	隔开

3. 74HC245 直流特性

74HC245 直流特性如表 4-2 所示。

表 4-2　74HC245 直流特性

参数	符号	测试条件			最小	最大	单位
高电平输出电压	V_{OH}	$V_I=V_{IH}$ 或 V_{IL}	I_{OH}=−20μA	V_{CC}=2V	1.9		V
				V_{CC}=4.5V	4.4		
				V_{CC}=6V	5.9		
			I_{OH}=−6mA，V_{CC}=4.5V		3.98		
			I_{OH}=−7.8mA，V_{CC}=6V		5.48		
低电平输出电压	V_{OL}	$V_I=V_{IH}$ 或 V_{IL}	I_{OL}= 20 μA	V_{CC}=2V		0.1	V
				V_{CC}=4.5V		0.1	
				V_{CC}=6V		0.1	
			I_{OL}= 6mA，V_{CC}=4.5V			0.26	
			I_{OL}= 7.8mA，V_{CC}=6V			0.26	
静态工作电流	I_{CC}	$V_I=V_{CC}$ 或 0，I_O=0，V_{CC}=6V				8	μA

4.1.3　74HC245 测试电路设计与搭建

4.1.3 74HC245 测试电路设计与搭建

根据任务描述，74HC245 测试电路能满足开短路测试、直流参数测试及功能测试。

1. 测试接口

74HC245 引脚与 LK8810S 的芯片测试接口是 74HC245 测试电路设计的基本依据。74HC245 引脚与 LK8810S 测试接口配接表如表 4-3 所示。

表 4-3　74HC245 引脚与 LK8810S 测试接口配接表

序号	74HC245 引脚符号	LK8810S 测试接口引脚符号	功能
1	A7	PIN1	A 总线端
2	A6	PIN2	
3	A5	PIN3	
4	A4	PIN4	
5	A3	PIN5	
6	A2	PIN6	
7	A1	PIN7	
8	A0	PIN8	
9	B0	PIN9	B 总线端
10	B1	PIN10	
11	B2	PIN11	
12	B3	PIN12	
13	B4	PIN13	
14	B5	PIN14	
15	B6	PIN15	
16	B7	PIN16	

续表

序号	74HC245 引脚符号	LK8810S 测试接口引脚符号	功能
17	GND/$\overline{OE}$	GND/K2_1	电源地、使能端
18	V_{CC}	FORCE2/K1_1	电源通道 2
19	DIR	K1_2/K2-2	方向控制

注：同一栏中“/”号，表示左右两边的引脚连接在一起。例如，“FORCE2/K1_1”表示 FORCE2 与 K1_1 是连接在一起的。

2．测试电路设计

根据表 4-3 所示，LK8810S 的芯片测试电路设计如图 4-2 所示。

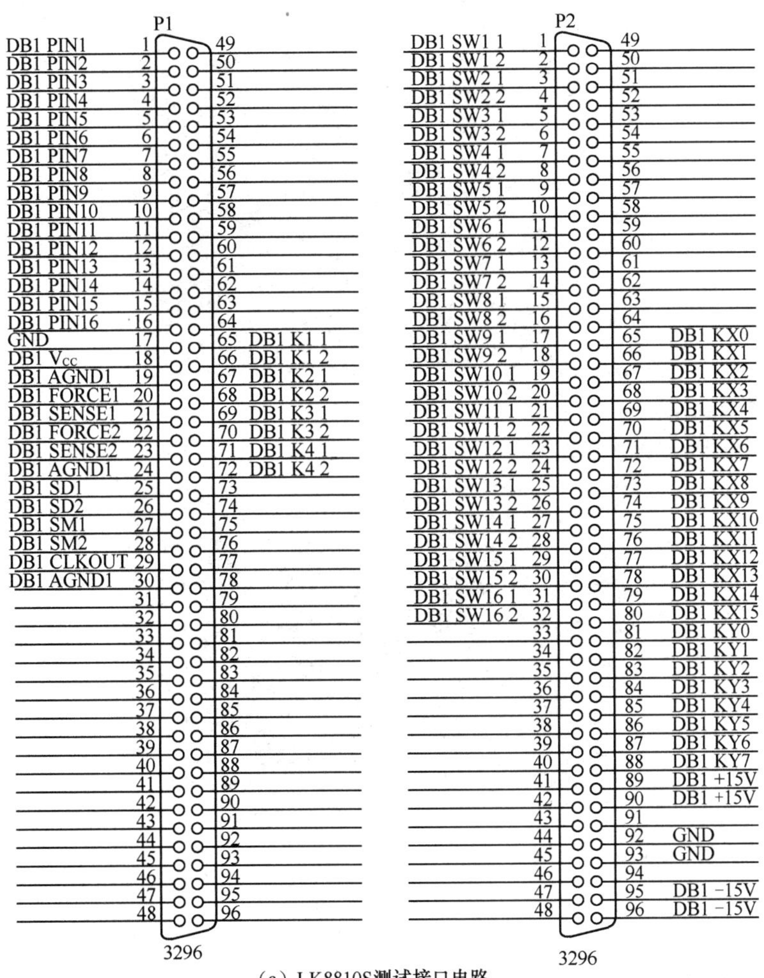

（a）LK8810S测试接口电路

图 4-2　74HC245 测试电路设计

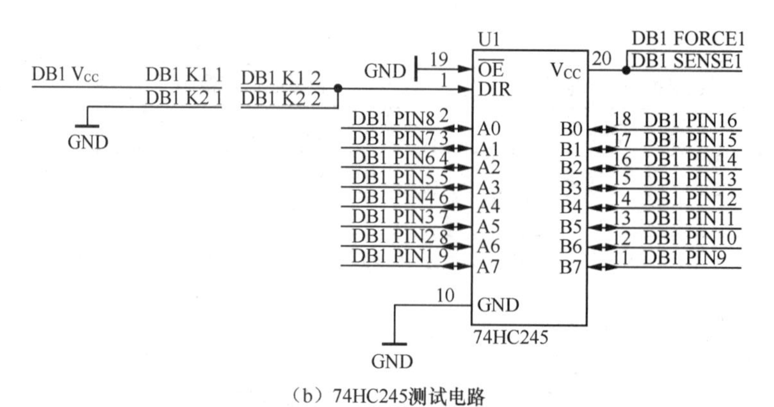

（b）74HC245测试电路

图 4-2　74HC245 测试电路设计（续）

3. 74HC245 测试板卡

根据图 4-2 所示的 74HC245 测试电路，74HC245 测试板卡的正面如图 4-3 所示。

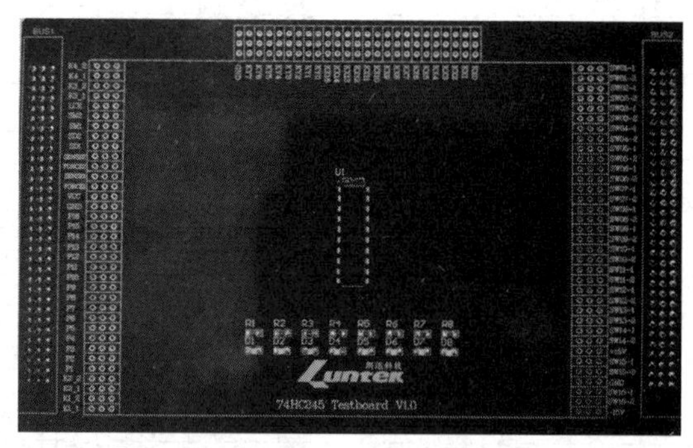

图 4-3　74HC245 测试板卡的正面

74HC245 测试板卡的背面如图 4-4 所示。

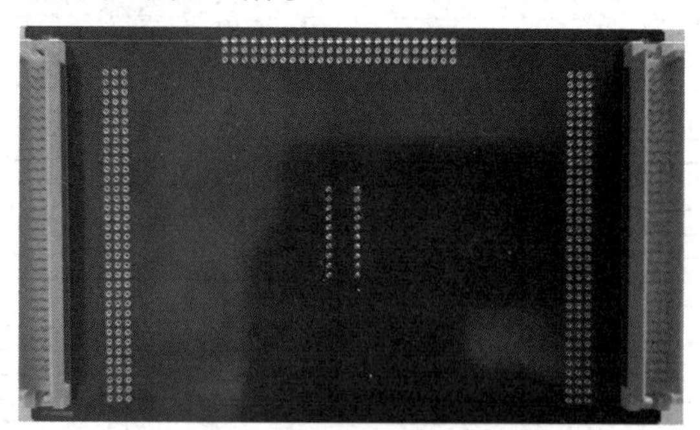

图 4-4　74HC245 测试板卡的背面

4. 74HC245 测试电路搭建

按照任务要求，采用基于测试区的测试方式，把 LK8810S 与 LK220T 的测试区结合起来，完成 74HC245 测试电路搭建。

（1）将 74HC245 测试板卡插接到 LK220T 的测试区接口；

（2）将 100PIN 的 SCSI 转换接口线一端插接到靠近 LK220T 测试区一侧的 SCSI 接口上，另一端插接到 LK8810S 外挂盒上的芯片测试转接板的 SCSI 接口上。

到此，基于测试区的 74HC245 测试电路搭建完成，如图 4-5 所示。

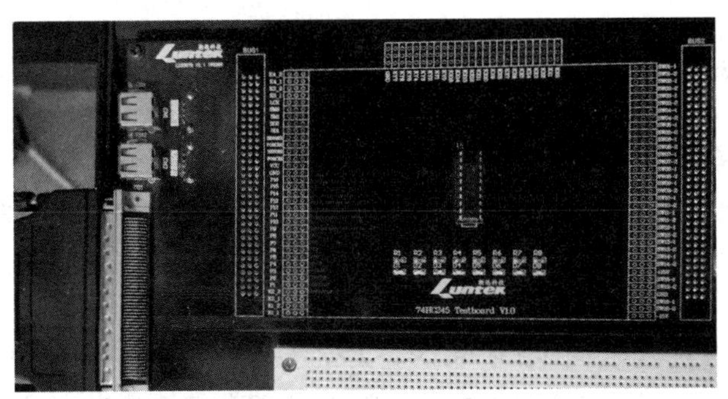

图 4-5　基于测试区的 74HC245 测试电路搭建

【技能训练 4-1】基于练习区的 74HC245 测试电路搭建

【技能训练 4-1】基于练习区的 74HC245 测试电路搭建

任务 11 是采用基于测试区的测试方式，完成 74HC245 测试电路搭建的。如果采用基于练习区的测试方式，我们该如何搭建 74HC245 测试电路呢？

（1）在练习区的面包板上插一个 74HC245 芯片，芯片正面缺口向左；

（2）参考表 4-3 所示的 74HC245 引脚与 LK8810S 测试接口配接表、图 4-2 所示的 74HC245 测试电路设计，按照 74HC245 引脚号和测试接口引脚号，用杜邦线将 74HC245 芯片的引脚依次对应连接到 96PIN 的插座上；

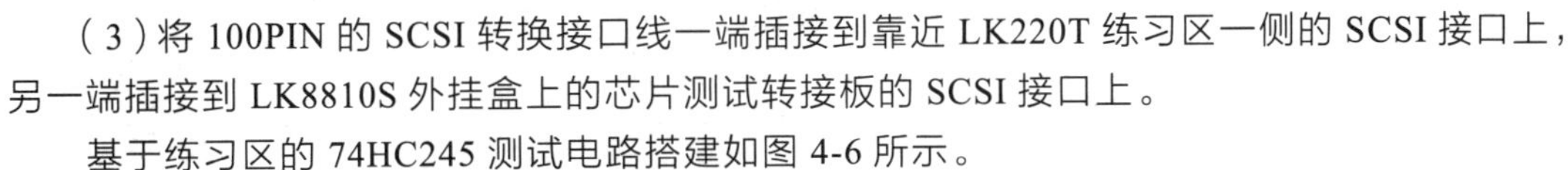

（3）将 100PIN 的 SCSI 转换接口线一端插接到靠近 LK220T 练习区一侧的 SCSI 接口上，另一端插接到 LK8810S 外挂盒上的芯片测试转接板的 SCSI 接口上。

基于练习区的 74HC245 测试电路搭建如图 4-6 所示。

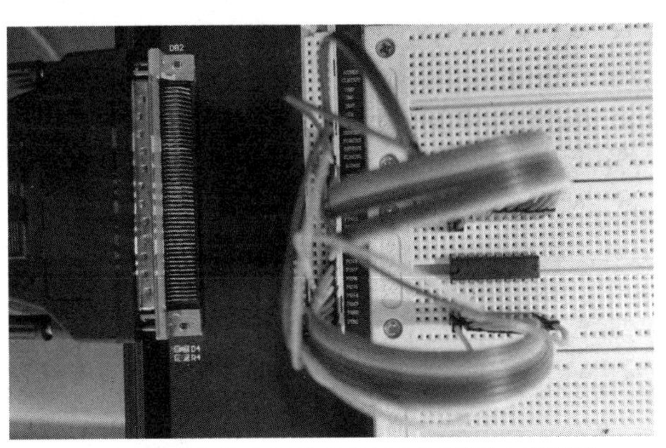

图 4-6　基于练习区的 74HC245 测试电路搭建

4.2　任务 12　74HC245 的开短路测试

4.2.1　任务描述

通过 LK8810S 集成电路测试机和 74HC245 测试电路，通过对 74HC245 的输入和输出引脚提供电流，并测其引脚电压，完成 74HC245 开短路测试。测试结果要求如下：测得引脚的电压若在−1.2～−0.3V，则为良品；否则为非良品。

4.2.2 开短路测试实现分析

4.2.2 开短路测试实现分析

1. 开短路测试实现方法

74HC245 芯片开短路测试通过在芯片引脚加入适当的小电流来测试芯片引脚的电压。在向被测引脚施加−100μA 电流进行开短路测试时，被测引脚的电压有以下 3 种不同情况。

（1）引脚正常连接：电压在−1.2～−0.3V，大约在−0.6V 左右，表示 74HC245 芯片为良品。

（2）引脚出现短路：电压为 0V，表示 74HC245 芯片内部电路有短路，通常是被测引脚与地之间有短路。

（3）引脚出现开路：电压为无限小（负压），若钳位电压设置为 4V，引脚出现开路时的电压为−4V，表示 74HC245 芯片内部电路有开路，通常是在被测引脚附近。

这里主要测试 74HC245 芯片的每个引脚是否存在对地短路或开路现象。

2. 开短路测试流程

74HC245 芯片开短路测试流程如下：

（1）对 LK8810S 的测试接口进行复位；

（2）延时一段时间，防止上次参数测试留下的电量对下次造成影响；

（3）向被测引脚提供−100μA 电流，测量被测引脚的电压；

（4）根据被测引脚电压的大小，判断 74HC245 芯片是否为良品。

4.2.3 开短路测试程序设计

4.2.3 开短路测试程序设计

参考项目 1 中任务 2“创建第一个集成电路测试程序”的步骤，完成 74HC245 芯片开短路测试程序设计。

1. 新建 74HC245 测试程序模板

运行 LK8810S 上位机软件，打开“LK8810S”界面。单击界面上“创建程序”按钮，弹出“新建程序”对话框，如图 4-7 所示。

先在对话框中输入程序名“74HC245”，然后单击“确定”按钮保存，弹出“程序创建成功”消息对话框，如图 4-8 所示。

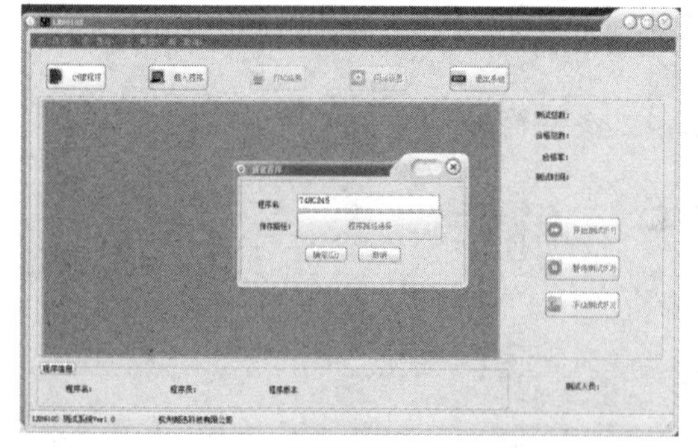
图 4-7 “新建程序”对话框

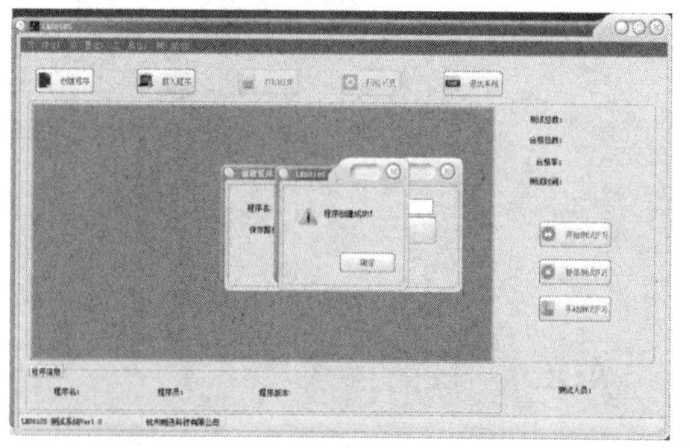
图 4-8 “程序创建成功”消息对话框

单击“确定”按钮，此时系统会自动为用户在 C 盘创建一个“74HC245”文件夹（即 74HC245

测试程序模板）。74HC245 测试程序模板中主要包括 C 文件 74HC245.cpp、工程文件 Sl74HC245.dsp 及 Debug 文件夹等。

2. 打开测试程序模板

定位到“74HC245”文件夹（测试程序模板），打开的“74HC245.dsp”工程文件如图 4-9 所示。

图 4-9 打开的“74HC245.dsp”工程文件

在图 4-9 中，我们可以看到一个自动生成的 74HC245 测试程序，代码如下：

```
1.  /**********74HC245 测试程序**********/
2.  #include "StdAfx.h"
3.  #include "Printout.h"
4.  #include "math.h"
5.  //添加全局变量或函数声明
6.  //添加芯片测试函数，在这里是添加芯片开短路测试函数
7.  /**********74HC245 测试程序信息函数**********/
8.  void PASCAL Sl74HC245_inf()
9.  {
10.     Cstring str1;
11.     str1="程序员 ID";
12.     strcpy(testerinf.Programer,str1.GetBuffer(str1.GetLength()));
13.     str1="程序版本号";
14.     strcpy(testerinf.ProgVer,str1.GetBuffer(str1.GetLength()));
15.     str1.ReleaseBuffer();
16.     testsum.failflag=0;  //"硬件 Bin"
17.     terminal="机械手或者探针台";
18.     //规定失效分项从 SBIN7 开始,合格分档 testsum.passbin 在 0~7
19.     Writeitem(fail_stat[7].test_name,"失效 SBIN7 名称");
20.     Writeitem(fail_stat[8].test_name,"失效 SBIN8 名称");
21.     Writeitem(fail_stat[9].test_name,"失效 SBIN9 名称");
22.     Writeitem(fail_stat[10].test_name,"失效 SBIN10 名称");
```

```
23.        //保存参数(1～300个)属性输入(保存的项目号，保存参数名)(参数名不能包含@字符)
24.        Writetestinf(1,"保存参数名 1");
25.        Writetestinf(2,"保存参数名 2");
26.        Writetestinf(3,"保存参数名 3");
27.        Writetestinf(4,"保存参数名 4");
28.        Writetestinf(5,"保存参数名 5");
29.    }
30.    /**********74HC245 主测试函数**********/
31.    void PASCAL S174HC245()
32.    {
33.        //添加 74HC245 主测试函数的函数体代码
34.    }
```

3. 编写测试程序及编译

在自动生成的 74HC245 测试程序中，需要添加全局变量声明、Openshort()开短路测试函数及 74HC245 测试函数的函数体。

（1）全局变量声明

全局变量和函数声明，代码如下：

```
1.    //全局变量和函数声明
2.    void Openshort(void);           //声明 Openshort()开短路测试函数
3.    #define A0 8                    //宏定义 A0～A7 是 LK8810S 测试接口 8～1 引脚号的宏名
4.    #define A1 7
5.    #define A2 6
6.    #define A3 5
7.    #define A4 4
8.    #define A5 3
9.    #define A6 2
10.   #define A7 1
11.   #define B0 16                   //宏定义 B0～B7 是 LK8810S 测试接口 16～9 引脚号的宏名
12.   #define B1 15
13.   #define B2 14
14.   #define B3 13
15.   #define B4 12
16.   #define B5 11
17.   #define B6 10
18.   #define B7 9
```

（2）编写开短路测试函数 Openshort()

74HC245 芯片开短路测试函数 Openshort()，代码如下：

```
1.    /**********74HC245 芯片开短路测试函数**********/
2.    void Openshort()
3.    {
4.        float V[16];                    //声明一个浮点型 V[16]数组，有 16 个元素
5.        int i;                          //声明整型变量 i
6.        _reset();                       //LK8810S 复位
7.        _wait(5);                       //延迟 5ms
8.        /**********开短路测试**********/
9.        Mprintf("\n.........74HC245 Openshort test...........\n");
10.       for(i=1;i<17;i++)
11.       {
```

```
12.            V[i-1]=_pmu_test_iv(i,2,-100,1);
               //从电源通道 2 给 i 引脚供-100μA 电流，测得电压存放在 V[i-1]
13.            if(V[i-1]<-1.2||V[i-1]>-0.3)  //判断测得电压是否在-0.3~-1.2V
14.                Mprintf("\tPIN=%d\t,V=%2.2fv\t error\n",i,V[i-1]);
                   //输出实测电压值及测试结果
15.            else;
16.                Mprintf("\tPIN=%d\t,V=%2.2fv\t pass\n",i,V[i-1]);
                   //输出实测电压值及测试结果
17.        }
18.  }
```

（3）编写 74HC245 主测试函数，添加 74HC245 主测试函数的函数体

在自动生成的 74HC245 主测试函数中，只要添加 74HC245 主测试函数的函数体代码即可，代码如下：

```
1.   /**********74HC245 主测试函数**********/
2.   void PASCAL S174HC245()
3.   {
4.       Openshort();
5.   }
```

下面给出 74HC245 开短路测试程序的完整代码，在这里省略前面已经给出的代码，代码如下：

```
1.   /***************S174HC245 开短路测试***************/
2.   #include "StdAfx.h"
3.   #include "Printout.h"
4.   #include "math.h"
5.   /***************全局变量和函数声明***************/
6.   ……                                                 //全局变量和函数声明代码
7.   /**********芯片开短路测试函数**********/
8.   void Openshort()
9.   {
10.      ……                                             //开短路测试函数的函数体
11.  }
12.  /**********74HC245 测试程序信息函数**********/
13.  void PASCAL S174HC245_inf()
14.  {
15.      ……                                             //74HC245 测试程序信息函数的函数体
16.  }
17.  /**********74HC245 主测试函数**********/
18.  void PASCAL S174HC245()
19.  {
20.      ……                                             //74HC245 主测试函数的函数体
21.  }
```

（4）74HC245 测试程序编译

编写完 74HC245 开短路测试程序后，进行编译。若编译发生错误，则要进行分析与检查，直至编译成功为止。

4．74HC245 测试程序的载入与运行

参考项目 1 中任务 2“创建第一个集成电路测试程序”的载入测试程序的步骤，完成 74HC245 开短路测试程序的载入与运行。74HC245 开短路测试结果如图 4-10 所示。

```
.........74HC245 Openshort test...........
PIN=1,V=-0.49v pass
PIN=2,V=-0.49v pass
PIN=3,V=-0.49v pass
PIN=4,V=-0.49v pass
PIN=5,V=-0.49v pass
PIN=6,V=-0.49v pass
PIN=7,V=-0.49v pass
PIN=8,V=-0.49v pass
PIN=9,V=-0.49v pass
PIN=10,V=-0.49v pass
PIN=11,V=-0.49v pass
PIN=12,V=-0.49v pass
PIN=13,V=-0.49v pass
PIN=14,V=-0.49v pass
PIN=15,V=-0.48v pass
PIN=16,V=-0.48v pass
```

图 4-10　74HC245 开短路测试结果

观察 74HC245 开短路测试程序的运行结果是否符合任务要求。若运行结果不能满足任务要求，则要对测试程序进行分析、检查、修改，直至运行结果满足任务要求为止。

【技能训练 4-2】74HC245 工作电流测试

通过 LK8810S 集成电路测试机和 74HC245 测试电路，完成 74HC245 的工作电流测试。对 74HC245 的 V_{CC} 引脚施加 6V 电压，并测其引脚电流，测试结果要求如下：测得引脚的电流若小于 8μA，则为良品；否则为非良品。

【技能训练 4-2】74HC245 工作电流测试

1. 工作电流测试

根据表 4-2 所示，74HC245 工作电流测试的条件是：

$$V_I=V_{CC} \text{ 或 } V_I=0，I_O=0，V_{CC}=6.0\text{V}$$

只要向 74HC245 的 V_{CC} 引脚施加一个 6.0V 电压，即可满足 74HC245 工作电流的测试条件。然后用电流测量函数测量芯片的工作电流。测得的电流如果小于 8μA，则芯片为良品，否则为非良品。

2. 工作电流测试程序设计

74HC245 芯片工作电流测试函数 ICC()，代码如下：

```
1.  /**********74HC245 工作电流测试**********/
2.  void ICC()
3.  {
4.       float i;
5.       _reset();               //LK8810S 复位
6.       Mprintf("********* Supply Current TEST ************\n");
7.       _wait(10);
8.       _on_vp(2,6.0);          //通过电源通道 2 提供 6V 电压
9.       _wait(10);
10.      i=_measure_i(2,4,2);  //电源通道 2、电流挡位 4、测量增益 2，精确测量工作电流 μA
11.      Mprintf("\tSupply Current \ti=%7.3fuA\t\t\n",i);  //输出显示测试的工作电流
12.          if( i>8)            //如果工作电流大于 8μA，显示溢出“SUPPLY CURRENT OVERFLOW
                                 //OVERFLOW!”，否则显示 “OK!”
13.              Mprintf("\nSUPPLY CURRENT OVERFLOW !\t\n");
14.          else
15.              Mprintf("OK!\n");
16.          _off_vp(2);         //关闭 2 通道
17. }
```

参考任务 12 对 74HC245 测试程序进行编译、载入与运行。74HC245 工作电流测试结果如图 4-11 所示。

```
********* Supply Current TEST ************
Supply Current i=  0.761uA
OK!
```

图 4-11　74HC245 工作电流测试结果

观察 74HC245 工作电流测试程序的运行结果是否符合任务要求。若运行结果不能满足任务要求，则要对测试程序进行分析、检查、修改，直至运行结果满足任务要求为止。

4.3　任务 13　74HC245 的直流参数测试

4.3.1　任务描述

通过 LK8810S 集成电路测试机和 74HC245 测试电路，完成 74HC245 直流参数测试。测试结果要求如下：

（1）在输入引脚为低电平（即低电平输出电压测试）时，测得的输出引脚电压若小于 0.26V，则为良品，否则为非良品；

（2）在输入引脚为高电平（即高电平输出电压测试）时，测得的输出引脚电压若大于 5.9V，则为良品，否则为非良品。

4.3.2　直流参数测试实现分析

4.3.2 直流参数测试实现分析

1. 直流参数测试实现方法

74HC245 的直流参数测试有高电平输出电压测试和低电平输出电压测试两种方式。根据表 4-2 所示，高电平输出电压和低电平输出电压的测试条件各有 5 种组合的测试条件。在这里，我们选择其中 1 种组合作为测试条件。

（1）低电平输出电压测试

选择 74HC245 输出低电平测试的条件是：

$$V_I=V_{IH} \text{ 或 } V_I=V_{IL}，I_{OL}= 20\ \mu A，V_{CC}=6V$$

① 74HC245 的 $\overline{OE}$ 接地（如表 4-3 所示），设置 DIR 为高电平、A0～A7 为低电平，即可满足 $V_I=V_{IH}$ 或 $V_I=V_{IL}$ 条件；

② 向 74HC245 的输出引脚施加 20μA 注入电流（也称为灌电流），即可满足 I_{OL}=20 μA 条件；

③ 向 V_{CC} 引脚施加一个 6V 电压，即可满足 V_{CC}=6V 条件。

在满足 74HC245 低电平输出电压的条件后，可测试 74HC245 输出引脚的电压 V_{OL}，然后根据测试结果判断输出低电平 V_{OL} 是否小于 0.1V。若结果小于 0.1V 则芯片为良品，否则为非良品。

（2）高电平输出电压测试

选择 74HC245 输出高电平的测试条件是：

$V_I=V_{IH}$ 或 $V_I=V_{IL}$，$I_{OH}=-20\ \mu A$，$V_{CC}=6V$

1）74HC245 的 $\overline{OE}$ 接地（如表 4-3 所示）、设置 DIR、A0～A7 为高电平，即可满足 $V_I=V_{IH}$ 或 $V_I=V_{IL}$ 条件；

2）向 74HC245 的输出引脚施加−20μA 抽出电流（也称为拉电流），即可满足 $I_{OH}=-20\ \mu A$ 条件；

3）向 V_{CC} 引脚施加一个 6V 电压，即可满足 $V_{CC}=6V$ 条件。

在满足 74HC245 高电平输出电压的条件后，可测试 74HC245 输出引脚的电压 V_{OH}，然后根据测试结果判断输出高电平 V_{OH} 是否大于 5.9V。若结果大于 5.9V，则芯片为良品，否则为非良品。

2. _on_vp()函数

_on_vp()函数用于选择电源通道及设置电压。函数原型是：

```
void _on_vp(unsigned int channel, float voltage);
```

第 1 个参数 channel 是选择电源通道，选择范围是 1、2，其中 1 表示选择电源通道 1，2 表示选择电源通道 2；

第 2 个参数 voltage 是输出电压，取值范围是−20～+20V。

例如，在电源通道 2（FORCE2）输出 6V 电压，代码如下：

```
_on_vp(2,6);
```

另外，_off_vp()函数用于关闭指定的电源通道。

3. 直流参数测试流程

74HC245 芯片直流参数测试流程如下：

（1）通过用户继电器 1，设置 DIR 为高电平，使得 A 端→B 端；

（2）选择 FORCE2（即电源通道 2），向 V_{CC} 引脚施加 6V 的电压；

（3）设置输入引脚高电平的电压是 5V、低电平的电压是 0V，设置输出引脚高电平的电压是 4V、低电平的电压是 0V；

（4）设置 74HC245 的 A0～A7 为输入驱动引脚、B0～B7 为输出比较引脚；

（5）设置 A0～A7 引脚输入低电平；

（6）依次向被测引脚 B0～B7 提供 20μA 电流，根据被测引脚的电压，判断是否符合输出低电平的要求；

（7）设置 A0～A7 引脚输入高电平；

（8）依次向被测引脚 B0～B7 提供−20μA 电流，根据被测引脚的电压，判断是否符合输出高电平的要求。

说明：（1）～（4）是直流参数测试初始化；（5）和（6）是输出低电平测试；（7）和（8）是输出高电平测试。

4.3.3 直流参数测试程序设计

4.3.3 直流参数测试程序设计

将各个输入接逻辑低电平，使输出低电平，对输出端进行过电流测电压，检测电压若小于 0.36V，则为良品，否则为非良品。

再将各个输入接逻辑高电平，使输出高电平，对输出端进行过电流测电压，测得的电压若大于 5.9V，则为良品，否则为非良品。

1. 编写直流参数测试函数 DC()

在 74HC245 芯片直流参数测试程序中，主要有直流参数测试初始化、输出低电平测试以及输出高电平测试 3 部分。直流参数测试函数 DC()，代码如下：

```
1.   /**********74HC245 直流参数测试**********/
2.   void  DC()
3.   {
4.       /**********（1）初始化**********/
5.       float VOL[8],VOH[8];              //声明两个浮点型数组 VOL 和 VOH
6.       int i;
7.       _reset();                         //复位
8.       _wait(10);
9.       _on_relay(1); //闭合用户继电器 1，K1_1 与 K1_2 连接，使 DIR 连接到 Vcc 为高电平，见表 4-3
10.      _on_vp(2,6);                      //在 FORCE2 输出 6V 电压，即 Vcc 为 6V
11.      _set_logic_level(5,0,4,0);        //设置输入的高低逻辑电平、输出的高低逻辑电平
12.      _sel_drv_pin(A0,A1,A2,A3,A4,A5,A6,A7,0);
         //通过 A0～A7 宏名，设置测试接口 8～1 引脚为输入引脚
13.      _sel_comp_pin(B0,B1,B2,B3,B4,B5,B6,B7,0);
         //通过 B0～B7 宏名，设置测试接口 16～9 引脚为输出引脚
14.      /**********（2）输出低电平测试**********/
15.      _wait(10);
16.      _set_drvpin("L",A0,A1,A2,A3,A4,A5,A6,A7,0);
         //设置 74HC245 的 A0～A7（测试接口 8～1 引脚）为低电平
17.      for(i=0;i<8;i++)
18.      {
19.              VOL[i]=_pmu_test_iv(i+9,1,20,2);
                 //依次向被测引脚 9～16 提供 20μA，测得电压赋给 VOL[i]
20.              Mprintf("\tPIN%d VOL IS %7.2fV\t\n",i+9,VOL[i]);
                 //输出显示测得的电压
21.              if(VOL[i]>0.1)    //如果测得电压大于 0.1V，显示“VOL IS OVERFLOW!”，
                                   //否则显示“DIGTTAL VOL IS OK!”
22.                  Mprintf("\tPIN%d VOL IS OVERFLOW!\t\n",i+9);
23.              else
24.                  Mprintf("\tDIGITAL VOL IS OK!\t\t\t\t\n");
25.      }
26.      /**********（3）输出高电平测试**********/
27.      _wait(10);
28.      _set_drvpin("H",A0,A1,A2,A3,A4,A5,A6,A7,0);
         //设置 74HC245 的 A0～A7（测试接口 8～1 引脚）为高电平
29.      for(i=0;i<8;i++)
30.      {
31.              VOH[i]=_pmu_test_iv(i+9,1,-20,2);
                 //依次向被测引脚 9～16 提供-20μA，测得电压赋给 VOL[i]
32.              Mprintf("\tPIN%d VOH IS %7.2fV\t\n",i+9,VOH[i]);
                 //输出显示测得的电压
33.              if(VOH[i]<5.9)    //如果测得电压小于 5.9V，显示“VOH IS OVERFLOW!”，
                                   //否则显示“DIGTAL VOH IS OK!”
34.                  Mprintf("\tPIN%d VOH IS OVERFLOW!\n",i+9);
35.              else
36.                  Mprintf("\tDIGITAL VOH IS OK!\t\t\t\t\n");
```

```
37.         }
38.  }
```

代码说明：

（1）“for(i=0;i<8;i++)”语句，是对74HC245的8个被测输出引脚B0～B7依次进行循环测试；

（2）“if(VOH[i]<5.9)”语句，是判断输出高电平是否小于5.9V。若测得74HC245引脚输出电压小于5.9V，则输出显示“VOH IS OVERFLOW!”；否则显示“DIGITAL VOH IS OK!”。

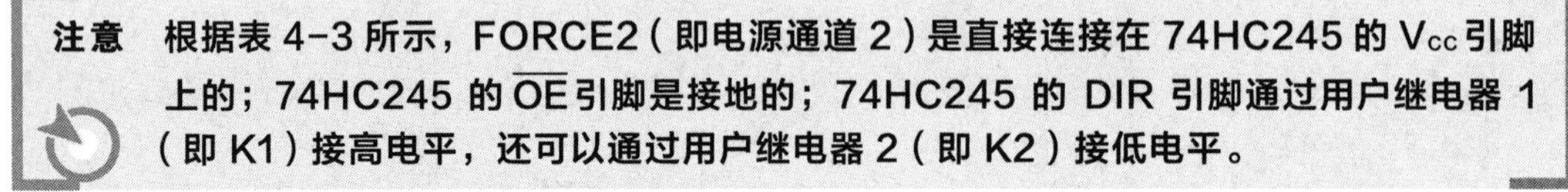

注意　根据表4-3所示，FORCE2（即电源通道2）是直接连接在74HC245的 V_{CC} 引脚上的；74HC245的 $\overline{OE}$ 引脚是接地的；74HC245的DIR引脚通过用户继电器1（即K1）接高电平，还可以通过用户继电器2（即K2）接低电平。

2. 直流参数测试程序的编写及编译

下面完成74HC245直流参数测试程序的编写，在这里省略前面已经给出的代码，代码如下：

```
1.   /***************S174HC245 直流参数测试***************/
2.   ……                                          //头文件包含，见任务 12
3.   /***************全局变量和函数声明***************/
4.   ……
5.   ……                                          //全局变量和函数声明代码，见任务 12
6.   /**********直流参数测试函数**********/
7.   void DC()
8.   {
9.       ……                                      //直流参数测试函数的函数体
10.  }
11.  /**********74HC245 测试程序信息函数**********/
12.  void PASCAL S174HC245_inf()
13.  {
14.      ……                                      //见任务 12
15.  }
16.  /**********74HC245 主测试函数**********/
17.  void PASCAL S174HC245()
18.  {
19.      DC();                                   //74HC245 直流参数测试函数
20.  }
```

编写完74HC245直流参数测试程序后，进行编译。若编译发生错误，则要进行分析与检查，直至编译成功为止。

3. 直流参数测试程序的载入与运行

参考任务2“创建第一个集成电路测试程序”的载入测试程序的步骤，完成74HC245直流参数测试程序的载入与运行。74HC245直流参数测试结果如图4-12所示。

观察74HC245直流参数测试程序的运行结果是否符合任务要求。若运行结果不能满足任务要求，则要对测试程序进行分析、检查、修改，直至运行结果满足任务要求为止。

```
PIN9 VOL IS    -0.00V
DIGITAL VOL IS OK!
PIN10 VOL IS    0.00V
DIGITAL VOL IS OK!
PIN11 VOL IS    0.00V
DIGITAL VOL IS OK!
PIN12 VOL IS    0.00V
DIGITAL VOL IS OK!
PIN13 VOL IS    0.00V
DIGITAL VOL IS OK!
PIN14 VOL IS    0.00V
DIGITAL VOL IS OK!
PIN15 VOL IS    0.00V
DIGITAL VOL IS OK!
PIN16 VOL IS    0.00V
DIGITAL VOL IS OK!
```

（a）输出低电平测试

```
PIN9 VOH IS     6.00V
DIGITAL VOH IS OK!
PIN10 VOH IS    6.00V
DIGITAL VOH IS OK!
PIN11 VOH IS    6.00V
DIGITAL VOH IS OK!
PIN12 VOH IS    6.00V
DIGITAL VOH IS OK!
PIN13 VOH IS    6.00V
DIGITAL VOH IS OK!
PIN14 VOH IS    6.00V
DIGITAL VOH IS OK!
PIN15 VOH IS    6.00V
DIGITAL VOH IS OK!
PIN16 VOH IS    6.00V
DIGITAL VOH IS OK!
```

（b）输出高电平测试

图 4-12　74HC245 直流参数测试结果

4.4 任务 14　74HC245 的功能测试

4.4.1 任务描述

通过 LK8810S 集成电路测试机和 74HC245 测试电路，完成 74HC245 的功能测试。测试结果要求如下。

（1）根据 74HC245 真值表 4-1 所示，给 V_{CC} 引脚提供 5V 电压，分别设置 A 和 B 的输入与输出方向，逐一测试 74HC245 的功能；

（2）74HC245 的功能测试结果与真值表符合，则芯片为良品，否则为非良品。

4.4.2 功能测试实现分析

4.4.2 功能测试实现分析

根据任务要求和 74HC245 真值表 4-1 所示，验证 74HC245 的逻辑功能是否与真值表符合。

1. 功能测试实现方法

根据真值表 4-1 所示，74HC245 功能测试的实现过程如下。

（1）向 V_{CC} 引脚施加一个 5V 电压，设置 A 为输入，B 为输出，测量输出的引脚状态是否和输入一致，测试两次不同输入，输出和输入一致，则芯片为良品，否则为非良品；

（2）向 V_{CC} 引脚施加一个 5V 电压，设置 A 为输出，B 为输人，测量输出的引脚状态是否和输入一致，测试两次不同输入，输出和输入一致，则芯片为良品，否则为非良品；

（3）亮灯测试：给 V_{CC} 提供 5V 电压，闭合继电器依次点亮 LED，延时后再一次熄灭 LED，测试引脚是否正常输出，正常输出，则芯片为良品，否则为非良品。

2. 功能测试流程

74HC245 功能测试流程如下。

（1）设置 A 为输入、B 为输出引脚。

（2）打开电源通道，FORCE2 给 V_{CC} 供 5V 电。

（3）设置输入 A0～A7 为 10101010，测输出 B0～B7 是否为 10101010。

（4）设置 B 为输入、A 为输出引脚。

（5）设置输入 B0～B7 为 10101010，测输出 A0～A7 是否为 10101010。

（6）设置 A 为输入、B 为输出引脚。

（7）设置输入 A0～A7 为 01010101，测输出 B0～B7 是否为 01010101。

（8）设置 B 为输入、A 为输出引脚。

（9）设置输入 B0～B7 为 01010101，测输出 A0～A7 是否为 01010101。

（10）点亮 LED：给 V_{CC} 供 5V 电压，合上继电器（9、10、11、12、13、14、15、16），然后依次合上继电器（1、2、3、4、5、6、7、8）。点亮 LED，然后依次关闭继电器（1、2、3、4、5、6、7、8）。

3. 功能测试函数学习

74HC245 功能测试程序设计前，需要学习一个 CS 板函数：_turn_switch()函数，该函数是操作继电器的函数，函数原型是：

```
void _turn_switch(char *state,int n,...)
```

第 1 个参数*state 表示接点状态标志，“on”为接通，“off”为断开；

第 2 个参数 n 表示继电器编号序列，选择范围是 1、2、3、…、16；

第 3 个参数表示序列以 0 结尾。

例如，闭合继电器 1、2、3、4、5 的操作代码如下：

```
_turn_switch("on",1,2,3,4,5,0);
```

4.4.3 功能测试程序设计

4.4.3 功能测试程序设计

1. 编写功能测试函数 Function()

74HC245 功能测试函数 Function()，代码如下：

```
1.  /**********74HC245 功能测试函数**********/
2.  void Function()
3.  {
4.      int i,j;                    //声明整型变量 i、j
5.      float x;                    //声明浮点型变量 x
6.      _reset();                   //系统复位
7.      _on_vpt(2,4,5);             //选择电源通道 2、4 挡电流，电源电压为 5V
8.      _set_logic_level(5,0,4.5,1);
    //设置输入高电平为 5V、低电平为 0V，输出高电平为 4.5V、低电平为 1V
9.      _wait(5);                   //延时 5ms
10.     Mprintf("\n.........74HC245 Function logic level test..........\n");
11.     /*............（1）功能 10101010 : A→B ........................*/
12.     _sel_drv_pin(A0,A1,A2,A3,A4,A5,A6,A7,0);   //设置输入驱动引脚 A0～A7
13.     _sel_comp_pin(B0,B1,B2,B3,B4,B5,B6,B7,0);  //设置输出比较引脚 B0～B7
14.     _wait(5);
15.     _on_relay(1);                         //合上用户继电器 1，DIR 为“1”：A→B，见表 4-3
16.     _set_drvpin("H",A0,A2,A4,A6,0);    //设置输入驱动引脚 A0、A2、A4、A6 为高电平
17.     _set_drvpin("L",A1,A3,A5,A7,0);    //设置输入驱动引脚 A1、A3、A5、A7 为低电平
18.     _wait(5);
19.     //判断 B0、B2、B4、B6 是否为高电平，B1、B3、B5、B7 是否为低电平。即读取判断输出比
    //较引脚的状态
20.     if(_read_comppin("H",B0,B2,B4,B6,0)|| _read_comppin("L",B1,B3,B5,B7,0) )
    //若符合要求，函数返回 0
21.             Mprintf("\n\t\tFunction 10101010 A>B test error");
```

```
        //不符合要求，函数返回 1，输出测试结果错误
22.     else
23.             Mprintf("\n\t\tFunction 10101010 A>B test OK");
        //符合要求，函数返回 0，输出测试结果正确
24.     _off_relay(1);                                    //断开用户继电器 1
25.     _off_fun_pin(A0,A1,A2,A3,A4,A5,A6,A7,B0,B1,B2,B3,B4,B5,B6,B7,0);
        //断开所有功能引脚继电器
26.     _wait(1000);                                      //延时 1000ms
27.     /*............（2）功能 10101010 :  A←B.......................*/
28.     _sel_drv_pin(B0,B1,B2,B3,B4,B5,B6,B7,0);          //设置输入驱动引脚 B0～B7
29.     _sel_comp_pin(A0,A1,A2,A3,A4,A5,A6,A7,0);         //设置输出比较引脚 A0～A7
30.     _wait(5);
31.     _on_relay(2);                          //合上用户继电器 2，DIR 为“0”：B→A，见表 4-3
32.     _set_drvpin("H",B0,B2,B4,B6,0);     //设置输入驱动引脚 B0、B2、B4、B6 为高电平
33.     _set_drvpin("L",B1,B3,B5,B7,0);     //设置输入驱动引脚 B1、B3、B5、B7 为低电平
34.     _wait(5);
35.     //判断 A0、A2、A4、A6 是否为高电平，A1、A3、A5、A7 是否为低电平。即读取判断输出比
        //较引脚的状态
36.     if(_read_comppin("H",A0,A2,A4,A6,0) || _read_comppin("L",A1,A3,A5,A7,0) )
37.             Mprintf("\n\t\tFunction 10101010 A<B test error");
        //不符合要求，函数返回 1，输出测试结果错误
38.     else
39.             Mprintf("\n\t\tFunction 10101010 A<B test OK");
        //符合要求，函数返回 0，输出测试结果正确
40.     _off_fun_pin(A0,A1,A2,A3,A4,A5,A6,A7,B0,B1,B2,B3,B4,B5,B6,B7,0);
        //断开所有功能引脚继电器
41.     _off_relay(2);                              //断开用户继电器 1
42.     _wait(1000);
43.     /*............（3）功能 01010101:  A→B .......................*/
44.     _sel_drv_pin(A0,A1,A2,A3,A4,A5,A6,A7,0);   //同上（1）
45.     _sel_comp_pin(B0,B1,B2,B3,B4,B5,B6,B7,0);  //同上（1）
46.     _wait(5);
47.     _on_relay(1);                          //合上用户继电器 1，DIR 为“1”：A→B
48.     _set_drvpin("L",A0,A2,A4,A6,0);     //设置输入驱动引脚 A0、A2、A4、A6 为低电平
49.     _set_drvpin("H",A1,A3,A5,A7,0);     //设置输入驱动引脚 A1、A3、A5、A7 为高电平
50.     _wait(5);
51.     if(_read_comppin("L",B0,B2,B4,B6,0) || _read_comppin("H",B1,B3,B5,B7,0) )
52.             Mprintf("\n\t\tFunction 01010101 A>B test error");
        //不符合要求，函数返回 1，输出测试结果错误
53.     else
54.             Mprintf("\n\t\tFunction 01010101 A>B test OK");
        //符合要求，函数返回 0，输出测试结果正确
55.     _off_fun_pin(A0,A1,A2,A3,A4,A5,A6,A7,B0,B1,B2,B3,B4,B5,B6,B7,0);
56.     _off_relay(1);
57.     _wait(1000);
58.     /*............（4）功能 01010101:  A←B.......................*/
59.     _sel_drv_pin(B0,B1,B2,B3,B4,B5,B6,B7,0);         //同上（2）
60.     _sel_comp_pin(A0,A1,A2,A3,A4,A5,A6,A7,0);        //同上（2）
61.     _wait(5);
62.     _on_relay(2);                          //合上用户继电器 2，DIR 为“0”：B→A
```

```
63.        _set_drvpin("L",B0,B2,B4,B6,0);    //设置输入驱动引脚 B0、B2、B4、B6 为低电平
64.        _set_drvpin("H",B1,B3,B5,B7,0);    //设置输入驱动引脚 B1、B3、B5、B7 为高电平
65.        _wait(5);
66.        if(_read_comppin("L",A0,A2,A4,A6,0)  || _read_comppin("H",A1,A3,A5,A7,0) )
67.                Mprintf("\n\t\tFunction 01010101 A<B test error"); //同上
68.        else
69.                Mprintf("\n\t\tFunction 01010101 A<B test OK");     //同上
70.        _off_fun_pin(A0,A1,A2,A3,A4,A5,A6,A7,B0,B1,B2,B3,B4,B5,B6,B7,0);
71.        _off_relay(2);
72.        _wait(1000);
73.    }
```

代码中 if 语句的条件表达式是由两个函数表达式_read_comppin()和逻辑或运算符“||”组成的。根据 74HC245 真值表，功能判断如下：

（1）“read_comppin("H",B0,B2,B4,B6,0)”是读取 B0、B2、B4 和 B6 引脚的状态，若这 4 个引脚的状态都是高电平，则函数返回值是 0，否则是非 0；

（2）“_read_comppin("L",B1,B3,B5,B7,0)”是读取 B1、B3、B5 和 B7 引脚的状态，若这 4 个引脚的状态是低电平，则函数返回值是 0，否则是非 0；

（3）如果两个函数表达式_read_comppin()返回值都是 0，表示与真值表相符合，if 语句的条件表达式值为 0，即条件表达式不成立，执行 else 的语句体；

（4）如果两个函数表达式_read_comppin()返回值有一个是 1 或两个都是 1，表示与真值表不相符，if 语句的条件表达式值为 1，即条件表达式成立，执行 if 的语句体。

同样也用一个 for 循环，再依次关闭刚才闭合的继电器，即关闭 LED。

2. 74HC245 功能测试程序的编写及编译

下面完成 74HC245 功能测试程序的编写，在这里省略前面已经给出的代码，代码如下：

```
1.   /**********74HC245 功能测试程序**********/
2.   ……                                              //头文件包含，见任务 12
3.   /***************全局变量和函数声明***************/
4.   ……
5.   ……                                              //全局变量和函数声明代码，见任务 12
6.   /**********功能测试函数**********/
7.   void Function()
8.   {
9.        ……
10.       /*............（1）功能 10101010 : A→B ........................*/
11.       ……
12.       /*............（2）功能 10101010 :  A←B........................*/
13.       ……
14.       /*............（3）功能  01010101:  A→B ........................*/
15.       ……
16.       /*............（4）功能  01010101:  A←B........................*/
17.       ……
18.  }
19.  /**********74HC245 测试程序信息函数**********/
20.  void PASCAL S174HC245_inf()
21.  {
22.       ……                                         //见任务 12
23.  }
```

```
24.  /**********74HC245 主测试函数**********/
25.  void PASCAL S174HC245()
26.  {
27.       Function();                                   //74HC245 功能测试函数
28.  }
```

编写完 74HC245 功能测试程序后，进行编译。若编译发生错误，要进行分析与检查，直至编译成功为止。

3. 74HC245 测试程序的载入与运行

74HC245 功能测试结果如图 4-13 所示。

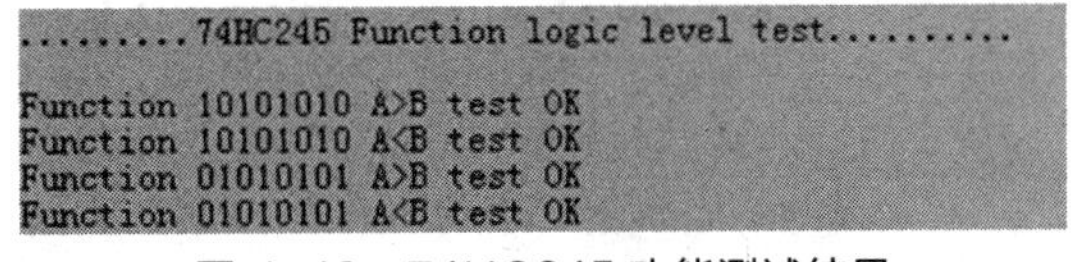

图 4-13　74HC245 功能测试结果

观察 74HC245 功能测试程序的运行结果是否符合任务要求。若运行结果不能满足任务要求，则要对测试程序进行分析、检查、修改，直至运行结果满足任务要求为止。

【技能训练 4-3】基于 74HC245 的 LED 点亮控制

【技能训练 4-3】基于 74HC245 的 LED 点亮控制

通过 LK8810S 集成电路测试机和 74HC245 测试电路，完成 8 个 LED 点亮控制。技能训练要求如下：

（1）LED 一个一个地点亮，直至 8 个 LED 全部点亮；

（2）LED 一个一个地熄灭，直至 8 个 LED 全部熄灭。

LED 点亮控制参考电路如图 4-14 所示。

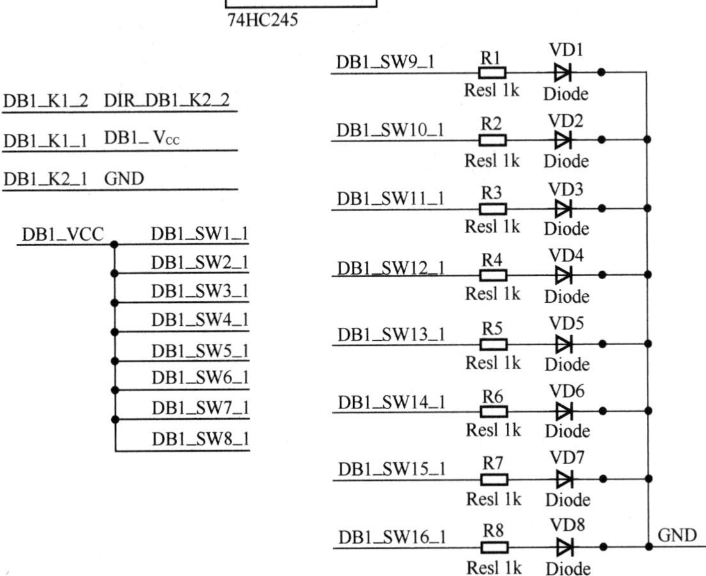

图 4-14　LED 点亮控制参考电路

结合图 4-2、图 4-14 以及表 4-3 所示，基于 74HC245 的 LED 点亮控制函数的代码如下：

```
1.  /**************基于 74HC245 的 LED 点亮控制***************/
2.  void  led()
3.  {
4.      int i;
5.      _reset();
6.      _wait(10);
7.      _on_relay(1);                    //合上用户继电器 1，DIR 为“1”：A→B
8.      _on_vp(2,5);                     //电源通道 2（FORCE2）输出 5V 电压
9.      _wait(10);
10.     for(i=1;i<9;i++)        //每次循环合上两个继电器，根据图 4-14 所示，使一个 LED 点亮
11.     {
12.             _turn_switch("on",i,0);
                //合上操作继电器 i，使 Vcc 连接到 74HC245 的 A0～A7 中 Ai 通道
13.             _turn_switch("on",i+8,0);
                //合上操作继电器 i+8，使 Vcc 通过 Bi 到 LED 阳极，LED 点亮
14.             _wait(500);
15.     }
16.     for(i=8;i>0;i--)        //每次循环断开两个继电器，根据图 4-14 所示，使一个 LED 熄灭
17.     {
18.             _turn_switch("off",i,0);
                //断开操作继电器 i，使 Vcc 与 74HC245 的 A0～A7 中 Ai 通道断开
19.             _turn_switch("off",i+8,0);
                //断开操作继电器 i+8，使 Vcc 不能通过 Bi 到 LED 阳极，LED 熄灭
20.             _wait(500);
21.     }
22.     Mprintf("\n\t\t**********LED  test  OK*************");
23. }
```

基于 74HC245 的 LED 点亮控制的运行结果如图 4-15 所示。

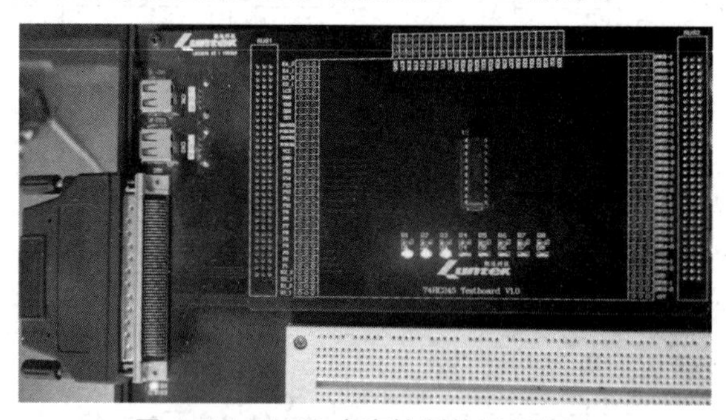

图 4-15　LED 点亮控制的运行结果

观察基于 74HC245 的 LED 点亮控制的运行结果是否符合技能训练要求。若运行结果不能满足技能训练的要求，则要对程序进行分析、检查、修改，直至运行结果满足要求为止。

【技能训练 4-4】74HC245 综合测试程序设计

【技能训练 4-4】74HC245 综合测试程序设计

在前面 4 个任务和技能训练中，我们完成了开短路测试、工作电流测试、直流参数测试、功能测试及 LED 点亮控制，那么，如何把这些测试程序集成起来，完成 74HC245 综合测试程序设计呢？

我们只要把前面的测试程序集中放在一个文件里面，即可完成 74HC245 综合测试程序设计。这里省略前面已经给出的代码，代码如下：

```
1.  /***************S174HC245 综合测试***************/
2.  ……                                              //头文件包含，见任务 12
3.  /***************全局变量和函数声明***************/
4.  ……
5.  ……                                              //全局变量声明代码，见任务 12
6.  /**********开短路测试函数**********/
7.  void Openshort()
8.  {
9.      ……                                          //开短路测试函数的函数体
10. }
11. /**********工作电流测试函数**********/
12. void ICC()
13. {
14.     ……                                          //工作电流测试函数的函数体
15. }
16. /**********直流参数测试函数**********/
17. void DC()
18. {
19.     ……                                          //直流参数测试函数的函数体
20. }
21. /**********功能测试函数**********/
22. void Function()
23. {
24.     ……                                          //功能测试函数的函数体
25. }
26. /***********LED 点亮控制***********/
27. void  led()
28. {
29.     ……                                          //LED 点亮控制的函数体
30. }
31. /**********74HC245 测试程序信息函数**********/
32. void PASCAL S174HC245_inf()
33. {
34.     ……                                          //见任务 12
35. }
36. /**********74HC245 主测试函数**********/
37. void PASCAL S174HC245()
38. {
39.     Openshort();                                //74HC245 开短路测试
40.     ICC();                                      //74HC245 工作电流测试函数
41.     DC();                                       //74HC245 直流参数测试函数
42.     Function();                                 //74HC245 功能测试函数
43.     led();                                      //LED 点亮函数
44. }
```

关键知识点梳理

1. 74HC245总线收发器是典型的CMOS型三态缓冲门电路，是方向可控的8路缓冲器。为了保护脆弱的主控芯片，通常在主控芯片的并行接口与外部受控设备的并行接口间添加缓冲器。

2. 74HC245是8路同相三态双向数据总线驱动芯片，具有双向三态功能，既可以输出也可以输入数据。

（1）DIR：方向控制端。当DIR=“1”时，信号由A端输入、由B端输出，即信号由A向B传输；当DIR=“0”时，信号由B端输入、由A端输出，即信号由B向A传输。

（2）$\overline{OE}$：74HC245芯片使能端，也称为三态允许端，低电平有效。当$\overline{OE}$为“1”时，芯片不能使用；当$\overline{OE}$为“0”时，芯片可以使用。

（3）A0～A7：A总线端，即A信号输入输出端。当DIR=“1”、$\overline{OE}$=“0”时，A0输入，B0输出，其他类同；当DIR=“0”、$\overline{OE}$=“0”时，B0输入，A0输出，其他类同。

（4）B0～B7：B总线端，即B信号输入输出端，功能与A端一样。

（5）GND：电源地。

（6）V_{CC}：电源正极。

3. 74HC245开短路测试：通过向被测引脚施加−100μA电流进行开短路测试，电压若在−0.3～−1.2V，则74HC245芯片为良品，否则为非良品。74HC245开短路测试流程如下。

（1）对LK8810S的测试接口进行复位；

（2）延时一段时间，防止上次参数测试留下的电量对下次造成影响；

（3）向被测引脚提供−100μA电流，测量被测引脚的电压；

（4）根据被测引脚电压的大小，判断74HC245芯片是否为良品。

4. 74HC245工作电流测试对74HC245的V_{CC}引脚施加6V电压，并测其引脚电流，测得引脚的电流若小于8μA，则为良品，否则为非良品。

5. 74HC24直流参数测试：有高电平输出电压测试和低电平输出电压测试两种方式。根据表4-2所示，共有5种组合的测试条件，选择如下1种组合作为测试条件。

（1）在输入引脚为低电平（即低电平输出电压测试）时，测试条件是：

$$V_I=V_{IH}\text{ 或 }V_I=V_{IL}，I_{OL}=20\ \mu A，V_{CC}=6V$$

测得的输出引脚电压若小于0.1V，则芯片为良品，否则为非良品。

（2）在输入引脚为高电平（即高电平输出电压测试）时，测试条件是：

$$V_I=V_{IH}\text{ 或 }V_I=V_{IL}，I_{OH}=-20\ \mu A，V_{CC}=6V$$

测得的输出引脚电压若大于5.9V，则芯片为良品，否则为非良品。

6. 74HC245功能测试：根据74HC245真值表4-1所示，给V_{CC}引脚提供5V电压，分别设置A和B的输入输出方向，逐一测试74HC245的功能。功能测试结果若与真值表符合，则为良品，否则为非良品。

问题与实操

4-1　填空题

（1）74HC245 是一款________输出、________信号________向收发器，有两个控制端________、________，其中________为数据流向控制端。

（2）74HC245 开短路测试通过在芯片引脚加入适当的________，来测试芯片引脚的________。

（3）74HC245 工作电流测试是向 V_{CC} 引脚施加一个________电压，使用电流测试函数测试 74HC245 的 V_{CC} 引脚电流 I_{CC}，若电流 I_{CC} 小于________为良品，否则为非良品。

（4）74HC245 工作电流测试是向 V_{CC} 引脚施加一个________电压，假若设置 A 为输入，B 为输出，设置 A0～A7 为 10101010，则测输出 B0～B7 若为________，则为良品，否则为非良品。

（5）74HC245 工作电流测试是向 V_{CC} 引脚施加一个________电压，假若设置 B 为输入，A 为输出，设置 B0～B7 为 01010101，则测输出 A0～A7 若为________，则为良品，否则为非良品。

4-2　搭建基于 LK220T 测试区的 74HC245 芯片测试电路。

4-3　搭建基于 LK220T 练习区的 74HC245 芯片测试电路。

4-4　完成基于 LK220T 练习区的 74HC245 芯片的开短路测试、工作电流、直流参数测试及功能测试。

项目5 ULN2003芯片测试

项目导读

ULN2003 芯片常见参数测试方式，主要有静态工作电流测试和直流参数测试。其中直流参数测试主要包括输入电流测试、饱和电压测试、钳位反向电流测试和钳位正向电压测试 4 种方式。

本项目从 ULN2003 芯片测试电路设计入手，首先让读者对 ULN2003 芯片基本结构有一个初步了解；然后介绍 ULN2003 芯片的静态工作电流测试及各直流参数测试程序设计的方法。通过 ULN2003 芯片测试电路连接及测试程序设计，让读者进一步了解 ULN2003 芯片。

知识目标	1. 了解 ULN2003 芯片及应用 2. 掌握 ULN2003 芯片的结构和引脚功能 3. 掌握 ULN2003 芯片的工作过程 4. 学会 ULN2003 芯片的测试电路设计和测试程序设计
技能目标	能完成 ULN2003 芯片测试电路连接，能完成 ULN2003 芯片测试的相关编程，实现 ULN2003 芯片的静态工作电流测试和输入电流等 4 个直流参数测试
教学重点	1. ULN2003 芯片的工作过程 2. ULN2003 芯片的测试电路设计 3. ULN2003 芯片的测试程序设计
教学难点	ULN2003 芯片的测试步骤及测试程序设计
建议学时	4～6 学时
推荐教学方法	从任务入手，通过 ULN2003 芯片的测试电路设计，让读者了解 ULN2003 芯片的基本结构，进而通过 ULN2003 芯片的测试程序设计，进一步熟悉 ULN2003 芯片的测试方法
推荐学习方法	勤学勤练、动手操作是学好 ULN2003 芯片测试的关键，动手完成一个 ULN2003 芯片测试，通过“边做边学”达到更好的学习效果

5.1 任务 15 ULN2003 测试电路设计与搭建

5.1.1 任务描述

利用 LK8810S 集成电路测试机和 LK220T 集成电路测试资源系统，根据 ULN2003 工作原理，完成 ULN2003 测试电路设计与搭建。该任务要求如下：

（1）测试电路能实现 ULN2003 的静态工作电流测试和直流参数测试，其中直流参数测试包括输入电流、饱和电压、钳位反向电流及钳位正向电压等测试；

（2）ULN2003 测试电路的搭建，采用基于测试区的测试方式。也就是把 LK8810S 与 LK220T 的测试区结合起来，完成测试电路搭建。

5.1.2 认识 ULN2003

5.1.2 认识 ULN2003

ULN2003 是高耐压、大电流达林顿晶体管阵列，具有电流增益高、工作电压高、温度范围宽、带负载能力强等特点，适用于各类要求高速大功率驱动的系统。

1. ULN2003 芯片引脚功能

ULN2003 采用 16 引脚的 DIP 封装或 SOP 封装，其引脚图如图 5-1 所示。

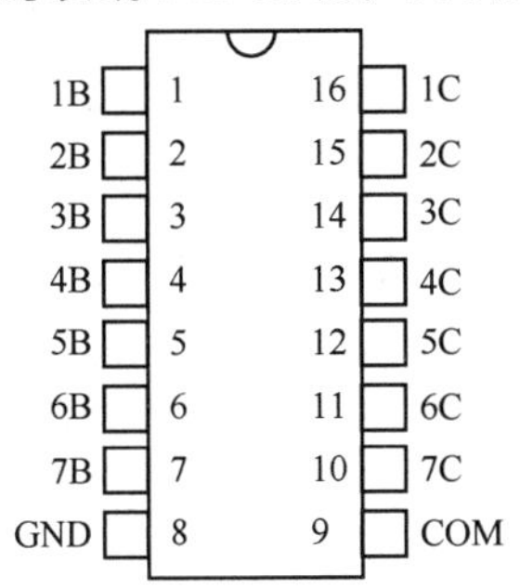

图 5-1 ULN2003 引脚图

ULN2003 引脚功能如表 5-1 所示。

表 5-1 ULN2003 引脚功能

引脚号	引脚名称	引脚功能	引脚号	引脚名称	引脚功能
1	1B	通道 1 达林顿基极输入端	9	COM	续流二极管的共阴极节点（用于感性负载）
2	2B	通道 2 达林顿基极输入端	10	7C	通道 7 达林顿集电极输出端
3	3B	通道 3 达林顿基极输入端	11	6C	通道 6 达林顿集电极输出端
4	4B	通道 4 达林顿基极输入端	12	5C	通道 5 达林顿集电极输出端
5	5B	通道 5 达林顿基极输入端	13	4C	通道 4 达林顿集电极输出端
6	6B	通道 6 达林顿基极输入端	14	3C	通道 3 达林顿集电极输出端
7	7B	通道 7 达林顿基极输入端	15	2C	通道 2 达林顿集电极输出端
8	GND	所有通道共享的共发射极（一般接地）	16	1C	通道 1 达林顿集电极输出端

说明：引脚 9 是内部 7 个续流二极管负极的公共端，各二极管的正极分别接各达林顿管的集电极。

2. ULN2003 工作原理

ULN2003 由 7 组硅晶体三极管（negative-positive-negative，NPN）达林顿管组成，每组包含一个续流二极管，具有同时驱动 7 组负载的能力。ULN2003 逻辑图如图 5-2 所示。

单组达林顿晶体管的内部原理图如图 5-3 所示。

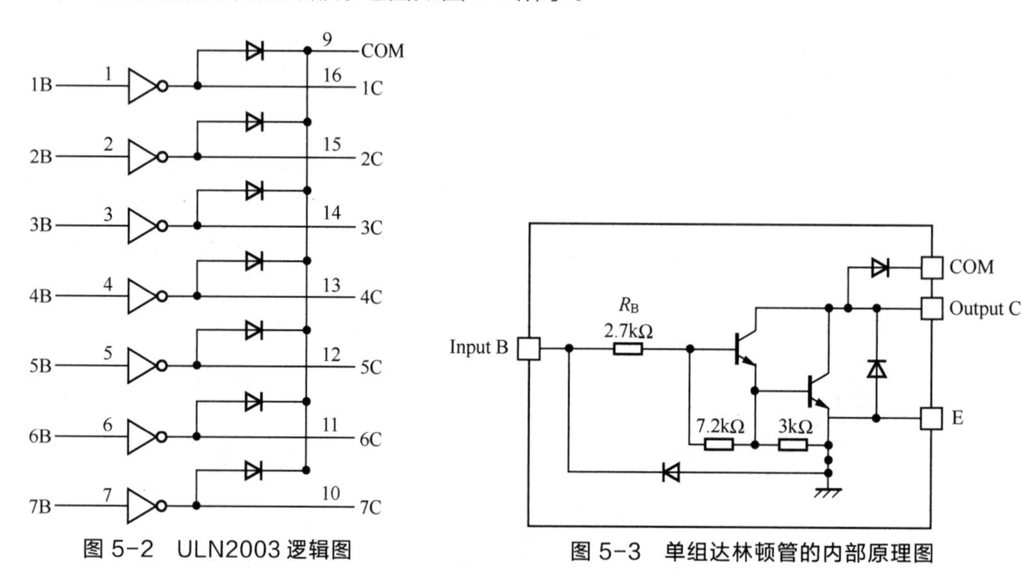

图 5-2　ULN2003 逻辑图　　图 5-3　单组达林顿管的内部原理图

根据图 5-2 和图 5-3 所示，可知 ULN2003 的工作原理如下。

（1）当 Input B 输入端输入的电压为 5V（即高电平）时，图 5-3 所示的 3 个电阻是串联关系，根据分压，左边三极管的基极 B 的电压大约是 3.95V，右边三极管的基极 B 的电压大约是 1.16V，均高于导通电压，所以两个三极管均导通，Output C 输出端的输出电压为低电平。

（2）当 Input B 输入端输入的电压为低电平时，两个三极管均截止，由于集电极处于开路状态，Output C 输出端呈现高阻态，并没有真正输出高电平。只有在 ULN2003 的外部电路上，给 Output C 输出端接一个上拉电阻，输出端才会有高电平。

这一点体现出了集电极开路输出的优点，就是可以适应不同电压的负载。

（3）COM 引脚是内部 7 个续流二极管负极的公共端，各二极管的正极分别接各达林顿管的集电极（即输出端）。在用于感性负载时，COM 引脚接负载电源正极，当感性负载导致 Output C 输出端的电压高于 COM 时，就会通过续流二极管流向电源，起到续流（泄流）作用。

由此可以看出，COM 引脚的作用，并不是为 Output C 提供电信号，而只是起到保护芯片的作用。

3. ULN2003 应用

ULN2003 的每一对达林顿管都串联一个 2.7kΩ 的基极电阻，在 5V 的工作电压下，就能直接与 TTL 和 CMOS 电路连接。这样，ULN2003 的 Input B 输入端就可以直接连接到单片机的通用型输入输出（general purpose input output）接口上。

ULN2003 采用集电极开路输出，输出电流大，Output C 输出端可直接连接到驱动组件或是负载上，适用于各类要求高速大功率驱动的系统。例如，用于伺服电机、步进电机、各种电磁阀等驱动电压高和功率较大的组件。

4. ULN2003 直流特性

ULN2003 直流特性如表 5-2 所示。

表 5-2　ULN2003 直流特性

参数	符号	测试条件	最小	典型	最大	单位
集电极截止电流	I_{CEX}	V_{CE}=50V，I_I=0μA			50	μA
输入电流	I_I（off）	V_{CE}=50V，I_C=500μA，T_a=70℃	50	65		μA
	I_I	V_I=3.85V		0.93	1.35	mA
饱和电压	V_{CE}	I_I=250μA，I_C=100 mA		0.9	1.2	V
		I_I=350μA，I_C=200 mA		1	1.3	
		I_I=500μA，I_C=350 mA		1.2	1.6	
钳位反向电流	I_R	V_R=50V			50	μA
钳位正向电压	V_F	I_F=350mA		1.7	2.3	V

说明：以上参数和测试条件参考的是 ULN2003 数据手册，实际测试中因为生产厂家的不同，参数和测试条件是会稍有差别的。

5.1.3 ULN2003 测试电路设计与搭建

5.1.3 ULN2003
测试电路设计
与搭建

根据任务描述，ULN2003 测试电路能满足静态工作电流测试和直流参数测试。

1. 测试接口

ULN2003 引脚与 LK8810S 的芯片测试接口是 ULN2003 测试电路设计的基本依据。ULN2003 引脚与 LK8810S 测试接口配接表，如表 5-3 所示。

表 5-3　ULN2003 引脚与 LK8810S 测试接口配接表

ULN2003 测试板		LK8810S 测试接口	
引脚号	引脚符号	引脚号	引脚符号
7	7B	1（P1）	PIN1
6	6B	2（P1）	PIN2
5	5B	3（P1）	PIN3
4	4B	4（P1）	PIN4
3	3B	5（P1）	PIN5
2	2B	6（P1）	PIN6
1	1B	7（P1）	PIN7
10	7C	10（P1）	PIN10
11	6C	11（P1）	PIN11
12	5C	12（P1）	PIN12
13	4C	13（P1）	PIN13

续表

ULN2003 测试板		LK8810S 测试接口	
引脚号	引脚符号	引脚号	引脚符号
14	3C	14（P1）	PIN14
15	2C	15（P1）	PIN15
16	1C	9（P1）	PIN9
9	COM	20（P1）	FORCE1
8	GND	17（P1）	GND

2. 测试电路设计

根据表 5-3 所示，ULN2003 测试电路和 LK8810S 的测试接口电路如图 5-4 所示，这里只用到 P1 接口，P2 接口未用。

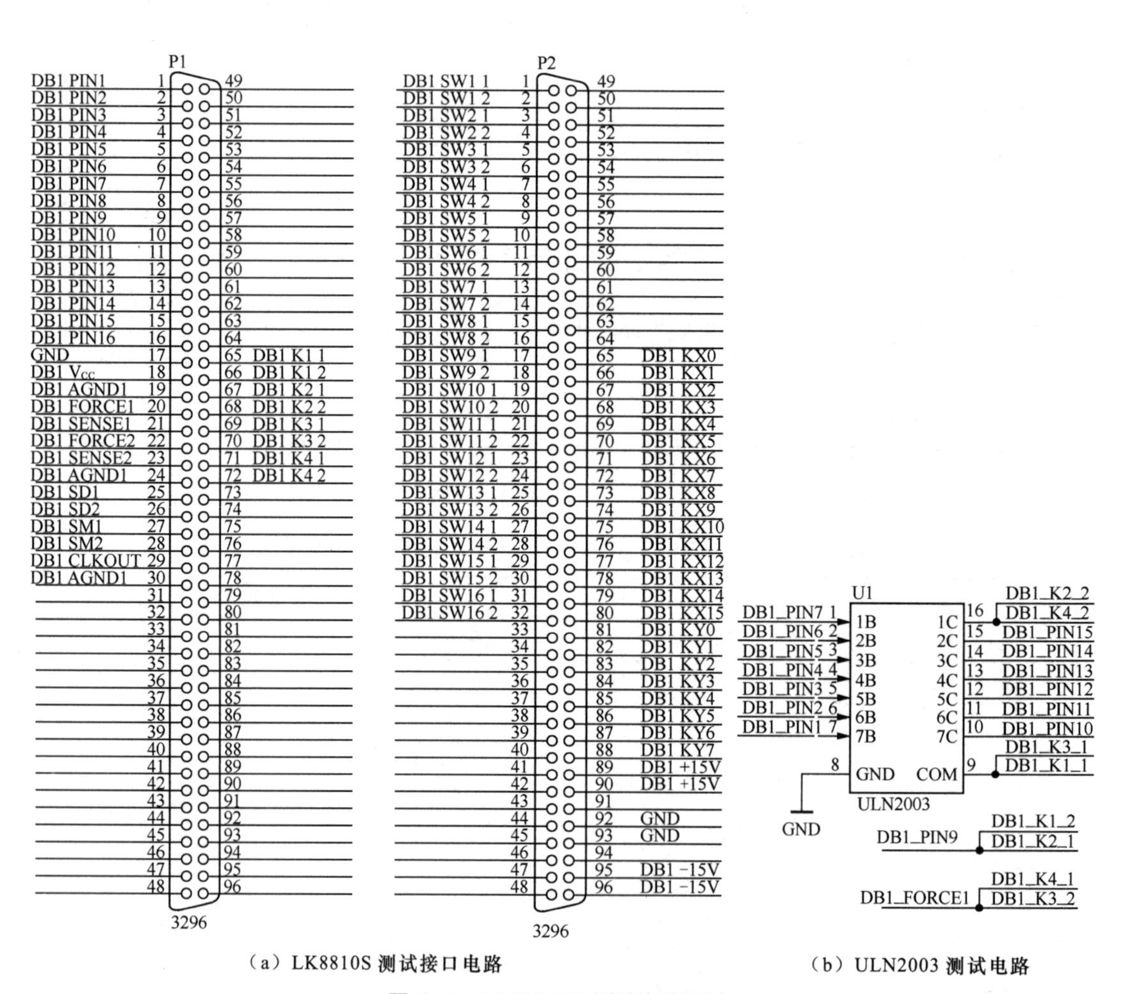

（a）LK8810S 测试接口电路　　（b）ULN2003 测试电路

图 5-4　ULN2003 测试电路设计

3. ULN2003 测试板卡

根据图 5-4 所示的 ULN2003 测试电路，ULN2003 测试板卡的正面如图 5-5 所示。

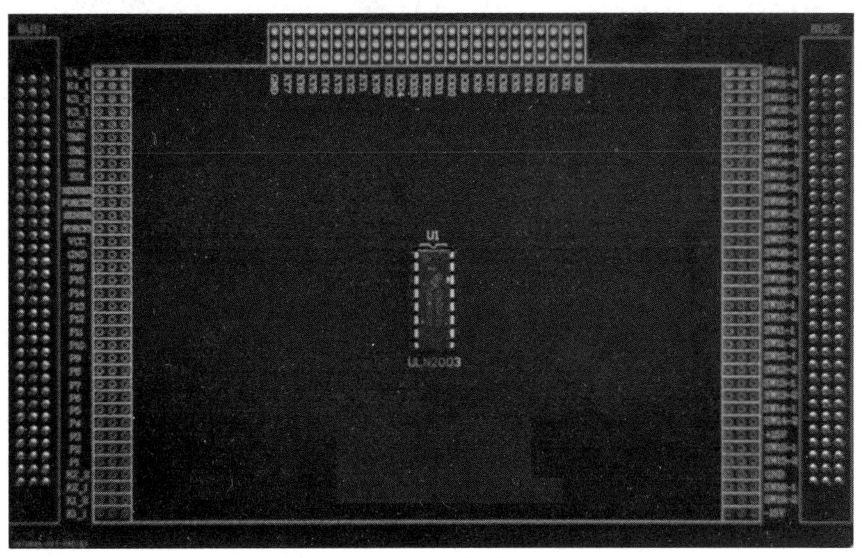

图 5-5　ULN2003 测试板卡的正面

ULN2003 测试板卡的背面如图 5-6 所示。

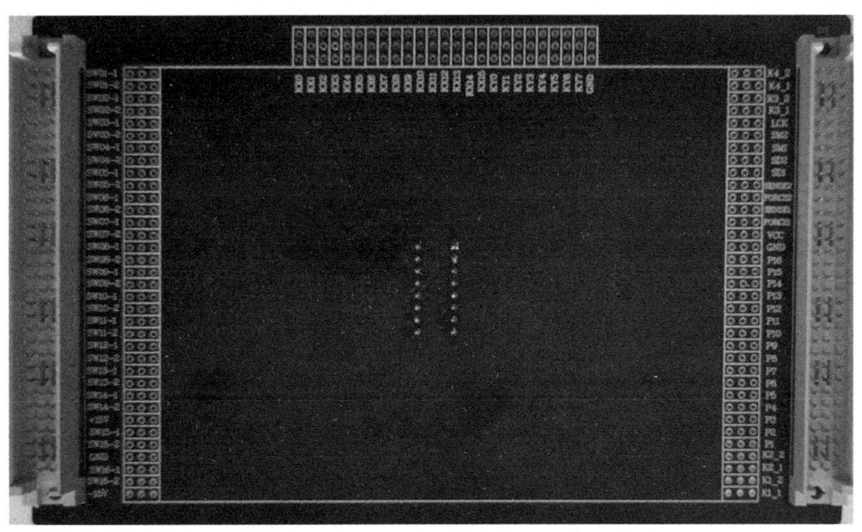

图 5-6　ULN2003 测试板卡的背面

4. ULN2003 测试电路搭建

按照任务要求，采用基于测试区的测试方式，把 LK8810S 与 LK220T 的测试区结合起来，完成 ULN2003 测试电路搭建。

（1）将 ULN2003 测试板卡插接到 LK220T 的测试区接口；

（2）将 100PIN 的 SCSI 转换接口线一端插接到靠近 LK220T 测试区一侧的 SCSI 接口上，另一端插接到 LK8810S 外挂盒上的芯片测试转接板的 SCSI 接口上。

到此，完成基于测试区的 ULN2003 测试电路搭建，如图 5-7 所示。

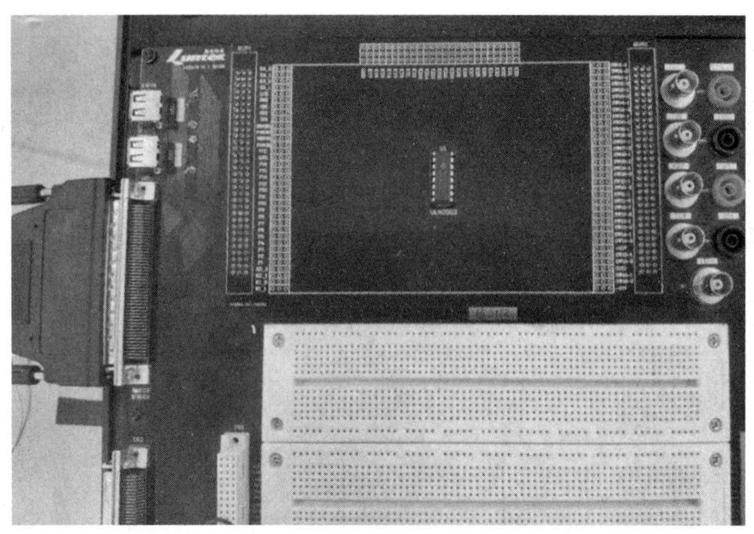

图 5-7　基于测试区的 ULN2003 测试电路搭建

【技能训练 5-1】基于练习区的 ULN2003 测试电路搭建

【技能训练 5-1】基于练习区的 ULN2003 测试电路搭建

任务 15 是采用基于测试区的测试方式，完成 ULN2003 测试电路搭建的。如果采用基于练习区的测试方式，我们该如何搭建 ULN2003 测试电路呢？

（1）在练习区的面包板上插上一个 ULN2003 芯片，芯片正面缺口向左；

（2）参考表 5-3 所示的 ULN2003 引脚与 LK8810S 测试接口配接表、图 5-4 所示的 ULN2003 测试电路设计，按照 ULN2003 引脚号和测试接口引脚号，用杜邦线将 ULN2003 芯片的引脚依次对应连接到 96PIN 的插座上；

（3）将 100PIN 的 SCSI 转换接口线一端插接到靠近 LK220T 练习区一侧的 SCSI 接口上，另一端插接到 LK8810S 外挂盒上的芯片测试转接板的 SCSI 接口上。

基于练习区的 ULN2003 测试电路搭建如图 5-8 所示。

图 5-8　基于练习区的 ULN2003 测试电路搭建

5.2 任务 16　ULN2003 的静态工作电流测试

5.2.1 任务描述

通过 LK8810S 集成电路测试机和 ULN2003 测试电路，完成 ULN2003 的静态工作电流测试。当 ULN2003 的 8 脚公共端接地，输入为 0（基极不提供偏流）时，对 ULN2003 的 10～16 引脚施加+20V 电压，并测其引脚电流。测试结果要求如下：测得引脚的电流若在 0～50μA，则芯片为良品；否则为非良品。

5.2.2 静态工作电流测试实现分析

5.2.2 静态工作电流测试实现分析

1. 静态工作电流测试实现方法

静态工作电流测试，不向基极提供偏流并在集电极施加一定电压时，测试集电极对发射极的电流。该电流一般很小，与温度成正比，且越小越好。其测试电路如图 5-9 所示。

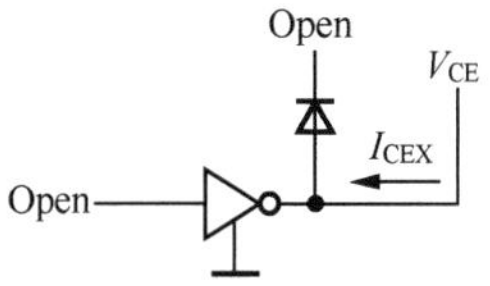

根据表 5-2 可知，选择 ULN2003 静态工作电流测试的条件是：

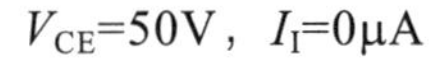

$$V_{CE}=50\text{V},\ I_I=0\mu\text{A}$$

图 5-9　静态工作电流测试电路

由图 5-9 可以看出，ULN2003 的公共端（COM）及输入引脚（1B～7B）处于断开状态，在输出引脚（1C～7C）施加 50V 电压（即 V_{CE}=50V），测量 ULN2003 的 1C～7C 引脚电流，若测得的电流都在 0～50μA，则为良品，否则为非良品。

注意　**LK8810S 测试接口的 FORCE1（电源通道 1）和 FORCE2（电源通道 2）输出的电压范围是-20～20V；**
凡是在测试条件中，要求提供的电压超过输出电压范围（-20～20V），都取该范围的最大值或最小值。如 V_{CE}=50V，取 V_{CE}=20V。

2. _pmu_test_vi()函数

_pmu_test_vi()函数用于为被测引脚提供电压，然后对被测引脚进行电流测量，返回值是被测引脚的电流（μA）。函数原型是：

```
float _pmu_test_vi(unsigned int pin_number, unsigned int power_channel, unsigned
int current_stat, float voltage_souse, unsigned int gain);
```

第 1 个参数 pin_number 是被测引脚号，选择范围是 1、2、3、…、16；

第 2 个参数 power_channel 是电源通道，选择范围是 1、2；

第 3 个参数 current_stat 是电流挡位，选择范围是 1、2、3、4、5、6，其中 1 表示 100 mA，2 表示 10mA，3 表示 1mA，4 表示 100μA，5 表示 10μA，6 表示 1μA；

第 4 个参数 voltage_souse 是给定电压，取值范围是-20～+20V；

第 5 个参数 gain 是测量增益，选择范围是 1、2、3。

例如，选择电源通道 2、电流挡位为 4、测量增益为 2，向被测引脚号 12 提供 20 V 的电压，并获取其引脚电流，代码如下：

```
current[i]=_pmu_test_vi(12,2,4,20,2);        //current[i]是存放被测引脚号 12 的电流
```

3. 静态工作电流测试流程

ULN2003 芯片工作电流测试流程如下：

（1）通过 for 循环语句，依次给 ULN2003 的 1C～7C 输出引脚施加 20V 电压，并同时依次测量引脚的电流，其对应的是测试机端口为 PIN9～PIN15；

（2）通过 Mprintf( )函数将测量结果打印在屏幕上；

（3）根据 if 条件判断被测工作电流是否小于 50μA 来判断 ULN2003 芯片是否为良品。

5.2.3 静态工作电流测试程序设计

5.2.3 静态工作电流测试程序设计

参考项目 1 中任务 2“创建第一个集成电路测试程序”的步骤，完成 ULN2003 工作电流测试程序设计。

1. 新建 ULN2003 测试程序模板

运行 LK8810S 上位机软件，打开“LK8810S”界面。单击界面上“创建程序”按钮，弹出“新建程序”对话框，如图 5-10 所示。

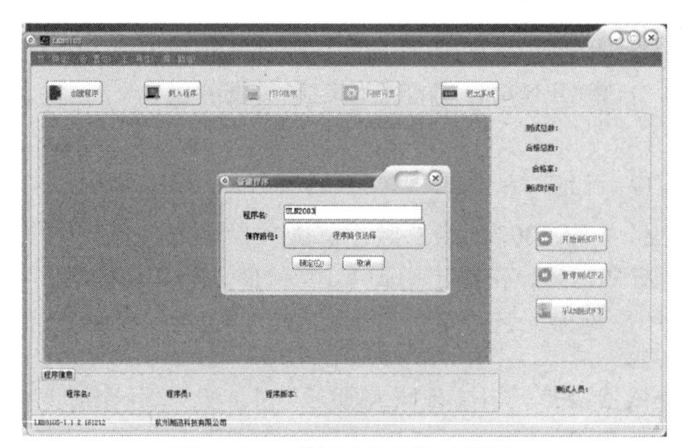

图 5-10　“新建程序”对话框

先在对话框中输入程序名“ULN2003”，然后单击“确定”按钮保存，弹出“程序创建成功”消息对话框，如图 5-11 所示。

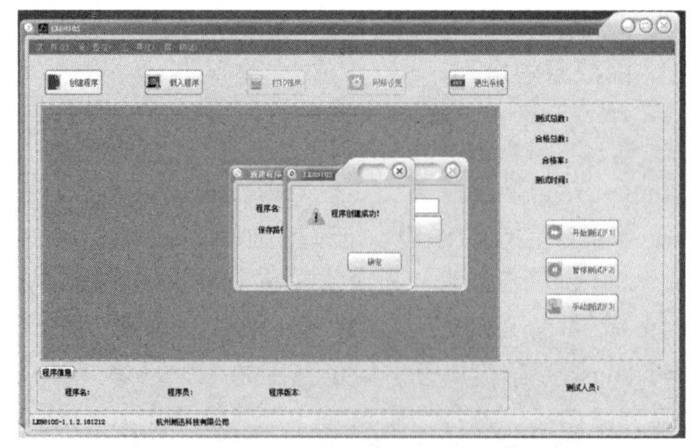

图 5-11　“程序创建成功”消息对话框

单击“确定”按钮，此时系统自动为用户在 C 盘创建一个“ULN2003”文件夹（即 ULN2003 测试程序模板）。ULN2003 测试程序模板中主要包括 C 文件 ULN2003.cpp、工程文件 ULN2003.dsp 及 Debug 文件夹等。

2. 打开测试程序模板

定位到“ULN2003”文件夹（测试程序模板），打开的“ULN2003.dsp”工程文件如图 5-12 所示。

图 5-12　打开的“ULN2003.dsp”工程文件

在图 5-12 中，我们可以看到一个自动生成的 ULN2003 测试程序，代码如下：

```
1.  /**********ULN2003 测试程序**********/
2.  #include "StdAfx.h"
3.  #include "Printout.h"
4.  #include "math.h"
5.  //添加全局变量或函数声明
6.  //添加芯片测试函数，这里是添加芯片静态工作电流测试函数
7.  /**********ULN2003 测试程序信息函数**********/
8.  void PASCAL S1ULN2003_inf( )
9.  {
10.     Cstring str1;
11.     str1="程序员 ID";
12.     strcpy(testerinf.Programer,str1.GetBuffer(str1.GetLength()));
13.     str1="程序版本号";
14.     strcpy(testerinf.ProgVer,str1.GetBuffer(str1.GetLength()));
15.     str1.ReleaseBuffer();
16.     testsum.failflag=0;  //"硬件 Bin"
17.     terminal="机械手或者探针台";
18.     //规定失效分项从 SBIN7 开始,合格分档 testsum.passbin 在 0～7
19.     Writeitem(fail_stat[7].test_name,"失效 SBIN7 名称");
20.     Writeitem(fail_stat[8].test_name,"失效 SBIN8 名称");
21.     Writeitem(fail_stat[9].test_name,"失效 SBIN9 名称");
22.     Writeitem(fail_stat[10].test_name,"失效 SBIN10 名称");
23.     //保存参数(1～300 个)属性输入(保存的项目号，保存参数名)(参数名不能包含@字符)
24.     Writetestinf(1,"保存参数名 1");
```

```
25.         Writetestinf(2,"保存参数名 2");
26.         Writetestinf(3,"保存参数名 3");
27.         Writetestinf(4,"保存参数名 4");
28.         Writetestinf(5,"保存参数名 5");
29.     }
30.     /**********ULN2003 主测试函数**********/
31.     void PASCAL SlULN2003( )
32.     {
33.         //添加 ULN2003 主测试函数的函数体代码
34.     }
```

3. 编写测试程序及编译

在自动生成的 ULN2003 测试程序中，需要添加全局变量声明、静态工作电流测试函数 ICEX()（即添加芯片测试函数）及 ULN2003 主测试函数的函数体。

（1）全局变量声明

全局变量声明，代码如下：

```
1.  //全局变量声明
2.  unsigned int B1;            //声明对应通道 1～7 输入引脚的变量
3.  unsigned int B2;
4.  unsigned int B3;
5.  unsigned int B4;
6.  unsigned int B5;
7.  unsigned int B6;
8.  unsigned int B7;
9.  unsigned int C1;            //声明对应通道 1～7 输出引脚的变量
10. unsigned int C2;
11. unsigned int C3;
12. unsigned int C4;
13. unsigned int C5;
14. unsigned int C6;
15. unsigned int C7;
16. unsigned int failflag;      //声明参数检测结果是否正确的标志位。failflag 为 1，表示
                                //测试结果不符合要求
17. unsigned int B[8],C[8];
```

（2）编写工作电流测试函数 ICEX( )

ULN2003 芯片的工作电流测试函数 ICEX( )，代码如下：

```
1.  /**********芯片工作电流测试函数**********/
2.  void ICEX( )                              //静态工作电流测试
3.  {
4.      int i;
5.      float current[7];                     //用于存放测试的静态工作电流
6.      _reset( );
7.      Mprintf("........Icex Test........\n");
8.      _wait(10);
9.      for(i=0;i<7;i++)
10.     {
11.     //LK8810S 测试接口的 9～15 引脚（即芯片的 1C～7C），进行供 20V 电压测电流，返回引脚
        //电流（μA）
12.         current[i]=fabs(_pmu_test_vi(9+i,2,4,20,2));
```

```
        //电源通道为 2，电流挡位为 4，电压为 20V，测量增益为 2
13.          Mprintf("\tIcex[%d]=%5.3f μA",i+1,current[i]);
             //显示各个引脚返回的电流信息
14.          if(current[i] > 50)         //判断 1C～7C 引脚的静态工作电流是否大于 50μA
15.          {
16.              Mprintf("\tOVERFLOW!\n"); //大于 50μA，芯片为非良品，显示“OVERFLOW!”
17.              failflag=1;
18.              return;
19.          }
20.          else
21.              Mprintf("\tOK!\n");    //不大于 50μA，芯片为良品，显示“OK!”
22.      }
23. }
```

其中，“if(current>50)”语句用于判断被测引脚的静态工作电流返回值，若测得 ULN2003 的各输出引脚电流大于 50μA，则芯片为非良品，显示“OVERFLOW!”；否则为良品，显示“OK!”。

（3）编写 ULN2003 主测试函数，添加 ULN2003 主测试函数的函数体

在自动生成的 ULN2003 主测试函数中，只要添加 ULN2003 主测试函数的函数体代码即可，代码如下：

```
1.  /**********ULN2003 主测试函数**********/
2.  void PASCAL SlULN2003( )
3.  {
4.      B[7]=1;  //引脚定义
5.      B[6]=2;
6.      B[5]=3;
7.      B[4]=4;
8.      B[3]=5;
9.      B[2]=6;
10.     B[1]=7;
11.     C[7]=10;
12.     C[6]=11;
13.     C[5]=12;
14.     C[4]=13;
15.     C[3]=14;
16.     C[2]=15;
17.     C[1]=9;
18.     _reset( );     //软件复位 LK8810S
19.     ICEX( );       //ULN2003 芯片静态工作电流测试
20.     _wait(10);     //适当延时提高测试的准确性( 防止上次参数测试留下的电量对此次造成影响 )
21. }
```

下面给出 ULN2003 静态工作电流测试程序的完整代码，在这里省略前面已经给出的代码，代码如下：

```
1.  /***************SlULN2003 静态工作电流测试***************/
2.  #include "StdAfx.h"
3.  #include "Printout.h"
4.  #include "math.h"
5.  /***************全局变量或函数声明***************/
6.  ……                                              //全局变量声明代码
```

```
7.   /**********芯片静态工作电流测试函数**********/
8.   void ICEX( )
9.   {
10.       ……                                        //开短路测试函数的函数体
11.  }
12.  /**********ULN2003 测试程序信息函数**********/
13.  void PASCAL S1ULN2003_inf( )
14.  {
15.       ……                                        //ULN2003 测试程序信息函数的函数体
16.  }
17.  /**********ULN2003 主测试函数**********/
18.  void PASCAL S1ULN2003( )
19.  {
20.       ……                                        //ULN2003 主测试函数的函数体
21.  }
```

（4）ULN2003 测试程序编译

编写完 ULN2003 静态工作电流测试程序后，进行编译。若编译发生错误，则要进行分析、检查、修改，直至编译成功。

4．ULN2003 测试程序的载入与运行

参考任务 2“创建第一个集成电路测试程序”的载入测试程序的步骤，完成 ULN2003 静态工作电流测试程序的载入与运行。ULN2003 静态工作电流测试结果如图 5-13 所示。

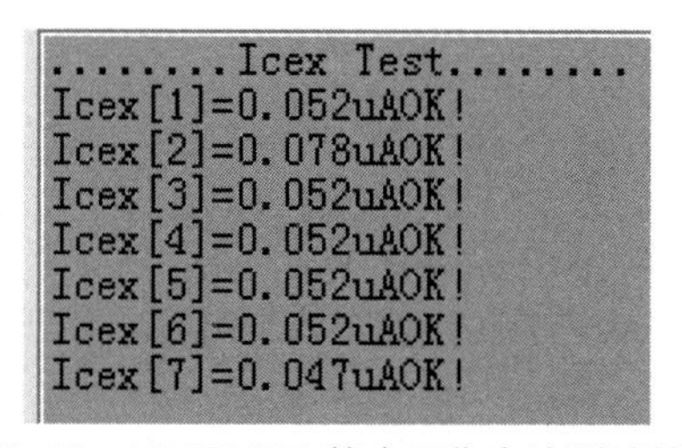

图 5-13　ULN2003 静态工作电流测试结果

观察 ULN2003 静态工作电流测试程序的运行结果是否符合任务要求。若运行结果不能满足任务要求，则要对测试程序进行分析、检查、修改，直至运行结果满足任务要求。

5.3　任务 17　ULN2003 的直流参数测试

5.3.1　任务描述

通过 LK8810S 集成电路测试机和 ULN2003 测试电路，完成 ULN2003 的输入电流、饱和电压、钳位反向电流和钳位正向电压 4 个直流参数测试。测试结果要求如下：

（1）测试的输入电流若不大于 1350μA，则为良品，否则为非良品；

（2）测试的饱和电压若小于 1.1V，则为良品，否则为非良品；

（3）测试的钳位反向电流若不大于 50μA，则为良品，否则为非良品；

（4）测试的钳位正向电压若不大于 2V，则为良品，否则为非良品。

5.3.2 直流参数测试实现分析

ULN2003 的直流参数测试有输入电流测试、饱和电压测试、钳位反向电流测试和钳位正向电压测试 4 种方式。

1. 输入电流测试

输入电流测试，就是在规定输入电压下，测试达林顿管的基极驱动电流。根据表 5-2 所示，ULN2003 的输入电流测试有 I_I（off）测试和 I_I（on）测试。

I_I（off）测试：是在 1B～7B 输入引脚处于断开状态下，完成输入电流测试。其测试电路如图 5-14（a）所示。

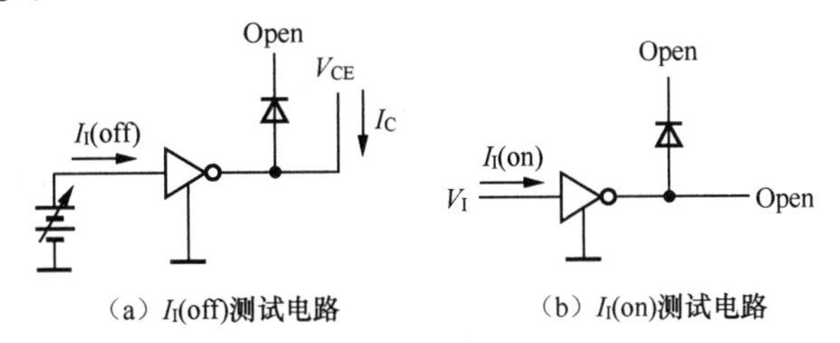

（a）I_I(off)测试电路　　（b）I_I(on)测试电路

图 5-14 ULN2003 输入电流测试电路

根据表 5-2 可知，I_I（off）的测试条件是：

$$V_{CE}=50V，I_C=500\mu A，T_a=70℃$$

I_I（on）测试：是在 1B～7B 输入引脚处于接通状态下，完成输入电流测试。其测试电路如图 5-14（b）所示。

根据表 5-2 可知，I_I（on）测试的条件是：

$$V_I=3.85V$$

在这里，我们选择 I_I（on）测试来完成输入电流测试任务。输入电流测试步骤如下：

（1）根据图 5-14（b）所示，打开 1B～7B 引脚的功能继电器；

（2）依次给 1B～7B 输入引脚施加 3.85V 电压（即可满足 V_I=3.85V 条件），并测试其输入引脚的电流 I_I；

（3）根据测试结果，判断输入电流 I_I 是否大于 1350μA。若不大于 1350μA，则芯片为良品，否则为非良品。

2. 饱和电压测试

饱和电压 V_{CE} 测试，就是提供一定的基极偏置电流，测试达林顿管的饱和压降，即主要对芯片引脚进行供电流测电压。其测试电路如图 5-15 所示。

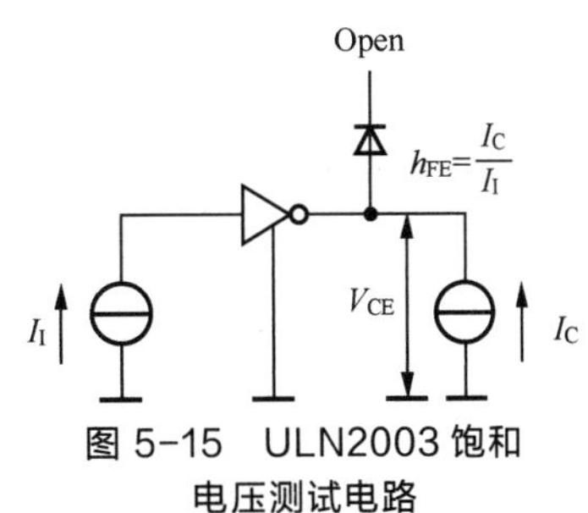

图 5-15 ULN2003 饱和电压测试电路

根据表 5-2 可知，饱和电压测试有 3 组条件。在这里我们选择其中 1 组，饱和电压测试的条件是：

$$I_I=250\mu A，I_C=100\ mA$$

饱和电压测试步骤如下：

（1）根据图 5-15 所示，设置输入高电平为 2V、输入低电平为 0V，并设置 1B～7B 输入引脚的逻辑状态为高电平（2V），这样就可以满足达林顿管的饱和导通条件。

（2）对第 9 个引脚（即输出引脚 1C）施加 100 mA 电流，并测试其输出引脚的饱和电压 V_{CE}，当然也可以选择测试其他的输出引脚。

（3）根据测试结果，判断饱和电压 V_{CE} 是否大于 1.2V，若不大于 1.2V，则芯片为良品，否则为非良品。

3. 钳位反向电流测试

钳位反向电流 I_R 测试，就是在规定的反向电压下，测量内部 7 个续流二极管的漏电流。其测试电路如图 5-16 所示。

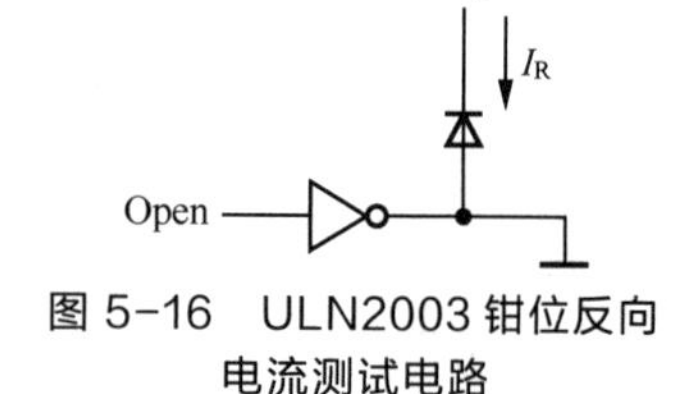

图 5-16 ULN2003 钳位反向电流测试电路

根据表 5-2 可知，选择 ULN2003 钳位反向电流测试的条件是：

$$V_R=50\text{V}$$

钳位反向电流测试步骤如下：

（1）关闭（断开）1B～7B 引脚的功能继电器。

（2）设置输入高电平为 3V、输入低电平为 0V，输出高电平为 2V、输出低电平为 0V，设置 1C～7C 输出引脚的逻辑状态为低电平（0V），设置电源通道 1（FORCE1）输出 20V 电压（由于电源通道 1 输出的电压范围是−20～20V，因此取最大值 20V）。

也就是向 ULN2003 的 COM 引脚施加 20V 电压，设置 1C～7C 输出引脚的逻辑状态为低电平（0V），这样就可以满足钳位反向电流测试的条件。

（3）测试钳位反向电流 I_R，然后根据测试结果，判断钳位反向电流 I_R 是否大于 50μA。若不大于 50μA，则芯片为良品，否则为非良品。

4. 钳位正向电压测试

钳位正向电压 V_F 测试，就是在规定的正向电流下，测量内部 7 个续流二极管的钳位电压。其测试电路如图 5-17 所示。

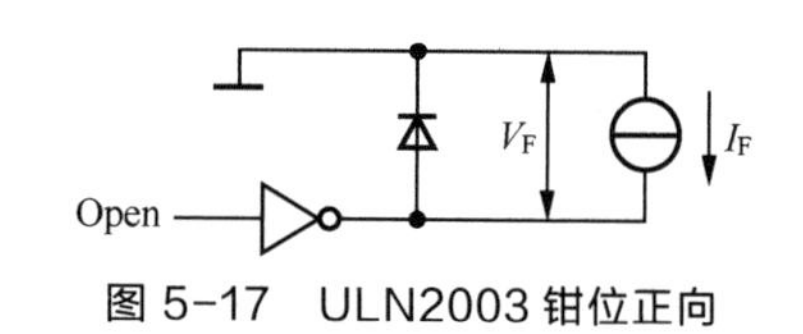

图 5-17 ULN2003 钳位正向电压测试电路

根据表 5-2 可知，选择 ULN2003 钳位正向电压测试的条件是：

$$I_F=350\text{mA}$$

钳位正向电压测试步骤如下：

（1）根据图 5-17 所示，设置电源通道 1 输出 0V 电压，关闭 1C～7C 引脚的功能继电器。

（2）依次给 1C～7C 输出引脚施加 100000μA 电流，并测试其输出引脚的钳位正向电压 V_F。

> **注意** LK8810S 测试接口的 FORCE1（电源通道 1）和 FORCE2（电源通道 2）输出的电流范围是−100000～+100000μA（即−100～+100mA）；
> **凡是在测试条件中，要求提供的电流超过电流范围（−100000～+100000μA），都取该范围的最大值或最小值。如 I_F=350mA，取 I_F=100mA。**

（3）根据测试结果，判断钳位正向电压 V_F 是否大于 2.3V。若不大于 2.3V，则芯片为良品，否则为非良品。

另外，在 ULN2003 芯片直流参数测试程序中，主要使用了_on_vpt( )、_sel_drv_pin( )、

_set_drvpin( )、_set_logic_level( )、_pmu_test_iv( )、_pmu_test_vi( )、_on_fun_pin( )和_off_fun_pin( )等函数。这些函数在前面的任务中已经都有详细的介绍，这里不再介绍。

5.3.3 直流参数测试程序设计

5.3.3 直流参数测试程序设计

1. 编写直流参数测试函数DC( )

ULN2003芯片直流参数测试函数DC( )，代码如下：

```
1.  /**********直流参数测试**********/
2.  void DC( )
3.  {
4.      int i;
5.      float Test[7];
6.      _reset( );          //软硬件复位
7.      _wait(10);
8.      _on_relay(2);       //合上用户继电器2（图5-4中的继电器K2），使K2_1与K2_2连接
9.      _on_relay(3);       //合上用户继电器3（图5-4中的继电器K3），使K3_1与K3_2连接
10.     Mprintf("***** ULN2003 DC TEST ******");
11.     /********（1）输入电流测试*********/
12.     _on_fun_pin(1,2,3,4,5,6,7,0);           //打开1B～7B引脚的功能继电器
13.     _wait(10);
14.     for(i=0;i<7;i++)
15.     {   //1+i依次选择1B～7B引脚，电源通道为1，电流挡位为3，给定电压为3.85V，测量增益为2
16.         Test[i]=fabs(_pmu_test_vi(1+i,1,3,3.85,2));
            //对1～7引脚进行供电压测电流，返回引脚电流（μA）
17.         Mprintf("\nIin[%d]=%5.3f μA",i+1,Test[i]); //显示1～7引脚返回的电流信息
18.         if(Test[i]>1350)       //如果电流大于1350μA,显示"OVERFLOW!",否则显示"OK"
19.         {
20.             Mprintf("\tOVERFLOW!");
21.             failflag=1;
22.              return;
23.         }
24.         else
25.             Mprintf("\t\tOK!");
26.     }
27.     _off_fun_pin(1,2,3,4,5,6,7,0);      //关闭1B～7B引脚的功能继电器
28.     _reset( );                          //软硬件复位
29.     /********（2）饱和电压测试*********/
30.     _on_fun_pin(1,2,3,4,5,6,7,0);       //打开1B～7B引脚的功能继电器
31.     _wait(10);
32.     _sel_drv_pin(1,2,3,4,5,6,7,0);      //设置1B～7B引脚为输入（驱动）引脚
33.     _set_logic_level(2,0,3,0.7);        //设置输入输出逻辑电平：VIH=2V、VIL=0V、
                                            //VOH=3V、VOL=0.7V
34.     _set_drvpin("H",1,2,3,4,5,6,7,0); //设置1B～7B引脚的逻辑状态为高电平
35.     _wait(10);
36.     //测试第9个（即1C）引脚，电源通道为2，施加电流为100000μA，测量增益为2，返回饱和电压VCE
37.     Test[0]=_pmu_test_iv(9,2,100000,2);
38.     Mprintf("\nVce=%5.3fV",Test[0]);   //显示第9个引脚返回的电压信息
39.     if(Test[0]>1.2)                 //如果电压大于1.2V,显示"OVERFLOW!",否则显示"OK!"
```

```
40.     {
41.         Mprintf("\tOVERFLOW!");
42.         failflag=1;
43.         return;
44.     }
45.     else
46.         Mprintf("\t\tOK!");
47.     _off_fun_pin(1,2,3,4,5,6,7,0);          //关闭 1B～7B 引脚的功能继电器
48.     /********（3）钳位反向电流测试*********/
49.     _off_fun_pin(1,2,3,4,5,6,7,0);          //关闭 1B～7B 引脚的功能继电器
50.     _sel_drv_pin(9,10,11,12,13,14,15,0);   //设定输入（驱动）引脚，即 1C～7C 引脚
51.     _set_logic_level(3,0,2,0); //设置输入输出逻辑电平：VIH=3V、VIL=0V、VOH=2V、VOL=0V
52.     _set_drvpin("L",9,10,11,12,13,14,15,0); //设置 1C～7C 引脚的逻辑状态为低电平
53.     _wait(10);
54.     _on_vp(1,20);                               //电源通道 1 输出 20V 电压
55.     _wait(10);
56.     Test[0]=_measure_i(1,3,2);  //电源通道为 1，电流挡位为 3，测量增益为 2，返回测试的电流
57.     Mprintf("\nIR=%5.3fμA",Test[0]);  //显示测量获得的工作电流信息（钳位反向电流）
58.     if(Test[0]>50)              //如果电流大于 50μA，显示“OVERFLOW!”，否则显示“OK”!
59.     {
60.         Mprintf("\tOVERFLOW!");
61.         failflag=1;
62.         return;
63.     }
64.     else
65.         Mprintf("\t\tOK!");
66.     _off_vp(1);                                 //关闭电源通道 1
67.     _off_fun_pin(9,10,11,12,13,14,15,0);   //关闭 1C～7C 引脚的功能继电器
68.     /********（4）钳位正向电压测试*********/
69.     _on_vp(1,0);                                //电源通道 1 输出 0V 电压
70.     _wait(10);
71.     for(i=0;i<7;i++)
72.     {   //9+i 依次选择 1C～7C 引脚，电源通道为 2，施加电流为 100000μA，测量增益为 2，返回电压
73.         Test[i]=fabs(_pmu_test_iv(9+i,2,100000,2));
74.         Mprintf("\nVF[%d]=%5.3f V",i+9,Test[i]); //显示 9～15 引脚返回的电压信息
75.         if(Test[i]>2.3)       //如果电压大于 2.3V，显示“OVERFLOW!”，否则显示“OK!”
76.         {
77.             Mprintf("\tOVERFLOW!");
78.             failflag=1;
79.             return;
80.         }
81.         else
82.             Mprintf("\t\tOK!");
83.     }
84.     _off_vp(1);                       //关闭电源通道 1
85.     _off_relay(2);                    //关闭用户继电器 2
86.     _off_relay(3);                    //关闭用户继电器 3
87.     _reset( );                        //软硬件复位
88. }
```

代码说明如下:

（1）“for(i=0;i<7;i++)”语句，是对 ULN2003 的 7 个被测输出引脚 1C～7C 进行依次循环测试;

（2）在钳位正向电压 V_F 测试中，“if(Test[i]>2.3)”语句，是根据 ULN2003 的数据手册判断输出引脚的钳位正向电压是否大于 2.3V。若测得 ULN2003 的输出引脚的输出电压大于 2.3V，则显示“OVERFLOW!”；否则显示“OK!”。

注意 **合上用户继电器 2（图 5-4 中的继电器 K2），K2_1 与 K2_2 连接，使 LK8810S 测试接口的 PIN9 引脚连接到 ULN2003 的 1C 输出引脚上；**
合上用户继电器 3（图 5-4 中的继电器 K3），K3_1 与 K3_2 连接，使 LK8810S 测试接口的 FORCE（电源通道 1）连接到 ULN2003 的 COM 引脚上。

2. ULN2003 直流参数测试程序的编写及编译

下面完成 ULN2003 直流参数测试程序的编写，在这里省略前面已经给出的代码，代码如下:

在这里，只详细介绍如何编写 ULN2003 芯片工作电流测试程序，后面不再赘述。

```
1.  /***************S1ULN2003 直流参数测试***************/
2.  ……                                        //头文件包含，见任务 16
3.  /***************全局变量或函数声明***************/
4.  ……
5.  ……                                        //全局变量声明代码，见任务 16
6.  /**********直流参数测试函数**********/
7.  void DC( )
8.  {
9.      ……                                    //直流参数测试函数的函数体
10. }
11. /**********ULN2003 测试程序信息函数**********/
12. void PASCAL S1ULN2003_inf( )
13. {
14.     ……                                    //见任务 16
15. }
16. /**********ULN2003 主测试函数**********/
17. void PASCAL S1ULN2003( )
18. {
19.     ……                                    //见任务 16
20.     _reset( );                            //软件复位 LK8810S 的测试接口
21.     DC( );                                //ULN2003 直流参数测试函数
22.     _wait(10); //适当延时提高测试的准确性（防止上次参数测试留下的电量对此次造成影响）
23. }
```

编写完 ULN2003 直流参数测试程序后，进行编译。若编译发生错误，则要进行分析与检查，直至编译成功。

3. ULN2003 测试程序的载入与运行

参考任务 2“创建第一个集成电路测试程序”的载入测试程序的步骤，完成 ULN2003 直流参数测试程序的载入与运行。ULN2003 直流参数测试结果如图 5-18 所示。

```
***** ULN2003 DC TEST ******
Iin[1]=800.007mAOK!
Iin[2]=797.428mAOK!
Iin[3]=796.158mAOK!
Iin[4]=796.078mAOK!
Iin[5]=796.837mAOK!
Iin[6]=796.467mAOK!
Iin[7]=797.214mAOK!
Vce=1.130VOK!
IR=1.053uAOK!
VF[9]=1.206VOK!
VF[10]=1.020VOK!
VF[11]=0.980VOK!
VF[12]=0.985VOK!
VF[13]=0.986VOK!
VF[14]=1.005VOK!
VF[15]=1.006VOK!
```

图 5-18　ULN2003 直流参数测试结果

观察 ULN2003 直流参数测试程序的运行结果是否符合任务要求。若运行结果不能满足任务要求，则要对测试程序进行分析、检查、修改，直至运行结果满足任务要求。

【技能训练 5-2】ULN2003 综合测试程序设计

在前面两个任务中，我们完成了 ULN2003 的静态工作电流测试和直流参数测试，那么，如何把两个任务的测试程序集成起来，完成 ULN2003 综合测试程序设计呢？

【技能训练 5-2】ULN2003 综合测试程序设计

我们只要把前面两个任务的测试程序集中放在一个文件里面，即可完成 ULN2003 综合测试程序设计。在这里省略前面已经给出的代码，代码如下：

```
1.  /***************S1ULN2003 功能测试***************/
2.  ……                                         //头文件包含，见任务 16
3.  /***************全局变量或函数声明***************/
4.  ……
5.  ……                                         //全局变量声明代码，见任务 16
6.  /**********静态工作电流测试函数**********/
7.  void ICEX( )
8.  {
9.      ……                                     //静态工作电流测试函数的函数体，见任务 16
10. }
11. /**********直流参数测试函数**********/
12. void DC( )
13. {
14.     ……                                     //直流参数测试函数的函数体，见任务 17
15. }
16. /**********ULN2003 测试程序信息函数**********/
17. void PASCAL S1ULN2003_inf( )
18. {
19.     ……                                     //见任务 16
20. }
21. /**********ULN2003 主测试函数**********/
22. void PASCAL S1ULN2003( )
23. {
24.     ……                                     //见任务 16
```

```
25.        _reset( );
26.        ICEX( );                                  //ULN2003 芯片静态工作电流测试函数
27.        DC( );                                    //ULN2003 直流参数测试函数
28.        _wait(10);
29.  }
```

关键知识点梳理

1. ULN2003 是高耐压、大电流达林顿晶体管阵列，由 7 组硅 NPN 达林顿管组成，每组包含一个续流二极管，具有同时驱动 7 组负载的能力。ULN2003 具有电流增益高、工作电压高、温度范围宽、带负载能力强等特点，适用于各类要求高速大功率驱动的系统。

2. ULN2003 的工作原理如下。

（1）当 Input B 输入端输入的电压为 5V（即高电平）时，Output C 输出端输出的电压为低电平。

（2）当 Input B 输入端输入的电压为低电平时，Output C 输出端呈现高阻态，并没有真正输出高电平。只有在 ULN2003 的外部电路上，给 Output C 输出端接一个上拉电阻，输出端才会有高电平。

这一点体现了集电极开路输出的优点，就是可以适应不同电压的负载。

（3）COM 引脚是内部 7 个续流二极管阴极的公共端，各二极管的阳极分别接各达林顿管的集电极（即输出端）。在用于感性负载时，COM 引脚接负载电源正极，当感性负载导致 Output C 输出端的电压高于 COM 时，就会通过续流二极管流向电源，起到续流（泄流）作用。COM 引脚的作用，并不是为 Output C 提供电信号，只是起到保护芯片的作用。

3. ULN2003 的每一对达林顿管都串联一个 2.7kΩ 的基极电阻，在 5V 的工作电压下，就能直接与 TTL 和 CMOS 电路连接。这样，ULN2003 的 Input B 输入端就可以直接连接到单片机的 GPIO 上。

ULN2003 采用集电极开路输出，输出电流大，Output C 输出端可直接连接到驱动组件或是负载上，适用于各类要求高速、大功率驱动的系统。例如，用于伺服电机、步进电机、各种电磁阀等驱动电压高和功率较大的组件。

4. 静态工作电流主要测试基极不提供偏流时，在一定的电压下集电极对发射极的电流。该电流一般很小，与温度成正比，且越小越好。

静态工作电流测试中，首先芯片公共端 8 脚接地，然后在给定电压 20V 的情况下，测量 ULN2003 的 10～16 引脚的电流，以上测得的电流若在 0～50μA，则为良品，否则为非良品。

5. ULN2003 的直流参数测试有输入电流测试、饱和电压测试、钳位反向电流测试和钳位正向电压测试 4 种方式。

（1）输入电流测试的条件为：

$$V_I=3.85V$$

打开功能引脚，给定外接电压 3.85V，利用给电流测电压函数_pmu_test_vi( )测试各输入引脚的漏电流，然后根据测试结果，判断输出电流 I_I 是否大于 1350μA。若不大于 1350μA，则芯片为良品，否则为非良品。

（2）饱和电压测试的条件是：

$$I_I=250\mu A，I_C=100\ mA$$

设置输入高电平为 2.0V，输入低电平为 0V；设置输出驱动引脚的状态为高电平，即可满足达林顿管导通条件；给定电流 100mA 时，测量第 10 个引脚的电压，可测试 ULN2003 输出引脚的电压 V_{CE}，然后根据测试结果，判断 V_{CE} 是否大于 1.2V。若不大于 1.2V，则芯片为良品，否则为非良品。

（3）钳位反向电流测试的条件是：

$$V_R=50V$$

钳位反向电流测试是指在规定的反向电压下测量内部 7 个续流二极管的漏电流。关闭功能引脚，设定输入输出的参考电压，设定输出引脚的逻辑状态为低电平，即可满足达林顿管反向电压条件，然后测试 ULN2003 输出引脚的漏电流，根据测试结果，判断电流若不大于 50μA，则为良品，否则为非良品。

（4）钳位正向电压测试的条件是：

$$I_F=350mA$$

钳位正向电压测试是指在规定的正向电流下测量内部 7 个续流二极管的钳位电压，主要测试芯片输出引脚的电压。设定通道电压源输出 0V，对测试机端口 PIN9～PIN15 引脚给定电流-350000μA，即可满足达林顿管钳位正向电压测试的条件，可测试 ULN2003 各输出引脚的电压，然后根据测试结果，判断电压是否大于 2.3V。若不大于 2.3V，则芯片为良品，否则为非良品。

问题与实操

5-1　填空题

（1）ULN2003 的 COM 端一般接________，实现续流作用。

（2）ULN2003 芯片静态工作电流测试时 COM 端接________，来测试芯片输出引脚的________。

（3）ULN2003 芯片输入电流测试是________功能引脚，给定外接电压 3.85V，若电流 I_I 小于等于________，则芯片为良品，否则为非良品。

（4）ULN2003 芯片饱和电压测试是设置输入高电平________V，输入低电平________V，输出驱动引脚的状态为________，测量 ULN2003 芯片的第________引脚电压。V_{CE} 若不大于________，则芯片为良品，否则为非良品。

（5）ULN2003 芯片钳位反向电流测试是________功能引脚，设定输入输出的参考电压，设定输出引脚的逻辑状态为________，若测量的工作电流不大于________，则芯片为良品，否则为非良品。

5-2　搭建基于 LK220T 测试区的 ULN2003 芯片测试电路。

5-3　搭建基于 LK220T 练习区的 ULN2003 芯片测试电路。

5-4　完成基于 LK220T 练习区的 ULN2003 芯片静态工作电流测试和直流参数测试。

项目6 LM358芯片测试

项目导读

LM358 芯片常见参数测试方式，主要有直流输入测试和交流输入测试。

本项目从 LM358 芯片测试电路设计入手，首先让读者对 LM358 芯片基本结构有一个初步了解；然后介绍 LM358 芯片同相比例放大功能的测试方法，并分别介绍直流输入和交流输入的测试方法。通过 LM358 芯片测试电路连接及测试程序设计，让读者进一步了解 LM358 芯片。

知识目标	1. 了解 LM358 芯片及应用 2. 掌握 LM358 芯片的结构和引脚功能 3. 掌握 LM358 芯片的工作过程 4. 学会 LM358 芯片的测试电路设计和测试程序设计
技能目标	能完成 LM358 芯片测试电路连接，能完成 LM358 芯片测试的相关编程，实现 LM358 芯片的同相比例放大直流输入及交流输入的功能测试
教学重点	1. LM358 芯片的工作过程 2. LM358 芯片的测试电路设计 3. LM358 芯片的测试程序设计
教学难点	LM358 芯片的测试步骤及测试程序设计
建议学时	4～6 学时
推荐教学方法	从任务入手，通过 LM358 芯片的测试电路设计，让读者了解 LM358 芯片的基本结构，进而通过 LM358 芯片的测试程序设计，进一步熟悉 LM358 芯片的测试方法
推荐学习方法	勤学勤练、动手操作是学好 LM358 芯片测试的关键，动手完成一个 LM358 芯片测试，通过“边做边学”达到更好的学习效果

6.1 任务 18 LM358 测试电路设计与搭建

6.1.1 任务描述

利用 LK8810S 集成电路测试机和 LK220T 集成电路测试资源系统，根据 LM358 运算放大器工作原理，完成 LM358 测试电路设计与搭建。该任务要求如下：

（1）测试电路能实现 LM358 同相比例放大 2、3、4 倍的功能测试；

（2）LM358 测试电路的搭建，采用基于测试区的测试方式。也就是把 LK8810S 与

LK220T 的测试区结合起来，完成 LM358 测试电路的搭建。

6.1.2 认识 LM358

6.1.2 认识 LM358

LM358 是一个双运算放大器组成的运算放大器，内部包含两个独立的、高增益、内部频率补偿的运算放大器。其应用范围包括传感放大器、直流增益模组、音频放大器、工业控制、DC 增益部件和其他所有可用单电源供电的使用运算放大器的场合。

1. LM358 芯片引脚功能

LM358 的封装形式有塑封 8 引线双列直插式和贴片式，其引脚图如图 6-1 所示。

1、2 和 3 引脚是一个运放通道，5、6 和 7 引脚是另外一个运放通道。LM358 引脚功能如表 6-1 所示。

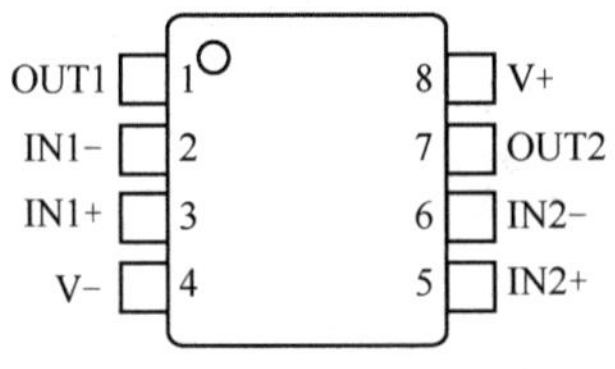

图 6-1 LM358 引脚图

表 6-1 LM358 引脚功能

引脚序号	引脚名称	引脚功能
1	OUT1	运放 1 输出端
2	IN1−	运放 1 反相输入端
3	IN1+	运放 1 同相输入端
4	V−	负电源
5	IN2+	运放 2 同相输入端
6	IN2−	运放 2 反相输入端
7	OUT2	运放 2 输出端
8	V+	正电源

2. LM358 工作原理

LM358 的两路输入 IN1+和 IN1−（IN2+和 IN2−）为模拟信号时，其输出 OUT1（OUT2）为低电平“0”或高电平“1”。当输入电压的差值增大或减小且正负符号不变时，其输出保持恒定。

（1）当 IN1+（IN2+）输入的电压大于 IN1−（IN2−）输入的电压时，OUT1（OUT2）输出高电平；

（2）当 IN1+（IN2+）输入的电压小于 IN1−（IN2−）输入的电压时，OUT1（OUT2）输出低电平。

说明： LM358 输出端不需要上拉电阻。

3. LM358 的特点

LM358 常用作电压信号采集的前端电压跟随器，同时起到增加输入阻抗的作用，避免影响被测量的电压值。LM358 具有如下特点：

（1）内部频率补偿；

（2）低输入偏流；

（3）低输入失调电压和失调电流；

（4）共模输入电压范围宽，包括接地；

（5）差模输入电压范围宽，等于电源电压范围；

（6）直流电压增益高（约 100dB）；

（7）单位增益频带宽（约 1MHz）；

（8）电源电压范围宽：单电源（3～30V）；双电源（±1.5～±15V）；

（9）低功耗电流，适合用电池供电；

（10）输出电压摆幅大（0 至 V_{CC}−1.5V）。

4. LM358 同相比例放大电路

同相输入放大电路，是将输入信号 V_i 通过 R' 加到集成运算放大器的同相输入端，如图 6-2 所示。

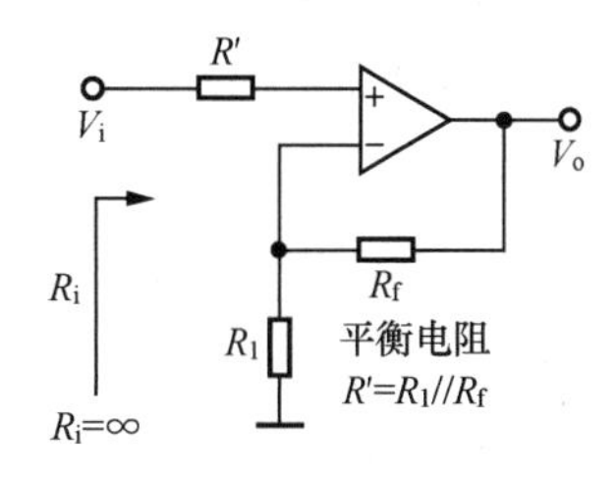

图 6-2 同相比例放大电路

在图 6-2 中，由于输出电压 V_o 通过反馈电阻 R_f 反馈到反相输入端，所以该电路是电压串联负反馈电路。该电路中一般取 $R'=R_1//R_f$，其中 R' 表示 R_1 和 R_f 并联后的电阻。

根据理想运放“虚断”的概念，流过 R' 的电流为 0，则 $V_+=V_i$，又利用“虚短”($V_-=V_+$)的概念，同相比例放大电路中有 $V_-=V_+=V_i$，则有

$$\frac{V_- - 0}{R_1}=\frac{V_o - V_-}{R_f} \quad （式 6-1）$$

因为 $V_-=V_+=V_i$，则有

$$V_o=\left(1+\frac{R_f}{R_1}\right)V_i \quad （式 6-2）$$

6.1.3 LM358 测试电路设计与搭建

6.1.3 LM358 测试电路设计与搭建

根据任务描述，LM358 测试电路能满足同相比例放大 2、3、4 倍的功能测试。

1. 测试接口

LM358 引脚与 LK8810S 的芯片测试接口是 LM358 测试电路设计的基本依据。LM358 引脚与 LK8810S 测试接口配接表如表 6-2 所示。

表 6-2 LM358 引脚与 LK8810S 测试接口配接表

LM358 测试板		LK8810S 测试接口		功能
引脚号	引脚符号	引脚号	引脚符号	
1	OUT1	7（P3）	DB1_SM1	选择交流输入
		30（P3）	DB1_PIN2	PIN2 测试引脚
		6（P4）	DB1_SW3_2	与 SW2_2 和 SW1_2 直连
2	IN1-	5（P4）	DB1_SW3_1	IN1-经 R_3 后连接 DB1_SW3_1，选择放大 4 倍
		3（P4）	DB1_SW2_1	IN1-经 R_2 后连接 DB1_SW2_1，选择放大 3 倍
		1（P4）	DB1_SW1_1	IN1-经 R_1 后连接 DB1_SW1_1，选择放大 2 倍

续表

LM358 测试板		LK8810S 测试接口		功能
引脚号	引脚符号	引脚号	引脚符号	
3	IN1+	35（P3）	DB1_K1_1	IN1+经 R_6 后连接 DB1_K1_1，可选择接地
4	V−	35（P4）	DB1_−15V	连接−15V 电源
8	V+	29（P4）	DB1_+15V	连接+15V 电源

2. 测试电路设计

根据表 6-2 所示，LK8810S 测试接口电路及 LM358 测试电路如图 6-3 所示。

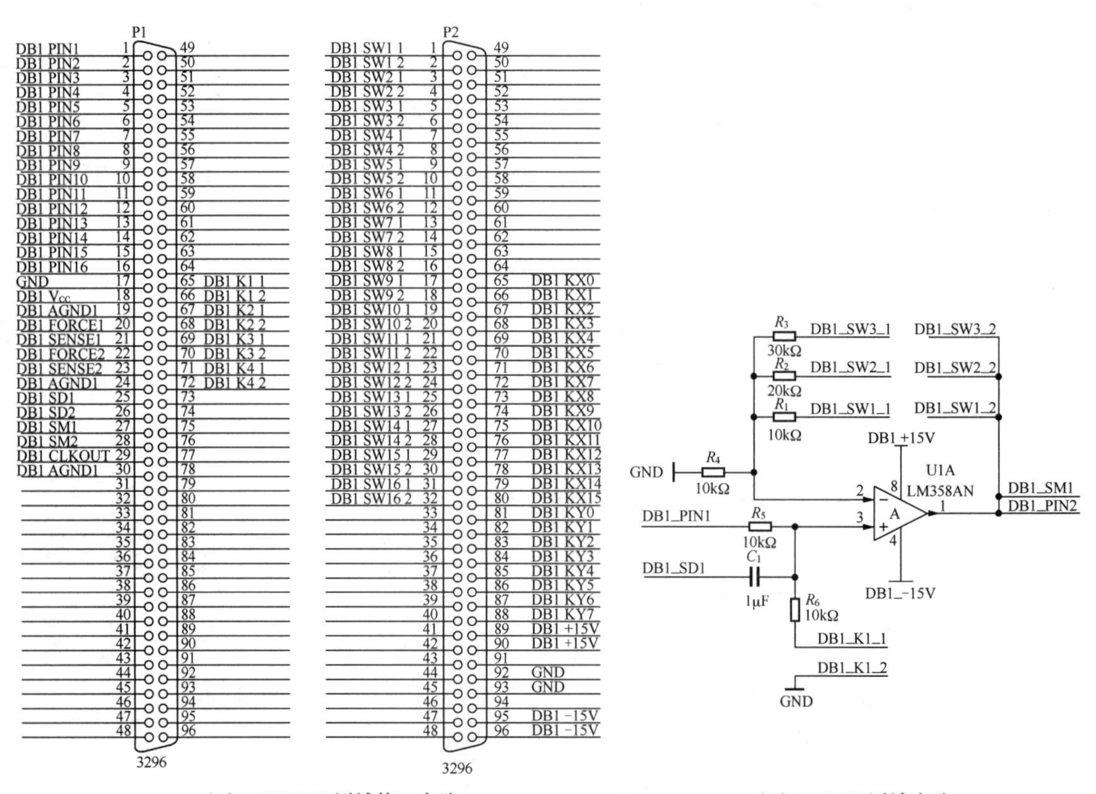

（a）LK8810S 测试接口电路　　（b）LM358 测试电路

图 6-3　LM358 测试电路设计

> **注意**
>
> 根据图 6-3 所示，DB1_SWn 继电器能选择不同的反馈电阻，获得不同的放大倍数：
> 闭合 DB1_SW1 继电器，DB1_SW1_1 与 DB1_SW1_2 连接，使 R_1 与 OUT1 连接；
> 闭合 DB1_SW2 继电器，DB1_SW2_1 与 DB1_SW2_2 连接，使 R_2 与 OUT1 连接；
> 闭合 DB1_SW3 继电器，DB1_SW3_1 与 DB1_SW3_2 连接，使 R_3 与 OUT1 连接。

3. LM358 测试板卡

根据图 6-3 所示的 LM358 测试电路，LM358 测试板卡的正面如图 6-4 所示。

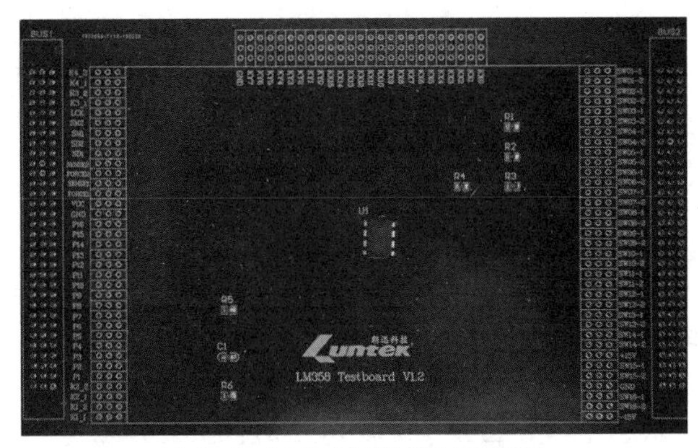

图 6-4　LM358 测试板卡的正面

LM358 测试板卡的背面如图 6-5 所示。

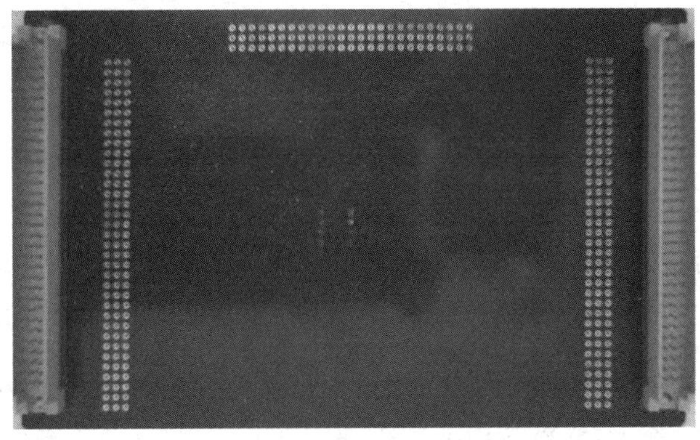

图 6-5　LM358 测试板卡的背面

4．LM358 测试电路搭建

按照任务要求，采用基于测试区的测试方式，把 LK8810S 与 LK220T 的测试区结合起来，完成 LM358 测试电路搭建。

（1）将 LM358 测试板卡插接到 LK220T 的测试区接口；

（2）将 100PIN 的 SCSI 转换接口线一端插接到靠近 LK220T 测试区一侧的 SCSI 接口上，另一端插接到 LK8810S 外挂盒上的芯片测试转接板的 SCSI 接口上。

到此，完成基于测试区的 LM358 测试电路搭建，如图 6-6 所示。

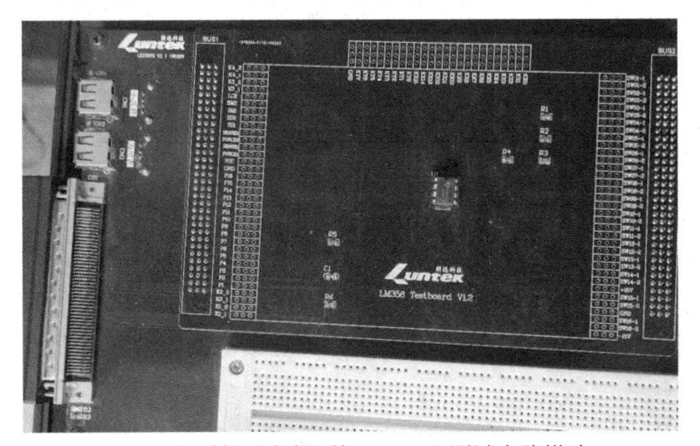

图 6-6　基于测试区的 LM358 测试电路搭建

【技能训练 6-1】基于练习区的 LM358 测试电路搭建

【技能训练 6-1】基于练习区的 LM358 测试电路搭建

任务 18 是采用基于测试区的测试方式，完成 LM358 测试电路搭建的。如果采用基于练习区的测试方式，我们该如何搭建 LM358 测试电路呢？

（1）在练习区的面包板上插上一个 LM358 芯片，芯片正面缺口向左；

（2）参考表 6-2 所示的 LM358 引脚与 LK8810S 测试接口配接表、图 6-3 所示的 LM358 测试电路设计，按照 LM358 引脚号和测试接口引脚号，用杜邦线搭建 LM358 测试电路，并用杜邦线依次对应地连接到 96PIN 的插座上；

（3）将 100PIN 的 SCSI 转换接口线一端插接到靠近 LK220T 练习区一侧的 SCSI 接口上，另一端插接到 LK8810S 外挂盒上的芯片测试转接板的 SCSI 接口上。

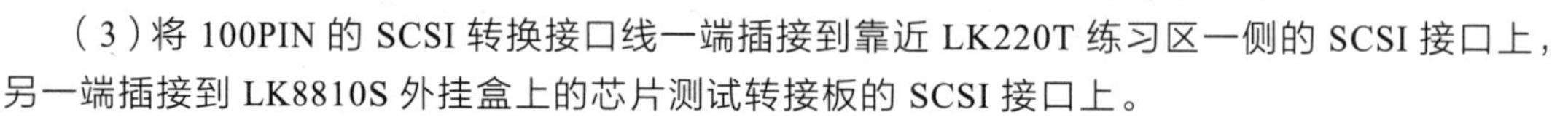

基于练习区的 LM358 测试电路搭建如图 6-7 所示。

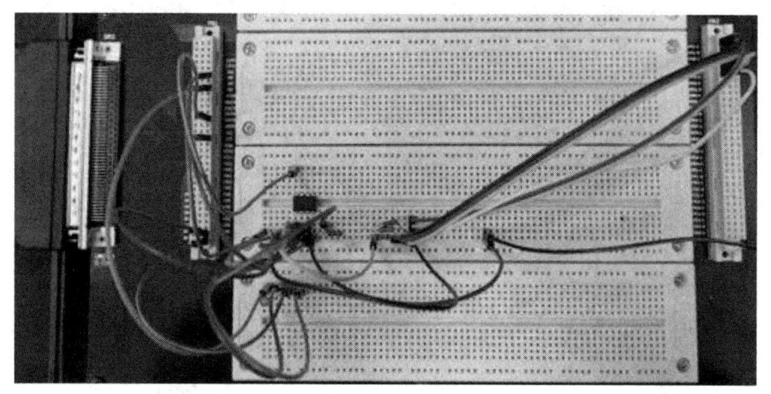

图 6-7 基于练习区的 LM358 测试电路搭建

6.2 任务 19 LM358 的直流输入测试

6.2.1 任务描述

利用 LK8810S 集成电路测试机和 LM358 测试电路，完成 LM358 直流输入测试。对 LM358 的同相输入端提供直流信号 V_i=2V，利用继电器选择不同的反馈电阻，调整同相比例放大电路的放大倍数，并测其输出引脚的电压，完成 LM358 的直流输入测试，并计算误差。

6.2.2 直流输入测试实现分析

6.2.2 直流输入测试实现分析

同相比例放大是运算放大器典型应用中的常用功能。

1. 直流输入测试实现方法

LM358 芯片同相比例放大电路的直流输入测试，是通过在 LM358 同相输入端加入直流电压信号，利用继电器选择不同的反馈电阻，实现不同放大倍数时输出引脚的电压变化。

当向同相输入端施加 2V 直流电压进行测试时，输出引脚的电压有以下 3 种不同情况。

（1）反馈电阻选择继电器 DB_SW1 工作：输出端输出 4V 左右的电压，LM358 芯片为良品；

（2）反馈电阻选择继电器 DB_SW2 工作：输出端输出 6V 左右的电压，LM358 芯片为良品；

（3）反馈电阻选择继电器 DB_SW3 工作：输出端输出 8V 左右的电压，LM358 芯片为良品。

2. 直流输入测试关键函数

在 LM358 芯片直流输入测试程序中，主要使用了_turn_switch( )和_read_pin_voltage( )等关键函数。

（1）_turn_switch( )函数

_turn_switch( )函数用于操作继电器，使 LK8810S 集成电路配备的继电器接通或者断开。函数原型是：

```
void _turn_switch(char *state,int n,...);
```

_turn_switch( )函数是包含两个或两个以上参数的函数。

第 1 个参数*state 是接点状态标志，“on”表示接通，“off”表示断开；

第 2 个及以后的参数 n 是继电器编号序列，选择范围是 1、2、3、…、16，序列要以 0 结尾。

例如，选择闭合继电器 1 和继电器 2，代码如下：

```
void _turn_switch("on",1,2,0);                    //闭合继电器 1 和继电器 2
```

（2）_read_pin_voltage( )函数

_read_pin_voltage( )函数用于读取某引脚电压。函数原型是：

```
float _read_pin_voltage(unsigned int pin_number,unsigned int power_channel);
```

第 1 个参数 pin_number 是被测引脚编号，选择范围是 1、2、3、…、16；

第 2 个参数 power_channel 是电源通道，选择范围是 1、2。

例如，选择电源通道 1，被测引脚为 2，代码如下：

```
x =_read_pin_voltage(2,1);                //选择电源通道 1，读取 PIN2 脚电压幅值给变量 x
```

3. 直流输入测试流程

LM358 芯片直流输入测试流程如下：

（1）给芯片供电 ±15V；

（2）通过_turn_switch( )函数选择放大挡位，闭合相应的继电器；

（3）输入电压 V_i 为 2.0V；

（4）根据_read_pin_voltage( )函数的返回值（被测引脚电压），测量输出电压 V_o，根据放大挡位判断 LM358 芯片是否为良品；

（5）为防止上次参数测试留下的电量对此次造成影响，每次选择不同放大倍数测量前先调用_reset( )复位函数，以提高测试的准确性。

6.2.3 直流输入测试程序设计

6.2.3 直流输入测试程序设计

参考项目 1 中任务 2“创建第一个集成电路测试程序”的步骤，完成 LM358 直流输入测试程序设计。

1. 新建 LM358 测试程序模板

运行 LK8810S 上位机软件，打开“LK8810S”界面。单击界面上“创建程序”按钮，弹出“新建程序”对话框，如图 6-8 所示。

图 6-8 “新建程序”对话框

先在对话框中输入程序名“LM358”，然后单击“确定”按钮保存，弹出“程序创建成功”消息对话框，如图 6-9 所示。

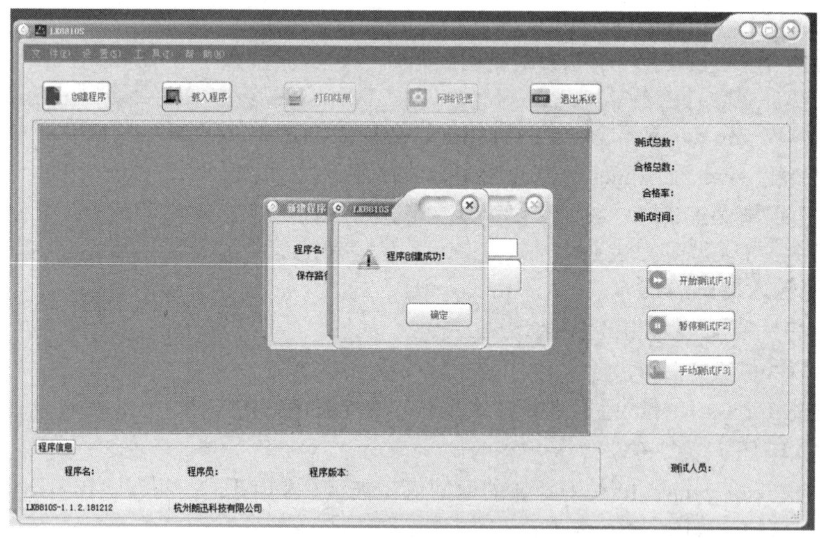

图 6-9 “程序创建成功”消息对话框

单击“确定”按钮，此时系统会自动为用户在 C 盘创建一个“LM358”文件夹（即 LM358 测试程序模板）。LM358 测试程序模板中主要包括 C 文件 LM358.cpp、工程文件 LM358.dsp 及 Debug 文件夹等。

2. 打开测试程序模板

定位到“LM358”文件夹（测试程序模板），打开的“LM358.dsp”工程文件如图 6-10 所示。

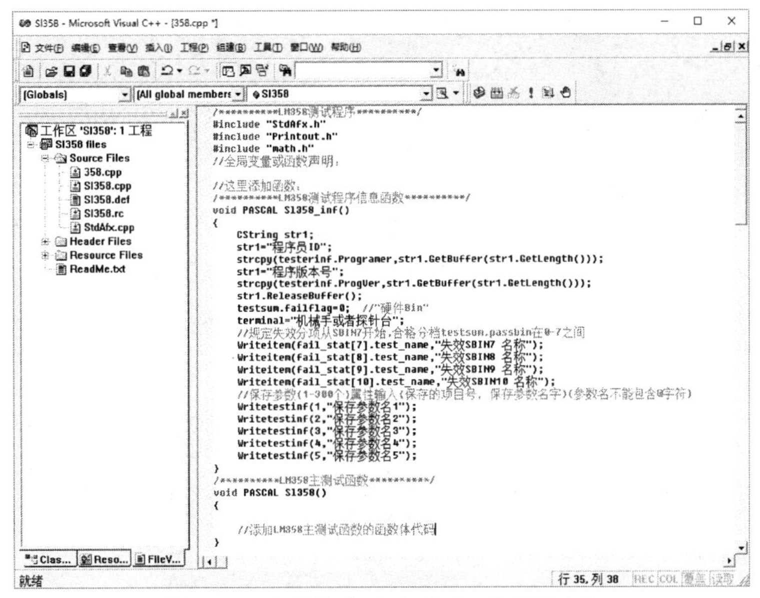

图 6-10　打开的“LM358.dsp”工程文件

在图 6-10 中，我们可以看到一个自动生成的 LM358 测试程序，代码如下：

```
1.  /**********LM358 测试程序**********/
2.  #include "StdAfx.h"
3.  #include "Printout.h"
4.  #include "math.h"
5.  //添加全局变量或函数声明
6.  //添加芯片测试函数，在这里是添加芯片开短路测试函数
7.  /**********LM358 测试程序信息函数**********/
8.  void PASCAL SLM358_inf( )
9.  {
10.     Cstring str1;
11.     str1="程序员 ID";
12.     strcpy(testerinf.Programer,str1.GetBuffer(str1.GetLength()));
13.     str1="程序版本号";
14.     strcpy(testerinf.ProgVer,str1.GetBuffer(str1.GetLength()));
15.     str1.ReleaseBuffer();
16.     testsum.failflag=0;  //"硬件 Bin"
17.     terminal="机械手或者探针台";
18.     //规定失效分项从 SBIN7 开始,合格分档 testsum.passbin 在 0～7
19.     Writeitem(fail_stat[7].test_name,"失效 SBIN7 名称");
20.     Writeitem(fail_stat[8].test_name,"失效 SBIN8 名称");
21.     Writeitem(fail_stat[9].test_name,"失效 SBIN9 名称");
22.     Writeitem(fail_stat[10].test_name,"失效 SBIN10 名称");
23.     //保存参数(1～300 个)属性输入(保存的项目号，保存参数名)(参数名不能包含@字符)
24.     Writetestinf(1,"保存参数名 1");
25.     Writetestinf(2,"保存参数名 2");
26.     Writetestinf(3,"保存参数名 3");
27.     Writetestinf(4,"保存参数名 4");
28.     Writetestinf(5,"保存参数名 5");
29. }
```

```
30.  /**********LM358 主测试函数**********/
31.  void PASCAL S1SNLM358( )
32.  {
33.       //添加 LM358 主测试函数的函数体代码
34.  }
```

3. 编写测试程序及编译

在自动生成的 LM358 测试程序中，需要添加全局变量声明、直流输入测试函数 DC_INPUT_TEST( )（即添加芯片测试函数）及 LM358 主测试函数的函数体。

（1）全局变量声明

全局变量声明，代码如下：

```
1.   //全局变量声明
2.   int i;                          //循环采集输出电压值的控制变量
3.   float x;                        //保存读取的运放输出电压值
4.   float x1;                       //存放有效值
5.   float x2;                       //存放失真度
```

（2）编写直流输入测试函数 DC_INPUT_TEST( )

LM358 芯片直流输入测试函数 DC_INPUT_TEST( )，代码如下：

```
1.   /**********芯片直流输入测试函数**********/
2.   void DC_INPUT_TEST( )
3.   {
4.        Mprintf("\n.........LM358 DC INPUT TEST...........\n");
5.        /**********放大 2 倍**********/
6.        Mprintf("放大两倍\n");
7.        _reset( );                      //复位
8.        _wait(50);                      //延时 50ms
9.        _on_relay(1);                   //合上用户继电器 1，连接 R6 与 GND
10.       _set_logic_level(2,0,0,0);      //设置基准电压高电平为 2V
11.       _on_fun_pin(1,0);               //闭合引脚 1（即 DB1_PIN1 引脚）的功能继电器
12.       _sel_drv_pin(1,0);              //设置输入（驱动）引脚 PIN1 脚
13.       _set_drvpin("H",1,0);   //设置 PIN1 引脚为高电平，即使得 Vi（IN1+）输入电压 2.0V
14.       _turn_switch("on",1,0);         //闭合继电器 SWITCH1，连接反馈电阻 R1 与 OUT1
15.       _wait(50);                      //延时 50ms
16.       x=_read_pin_voltage(2,1);
          //通道 1 读取 DB1_PIN2 引脚（即输出 OUT1 引脚）电压并赋值给 x
17.       Mprintf("OUT=%2.3fV\n",x);      //输出 x 的值
18.       _turn_switch("off",1,0);        //断开继电器 SWITCH1
19.       /**********放大 3 倍**********/
20.       Mprintf("放大三倍\n");
21.       _reset( );                      //复位
22.       _wait(50);                      //延时 50ms
23.       _set_logic_level(2,0,0,0);      //设置基准电压高电平为 2V
24.       _on_fun_pin(1,0);               //闭合功能引脚继电器
25.       _sel_drv_pin(1,0);              //设置驱动引脚 PIN1 脚
26.       _set_drvpin("H",1,0);           //设置 PIN1 引脚为高电平
27.       _turn_switch("on",2,0);         //闭合继电器 SWITCH2，连接反馈电阻 R2 与 OUT1
28.       _wait(50);                      //延时 50ms
29.       x=_read_pin_voltage(2,1);       //通道 1 读取 PIN2 脚电压并赋值给 x
30.       Mprintf("OUT=%2.3fV\n",x);      //输出 x 的值
```

```
31.         _turn_switch("off",2,0);          //断开继电器 SWITCH2
32.         /**********放大 4 倍**********/
33.         Mprintf("四倍\n");
34.         _reset( );                        //复位
35.         _wait(50);                        //延时 50ms
36.         _set_logic_level(2,0,0,0);        //设置基准电压高电平为 2V
37.         _on_fun_pin(1,0);                 //闭合功能引脚继电器
38.         _sel_drv_pin(1,0);                //设置驱动引脚 PIN1 脚
39.         _set_drvpin("H",1,0);             //设置 PIN1 引脚为高电平
40.         _turn_switch("on",3,0);           //闭合继电器 SWITCH3，连接反馈电阻 R3 与 OUT1
41.         _wait(50);                        //延时 50ms
42.         x=_read_pin_voltage(2,1);         //通道 1 读取 PIN2 脚电压并赋值给 x
43.         Mprintf("OUT=%2.3fV\n",x);        //输出 x 的值
44.         _turn_switch("off",3,0);          //断开继电器 SWITCH3
45.         _on_relay(1);                     //断开用户继电器 1
46.   }
```

代码说明如下：

① 闭合用户继电器 K1，保证 IN1+的平衡电阻接地，利用选择 SWITCH1～SWITCH3 继电器来选择负反馈电阻，从而调整 LM358 的放大倍数；

② 利用_read_pin_voltage(2,1)函数读取 LM358 的输出值并显示。

（3）编写 LM358 主测试函数

在自动生成的 LM358 主测试函数中，只要添加 LM358 主测试函数的函数体代码即可，代码如下：

```
1.   /**********LM358 主测试函数**********/
2.   void PASCAL SlLM358( )
3.   {
4.        _reset( );              //软件复位 LK8810S
5.        DC_INPUT_TEST( );       //LM358 芯片直流输入测试
6.        _wait(10);     //适当延时，提高测试的准确性（防止上次参数测试留下的电量对此次造成影响）
7.   }
```

下面给出 LM358 直流输入测试程序的完整代码，在这里省略前面已经给出的代码，代码如下：

```
1.   /***************SlLM358 直流输入测试***************/
2.   #include "StdAfx.h"
3.   #include "Printout.h"
4.   #include "math.h"
5.   /***************全局变量或函数声明***************/
6.   ……                                                       //全局变量声明代码
7.   /**********芯片直流输入测试函数**********/
8.   void DC_INPUT_TEST( )
9.   {
10.       ……                                                  //直流输入测试函数的函数体
11.  }
12.  /**********LM358 测试程序信息函数**********/
13.  void PASCAL SlLM358_inf( )
14.  {
15.       ……                                                  //LM358 测试程序信息函数的函数体
16.  }
```

```
17. float _read_pin_voltage(unsigned int pin_number,unsigned int channel)
18. {
19.     ……                                          //读取某引脚函数的函数体
20. }
21. /**********LM358主测试函数**********/
22. void PASCAL S1LM358( )
23. {
24.     ……                                          //LM358主测试函数的函数体
25. }
```

（4）编译 LM358 测试程序

编写完 LM358 直流输入测试程序后，进行编译。若编译发生错误，要进行分析、检查、修改，直至编译成功。

4．LM358 测试程序的载入与运行

参考任务 2“创建第一个集成电路测试程序”的载入测试程序的步骤，完成 LM358 直流输入测试程序的载入与运行。LM358 直流输入测试结果如图 6-11 所示。

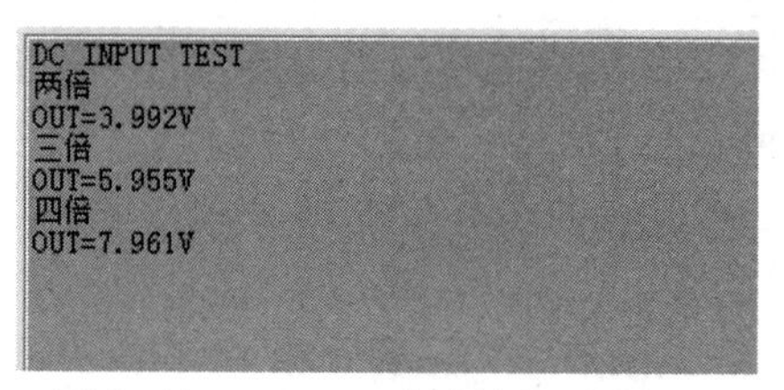

图 6-11　LM358 直流输入测试结果

观察 LM358 直流输入测试程序的运行结果是否符合任务要求。若运行结果不能满足任务要求，则要对测试程序进行分析、检查、修改，直至运行结果满足任务要求。

6.3　任务 20　LM358 的交流输入测试

6.3.1　任务描述

通过 LK8810S 集成电路测试机和 LM358 测试电路，完成 LM358 交流输入测试。对 LM358 的正电源、负电源分别提供 + 15V 和−15V 电压，选择放大挡位，闭合相应的继电器，闭合 R_6 与 GND 之间的继电器，V_i 输入 1kHz、1V 的正弦波，测量 V_o 输出正弦波的有效值和失真度。

6.3.2　交流输入测试实现分析

6.3.2 交流输入测试实现分析

1．交流输入测试实现方法

LM358 交流输入测试与直流输入测试采用同一个电路，如图 6-3 所示。

在同相比例放大电路中，对 LM358 的同相输入端加入交流电压信号，利用继电器选择不同的反馈电阻，实现不同放大倍数时输出引脚的电压变化。

当向同相输入端施加 1kHz、1V 的正弦波进行测试时，输出引脚的电压有 3 种不同情况。

（1）反馈电阻选择继电器 DB_SW1 工作：输出端输出 2V 左右的正弦波，LM358 芯片为良品。

（2）反馈电阻选择继电器 DB_SW2 工作：输出端输出 3V 左右的正弦波，LM358 芯片为良品。

（3）反馈电阻选择继电器 DB_SW3 工作：输出端输出 4V 左右的正弦波，LM358 芯片为良品。

2．交流输入测试关键函数

在 LM358 芯片交流输入测试程序中，主要使用了_nset_wave( )、_nwave_on( )、_set_dist_range1( )、_dist_rms1( )、_distortion1( )等函数。

（1）_nset_wave( )函数

_nset_wave( )函数用于设置波形发生器的波形、频率、峰-峰值。函数原型是：

```
void _nset_wave(unsigned int channel,unsigned int wave,float freq,float
peak_value);
```

第 1 个参数 channel 是设置波形发生器的通道，取值范围是 1、2；

第 2 个参数 wave 是设置波形选择，取值范围是 1、2、3，其中 1 为正弦波，2 为方波，3 为三角波；

第 3 个参数 freq 是设置输出波形频率，取值范围是 10.0～200000.0Hz；

第 4 个参数 peak_value 是设置峰值，取值范围是 0.0～5.0V。

例如，设置测试机通道 1 输出 1kHz、1V 的正弦波，代码如下：

```
_nset_wave(1,1,1000,1);
```

（2）_nwave_on( )函数

_nwave_on( )函数用于接通波形输出继电器，输出波形。函数原型是：

```
void _nwave_on(unsigned int channel);
```

参数 channel 是设置波形发生器的通道，取值范围是 1、2；

例如，让波形发生器通道 1 输出波形，代码如下：

```
_nwave_on(1);
```

（3）_set_dist_range1( )函数

_set_dist_range1( )函数是失真度通道 1 的挡位，用于对通道 1 的信号进行放大或缩小处理。函数原型是：

```
void _set_dist_range1(int input_range,int gain_range, int notch_range);
```

第 1 个参数 input_range 是输入衰减倍数，取值范围是 1～4，其中 1 为 1.0，2 为 0.316，3 为 0.1，4 为 0.0316。

第 2 个参数 gain_range 是信号增益，取值范围是 1～5，其中 1 为 1，2 为 3，3 为 10，4 为 30，5 为 100。

第 3 个参数 notch_range 是失真度增益，取值范围是 1～3，其中 1 为 1，2 为 10，3 为 30。

例如，设定测试机通道 1 的输出波形的衰减倍数为 1，信号增益为 1，失真度增益也为 1，代码如下：

```
_set_dist_range1(1,1,1);
```

（4）_dist_rms1( )函数

_dist_rms1( )函数用于测量测试机失真度通道 1 的输入信号的有效值。函数原型是：

```
float _dist_rms1(void);
```

该函数无参数。

例如，测量测试机失真度通道 1 的输入信号的有效值，代码如下：

```
X1=_dist_rms1( );
```

（5）_distortion1( )函数

_distortion1( )函数用于测量测试机失真度通道 1 的输入信号的失真度。函数原型是：

```
float _distortion1(void);
```

该函数无参数。

例如，测量测试机失真度通道 1 的输入信号的失真度，代码如下：

```
X2 = _distortion1( );
```

3. 交流输入测试流程

LM358 芯片交流输入测试流程如下：

（1）给芯片供电±15V；

（2）通过_turn_switch( )函数选择放大挡位，闭合相应的继电器；

（3）通过_on_relay( )函数，设置闭合 R_6 与 GND 之间的继电器；

（4）通过_nset_wave( )、_nwave_on( )和_set_dist_range1( )函数设置输入的交流信号 V_i 为 1kHz、1V 的正弦波；

（5）通过_dist_rms1( )、_distortion1( )函数测量 V_o 输出正弦波的有效值和失真度；

（6）通过_turn_switch( )函数切换放大挡位；

（7）根据测量 V_o 输出正弦波的有效值和失真度，判断 LM358 芯片是否为良品。

6.3.3 交流输入测试程序设计

6.3.3 交流输入测试程序设计

新建 LM358 芯片交流输入测试程序模板，可以参考任务 4 的“新建 74HC138 测试程序模板”的操作步骤。下面只详细介绍如何编写 LM358 芯片交流输入测试程序，后面不再赘述了。

1. 编写交流输入测试函数

LM358 芯片交流输入测试函数 AC_INPUT_TEST( )，代码如下：

```
1.   /**********LM358 芯片交流输入测试函数**********/
2.   void AC_INPUT_TEST( )                  //交流输入测试
3.   {
4.       Mprintf("AC INPUT TEST\n");
5.       /**********放大 2 倍**********/
6.       Mprintf("两倍\n");
7.       reset( );                          //复位
8.       _wait(50);                         //延时 50ms
9.       _on_relay(1);                      //闭合继电器 1，连接 R6 与 GND
10.      _turn_switch("on",1,0);            //闭合继电器 SWITCH1，连接反馈电阻 R1 与 OUT1
11.      x1=0;                              //x1 存放有效值
12.      x2=0;                              //x2 存放失真度
13.      for(i=0;i<10;i++)
14.      {
15.          _nset_wave(1,1,1000,1);        //设置通道 1 输出 1kHz、有效值为 1V 的正弦波
16.          _nwave_on(1);                  //接通波形输出继电器，输出波形
17.          _set_dist_range1(1,1,1);       //设置通道 1 失真度测量增益
```

```
18.             _wait(50);                     //延时 50ms
19.             x1=x1+_dist_rms1( )*1000; //测量 10 次有效值并累加
20.             x2=x2+_distortion1( );     //测量 10 次失真度并累加
21.         }
22.         x1=x1/10;                               //对 10 次有效值求平均值
23.         x2=x2/10;                               //对 10 次失真度求平均值
24.         Mprintf("rms=%2.2fmV\t ",x1);        //输出有效值平均值
25.         Mprintf("distortion=%2.2f\n",x2); //输出失真度平均值
26.         /**********放大 3 倍**********/
27.         Mprintf("三倍\n");
28.         _reset( );                         //复位
29.         _wait(50);                         //延时 50ms
30.         _on_relay(1);                      //闭合继电器 1，连接 R6 与 GND
31.         _turn_switch("on",2,0);            //闭合继电器 SWITCH2，连接反馈电阻 R2 与 OUT1
32.         x1=0;                              //x1 存放有效值
33.         x2=0;                              //x2 存放失真度
34.         for(i=0;i<10;i++)
35.         {
36.             _nset_wave(1,1,1000,1);    //设置通道 1 输出 1kHz、有效值为 1V 的正弦波
37.             _nwave_on(1);              //接通波形输出继电器，输出波形
38.             _set_dist_range1(1,1,1);   //设置通道 1 失真度测量增益
39.             _wait(50);                 //延时 50ms
40.             x1=x1+_dist_rms1( )*1000; //测量 10 次有效值并累加
41.             x2=x2+_distortion1( );     //测量 10 次失真度并累加
42.         }
43.         x1=x1/10;                               //对 10 次有效值求平均值
44.         x2=x2/10;                               //对 10 次失真度求平均值
45.         Mprintf("rms=%2.2fmV\t",x1);         //输出有效值平均值
46.         Mprintf("distortion=%2.2f\n",x2); //输出失真度平均值
47.         /**********放大 4 倍**********/
48.         Mprintf("四倍\n");
49.         _reset( );                         //复位
50.         _wait(50);                         //延时 50ms
51.         _on_relay(1);                      //闭合继电器 1，连接 R6 与 GND
52.         _turn_switch("on",3,0);            //闭合继电器 SWITCH3，连接反馈电阻 R3 与 OUT1
53.         x1=0;                              //x1 存放有效值
54.         x2=0;                              //x2 存放失真度
55.         for(i=0;i<10;i++)
56.         {
57.             _nset_wave(1,1,1000,1);    //设置通道 1 输出 1kHz、有效值为 1V 的正弦波
58.             _nwave_on(1);              //接通波形输出继电器，输出波形
59.             _set_dist_range1(1,1,1);   //设置通道 1 失真度测量增益
60.             _wait(50);                 //延时 50ms
61.             x1=x1+_dist_rms1( )*1000; //测量 10 次有效值并累加
62.             x2=x2+_distortion1( );     //测量 10 次失真度并累加
63.         }
64.         x1=x1/10;                               //对 10 次有效值求平均值
65.         x2=x2/10;                               //对 10 次失真度求平均值
66.         Mprintf("rms=%2.2fmV\t ",x1);        //输出有效值平均值
67.         Mprintf("distortion=%2.2f\n",x2); //输出失真度平均值
68.     }
```

其中，x1 为 10 次测量有效值的平均值，x2 为 10 次测量失真度的平均值。

2. LM358 交流输入测试程序的编写及编译

下面完成 LM358 交流输入测试程序的编写，在这里省略前面（包括任务 19）已经给出的代码，代码如下：

```
1.  /***************S1LM358 交流输入测试***************/
2.  ……                                          //头文件包含，见任务 19
3.  /***************全局变量或函数声明***************/
4.  ……
5.  ……                                          //全局变量声明代码，见任务 19
6.  float _read_pin_voltage(unsigned int pin_number,unsigned int channel)
7.  {
8.      ……                                      //测量某引脚电压函数的函数体
9.  }
10. /**********LM358 芯片交流输入测试函数**********/
11. void AC_INPUT_TEST( )
12. {
13.     ……                                      //交流输入测试函数的函数体
14. }
15. /**********LM358 测试程序信息函数**********/
16. void PASCAL S1LM358_inf()
17. {
18.     ……                                      //见任务 19
19. }
20. /**********LM358 主测试函数**********/
21. void PASCAL S1LM358( )
22. {
23.     ……                                      //见任务 19
24.     _reset( );                              //软件复位 LK8810S 的测试接口
25.     AC_INPUT_TEST( );                       //LM358 芯片交流输入测试函数
26.     _wait(10);    //适当延时，提高测试的准确性（防止上次参数测试留下的电量对下次造成影响）
27. }
```

编写完 LM358 交流输入测试程序后，进行编译。若编译发生错误，要进行分析与检查，直至编译成功为止。

3. LM358 测试程序的载入与运行

参考任务 2“创建第一个集成电路测试程序”的载入测试程序的步骤，完成 LM358 交流输入测试程序的载入与运行。LM358 交流输入测试结果如图 6-12 所示。

```
AC INPUT TEST
两倍
rms=1992.10mV  distortion=0.31
三倍
rms=2971.12mV  distortion=0.26
四倍
rms=3969.80mV  distortion=0.42
```

图 6-12 LM358 交流输入测试结果

观察 LM358 交流输入测试程序的运行结果是否符合任务要求。若运行结果不能满足任务要求，则要对测试程序进行分析、检查、修改，直至运行结果满足任务要求为止。

【技能训练 6-2】LM358 综合测试程序设计

【技能训练 6-2】LM358 综合测试程序设计

在前面两个任务中，我们完成了直流输入测试和交流输入测试，那么，如何把两个任务的测试程序集成起来，完成 LM358 综合测试程序设计呢？

我们只要把前面两个任务的测试程序集中放在一个文件中，即可完成 LM358 综合测试程序设计。在这里省略前面已经给出的代码，代码如下：

```
1.  /***************SlLM358 功能测试***************/
2.  ……                                              //头文件包含，见任务 19
3.  /***************全局变量或函数声明***************/
4.  ……
5.  ……                                              //全局变量声明代码，见任务 19
6.  float _read_pin_voltage(unsigned int pin_number,unsigned int channel)
7.  {
8.      ……                                          //测量某引脚电压函数的函数体
9.  }
10. /**********直流输入测试函数**********/
11. void DC_INPUT_TEST( )
12. {
13.     ……                                          //直流输入测试函数的函数体
14. }
15. /**********交流输入测试函数**********/
16. void AC_INPUT_TEST( )
17. {
18.     ……                                          //交流输入测试函数的函数体
19. }
20. /**********LM358 测试程序信息函数**********/
21. void PASCAL SlLM358_inf( )
22. {
23.     ……                                          //见任务 19
24. }
25. /**********LM358 主测试函数**********/
26. void PASCAL SlLM358( )
27. {
28.     ……                                          //见任务 19
29.     _reset( );
30.     DC_INPUT_TEST( );                           //LM358 直流输入测试函数
31.     AC_INPUT_TEST( );                           //LM358 交流输入测试函数
32.     _wait(10);
33. }
```

LM358 综合测试程序的运行结果如图 6-13 所示。

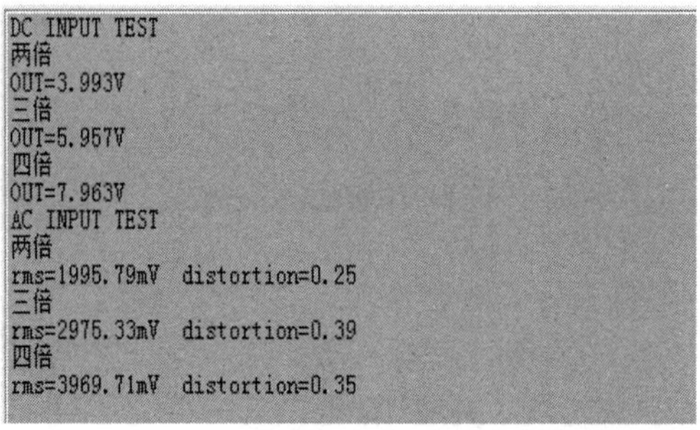

```
DC INPUT TEST
两倍
OUT=3.993V
三倍
OUT=5.957V
四倍
OUT=7.963V
AC INPUT TEST
两倍
rms=1995.79mV  distortion=0.25
三倍
rms=2975.33mV  distortion=0.39
四倍
rms=3969.71mV  distortion=0.35
```

图 6-13　LM358 综合测试程序的运行结果

观察 LM358 综合测试程序的运行结果是否符合技能训练要求。若运行结果不能满足技能训练要求，则要对程序进行分析、检查、修改，直至运行结果满足要求。

关键知识点梳理

1. LM358 是一个双运算放大器组成的运算放大器，内部包含两个独立的、高增益、内部频率补偿的运算放大器。其应用范围包括传感放大器、直流增益模组、音频放大器、工业控制、DC 增益部件和其他所有可用单电源供电的使用运算放大器的场合。

2. LM358 的封装形式有塑封 8 引线双列直插式和贴片式，其 1、2 和 3 引脚是一个运放通道，5、6 和 7 引脚是另外一个运放通道。

3. LM358 的两路输入 IN1+和 IN1−（IN2+和 IN2−）为模拟信号时，其输出 OUT1（OUT2）为低电平“0”或高电平“1”。当输入电压的差值增大或减小且正负符号不变时，其输出保持恒定。

（1）当 IN1+（IN2+）输入的电压大于 IN1−（IN2−）输入的电压时，OUT1（OUT2）输出高电平；

（2）当 IN1+（IN2+）输入的电压小于 IN1−（IN2−）输入的电压时，OUT1（OUT2）输出低电平。

4. LM358 常用作电压信号采集的前端电压跟随器，同时起到增加输入阻抗的作用，避免影响被测量的电压值。LM358 具有如下特点：

（1）内部频率补偿；

（2）低输入偏流；

（3）低输入失调电压和失调电流；

（4）共模输入电压范围宽，包括接地；

（5）差模输入电压范围宽，等于电源电压范围；

（6）直流电压增益高（约 100dB）；

（7）单位增益频带宽（约 1MHz）；

（8）电源电压范围宽：单电源（3～30V）；双电源（±1.5～±15V）；

（9）低功耗电流，适合用电池供电；

（10）输出电压摆幅大（0 至 V_{CC}−1.5V）。

5. LM358 芯片同相比例放大电路的直流输入测试，是通过在 LM358 同相输入端加入直流电压信号，利用继电器选择不同的反馈电阻，实现不同放大倍数时输出引脚的电压变化。

直流输入测试流程如下:

（1）给芯片供电±15V;

（2）通过_turn_switch( )函数选择放大挡位，闭合相应的继电器;

（3）输入电压 V_i 为2.0V;

（4）根据_read_pin_voltage( )函数的返回值（被测引脚电压），测量输出电压 V_o，根据放大挡位判断LM358芯片是否为良品;

（5）为防止上次参数测试留下的电量对下次造成影响，每次选择不同放大倍数测量前先调用_reset( )复位函数，以提高测试的准确性。

6. LM358交流输入测试，是对LM358的同相输入端加入交流电压信号，利用继电器选择不同的反馈电阻，实现不同放大倍数时输出引脚的电压变化。交流输入测试流程如下:

（1）给芯片供电±15V;

（2）通过_turn_switch( )函数选择放大挡位，闭合相应的继电器;

（3）通过_on_relay( )函数，设置闭合 R_6 与GND之间的继电器;

（4）通过_nset_wave( )、_nwave_on( )和_set_dist_range1( )函数设置输入的交流信号 V_i 为1kHz、1V的正弦波;

（5）通过_dist_rms1( )、_distortion1( )测量 V_o 输出正弦波的有效值和失真度;

（6）通过_turn_switch( )函数切换放大挡位;

（7）根据测量 V_o 输出正弦波的有效值和失真度，判断LM358芯片是否为良品。

7. LM358测试程序使用了一些前面未介绍的函数，函数如下:

（1）_turn_switch( )函数用于操作继电器，使LK8810S集成电路配备的继电器接通或者断开;

（2）_read_pin_voltage( )函数用于读取某引脚电压;

（3）_nset_wave( )函数用于设置波形发生器的波形、频率、峰-峰值;

（4）_nwave_on( )函数用于接通波形输出继电器，输出波形;

（5）_set_dist_range1( )函数用于设置失真度通道1的挡位;

（6）_dist_rms1( )函数用于测量测试机失真度通道1输入信号的有效值;

（7）_distortion1( )函数用于测量测试机失真度通道1输入信号的失真度。

问题与实操

6-1 填空题

（1）LM358的同相比例放大电路的输入信号应接________输入端。

（2）LM358芯片直流输入测试是通过在芯片输出引脚和反相输入端之间加入适当的________，来实现不同的比例放大。

（3）LM358芯片交流输入测试的交流信号是从测试机________端口输出，可以利用测试机________端口读取交流信号的电压有效值及失真度。

6-2 搭建基于LK220T测试区的LM358芯片测试电路。

6-3 搭建基于LK220T练习区的LM358芯片测试电路。

6-4 完成基于LK220T练习区的LM358直流输入测试和交流输入测试。

项目7

NE555芯片测试

07

项目导读

NE555 芯片常见参数测试方式，主要有直流参数测试和功能测试。直流参数测试包括控制比较器阈值电压、放电管饱和电压、放电管关断漏电流、触发引脚电流、复位引脚电流、低电平输出电压、高电平输出电压等测试，功能测试包括施密特触发器测试、多谐振荡器测试。

本项目从 NE555 芯片测试电路设计入手，首先让读者对 NE555 芯片基本结构有一个初步了解，然后介绍 NE555 芯片的直流参数测试与功能测试程序设计的方法。通过 NE555 芯片测试电路连接及测试程序设计，让读者进一步了解 NE555 芯片。

知识目标	1. 了解 NE555 芯片及应用 2. 掌握 NE555 芯片的结构和引脚功能 3. 掌握 NE555 芯片的工作过程 4. 学会 NE555 芯片的测试电路设计和测试程序设计
技能目标	能完成 NE555 芯片测试电路连接，能完成 NE555 芯片测试的相关编程，实现 NE555 芯片的直流参数测试及功能测试
教学重点	1. NE555 芯片的工作过程 2. NE555 芯片的测试电路设计 3. NE555 芯片的测试程序设计
教学难点	NE555 芯片的测试步骤及测试程序设计
建议学时	4～6 学时
推荐教学方法	从任务入手，通过 NE555 芯片的测试电路设计，让读者了解 NE555 芯片的基本结构，进而通过 NE555 芯片的测试程序设计，进一步熟悉 NE555 芯片的测试方法
推荐学习方法	勤学勤练、动手操作是学好 NE555 芯片测试的关键，动手完成一个 NE555 芯片测试，通过“边做边学”达到更好的学习效果

7.1 任务 21　NE555 测试电路设计与搭建

7.1.1 任务描述

利用 LK8810S 集成电路测试机和 LK220T 集成电路测试资源系统，根据 NE555 定时器工作原理，完成 NE555 测试电路设计与搭建。该任务要求如下：

（1）测试电路能实现 NE555 的直流参数测试及功能测试；

（2）NE555 测试电路的搭建，采用基于测试区的测试方式。也就是把 LK8810S 与 LK220T 的测试区结合起来，完成 NE555 测试电路的搭建。

7.1.2 认识 NE555

7.1.2 认识 NE555

NE555 是一种应用特别广泛、作用很大的小规模集成电路，在很多电子产品中都有应用。NE555 的作用是用内部的定时器来构成时基电路，给其他电路提供时序脉冲。

1. NE555 芯片引脚功能

NE555 是一种集成电路芯片，常用于定时器、脉冲产生器和振荡电路中。NE555 可作为电路中的延时器件、触发器或起振元件。NE555 采用 8 引脚的 DIP 封装或 SOP 封装，其引脚图如图 7-1 所示。

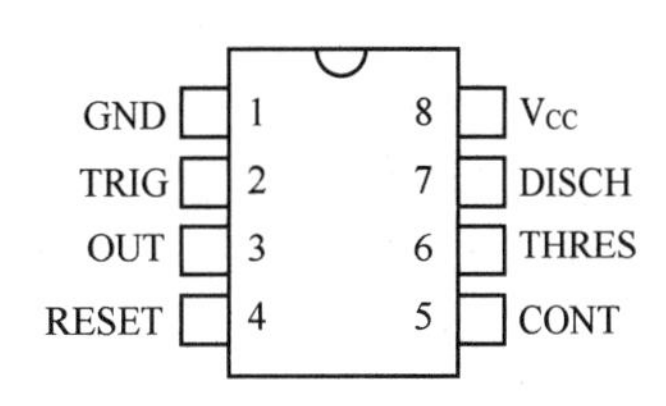

图 7-1　NE555 引脚图

在芯片封装正方向上有一个缺口，靠近缺口左边有一个小圆点，其对应引脚的引脚号为 1，然后以逆时针方向编号。

其他的 HA17555、LM555、CA555 分属不同的公司生产的产品，内部结构和工作原理都相同。NE555 引脚功能如表 7-1 所示。

表 7-1　NE555 引脚功能

引脚序号	引脚名称	引脚功能
1	GND（地）	接地，作为低电平（0V）
2	TRIG（触发）	当此引脚电压降至 1/3 V_{CC}（或由控制端决定的阈值电压）时，输出端给出高电平
3	OUT（输出）	输出高电平（+V_{CC}）或低电平
4	RESET（复位）	当此引脚接高电平时定时器工作；当此引脚接地时芯片复位，输出低电平
5	CONT（控制）	控制芯片的阈值电压，当此管脚接空时默认两个阈值电压为 1/3 V_{CC} 与 2/3 V_{CC}
6	THRES（阈值）	当此引脚电压升至 2/3 V_{CC}（或由控制端决定的阈值电压）时，输出端给出低电平
7	DISCH（放电）	内接 OC 门，用于给电容放电
8	V_{CC}（供电）	提供高电平并给芯片供电

说明：

（1）3 脚为输出端，输出的电平状态受触发器控制，而触发器受上比较器 6 脚和下比较器 2 脚的控制。当触发器接受上比较器 A1 从 R 脚输入的高电平时，触发器被置于复位状态，3 脚输出低电平。

（2）2 脚和 6 脚是互补的，2 脚只对低电平起作用，高电平对它不起作用，即电压小于 $1/3V_{CC}$，此时 3 脚输出高电平。6 脚为阈值端，只对高电平起作用，低电平对它不起作用，即输入电压大于 $2/3V_{CC}$，称为高触发端，此时 3 脚输出低电平，但有一个先决条件，即 2 脚电位必须大于 $1/3V_{CC}$ 时才有效。3 脚在高电位接近电源电压 $1/2V_{CC}$，输出电流最大可达 200mA。

（3）4 脚是复位端，当 4 脚电位小于 0.4V 时，不管 2、6 脚状态如何，输出端 3 脚都输出低电平。

（4）7 脚称为放电端，与 3 脚输出同步，输出电平一致，但 7 脚并不输出电流，所以 3 脚称为实高（或低），7 脚称为虚高。

2. NE555 的优点

（1）只需简单的电阻器、电容器，即可完成特定的振荡延时作用。其延时范围极广，可由几微秒至几小时之久。

（2）操作电源范围极大，可以与 TTL、CMOS 等逻辑电路配合，也就是输出电平及输入触发电平，均能与这些系列逻辑电路的高、低电平匹配。

（3）输出端的供给电流大，可直接推动多种自动控制的负载。

（4）计时精确度高、温度稳定度佳、价格便宜。

3. 参数功能特性

（1）供应电压：4.5～18V；

（2）供应电流：3～6 mA；

（3）输出电流：225mA（max）；

（4）上升/下降时间：100 ns。

4. NE555 内部结构

NE555 开始是作为定时器使用的，所以称为 NE555 定时器或 NE555 时基电路。NE555 除了用于定时与延时控制，还可用于调光、调温、调压、调速等多种控制及计量检测。另外，NE555 还可以组成脉冲振荡、单稳、双稳和脉冲调制电路，用于交流信号源、电源变换、频率变换、脉冲调制等。

NE555 工作可靠、使用方便、价格低廉，目前被广泛用于各种电子产品中。NE555 内部有几十个元器件，包括分压器、比较器、基本 R-S 触发器、放电管及缓冲器等，电路比较复杂，是模拟电路和数字电路的混合体。NE555 内部结构框图，如图 7-2 所示。

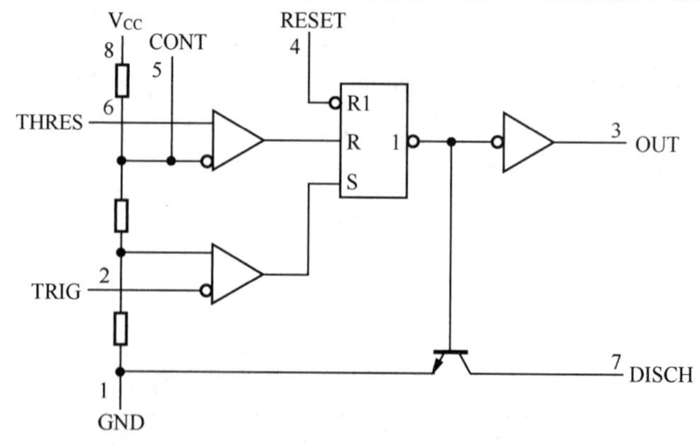

图 7-2　NE555 内部结构框图

5. NE555 工作原理

（1）单稳态模式

在单稳态模式下，NE555 定时器作为单次触发脉冲发生器工作。

当触发输入电压降至 V_{CC} 的 1/3 时，开始输出脉冲。输出的脉冲宽度，取决于由定时电阻与电容组成的 RC 网络的时间常数。

当电容电压升至 V_{CC} 的 2/3 时，输出脉冲停止。根据实际需要，可以通过改变 RC 网络的时间常数来调节脉冲宽度。输出脉冲宽度 t，即电容电压充至 V_{CC} 的 2/3 所需要的时间，可以由下式给出：

$$t=RC\ln(3)\approx 1.1RC$$

在此模式下，NE555 的主要应用有定时器、脉冲丢失检测、反弹跳开关、轻触开关、分频器、电容测量及脉冲宽度调制（PWM）等。

（2）多谐振荡器模式

在多谐振荡器模式下，NE555 定时器可输出连续的特定频率的方波。

电阻 R_1 接在 V_{CC} 与放电引脚（引脚 7）之间，电阻 R_2 接在引脚 7 与触发引脚（引脚 2）之间，引脚 2 与阈值引脚（引脚 6）短接。在工作时，电容通过 R_1 与 R_2 充电至 V_{CC} 的 2/3，输出电压翻转；电容通过 R_2 放电至 V_{CC} 的 1/3，电容重新充电至 V_{CC} 的 2/3，输出电压再次翻转。

若想获得占空比小于 50%的矩形波，可以给 R_2 并联一个二极管来实现。在充电时，二极管导通，使得电源仅通过 R_1 为电容充电；而在放电时，二极管截止，以达到减小充电时间、降低占空比的效果。

在此模式下，NE555 常用于频闪灯、脉冲发生器、逻辑电路时钟、音调发生器及脉冲位置调制（PPM）等电路中。如果使用热敏电阻作为定时电阻，NE555 还可以构成温度传感器，其输出信号的频率由温度决定。

（3）双稳态模式

双稳态模式也称为施密特触发器模式，在 DISCH 引脚（引脚 7）空置且不外接电容的情况下，NE555 的工作方式类似于一个 RS 触发器，可用于构成锁存开关。

触发引脚（引脚 2）和复位引脚（引脚 4）通过上拉电阻接至高电平，阈值引脚（引脚 6）被直接接地，控制引脚（引脚 5）通过小电容（0.01～0.1μF）接地，放电引脚（引脚 7）浮空。

6. NE555 电气特性参数

NE555 电气特性参数如表 7-2 所示。

表 7-2　NE555 电气特性参数

参数	符号	测试条件	最小	最大	单位
工作电压	V_{CC}		5	15	V
控制端电压	V_{CL}	V_{CC}=15V	9	11	V
		V_{CC}=5V	2.6	4	
阈值电压端电压	V_{TH}	V_{CC}=15V	8.8	11.2	V
		V_{CC}=5V	2.4	4.2	
阈值电压电流	I_{TH}	V_{CC}=15V，V_{TH}=0V	–	250	nA
触发端电压	V_{TRIG}	V_{CC}=15V	4.5	5.6	V
		V_{CC}=5V	1.1	2.2	
触发端电流	I_{TRIG}	V_{CC}=15V，V_{TRIG}=0V	–	2	μA
复位端高电压	V_{RESETH}	V_{CC}=5V	1.5	V_{CC}	V

续表

参数	符号	测试条件	最小	最大	单位
复位端低电压	V_{RESETL}	V_{CC}=5V	GND	0.5	V
复位端电流	I_{RESET}	V_{RESET}=5V，V_{CC}=5V（V_{RESET}=V_{CC}）	-	0.4	mA
		V_{RESET}=0V，V_{CC}=5V	-	-1.5	
放电管关断漏电流	I_{dis}(off)	V_I=V_{IH}，V_{dis}=10V，V_{RESET}=5V，V_{CC}=5V	-	100	nA
放电管饱和电压	V_{dis}(sat)	V_{CC}=15V，I_{dis}=15mA	-	480	mV
		V_{CC}=5V，I_{dis}=4.5mA	-	200	
高电平输出电压	V_{OH}	I_{OH}=-100mA，V_{CC}=15V	12.75	-	V
		I_{OH}=-100mA，V_{CC}=5V	2.75	-	
低电平输出电压	V_{OL}	I_{OL}=10mA，V_{CC}=15V	-	0.25	V
		I_{OL}=50mA，V_{CC}=15V	-	0.75	
		I_{OL}=100mA，V_{CC}=15V	-	2.5	
		I_{OL}=5mA，V_{CC}=5V	-	0.35	
		I_{OL}=8mA，V_{CC}=5V	-	0.4	

7.1.3 NE555 测试电路设计与搭建

7.1.3 NE555 测试电路设计与搭建

根据任务描述，NE555 测试电路能满足直流参数测试及功能测试。

1．测试接口

NE555 引脚与 LK8810S 的芯片测试接口是 NE555 测试电路设计的基本依据。NE555 引脚与 LK8810S 测试接口配接表如表 7-3 所示。

表 7-3　NE555 引脚与 LK8810S 测试接口配接表

NE555		LK8810S 测试接口		功能
引脚号	引脚符号	引脚号	引脚符号	
1	GND	17	GND	接地
2	TRIG	1	PIN1	触发
3	OUTPUT	2	PIN2	输出
4	RESET	3	PIN3	复位
5	CONT	7	PIN7	控制电压
6	THRES	6	PIN6	阈值
7	DISCH	4	PIN4	放电
8	V_{CC}	72	K4-2	电源正

搭建 NE555 测试电路的元器件耗材清单，如表 7-4 所示。

表 7-4 NE555 测试电路的元器件耗材清单

名称	规格	位置	封装	数量/个
电容	103	C_1、C_7、C_8	C0805	3
电容	203	C_2	C0805	1
电容	503	C_3	C0805	1
电容	104	C_4	C0805	1
电容	105	C_5	C0805	1
钽电容	10/μF/6.3V	C_6	3216	1
电阻	510	R_3	0805	1
电阻	3.9K	R_1	0805	1
电阻	4.7K	R_8	0805	1
电阻	10K	R_4、R_5、R_6、R_7	0805	4
电阻	68K	R_2	0805	1
电位器	10K	VR_1，VR_2	RES-3*3	2
芯片	NE555	U_1	DIP-8	1
运放	LF356N	U_2	DIP-8	1

2. 测试电路设计

根据表 7-3 所示，LK8810S 的芯片测试接口电路如图 7-3 所示。

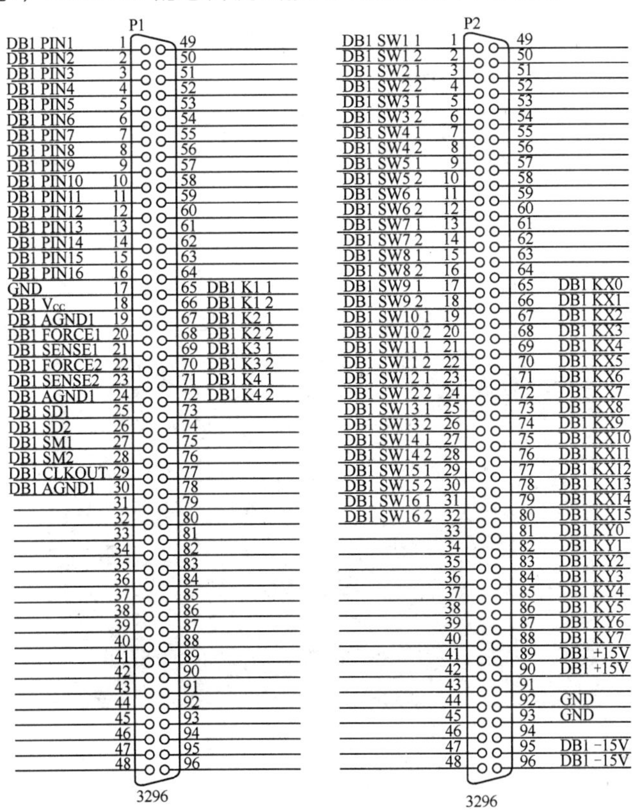

图 7-3 LK8810S 的芯片测试接口电路

NE555 测试电路如图 7-4 所示。

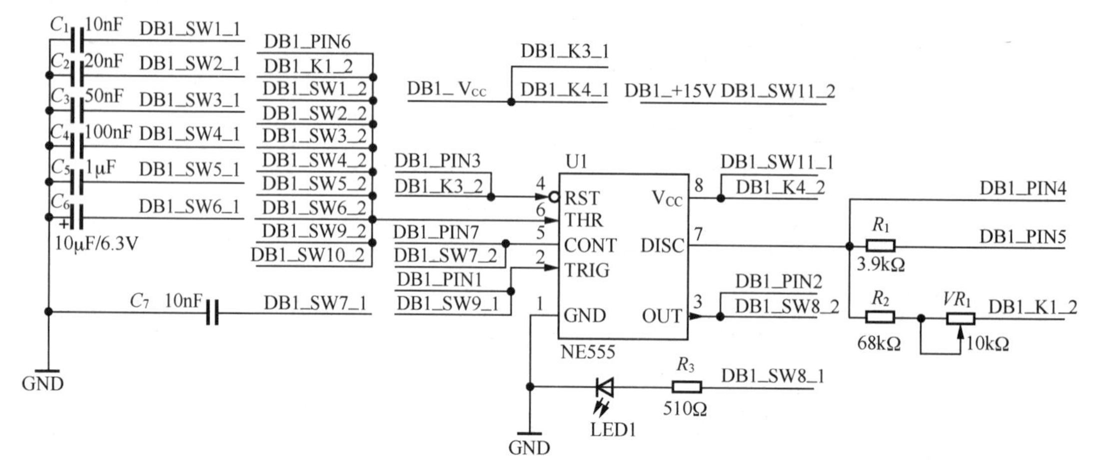

图 7-4 NE555 测试电路

在 LF356 电路中，通过调节 VR_2 可以改变 LF356 输出信号的直流偏置，如图 7-5 所示。

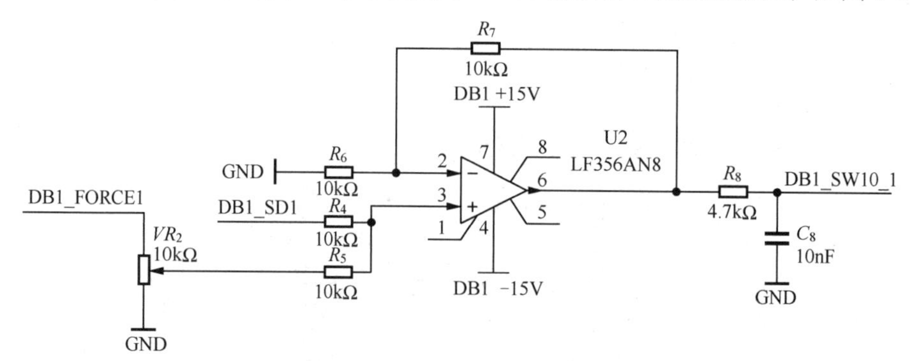

图 7-5 LF356 硬件电路连接图

3. NE555 测试板卡

根据图 7-3、图 7-4 和图 7-5 所示的电路，NE555 测试板卡的正面如图 7-6 所示。

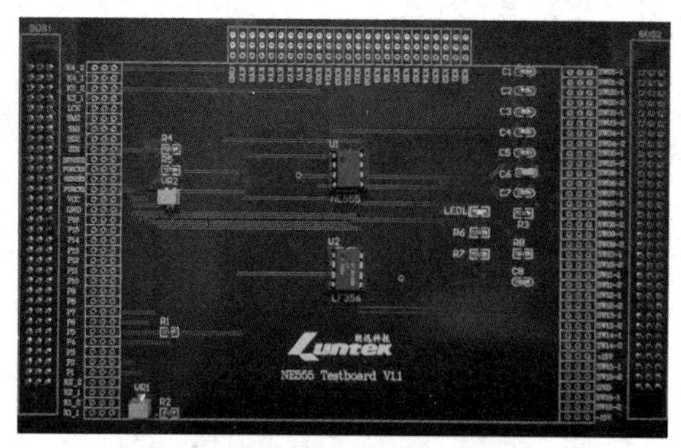

图 7-6 NE555 测试板卡的正面

NE555 测试板卡的背面如图 7-7 所示。

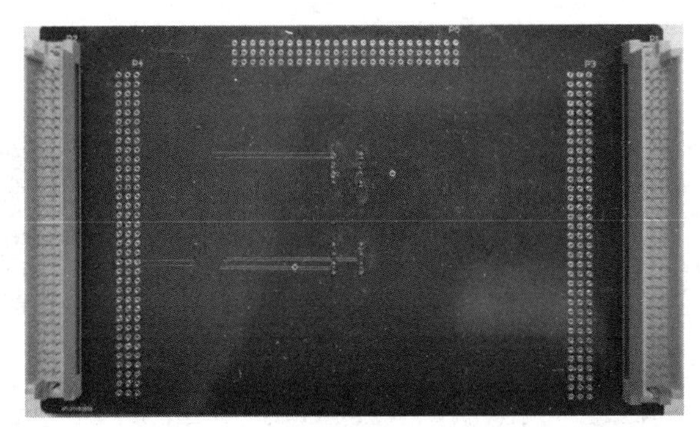

图 7-7　NE555 测试板卡的背面

4. NE555 测试电路搭建

按照任务要求，采用基于测试区的测试方式，把 LK8810S 与 LK220T 的面包板测试区结合起来，完成 NE555 测试电路搭建。

（1）将 NE555 测试板卡插接到 LK220T 的测试区接口；

（2）将 100PIN 的 SCSI 转换接口线一端插接到靠近 LK220T 面包板测试区一侧的 SCSI 接口上，另一端插接到 LK8810S 外挂盒上的芯片测试转接板的 SCSI 接口上。

到此，完成基于测试区的 NE555 测试电路搭建，如图 7-8 所示。

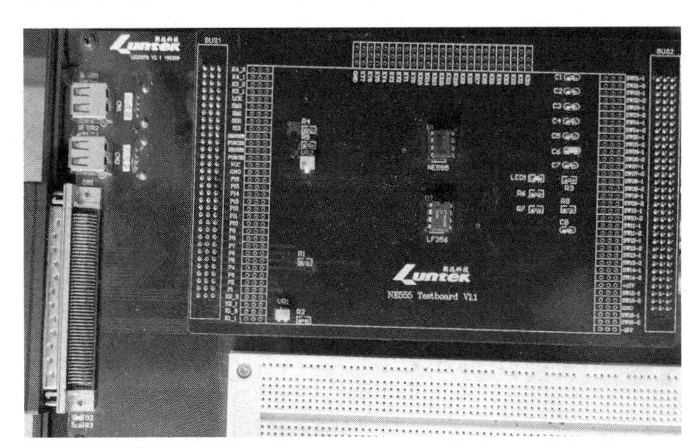

图 7-8　基于测试区的 NE555 测试电路搭建

【技能训练 7-1】基于练习区的 NE555 测试电路搭建

任务 21 是采用基于测试区的测试方式，完成 NE555 测试电路的搭建。如果采用基于练习区的测试方式，我们该如何搭建 NE555 测试电路呢？

【技能训练 7-1】基于练习区的 NE555 测试电路搭建

（1）在练习区的面包板上插上一个 NE555 芯片，芯片正面缺口向左；

（2）参考表 7-3 所示的 NE555 引脚与 LK8810S 测试接的配接表、图 7-3 和图 7-4 所示的 NE555 测试电路设计图，按照 NE555 引脚号和测试接口引脚号，用杜邦线将 NE555 芯片的引脚依次对应连接到 96PIN 的插座上；

（3）将 100PIN 的 SCSI 转换接口线一端插接到靠近 LK220T 练习区一侧的 SCSI 接口上，另一端插接到 LK8810S 外挂盒上的芯片测试转接板的 SCSI 接口上。

基于练习区的 NE555 测试电路搭建如图 7-9 所示。

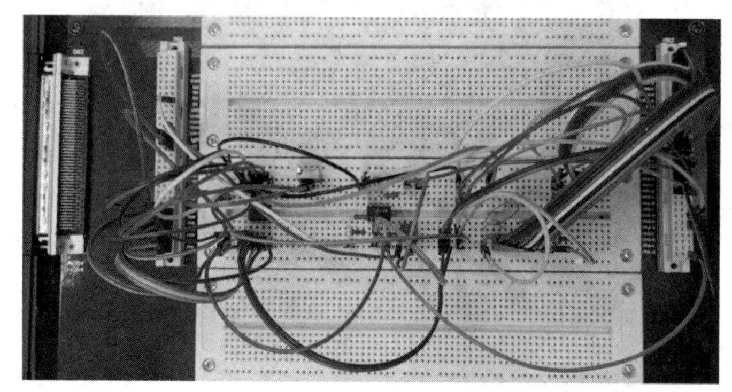

图 7-9 基于练习区的 NE555 测试电路搭建

搭建时需要注意：DB1_K4_1 与 DB1_K3_1 连接 DB1_VCC，DB1_SW11_2 连接 DB1_+15V。

7.2 任务 22 NE555 的直流参数测试

7.2.1 任务描述

通过 LK8810S 集成电路测试机和 NE555 芯片面包板测试电路，对 NE555 引脚提供相应的电流或电压，完成 NE555 的直流参数测试。

NE555 的直流参数测试主要包括控制比较器阈值电压、放电管饱和电压、放电管关断漏电流、触发引脚电流、复位引脚电流、低电平输出电压、高电平输出电压等测试。

NE555 直流参数测试的具体测试条件和参数要求，如表 7-2 所示。

7.2.2 直流参数测试实现分析

7.2.2 直流参数测试实现分析

1．控制比较器阈值电压测试

控制比较器阈值电压测试方法，就是通过测试机给芯片电源端分别提供 5V 和 15V 电压，然后分别测量控制引脚 CONT 电压，并判断控制比较器阈值电压是否正常。

控制比较器阈值电压测试步骤如下：

（1）打开操作继电器 11，将 V_{CC} 与 DB1_+15V 连接，为 V_{CC} 提供 15V 电压，如图 7-4 所示；

（2）读取控制引脚 CONT 电压，若控制引脚 CONT 测得电压值在 9～11V，则芯片为良品，否则为非良品；

（3）打开用户继电器 4，将 V_{CC} 与 DB1_VCC 连接，为 V_{CC} 提供 5V 电压，如图 7-4 所示；

（4）读取控制引脚 CONT 电压，若控制引脚 CONT 测得电压值在 2.6～4V，则芯片为良品，否则为非良品。

2．放电管饱和电压测试

放电管饱和电压测试，也称为放电开关 DISCH 导通状态电压测试。其测试方法就是通过测试机给芯片电源端电压，然后向放电引脚 DISCH 提供 4.5mA 电流，测量放电引脚电压，并判断放电管饱和电压是否正常。

放电管饱和电压测试步骤如下：

（1）打开用户继电器 4，将 V_{CC} 与 DB1_VCC 连接，为 V_{CC} 提供 5V 电压；

（2）为复位引脚 RESET 提供 0V 电压，并向放电引脚 DISCH 提供 4.5mA 电流，测量该引脚电压；

（3）放电管饱和电压若不大于 200mV，则芯片为良品，否则为非良品。

3．放电管关断漏电流测试

放电管关断漏电流测试，也称为放电开关 DISCH 截止状态电流测试。其测试方法就是通过测试机给芯片电源端电压，然后向放电引脚 DISCH 提供 10V 电压，测量放电引脚电流，并判断放电管关断漏电流是否正常。

放电管关断漏电流测试步骤如下：

（1）打开用户继电器 3 和用户继电器 4，将复位引脚 RESET 和 V_{CC} 与 DB1_VCC 连接，为 RESET 和 V_{CC} 提供 5V 电压，如图 7-4 所示；

（2）向触发引脚 TRIG 提供 1V 高电平；

（3）向放电引脚 DISCH 提供 10V 电压，测量放电引脚电流，即测量放电管关断漏电流；

（4）放电管关断漏电流若不大于 0.1μA（100nA），则芯片为良品，否则为非良品。

4．触发引脚电流测试

触发引脚 TRIG 电流测试方法，就是通过测试机给芯片电源端电压，测量触发引脚端电流，并判断触发引脚 TRIG 电流是否正常。

触发引脚 TRIG 电流测试步骤如下：

（1）打开用户继电器 4，将 V_{CC} 与 DB1_VCC 连接，为 V_{CC} 提供 5V 电压，如图 7-4 所示；

（2）向触发引脚 TRIG 提供 0V 电压，测量该引脚电流；

（3）触发引脚 TRIG 电流若不大于 2μA，则芯片为良品，否则为非良品。

5．复位引脚电流测试

复位引脚 RESET 电流测试方法，就是通过测试机给芯片电源端电压，然后分别向复位端提供 5V 电压和 0V 电压，测量复位引脚端电流，并判断复位引脚 RESET 电流是否正常。

复位引脚 RESET 电流测试步骤如下：

（1）打开用户继电器 4，为 V_{CC} 提供 5V 电压；

（2）向复位引脚 RESET 提供 5V 电压，测量该引脚电流，电流若小于 400μA，则芯片为良品，否则为非良品；

（3）向复位引脚 RESET 提供 0V 电压，测量该引脚电流，电流若大于−1500μA，则芯片为良品，否则为非良品。

6．低电平输出电压测试

低电平输出电压测试方法，就是通过测试机给芯片电源端分别提供 5V 和 15V 电压，然后分别测量输出引脚电压，并判断输出引脚电压是否正常。

（1）打开用户继电器 4，将 V_{CC} 与 DB1_VCC 连接，为 V_{CC} 提供 5V 电压；

（2）为复位引脚 RESET 提供 0V 低电平，并向输出引脚提供 5mA 电流，测量该引脚电压，电压若不大于 0.35V，则芯片为良品，否则为非良品；

（3）打开操作继电器 11，将 V_{CC} 与 DB1_+15V 连接，为 V_{CC} 提供 15V 电压；

（4）为复位引脚 RESET 提供 0V 低电平，并向输出引脚提供 50mA 电流，测量该引脚电压，电压若不大于 0.75V，则芯片为良品，否则为非良品。

7. 高电平输出电压测试

高电平输出电压测试方法，就是通过测试机给芯片电源端分别提供 5V 和 15V 电压，然后分别测量输出引脚电压，并判断输出引脚电压是否正常。

（1）打开用户继电器 3 和用户继电器 4，将复位引脚 RESET 和 V_{CC} 与 DB1_VCC 连接，为 RESET 和 V_{CC} 提供 5V 电压；

（2）向触发引脚 TRIG 提供 1V 高电平，并向输出引脚提供−100mA 电流，测量该引脚电压，电压若不小于 2.75V，则芯片为良品，否则为非良品；

（3）打开用户继电器 3，向复位引脚 RESET 提供 5V 电压，打开操作继电器 11，向 V_{CC} 提供 15V 电压；

（4）向触发引脚 TRIG 提供 1V 高电平，并向输出引脚提供−100mA 电流，测量该引脚电压，电压若不小于 12.75V，则芯片为良品，否则为非良品。

在 NE555 芯片直流参数测试程序中，主要使用了_set_logic_level()、_pmu_test_vi()、_pmu_test_iv ()、_sel_drv_pin()、_set_drvpin()、_turn_switch()等函数。

7.2.3 直流参数测试程序设计

7.2.3 直流参数测试程序设计

参考项目 1 中任务 2“创建第一个集成电路测试程序”的步骤，完成 NE555 直流参数测试程序设计。

1. 新建 NE555 测试程序模板

运行 LK8810S 上位机软件，打开“LK8810S”界面。单击界面上“创建程序”按钮，弹出“新建程序”对话框，如图 7-10 所示。

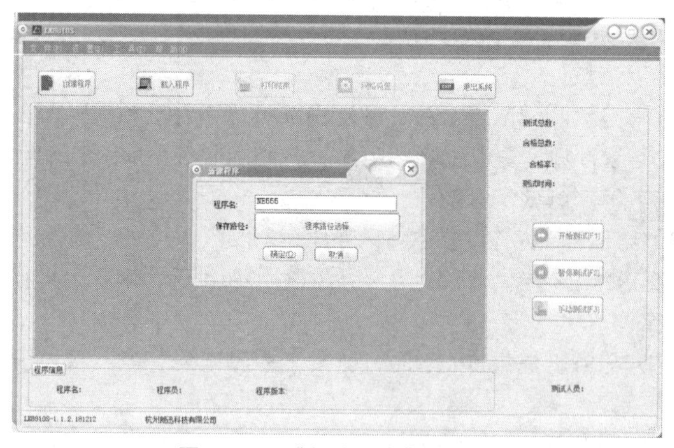

图 7-10 “新建程序”对话框

先在对话框中输入程序名“NE555”，然后单击“确定”按钮保存，弹出“程序创建成功”消息对话框，如图 7-11 所示。

单击“确定”按钮，此时系统会自动为用户在 C 盘创建一个“NE555”文件夹（即 NE555 测试程序模板）。NE555 测试程序模板中主要包括 C 文件 NE555.cpp、工程文件 SINE555.dsp 及 Debug 文件夹等。

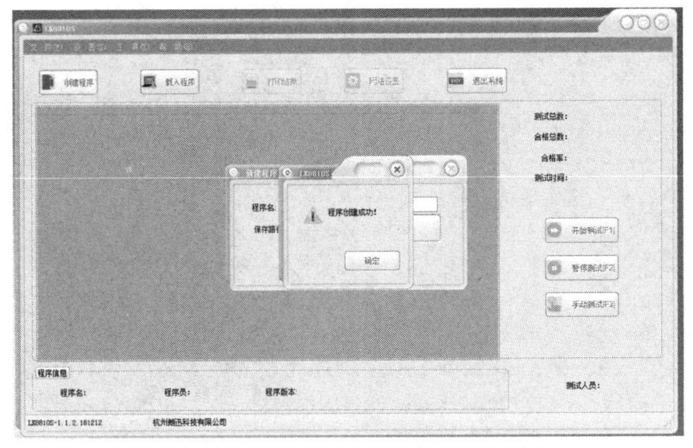

图 7-11 “程序创建成功”消息对话框

2. 打开测试程序模板

定位到“NE555A”文件夹（测试程序模板），打开的“NE555.dsp”工程文件如图 7-12 所示。

图 7-12 打开的“NE555.dsp”工程文件

在图 7-12 中，我们可以看到一个自动生成的 NE555 测试程序，代码如下：

```
1.   /**********NE555 测试程序**********/
2.   #include "StdAfx.h"
3.   #include "Printout.h"
4.   #include "math.h"
5.   //添加全局变量或函数声明
6.   //添加芯片测试函数，在这里是添加芯片直流参数测试函数
7.   /**********NE555 测试程序信息函数**********/
8.   void PASCAL S1NE555_inf()
9.   {
10.      Cstring str1;
11.      str1="程序员 ID";
```

```
12.        strcpy(testerinf.Programer,str1.GetBuffer(str1.GetLength()));
13.        str1="程序版本号";
14.        strcpy(testerinf.ProgVer,str1.GetBuffer(str1.GetLength()));
15.        str1.ReleaseBuffer();
16.        testsum.failflag=0;  //"硬件 Bin"
17.        terminal="机械手或者探针台";
18.        //规定失效分项从 SBIN7 开始,合格分档 testsum.passbin 在 0～7
19.        Writeitem(fail_stat[7].test_name,"失效 SBIN7 名称");
20.        Writeitem(fail_stat[8].test_name,"失效 SBIN8 名称");
21.        Writeitem(fail_stat[9].test_name,"失效 SBIN9 名称");
22.        Writeitem(fail_stat[10].test_name,"失效 SBIN10 名称");
23.        //保存参数(1～300 个)属性输入(保存的项目号，保存参数名)(参数名不能包含@字符)
24.        Writetestinf(1,"保存参数名 1");
25.        Writetestinf(2,"保存参数名 2");
26.        Writetestinf(3,"保存参数名 3");
27.        Writetestinf(4,"保存参数名 4");
28.        Writetestinf(5,"保存参数名 5");
29.   }
30.   /**********NE555 主测试函数**********/
31.   void PASCAL S1SNNE555()
32.   {
33.        //添加 NE555 主测试函数的函数体代码
34.   }
```

3. 编写测试程序及编译

在自动生成的 NE555 测试程序中，需要添加全局变量声明、直流参数测试函数 DCtest()（即添加芯片测试函数）及 NE555 主测试函数的函数体。

（1）全局变量和函数声明

宏定义、全局变量和函数声明，代码如下：

```
1.   //全局变量或函数声明
2.   void Function(void);
3.   void DCtest(void);
4.   void TC(void);
5.   //全局变量声明
6.   #define TRIG 1;
7.   #define Out 2;
8.   #define RESET 3;
9.   #define DISCH 4;
10.  #define THRES 6;
11.  #define CONT 7;
12.  int mod;
13.  int i;
14.  float x;
15.  float y;
```

（2）编写直流参数测试函数 DCtest()

NE555 芯片直流参数测试函数 DCtest()，代码如下：

```
1.   /**********芯片直流参数测试函数**********/
2.   void DCtest()
3.   {
```

```
4.      /******（1）控制比较器阈值电压测试 CONT VOLTAGE TEST******/
5.      _reset();                        //复位
6.      _wait(50);                       //延时 50ms
7.      Mprintf("/*CONT VOLTAGE TEST*/\n");
8.      _turn_switch("on",11,0);         //合上 SWITCH11 操作继电器 11 为 Vcc 供电 15V
9.      x=_read_pin_voltage(7,2);        //读取控制引脚 CONT 电压
10.     Mprintf("VCC=15V,CONT=%2.3fV\n",x);    //显示控制引脚电压
11.     if(x<9||x>11)                    //如果电压小于 9V 或大于 11V，显示“CONT
        //VOLTAGE ERROR”，否则显示“CONT VOLTAGE OK”
12.         Mprintf("CONT VOLTAGE ERROR\n");
13.     else
14.         Mprintf("CONT VOLTAGE OK\n");
15.     _turn_switch("off",11,0);        //关闭 SWITCH11 操作继电器 11
16.     Mprintf("\n");
17.     _reset();
18.     _wait(50);
19.     _on_relay(4);                    //合上用户继电器 4 为 Vcc 供电 5V
20.     x=_read_pin_voltage(7,2);        //读取控制引脚 CONT 电压
21.     Mprintf("VCC=5V,CONT=%2.3fV\n",x);//显示控制引脚电压
22.     if(x<2.6||x>4)                   //如果电压小于 2.6V 或大于 4V，显示“CONT
        //VOLTAGE ERROR”，否则显示“CONT VOLTAGE OK”
23.         Mprintf("CONT VOLTAGE ERROR\n");
24.     else
25.         Mprintf("CONT VOLTAGE OK\n");
26.     _off_relay(4);                   //关闭用户继电器 4
27.     Mprintf("\n");
28.     /******（2）放电管饱和电压测试 DISCH VOLTAGE TEST******/
29.     _reset();
30.     _wait(50);
31.     Mprintf("/*DISCH VOLTAGE TEST*/\n");
32.     _on_relay(4);                    //合上用户继电器 4 为 Vcc 供电 5V
33.     _set_logic_level(5,0,0,0);       //设置参考电平 VIH=5V、VIL=0V、VOH=0V、VOL=0V
34.     _on_fun_pin(3,0);                //合上功能管脚继电器 3，连接 PIN3（RESET 引脚）
35.     _sel_drv_pin(3,0);               //设置输入驱动引脚 PIN3（RESET 引脚）
36.     _set_drvpin("L",3,0);            //设置 RESET 引脚输入低电平
37.     x=_pmu_test_iv(4,2,4500,2);      //对 DISCH 引脚供 4.5mA 电流，并测该引脚电压
38.     Mprintf("DISCH VOLTAGE=%3.2fV\n",x);
39.     if(x>0.2)  //如果电压大于 200mV，显示“DISCH VOLTAGE ERROR”，否则显示“DISCH VOLTAGE OK”
40.         Mprintf("DISCH VOLTAGE ERROR\n");
41.     else
42.         Mprintf("DISCH VOLTAGE OK\n");
43.     Mprintf("\n");
44.     /******（3）放电管关断漏电流测试 DISCH CURRENT TEST******/
45.     _reset();
46.     _wait(50);
47.     Mprintf("/*DISCH CURRENT TEST*/\n");
48.     _on_relay(3);                    //合上用户继电器 3 为 RESET 供电 5V
49.     _on_relay(4);                    //合上用户继电器 4 为 Vcc 供电 5V
50.     _set_logic_level(1,0,0,0);       //设置参考电平 VIH=1V、VIL=0V、VOH=0V、VOL=0V
51.     _sel_drv_pin(1,0);               //设置输入驱动引脚 PIN1（TRIG 引脚）
```

```
52.        _set_drvpin("H",1,0);                    //设置 TRIG 引脚输入高电平
53.        x=_pmu_test_vi(4,2,6,10,3);              //对 DISCH 引脚供 10V 电压，并测该引脚电流
54.            Mprintf("DISCH CURRENT =%3.2fuA\n",x);
55.        if(x>0.1) //如果电流大于 0.1μA，显示“DISCH CURRENT //ERROR”，否则显示“DISCH CURRENT OK”
56.            Mprintf("DISCH CURRENT ERROR\n");
57.        else
58.            Mprintf("DISCH CURRENT OK\n");
59.        Mprintf("\n");
60.        /******（4）触发引脚电流测试 TRIG CURRENT TEST******/
61.        _reset();
62.        _wait(50);
63.        Mprintf("/*TRIG CURRENT TEST*/\n");
64.        _turn_switch("on",11,0);                 //合上 SWITCH11 操作继电器 11 为 Vcc 供电 15V
65.        x=_pmu_test_vi(1,2,6,0,2);               //对触发引脚 TRIG 供 0V 电压，并测该引脚电流
66.        Mprintf("TRIG CURRENT=%2.3f\n",x);//显示触发引脚电流
67.        if(x>2)  //如果电流大于 2μA，显示“TRIG CURRENT ERROR”，否则显示“TRIG CURRENT OK”
68.            Mprintf("TRIG CURRENT ERROR\n");
69.        else
70.            Mprintf("TRIG CURRENT OK\n");
71.        Mprintf("\n");
72.        /******（5）复位引脚电流测试 RESET CURRENT TEST******/
73.        //向复位引脚提供 5V 电压，测量复位引脚电流
74.        _reset();
75.        _wait(50);
76.        Mprintf("/*RESET CURRENT TEST*/\n");
77.        _on_relay(4);                        //合上用户继电器 4 为 Vcc 供电 5V
78.        _wait(20);
79.        x=_pmu_test_vi(3,2,3,5,2);       //对复位引脚 RESET 供 5V 电压，并测该引脚电流
80.        Mprintf("INPUT=5V,RESET CURRENT=%2.3fuA\n",x);       //显示复位引脚电流
81.        if(x>400)  //如果电流大于 400μA，显示“TRIG CURRENT ERROR”，否则显示“TRIG CURRENT OK”
82.            Mprintf("RESET CURRENT ERROR\n");
83.        else
84.            Mprintf("RESET CURRENT OK\n");
85.        Mprintf("\n");
86.        //向复位引脚提供 0V 电压，测量复位引脚电流
87.        _wait(50);
88.        x=_pmu_test_vi(3,2,3,0,2);       //对复位引脚 RESET 供 0V 电压，并测该引脚电流
89.        Mprintf("INPUT=0V,RESET CURRENT=%2.3fuA\n",(x));     //显示复位引脚电流
90.        if(x<-1500) //如果电流小于-1500μA，显示“RESET CURRENT ERROR”，否则显示“RESET CURRENT OK”
91.            Mprintf("RESET CURRENT ERROR\n");
92.        else
93.            Mprintf("RESET CURRENT OK\n");
94.        Mprintf("\n");
95.        /******（6）低电平输出电压测试 LOW_LEVEL OUTPUT VOLTAGE TEST******/
96.        _reset();
97.        _wait(50);
98.        Mprintf("/*LOW_LEVEL OUTPUT VOLTAGE TEST*/\n");
99.        _on_relay(4);                            //合上用户继电器 4 为 Vcc 供电 5V
100.       _set_logic_level(1,0,0,0);               //设置参考电平 VIH=1V、VIL=0V、VOH=0V、VOL=0V
101.       _sel_drv_pin(3,0);                       //设置输入驱动引脚 PIN3（RESET 引脚）
```

```
102.      _set_drvpin("L",3,0);                  //设置 RESET 引脚输入低电平
103.      x=_pmu_test_iv(2,1,5000,2);            //对 OUT 引脚供 5mA 电流，并测该引脚电压
104.      Mprintf("VCC=5V,LOW_LEVEL OUTPUT=%2.3fV\n",x);      //显示 OUT 引脚电压
105.      if(x>0.35)         //如果电压大于 0.35V，显示“LOW_LEVEL OUTPUT VOLTAGE ERROR”,
          //否则显示“LOW_LEVEL OUTPUT VOLTAGE OK”
106.          Mprintf("LOW_LEVEL OUTPUT VOLTAGE ERROR\n");
107.      else
108.          Mprintf("LOW_LEVEL OUTPUT VOLTAGE OK\n");
109.      _reset();
110.      _wait(50);
111.      _turn_switch("on",11,0);               //合上 SWITCH11 操作继电器 11 为 Vcc 供电 15V
112.      _set_logic_level(1,0,0,0);             //设置参考电平 VIH=1V、VIL=0V、VOH=0V、VOL=0V
113.      _sel_drv_pin(3,0);                     //设置输入驱动引脚 PIN3（RESET 引脚）
114.      _set_drvpin("L",3,0);                  //设置 RESET 引脚输入低电平
115.      x=_pmu_test_iv(2,1,50000,2);           //对 OUT 引脚供 50mA 电流，并测该引脚电压
116.      Mprintf("VCC=15V,LOW_LEVEL OUTPUT=%2.3fV\n",x);     //显示 OUT 引脚电压
117.      if(x>0.75)         //如果电压大于 0.75V，显示“LOW_LEVEL OUTPUT VOLTAGE ERROR”,
          //否则显示“LOW_LEVEL OUTPUT VOLTAGE OK”
118.          Mprintf("LOW_LEVEL OUTPUT VOLTAGE ERROR\n");
119.      else
120.          Mprintf("LOW_LEVEL OUTPUT VOLTAGE OK\n");
121.      Mprintf("\n");
122.      /******（7）高电平输出电压测试 HIGH_LEVEL OUTPUT VOLTAGE TEST******/
123.      Mprintf("/*HIGH_LEVEL OUTPUT VOLTAGE TEST*/\n");
124.      _reset();
125.      _wait(50);
126.      _on_relay(3);                          //合上用户继电器 3 为 RESET 供电 5V
127.      _on_relay(4);                          //合上用户继电器 4 为 Vcc 供电 5V
128.      _set_logic_level(1,0,0,0);             //设置参考电平 VIH=1V、VIL=0V、VOH=0V、VOL=0V
129.      _sel_drv_pin(1,0);                     //设置输入驱动引脚 PIN1（TRIG 引脚）
130.      _set_drvpin("H",1,0);                  //设置 TRIG 引脚输入高电平
131.      x=_pmu_test_iv(2,1,-100000,2);         //对 OUT 引脚供-100mA 电流，并测该引脚电压
132.      Mprintf("VCC=5V,HIGH_LEVEL OUTPUT=%2.3fV\n",x);     //显示 OUT 引脚电压
133.      if(x<2.75)  //如果电压小于 2.75V，显示“HIGH_LEVEL OUTPUT VOLTAGE ERROR”,
          //否则显示“HIGH_LEVEL OUTPUT VOLTAGE OK”
134.          Mprintf("HIGH_LEVEL OUTPUT VOLTAGE ERROR\n");
135.      else
136.          Mprintf("HIGH_LEVEL OUTPUT VOLTAGE OK\n");
137.      _reset();
138.      _wait(50);
139.      _on_relay(3);                          //合上用户继电器 3 为 RESET 供电 5V
140.      _turn_switch("on",11,0);               //合上 SWITCH11 操作继电器 11 为 Vcc 供电 15V
141.      _set_logic_level(1,0,0,0);             //设置参考电平 VIH=1V、VIL=0V、VOH=0V、VOL=0V
142.      _sel_drv_pin(1,0);                     //设置输入驱动引脚 PIN1（TRIG 引脚）
143.      _set_drvpin("H",1,0);                  //设置 TRIG 引脚输入高电平
144.      x=_pmu_test_iv(2,1,-100000,1);         //对 OUT 引脚供-100mA 电流，并测该引脚电压
145.      Mprintf("VCC=15V,HIGH_LEVEL OUTPUT=%2.3fV\n",x);     //显示 OUT 引脚电压
146.      if(x<12.75)        //如果电压小于 12.75V，显示“HIGH_LEVEL OUTPUT VOLTAGE
          //ERROR”，否则显示“HIGH_LEVEL OUTPUT VOLTAGE OK”
147.          Mprintf("HIGH_LEVEL OUTPUT VOLTAGE ERROR\n");
```

```
148.     else
149.         Mprintf("HIGH_LEVEL OUTPUT VOLTAGE OK\n");
150. }
```

（3）编写 NE555 主测试函数，添加 NE555 主测试函数的函数体

在自动生成的 NE555 主测试函数中，只要添加 NE555 主测试函数的函数体代码即可，代码如下：

```
1.   /**********NE555 主测试函数**********/
2.   void PASCAL S1NE555()
3.   {
4.       mod=0;
5.       _reset();
6.       DCtest();
7.   }
```

下面给出 NE555 直流参数测试程序的完整代码，在这里省略前面已经给出的代码，代码如下：

```
1.   /***************S1NE555 直流参数测试***************/
2.   #include "StdAfx.h"
3.   #include "Printout.h"
4.   #include "math.h"
5.   /***************全局变量或函数声明***************/
6.   ……                                          //全局变量声明代码
7.   /**********芯片直流参数测试函数**********/
8.   void DCtest()
9.   {
10.      ……                                      //直流参数测试函数的函数体
11.  }
12.  /**********NE555 测试程序信息函数**********/
13.  void PASCAL S1NE555_inf()
14.  {
15.      ……                                      //NE555 测试程序信息函数的函数体
16.  }
17.  /**********NE555 主测试函数**********/
18.  void PASCAL S1NE555()
19.  {
20.      ……                                      //NE555 主测试函数的函数体
21.  }
```

（4）NE555 测试程序编译

编写完 NE555 直流参数测试程序后，进行编译。若编译发生错误，要进行分析与检查，直至编译成功为止。

4．NE555 测试程序的载入与运行

参考项目 1 中任务 2“创建第一个集成电路测试程序”的载入测试程序的步骤，完成 NE555 直流参数测试程序的载入与运行。NE555 直流参数测试结果如图 7-13 所示。

观察 NE555 直流参数测试程序的运行结果是否符合任务要求。若运行结果不能满足任务要求，则要对测试程序进行分析、检查、修改，直至运行结果满足任务要求为止。

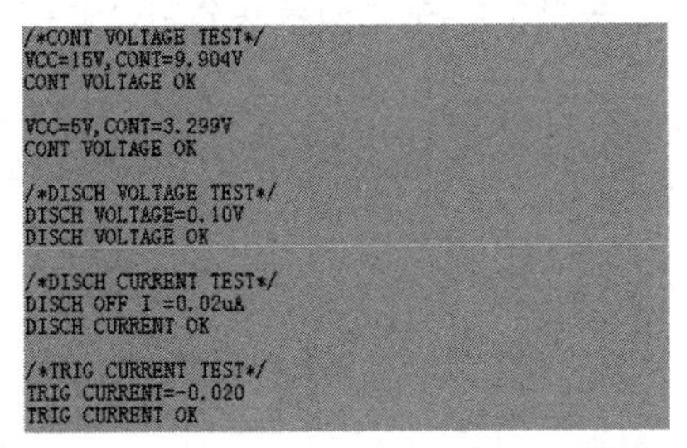

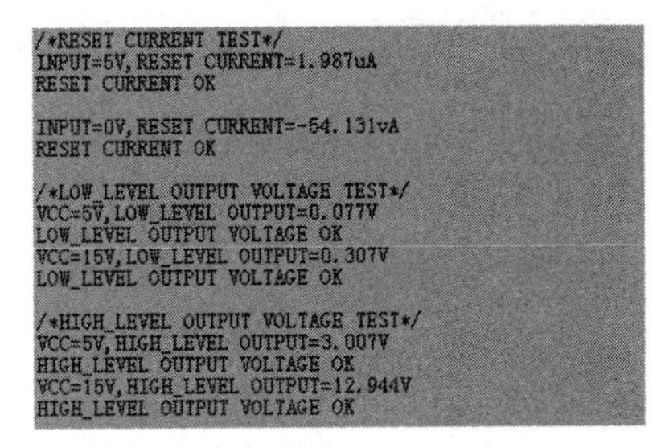

图 7-13　NE555 直流参数测试结果

在测试过程中，如果只有某个引脚的测试数据出现问题，则应首先检查测试电路连接是否有错误，检查电路无误后，再对程序进行检查核对。

7.3　任务 23　NE555 的功能测试

7.3.1　任务描述

通过 LK8810S 集成电路测试机和 NE555 测试电路，完成 NE555 的功能测试。测试结果要求如下：

（1）NE555 组成施密特触发器：当 2 和 6 引脚的输入电压升至 $2/3V_{CC}$ 时，输出电压为低电平；当 2 和 6 引脚的输入电压降至 $1/3V_{CC}$ 时，输出电压为高电平。

（2）NE555 组成多谐振荡器：当 2 和 6 引脚的输入电压在 $1/3V_{CC}$ 与 $2/3V_{CC}$ 之间时，输出电压为低电平；当 2 和 6 引脚的输入电压低于 $1/3V_{CC}$ 或高于 $2/3V_{CC}$ 时，输出电压为高电平。

7.3.2　功能测试实现分析

7.3.2 功能测试实现分析

根据任务要求，通过 NE555 组成的施密特触发器和多谐振荡器，验证 NE555 的逻辑功能是否正常。

1. 施密特触发器

NE555 组成的施密特触发器，如图 7-14 所示。

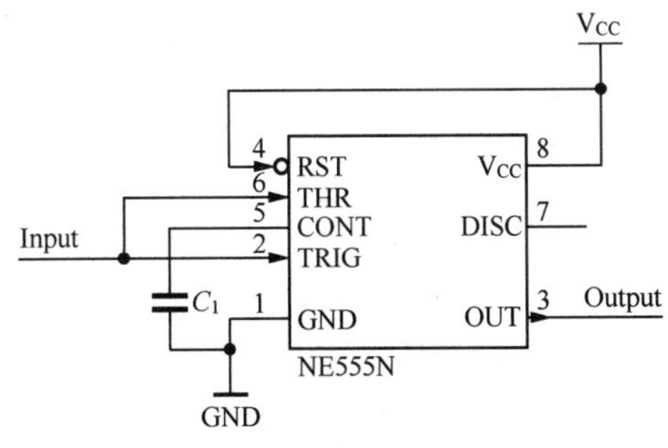

图 7-14　施密特触发器

在图 7-14 中，将 NE555 的触发引脚 TRIG（引脚 2）和阈值引脚 THRES（引脚 6）连接起来，作为 NE555 的信号输入端。当输入信号为三角波时，施密特触发器的工作波形如图 7-15 所示。

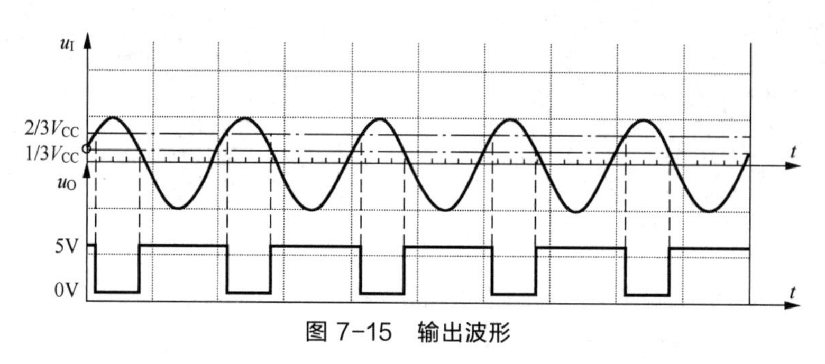

图 7-15 输出波形

从图 7-15 可以看出来，当输入信号升至 2/3V_{CC} 时，输出电压为低电平；当输入信号降至 1/3V_{CC} 时，输出电压为高电平。

NE555 组成的施密特触发器的测试方法，就是通过切换继电器，使 NE555 的外围电路组成施密特触发器，然后利用示波器观察施密特触发器输出的波形，并判断是否实现了施密特触发器的功能。

根据图 7-4、图 7-5 和图 7-14，NE555 的施密特触发器功能测试的步骤如下：

（1）闭合相应继电器，使外围电路组成施密特触发器；

（2）FORCE1 输出 2V，SD1 输出 1kHz、1V 正弦波；

（3）V_{CC}、RESET、DISCH 输入 5V 电压；

（4）通过调节 VR_2，改变 LF356 输出信号的直流偏置；

（5）LF356 输出接 TRIG 引脚；

（6）观察 NE555 的 OUT 引脚的输出波形。

2. 多谐振荡器测试

NE555 组成的多谐振荡器，如图 7-16 所示。

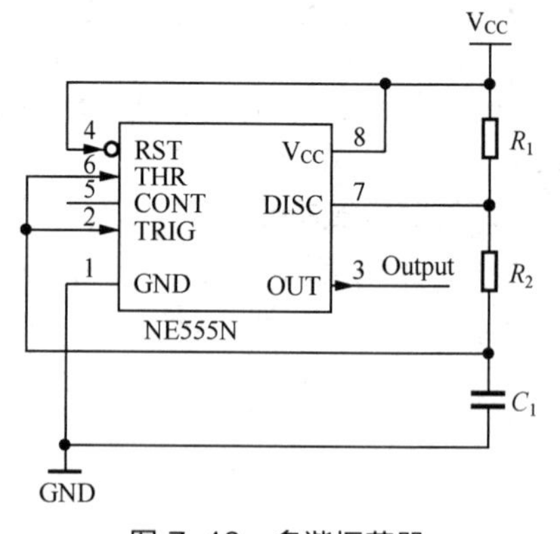

图 7-16 多谐振荡器

图 7-16 是由电阻 R_1、R_2 和电容器 C_1 构成定时电路；定时电容器 C_1 上的电压作为高触发端 TH（引脚 6）和低触发端 TL（引脚 2）的外触发电压；放电端（引脚 7）接在 R_1 和 R_2 之间；电压控制端（引脚 5）不外接控制电压，接入高频干扰旁路电容（0.01μF）；复位端（引脚 4）接高电平，使 NE555 处于非复位状态。

NE555 组成的多谐振荡器，是利用电源 V_{CC} 通过 R_1 和 R_2 向电容器 C_1 充电，使电容器 C_1 上的电压逐渐升高，当升到 2/3V_{CC} 时，输出电压 U_o 跳变到低电平；电容器 C_1 通过电阻 R_2 和放电端进行放电，使电容器 C_1 上的电压下降，当降到 1/3V_{CC} 时，输出电压 U_o 跳变到高电平；电源 V_{CC} 又通过 R_1 和 R_2 向电容器 C_1 充电。如此循环，振荡不停，电容器 C_1 在 1/3V_{CC} 和 2/3 V_{CC} 之间充电和放电，输出连续的矩形脉冲，其波形如图 7-17 所示。

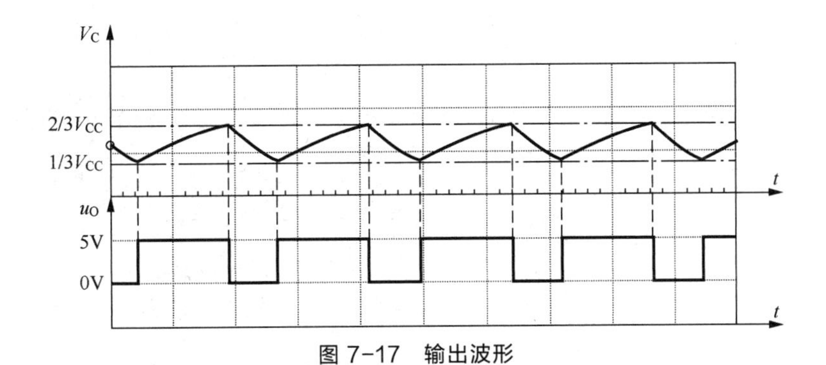

图 7-17 输出波形

NE555 组成的多谐振荡器的测试方法，就是通过切换继电器，使 NE555 的外围电路组成多谐振荡器，然后利用示波器观察多谐振荡器输出的波形，并判断是否实现多谐振荡器的功能。

根据图 7-4 和图 7-16，NE555 的多谐振荡器功能测试的步骤如下：

（1）闭合相应继电器，使外围电路组成多谐振荡器；

（2）V_{CC}、RESET、DISCH 输入 5V 电压；

（3）切换不同电容或调节 VR_1 观察 OUT 引脚的输出波形。

3. NE555 功能测试关键函数

在 NE555 芯片功能测试程序中，主要使用了_on_fun_pin()、_nset_wave()、_nwave_on() 等函数。

（1）_nset_wave()函数

_nset_wave()函数用于设置波形发生器的波形、频率、峰-峰值。函数原型是：

```
void _nset_wave(unsigned int channel,unsigned int wave,float freq,float
peak_value);
```

第 1 个参数 channel 是波形发生器的通道，取值范围为 1、2；

第 2 个参数 wave 是波形选择，取值范围为 1、2、3，其中 1 为正弦波，2 为方波，3 为三角波；

第 3 个参数 freq 是频率，取值范围为 10.0～200000.0Hz；

第 4 个参数 peak_value 是峰-峰值，取值范围为 0.0～5.0V。

（2）_nwave_on()函数

_nwave_on()函数用于接通波形输出继电器，输出波形。函数原型是：

```
void _nwave_on(unsigned int channel);
```

参数 channel 是波形发生器的通道，取值范围为 1、2。

7.3.3 功能测试程序设计

新建 NE555 芯片功能测试程序模板，参考任务 22 的“新建 NE555 测试程序模板”的操作步骤。在这里，只详细介绍如何编写 NE555 芯片功能测试程序，后面不再赘述了。

7.3.3 功能测试程序设计

1. 编写功能测试函数 Function()

NE555 芯片功能测试函数 Function()，代码如下：

```
1.   /***************NE555 功能测试***************/
```

```
2.   void Function()
3.   {
4.        _reset();
5.        if(mod==0)                          //mod=0：测试电路配置为施密特触发器
6.        {
7.             _on_relay(3);                  //合上用户继电器 3 为 RESET 供电 5V
8.             _on_relay(4);                  //合上用户继电器 4 为 Vcc 供电 5V
9.             _turn_switch("on",7,8,9,10,0);
             //合上操作继电器 SWITCH7、8、9、10，使外围电路组成施密特触发器
10.            _on_vpt(1,3,1.2);   //设置 FORCE1 为 1.2V（根据 LF356 输出，调节 FORCE1 电压）
11.            _set_logic_level(5,0,0,0);//设置参考电平 VIH=5V、VIL=0V、VOH=0V、VOL=0V
12.            _on_fun_pin(5,0);   //合上功能引脚继电器 5，连接测试接口 PIN5，如图 7-4 所示
13.            _sel_drv_pin(5,0);             //设置输入驱动引脚 PIN5
14.            _set_drvpin("H",5,0);          //设置 PIN5 输入高电平
15.            _nset_wave(1,1,2000,1);        //设置 SD1 输出 2kHz、1V 有效值、正弦波
16.            _nwave_on(1);                       //接通波形输出继电器，选择波形发生器通道 1
17.       }
18.       if(mod==1)                               //mod=1：测试电路配置为多谐振荡器
19.       {
20.            _on_relay(1);                       //合上用户继电器 1
21.            _on_relay(3);                       //合上用户继电器 3
22.            _on_relay(4);                       //合上用户继电器 4
23.            _turn_switch("on",1,7,8,9,0);
             //合上操作继电器 SWITCH1、7、8、9，使外围电路组成多谐振荡器
24.            _set_logic_level(5,0,0,0);          //设置参考电平 VIH=5V、VIL=0V、VOH=0V、VOL=0V
25.            _on_fun_pin(5,0);                   //合上功能引脚继电器 PIN5
26.            _sel_drv_pin(5,0);                  //设置输入驱动引脚 PIN5
27.            _set_drvpin("H",5,0);               //设置 PIN5 输入高电平
28.       }
29.       _wait(5000);                             //延时 5s 观察波形
30.  }
```

其中，_nset_wave(1,1,1000,1)函数设置 SD1 输出 1kHz、1V 正弦波；_nwave_on(1)函数接通波形输出继电器；_turn_switch("on",7,8,9,10,0)函数合上继电器 7、8、9、10，使外围电路组成施密特触发器。

2. NE555 功能测试程序的编写及编译

下面完成 NE555 功能测试程序的编写，在这里省略前面已经给出的代码，代码如下：

```
1.   /***************S1NE555 功能测试***************/
2.   ……                                                //头文件包含，见任务 22
3.   /***************全局变量或函数声明***************/
4.   ……
5.   ……                                                //全局变量声明代码，见任务 22
6.   /**********功能测试函数**********/
7.   void Function()
8.   {
9.        ……                                           //功能测试函数的函数体
10.  }
11.  /**********NE555 测试程序信息函数**********/
12.  void PASCAL S1NE555_inf()
13.  {
```

```
14.        ……                                        //见任务 22
15.   }
16.   /**********NE555 主测试函数**********/
17.   void PASCAL S1NE555()
18.   {
19.        ……                                        //见任务 22
20.        _reset();
21.        Function();                               //NE555 功能测试函数
22.        _wait(10);
23.   }
```

编写完 NE555 功能测试程序后，进行编译。若编译发生错误，要进行分析与检查，直至编译成功为止。

3. NE555 测试程序的载入与运行

参考任务 2“创建第一个集成电路测试程序”的载入测试程序的步骤，完成 NE555 功能测试程序的载入与运行。

将虚拟示波器测量线的一端接在 CH1（波形发生器通道 1）上，另一端接在 NE555 的输出引脚（引脚 3）上，如图 7-18 所示。

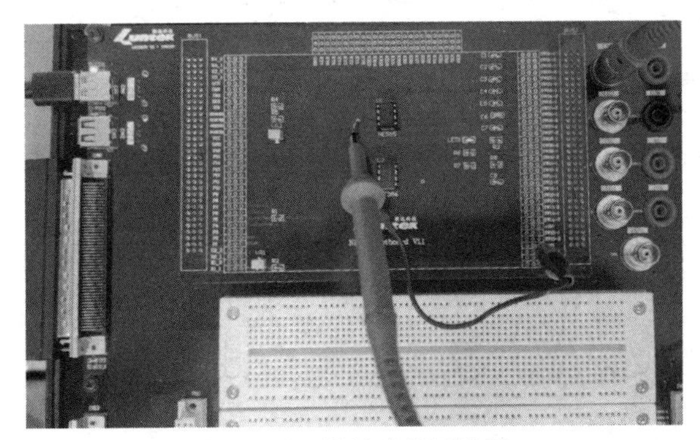

图 7-18　连接虚拟示波器

运行虚拟示波器软件 Luntek600，施密特触发器的功能测试结果如图 7-19 所示。

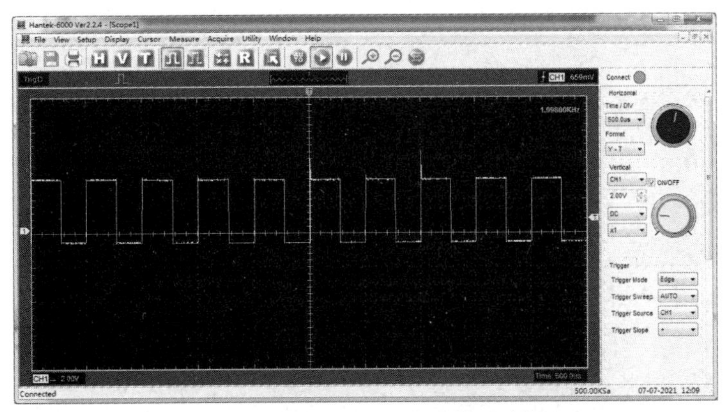

图 7-19　施密特触发器的功能测试结果

多谐振荡器的功能测试结果，如图 7-20 所示。

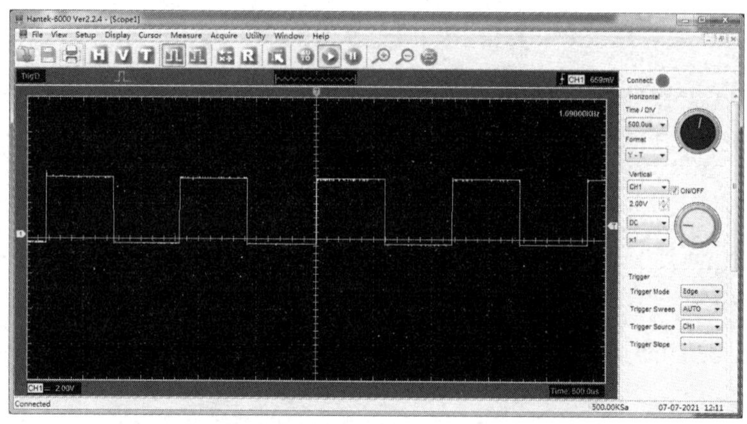

图 7-20　多谐振荡器的功能测试结果

观察 NE555 功能测试程序的运行结果是否符合任务要求。若运行结果不能满足任务要求，则要对测试程序进行分析、检查、修改，直至运行结果满足任务要求为止。

【技能训练 7-2】NE555 综合测试程序设计

我们在前面两个任务中，完成了直流参数测试及功能测试，那么，如何把两个任务的测试程序集成起来，完成 NE555 综合测试程序设计呢？

【技能训练 7-2】NE555 综合测试程序设计

我们只要把前面两个任务的测试程序集中放在一个文件中，即可完成 NE555 综合测试程序设计。在这里省略前面已经给出的代码，代码如下：

```
1.  /***************S1NE555 功能测试***************/
2.  ……                                          //头文件包含，见任务
22
3.  /***************全局变量或函数声明***************/
4.  ……
5.  ……                                          //全局变量声明代码，见任务 22
6.  /**********直流参数测试函数**********/
7.  void DCtest ()
8.  {
9.      ……                                      //直流参数测试函数的函数体
10. }
11. /**********功能测试函数**********/
12. void Function()
13. {
14.     ……                                      //功能测试函数的函数体
15. }
16. /**********NE555 测试程序信息函数**********/
17. void PASCAL S1NE555_inf()
18. {
19.     ……                                      //见任务 22
20. }
21. /**********NE555 主测试函数**********/
22. void PASCAL S1NE555()
23. {
24.     ……                                      //见任务 22
```

```
25.        _reset();
26.        DCtest();                                    //NE555 直流参数测试函数
27.        Function();                                  //NE555 功能测试函数
28.        _wait(10);
29.  }
```

关键知识点梳理

1. NE555 是一种应用特别广泛、作用很大的集成电路芯片，常用于定时器、脉冲产生器和振荡电路中。NE555 可作为电路中的延时器件、触发器或起振元件。NE555 采用 8 引脚的 DIP 封装或 SOP 封装。

2. NE555 的直流参数测试主要包括控制比较器阈值电压、放电管饱和电压、放电管关断漏电流、触发引脚电流、复位引脚电流、低电平输出电压、高电平输出电压等测试；功能测试主要包括施密特触发器测试、多谐振荡器测试。

3. NE555 芯片直流参数测试要求如下：

（1）控制比较器阈值电压测试：为 V_{CC} 供电 5V，读取控制引脚 CONT 电压，若控制引脚 CONT 测得电压值在 2.6～4V，则芯片为良品；为 V_{CC} 供电 15V，读取控制引脚 CONT 电压，若控制引脚 CONT 测得电压值在 9～11V，则芯片为良品。

（2）放电管饱和电压测试：为 V_{CC} 供电 5V，复位引脚 RESET 输入 0V，对放电引脚 DISCH 供 4.5mA 电流，测得放电引脚 DISCH 电压值若大于 200mV，则芯片为良品。

（3）放电管关断漏电流测试：为 V_{CC} 供电 5V，复位引脚 RESET 输入 5V，触发引脚 TRIG 供 1V，对放电引脚 DISCH 供电 10V，测得放电引脚 DISCH 的电流若不大于 0.1μA，则芯片为良品。

（4）触发引脚 TRIG 电流测试：为 V_{CC} 供电 5V，触发引脚 TRIG 输入 0V，测得触发引脚 TRIG 电流若不大于 2μA，则芯片为良品。

（5）复位引脚 RESET 电流测试：为 V_{CC} 供电 5V，复位引脚 RESET 输入 0V，测得复位引脚 RESET 电流若大于−1500μA，则芯片为良品；为 V_{CC} 供电 5V，复位引脚 RESET 输入 5V，测得复位引脚 RESET 电流若小于 400μA，则芯片为良品。

（6）低电平输出电压测试：为 V_{CC} 供电 5V，复位引脚输入 0V，输出端 OUT 供 5mA 电流，测输出引脚 OUT 电压若不大于 0.35V，则芯片为良品；为 V_{CC} 供电 15V，复位引脚 RESET 输入 0V，输出端 OUT 供 50mA 电流，测输出引脚 OUT 电压若不大于 0.75V，则芯片为良品。

（7）高电平输出电压测试：为 V_{CC} 供电 5V，触发引脚 TRIG 输入 1V，输出端 OUT 供−100mA 电流，测输出引脚 OUT 电压若不小于 2.75V，则芯片为良品；为 V_{CC} 供电 15V，输出端 OUT 供−100mA 电流，测输出引脚 OUT 电压若不小于 12.75V，则芯片为良品。

4. NE555 组成施密特触发器，将 NE555 的触发引脚 TRIG（引脚 2）和阈值引脚 THRES（引脚 6）连接起来，作为 NE555 的信号输入端。当输入信号升至 $2/3V_{CC}$ 时，输出电压为低电平；当输入信号降至 $1/3V_{CC}$ 时，输出电压为高电平。

NE555 的施密特触发器功能测试的步骤如下：

（1）闭合相应继电器，使外围电路组成施密特触发器；

（2）FORCE1 输出 2V，SD1 输出 1kHz、1V 正弦波，如图 7-5 所示；

（3）V_{CC}、RESET、DISCH 输入 5V 电压；

（4）通过调节 VR_2，改变 LF356 输出信号的直流偏置；

（5）LF356 输出接 TRIG 引脚；

（6）观察 NE555 的 OUT 引脚的输出波形。

5．NE555 组成多谐振荡器，由电阻 R_1、R_2 和电容器 C_1 构成定时电路；定时电容器 C_1 上的电压作为高触发端 TH（引脚 6）和低触发端 TL（引脚 2）的外触发电压；放电端（引脚 7）接在 R_1 和 R_2 之间；电压控制端（引脚 5）不外接控制电压，接入高频干扰旁路电容（0.01μF）；复位端（引脚 4）接高电平，使 NE555 处于非复位状态。

利用电源 V_{CC} 通过 R_1 和 R_2 向电容器 C_1 充电，使电容器 C_1 上的电压逐渐升高，升到 $2/3V_{CC}$ 时，输出电压 U_o 跳变到低电平；电容器 C_1 通过电阻 R_2 和放电端进行放电，使电容器 C_1 上的电压下降，降到 $1/3V_{CC}$ 时，输出电压 U_o 跳变到高电平；电源 V_{CC} 又通过 R_1 和 R_2 向电容器 C_1 充电。如此循环，振荡不停，电容器 C_1 在 $1/3V_{CC}$ 和 $2/3\ V_{CC}$ 之间充电和放电，输出连续的矩形脉冲。

NE555 的多谐振荡器功能测试的步骤如下：

（1）闭合相应继电器，使外围电路组成多谐振荡器；

（2）V_{CC}、RESET、DISCH 输入 5V 电压；

（3）切换不同电容或调节 VR_1 观察 OUT 引脚的输出波形。

问题与实操

7-1　填空题

（1）NE555 的电源端为________，接地端为________，控制端为________，触发输入端为________，复位端为________，放电端为________，输出端为________，阈值端为________。

（2）NE555 芯片的直流参数测试主要包括________、________、________、________、________、________、________。

（3）NE555 芯片的功能测试主要包括________、________。

（4）输出高电平测试时：为 V_{CC} 供电 5V，触发引脚 TRIG 输入 1V，输出端 OUT 供−100mA 电流，测输出引脚 OUT 电压大于________，则芯片为良品；为 V_{CC} 供电 15V，输出端 OUT 供−100mA 电流，测输出引脚 OUT 电压大于________，则芯片为良品。

（5）输出低电平测试时：为 V_{CC} 供电 5V，复位引脚输入 0V，输出端 OUT 供 5mA 电流，测输出引脚 OUT 电压小于________，则芯片为良品；为 V_{CC} 供电 15V，复位引脚 RESET 输入 0V，输出端 OUT 供 50mA 电流，测输出引脚 OUT 电压小于________，则芯片为良品。

7-2　搭建基于 LK220T 练习区的 NE555 芯片测试电路。

7-3　完成基于 LK220T 练习区的 NE555 直流参数测试和功能测试。

项目8

ADC0804芯片测试

项目导读

ADC0804 芯片常见参数测试方式，主要有工作电流测试、直流参数测试和功能测试 3 种。

本项目从 ADC0804 芯片测试电路设计入手，首先让读者对 ADC0804 芯片基本结构有一个初步了解；然后介绍 ADC0804 芯片的工作电流测试、直流参数测试及功能测试程序设计的方法。通过 ADC0804 芯片测试电路连接及测试程序设计，让读者进一步了解 ADC0804 芯片。

知识目标	1. 了解 ADC0804 芯片的功能及特点 2. 掌握 ADC0804 芯片的引脚功能 3. 掌握 ADC0804 芯片 A/D 转换的工作过程 4. 知道 ADC0804 芯片的测试原理和测试流程
技能目标	能够根据 ADC0804 芯片数据手册完成 ADC0804 芯片测试电路的设计和搭建，会编写和调试 ADC0804 芯片测试的相关程序，能实现 ADC0804 芯片的工作电流测试、直流参数测试及功能测试
教学重点	1. ADC0804 芯片的工作过程 2. ADC0804 芯片的测试电路设计 3. ADC0804 芯片的测试程序设计
教学难点	ADC0804 芯片的测试步骤及测试程序设计
建议学时	6～8 学时
推荐教学方法	从任务入手，通过 ADC0804 芯片的测试电路设计，让读者了解 ADC0804 芯片的作用和引脚功能，进而通过 ADC0804 芯片的测试程序设计，进一步熟悉 ADC0804 芯片的测试方法
推荐学习方法	勤学勤练、动手操作是学好 ADC0804 芯片测试的关键，动手完成一个 ADC0804 芯片测试，通过“边做边学”达到更好的学习效果

8.1 任务 24　ADC0804 测试电路设计与搭建

8.1.1 任务描述

利用 LK8810S 集成电路测试机和 LK220T 集成电路测试资源系统，根据 ADC0804 的数据手册和工作原理，完成 ADC0804 测试电路设计与搭建。该任务要求如下：

（1）测试电路能实现 ADC0804 的工作电流测试、直流参数测试及功能测试；

（2）ADC0804 测试电路的搭建，采用基于测试区的测试方式。也就是把 LK8810S 与 LK220T 的测试区结合起来完成 ADC0804 测试电路的搭建。

8.1.2 认识 ADC0804

8.1.2 认识 ADC0804

ADC0804 是一款 8 位、单通道、低价格模数转换器，简称 A/D 转换器。这是一款早期的 A/D 转换器，因其价格低廉而在要求不高的场合得到广泛应用。

ADC0804 主要特性有模数转换时间大约 100μs；方便 TTL 或 CMOS 标准接口；可以满足差分电压输入；具有参考电压输入端；内含时钟发生器；单电源工作时，输入电压范围是 0～5V；不需要调零等。

1. ADC0804 芯片引脚功能

ADC0804 是一个 20 引脚的集成电路，多采用 DIP 或 SOP 封装，其引脚图如图 8-1 所示。

ADC0804 封装正方向的缺口左边对应的引脚号为 1，然后以逆时针方向编号。ADC0804 引脚功能如表 8-1 所示。

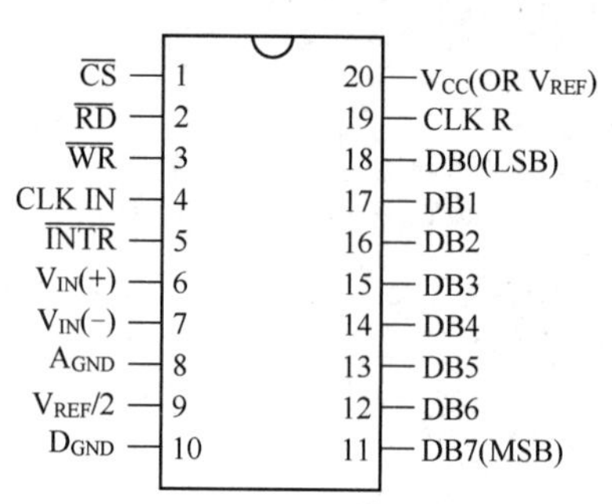

图 8-1 ADC0804 引脚图

表 8-1 ADC0804 引脚功能

引脚序号	引脚名称	引脚功能	引脚序号	引脚名称	引脚功能
1	$\overline{CS}$	片选信号输入端，低电平有效	11	DB7	具有三态特性数字信号输出端，输出结果为 8 位二进制结果，其中 DB0 为低位，DB7 为高位
2	$\overline{RD}$	读信号输入端，低电平有效	12	DB6	
3	$\overline{WR}$	写信号输入端，低电平启动 A/D 转换	13	DB5	
4	CLK IN	时钟信号输入端	14	DB4	
5	$\overline{INTR}$	低电平表示本次 A/D 转换已完成，并输出转换完毕中断信号	15	DB3	
6	V_{IN}（+）	两个模拟信号输入端，可以接收单极性、双极性和差模输入信号	16	DB2	
7	V_{IN}（-）		17	DB1	
8	A_{GND}	模拟电源地	18	DB0	
9	$V_{REF}/2$	参考电平输入端	19	CLK R	内部时钟发生器的外接电阻端
10	D_{GND}	数字电源地	20	V_{CC}	电源输入端（5V）

说明： CLK R 端与 CLK IN 端配合使用，可由芯片自身产生时钟脉冲，其频率计算方式是：$f_{CLK}=1/(1.1RC)$。

2. ADC0804 工作时序

ADC0804 工作时序如图 8-2 所示。

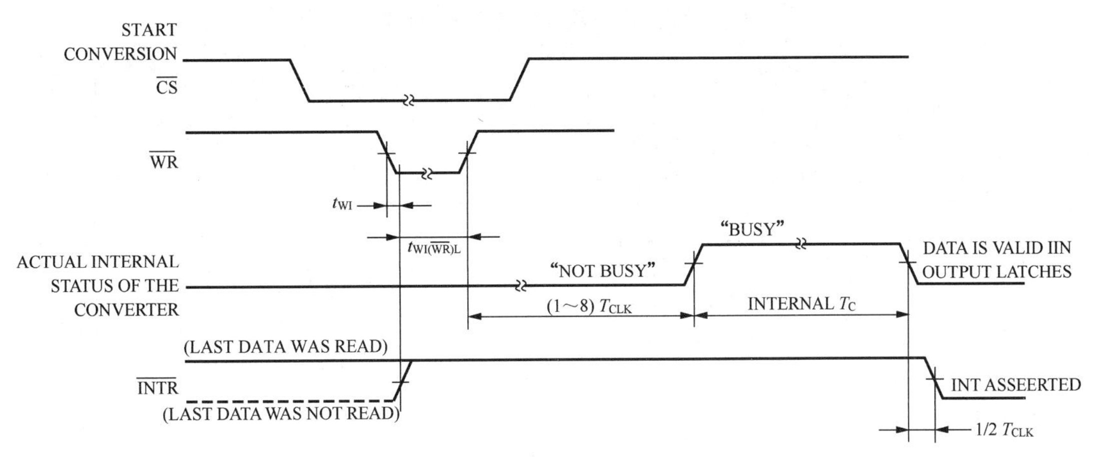

图 8-2　ADC0804 工作时序

由图 8-2 可以看出，先将 $\overline{\mathrm{CS}}$ 置为低电平；随后将 $\overline{\mathrm{WR}}$ 置为低电平；经过一段时间 t_w 后 $\overline{\mathrm{WR}}$ 又被置为高电平，启动 A/D 转换器；经过"1～8 个 T_{CLK}+INTERNAL T_C"的时间，A/D 转换完成，转换结果保存在输出数据锁存器，同时 $\overline{\mathrm{INTR}}$ 自动变为低电平，表示本次 A/D 转换已完成，并输出转换完毕中断信号。

在实际使用中，也可以不采用中断方式来读取 A/D 转换结果，可以在启动 A/D 转换后，经过延时一段时间，直接读取 A/D 转换结果。读取结束后，再启动一次 A/D 转换，如此循环下去。

ADC0804 读时序如图 8-3 所示。

由图 8-3 可以看出，当 $\overline{\mathrm{INTR}}$ 变为低电平后，先将 $\overline{\mathrm{CS}}$ 置为低电平；然后将 $\overline{\mathrm{RD}}$ 置为低电平，$\overline{\mathrm{RD}}$ 为低电平至少要保持一段时间 t_{ACC}，使得输出的数据达到稳定状态；读取数据输出端口的数据；读取数据后，将 $\overline{\mathrm{RD}}$ 置为高电平，然后将 $\overline{\mathrm{CS}}$ 置为高电平。其中，$\overline{\mathrm{INTR}}$ 是自动变化的，不必人为干涉。

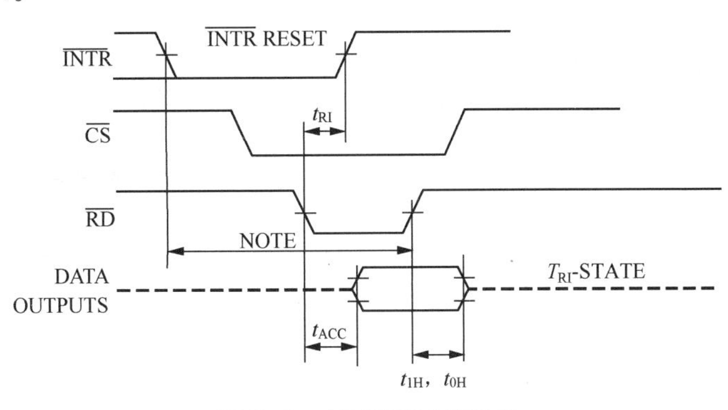

图 8-3　ADC0804 读时序

图 8-2 和图 8-3 是 ADC0804 启动一次和读取一次数据的时序图。

说明： 当需要连续转换、连续读取数据时，就没有必要每次都把 $\overline{\mathrm{CS}}$ 置为低电平或高电平了，只要一开始将 $\overline{\mathrm{CS}}$ 置为低电平，在启动转换和读取数据时只需要对 $\overline{\mathrm{WR}}$ 和 $\overline{\mathrm{RD}}$ 进行操作即可。

3. ADC0804 电气特性参数

ADC0804 电气特性参数如表 8-2 所示。

表 8-2　ADC0804 电气特性参数

参数	测试条件	最小	典型	最大	单位
参考电平输入 $V_{REF}/2$		0.75	1.1		kΩ
I_{CC}	f_{CLK} = 640 kHz，$V_{REF}/2$ = NC，T_A = 25°C 和 $\overline{CS}$ = 5 V		1.9	2.5	mA
I_{IN}（H）	V_{IN} = 5 V_{DC}		0.005	1	μA_{DC}
I_{IN}（L）	V_{IN} = 0 V_{DC}	−1	−0.005		μA_{DC}
V_{CLKR}（H）	I_O =−360 μA，V_{CC} = 4.75 V_{DC}	2.4			V_{DC}
V_{CLKR}（L）	I_O = 360 μA，V_{CC} = 4.75 V_{DC}			0.4	V_{DC}
$V_{OUT-INTR}$（L）	I_O = 1 mA，V_{CC} = 4.75 V_{DC}			0.4	V_{DC}
$V_{OUT-INTR}$（H）	I_O = −10 μA，V_{CC} = 4.75 V_{DC}	4.5			V_{DC}
I_{OUT}	V_{OUT} = 0 V_{DC}	−3			μA_{DC}
I_{OUT}	V_{OUT} = 5 V_{DC}			3	μA_{DC}
$V_{OUT-DATA}$（L）	I_O = 1.6 mA，V_{CC} = 4.75 V_{DC}			0.4	V_{DC}
$V_{OUT-DATA}$（H）	I_O = −360 μA，V_{CC} = 4.75 V_{DC}	2.4			V_{DC}

说明：以上参数和测试条件参考的是 TI 公司官网下载的 ADC0804 数据手册，实际测试中因为生产厂家不同，参数和测试条件会稍有差别。

ADC0804 推荐使用的工作电源电压和模拟输入电压范围如表 8-3 所示。

表 8-3　推荐使用的电压范围

参数	符号	最小	典型	最大	单位
电源电压	V_{CC}	4.5	5	5.5	V
模拟输入电压	V_I	GND−0.05		V_{CC}+0.05	V_{DC}

8.1.3　ADC0804 测试电路设计与搭建

8.1.3 ADC0804 测试电路设计与搭建

根据任务描述，ADC0804 测试电路能满足工作电流测试、直流参数测试及功能测试的需要。

1. 测试接口

ADC0804 引脚与 LK8810S 的芯片测试接口是 ADC0804 测试电路设计的基本依据。ADC0804 引脚与 LK8810S 测试接口配接表如表 8-4 所示。

表 8-4　ADC0804 引脚与 LK8810S 测试接口配接表

ADC0804		LK8810S 测试接口	
引脚号	引脚符号	引脚号	引脚符号
1	$\overline{CS}$	9	PIN9
2	$\overline{RD}$	10	PIN10
3	$\overline{WR}$	11	PIN11
4	CLK IN	12	PIN12
5	$\overline{INTR}$	13	PIN13

续表

ADC0804		LK8810S 测试接口	
引脚号	引脚符号	引脚号	引脚符号
6	$V_{IN}(+)$	69	K3_1
7	$V_{IN}(-)$	17、92、93	GND
8	A_{GND}	17、92、93	GND
9	$V_{REF}/2$	65、72	K1_1、K4_2
10	D_{GND}	17、92、93	GND
11	DB7	8	PIN8
12	DB6	7	PIN7
13	DB5	6	PIN6
14	DB4	5	PIN5
15	DB3	4	PIN4
16	DB2	3	PIN3
17	DB1	2	PIN2
18	DB0	1	PIN1
19	CLK R	14	PIN14
20	V_{CC}	20、21、68	FORCE1、SENSE1、K2_2

2. 测试电路设计

根据表 8-4 所示，LK8810S 的芯片测试接口电路如图 8-4（a）所示，这里只用到 P1 接口，P2 接口未用。ADC0804 测试电路如图 8-4（b）所示。

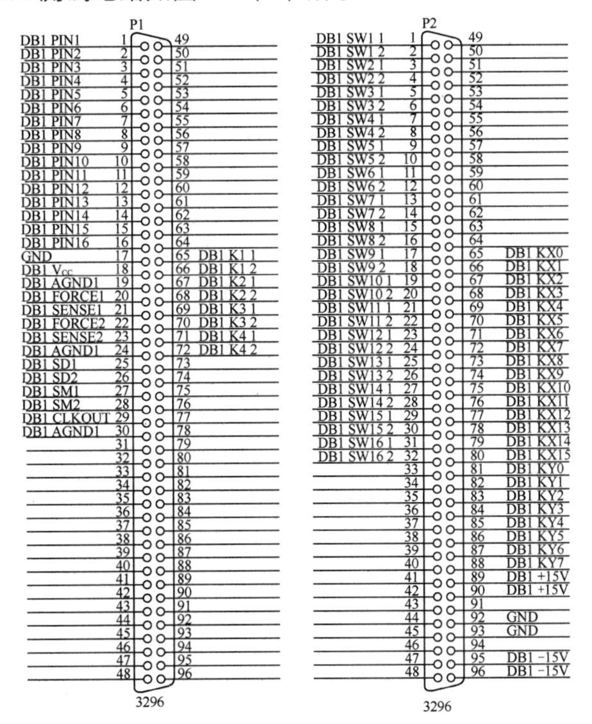

（a）LK8810S 测试接口电路

图 8-4　ADC0804 测试电路设计

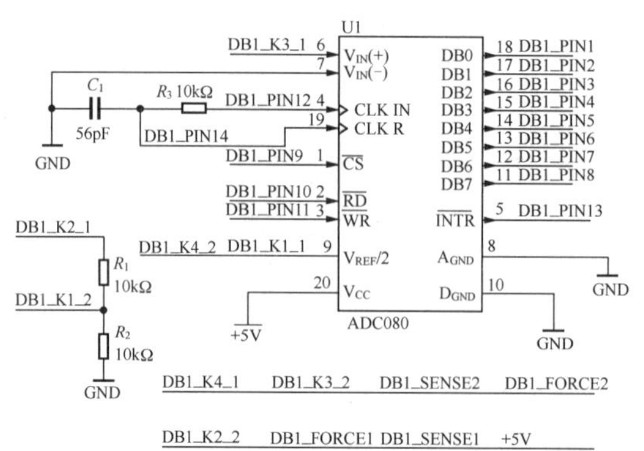

（b）ADC0804 测试电路

图 8-4　ADC0804 测试电路设计（续）

由图 8-4 可知，按照表 8-4 完成 LK8810S 测试接口配接后，还要将 DB1 的 K4_1、K3_2、SENSE2 和 FORCE2 连接在一起，辅助测试电阻 R_1 的两端分别接 DB1 的 K2_1、K1_2。

3. ADC0804 测试板卡

根据图 8-4 所示的 ADC0804 测试电路，ADC0804 测试板卡的正面如图 8-5 所示。ADC0804 测试板卡的背面如图 8-6 所示。

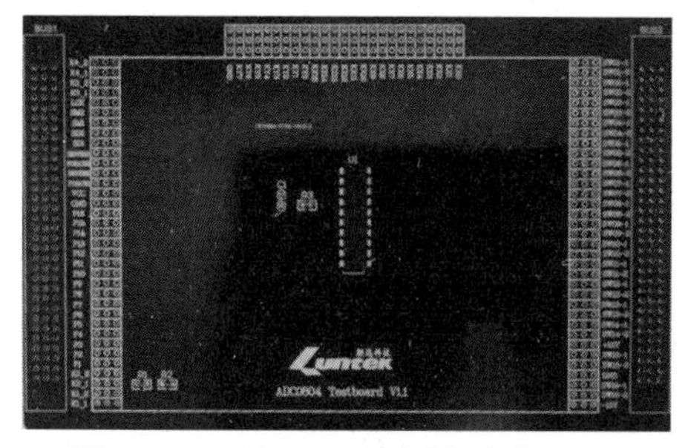

图 8-5　ADC0804 测试板卡的正面

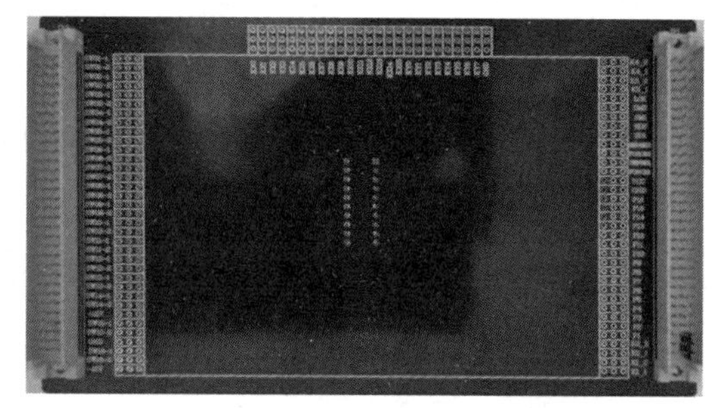

图 8-6　ADC0804 测试板卡的背面

4. ADC0804 测试电路搭建

按照任务要求，采用基于测试区的测试方式，把 LK8810S 与 LK220T 的测试区结合起来，完成 ADC0804 测试电路搭建。

（1）将 ADC0804 测试板卡插接到 LK220T 的测试区接口；

（2）将 100PIN 的 SCSI 转换接口线一端插接到靠近 LK220T 测试区一侧的 SCSI 接口上，另一端插接到 LK8810S 外挂盒上的芯片测试转接板的 SCSI 接口上。

到此，完成基于测试区的 ADC0804 测试电路搭建，如图 8-7 所示。

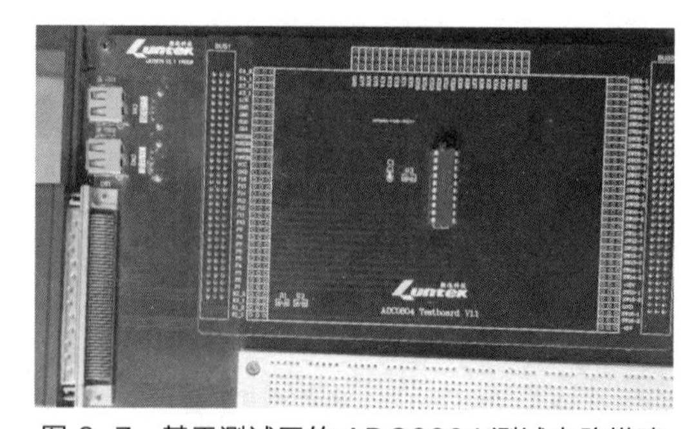

图 8-7　基于测试区的 ADC0804 测试电路搭建

【技能训练 8-1】基于练习区的 ADC0804 测试电路搭建

【技能训练 8-1】基于练习区的 ADC0804 测试电路搭建

任务 24 是采用基于测试区的测试方式，完成 ADC0804 测试电路搭建的。如果采用基于练习区的测试方式，我们该如何搭建 ADC0804 测试电路呢？

（1）在练习区的面包板上插上一个 ADC0804 芯片，芯片正面缺口向左；

（2）参考表 8-4 所示的 ADC0804 引脚与 LK8810S 测试接口连接表、图 8-4 所示的 ADC0804 测试电路设计图，按照 ADC0804 引脚号和测试接口引脚号，用杜邦线将 ADC0804 芯片的引脚依次对应连接到 96PIN 的插座上；

（3）将 100PIN 的 SCSI 转换接口线一端插接到靠近 LK220T 练习区一侧的 SCSI 接口上，另一端插接到 LK8810S 外挂盒上的芯片测试转接板的 SCSI 接口上。

基于练习区的 ADC0804 测试电路搭建如图 8-8 所示。

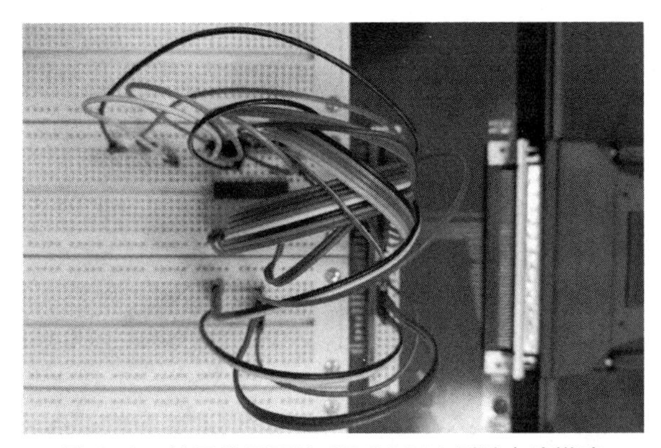
图 8-8　基于练习区的 ADC0804 测试电路搭建

8.2　任务 25　ADC0804 的工作电流测试

8.2.1　任务描述

根据 LK8810S 集成电路测试机和 ADC0804 测试电路，首先通过 DB1 的 FORCE1 给 ADC0804 的 V_{CC} 引脚加 5V 直流工作电压，然后使能 ADC0804 的片选引脚 $\overline{CS}$。测试结果要求如下：测得的工作电流在 2.5mA 以下，则芯片为良品；否则为非良品。

8.2.2 工作电流测试实现分析

8.2.2　工作电流测试实现分析

1. 工作电流测试实现方法

工作电流测试是对芯片电源引脚加电压、测电流的一种测试方法，也就是通过测试机给芯片电源引脚施加电压，测量芯片电源引脚的电流，并判断其工作电流是否正常。根据表 8-2 所示，ADC0804 工作电流的测试条件是：

$$f_{CLK} = 640\ \text{kHz},\ V_{REF}/2 = \text{NC},\ T_A = 25℃ 和 \overline{CS} = 5\ \text{V}$$

在满足 ADC0804 工作电流的测试条件后，可使用电流测试函数测试 ADC0804 的 V_{CC} 引脚电流 I_{CC}，然后根据测试的结果判断工作电流 I_{CC} 是否小于 2.5mA。若结果小于 2.5mA，则芯片为良品，否则为非良品。

2. 工作电流测试流程

ADC0804 芯片工作电流测试流程如下：

（1）在 CLK IN 和 CLK R 引脚直接接合适的电阻，保证 f_{CLK} = 640 kHz；

（2）给 $\overline{CS}$ 引脚加 5V 直流电压；

（3）FORCE1 端输出+5V 给 V_{CC} 引脚；

（4）测量 FORCE1 端电流。

另外，在 ADC0804 工作电流测试程序中，主要使用了_reset()、_sel_comp_pin()、_sel_drv_pin()、_set_logic_level()、_on_vp()、_set_drvpin()和_measure_i()等函数。在前面的任务中对这些函数已经有详细的介绍，这里不再赘述。

8.2.3 工作电流测试程序设计

参考项目 1 中任务 2“创建第一个集成电路测试程序”的步骤，完成 ADC0804 工作电流测试程序设计。

8.2.3 工作电流测试程序设计

1. 新建 ADC0804 测试程序模板

运行 LK8810S 上位机软件，打开“LK8810S”界面。单击界面上“创建程序”按钮，弹出“新建程序”对话框，如图 8-9 所示。

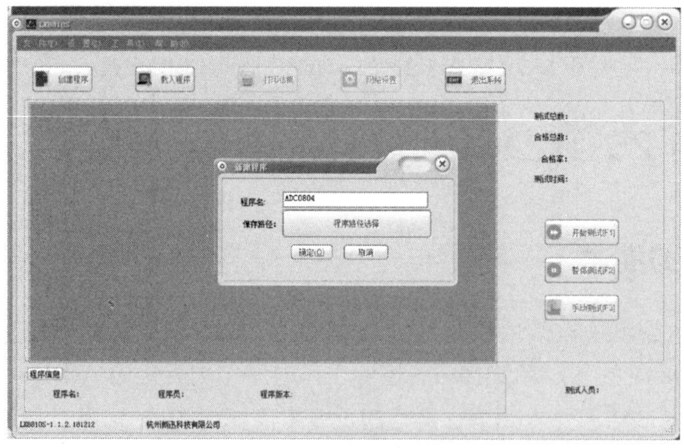

图 8-9 “新建程序”对话框

先在对话框中输入程序名“ADC0804”，然后单击“确定”按钮保存，弹出“程序创建成功”消息对话框，如图 8-10 所示。

单击“确定”按钮，此时系统会自动为用户在 C 盘创建一个“ADC0804”文件夹（即 ADC0804 测试程序模板）。ADC0804 测试程序模板中主要包括 C 文件 ADC0804.cpp、工程文件 SlADC0804.dsp 及 Debug 文件夹等。

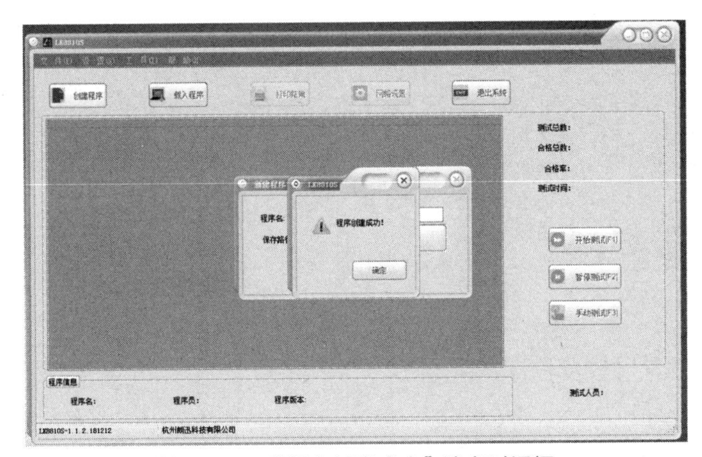

图 8-10 “程序创建成功”消息对话框

2. 打开测试程序模板

定位到“ADC0804”文件夹（测试程序模板），打开的“ADC0804.dsp”工程文件如图 8-11 所示。

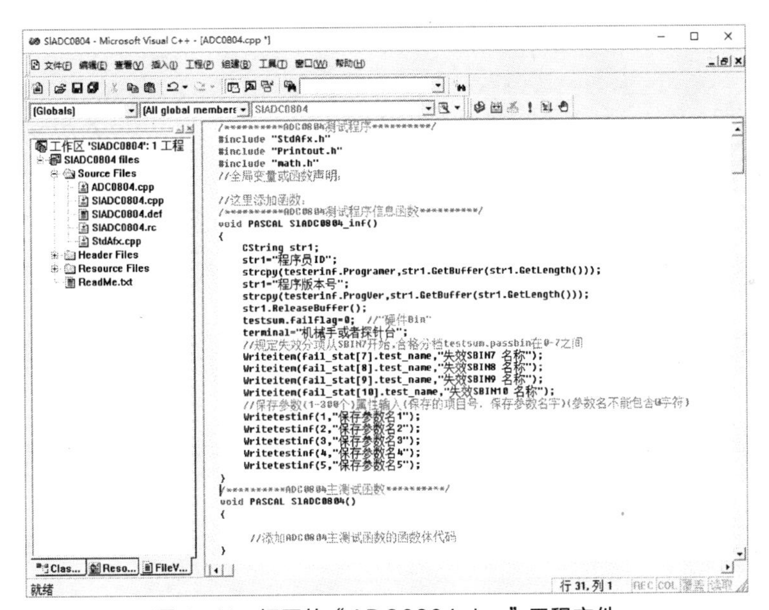

图 8-11 打开的“ADC0804.dsp”工程文件

在图 8-11 中，我们可以看到一个自动生成的 ADC0804 测试程序，代码如下：

```
1.  /**********ADC0804 测试程序**********/
2.  #include "StdAfx.h"
3.  #include "Printout.h"
4.  #include "math.h"
5.  //添加全局变量或函数声明
6.  //添加芯片测试函数
7.  /**********ADC0804 测试程序信息函数**********/
8.  void PASCAL S1ADC0804_inf()
9.  {
10.     Cstring str1;
```

```
11.       str1="程序员 ID";
12.       strcpy(testerinf.Programer,str1.GetBuffer(str1.GetLength()));
13.       str1="程序版本号";
14.       strcpy(testerinf.ProgVer,str1.GetBuffer(str1.GetLength()));
15.       str1.ReleaseBuffer();
16.       testsum.failflag=0;  //"硬件 Bin"
17.       terminal="机械手或者探针台";
18.       //规定失效分项从 SBIN7 开始,合格分档 testsum.passbin 在 0～7
19.       Writeitem(fail_stat[7].test_name,"失效 SBIN7 名称");
20.       Writeitem(fail_stat[8].test_name,"失效 SBIN8 名称");
21.       Writeitem(fail_stat[9].test_name,"失效 SBIN9 名称");
22.       Writeitem(fail_stat[10].test_name,"失效 SBIN10 名称");
23.       //保存参数(1～300 个)属性输入(保存的项目号，保存参数名)(参数名不能包含@字符)
24.       Writetestinf(1,"保存参数名 1");
25.       Writetestinf(2,"保存参数名 2");
26.       Writetestinf(3,"保存参数名 3");
27.       Writetestinf(4,"保存参数名 4");
28.       Writetestinf(5,"保存参数名 5");
29.   }
30.   /**********ADC0804 主测试函数**********/
31.   void PASCAL SlADC0804()
32.   {
33.       //添加 ADC0804 主测试函数的函数体代码
34.   }
```

3．编写测试程序及编译

在自动生成的 ADC0804 测试程序中，需要添加全局变量声明、工作电流测试函数 ICC() 及 ADC0804 测试函数的函数体。

（1）全局变量声明

全局变量声明，代码如下：

```
1.   //全局变量声明
2.   void ICC(void);              //工作电流测试的函数声明
3.   unsigned int D0;             //D0～D7，数据输出引脚，D7 为高位，D0 为低位
4.   unsigned int D1;
5.   unsigned int D2;
6.   unsigned int D3;
7.   unsigned int D4;
8.   unsigned int D5;
9.   unsigned int D6;
10.  unsigned int D7;
11.  unsigned int CS;             //片选输入引脚
12.  unsigned int RD;             //读使能引脚
13.  unsigned int WR;             //写使能引脚
14.  unsigned int CLKIN;          //时钟输入引脚
15.  unsigned int INTR;           //A/D 转换完毕终端引脚
16.  unsigned int CLKR;           //时钟输入外接电阻引脚
17.  unsigned int failflag;       //故障标志位。如果 failflag=1，表示出现故障
```

（2）编写工作电流测试函数 ICC()

ADC0804 芯片工作电流测试函数 ICC()，代码如下：

```
1.  void ICC( )
2.  {
3.      float sc1;                  //局部变量定义
4.      Mprintf("********* SUPPLY CURRENT TEST ************\n");//工作电流测试
5.      _reset( );                  //软件与硬件复位
6.      _sel_comp_pin(D0,D1,D2,D3,D4,D5,D6,D7,INTR,CLKR,0);//设置输出（比较）引脚
7.      _sel_drv_pin(CS,RD,WR,CLKIN,0);          //设置输入（驱动）引脚
8.      _set_logic_level(2,0.8,4.5,0.4);         //设置 VIH、VIL、VOH、VOL
9.      _on_vp(1,5);                //FORCE1 输出 5V 给 ADC0804
10.     _wait(10);                  //等待 10ms
11.     _set_drvpin("H",CS,0);      //CS=H，片选信号使能
12.     _wait(10);
13.     sc1=_measure_i(1,1,2)/1000;
        //电源通道 1，电流挡位 1 为 100mA，测量增益 2 为 1 倍，函数返回工作电流
14.     Mprintf("\tPower Supply Current=%5.3fmA",sc1);
15.     if(sc1<0||sc1>2.5)
        //如果工作电流小于 0 或大于 2.5mA，显示“OVERFLOW!”，否则显示“OK!”
16.         Mprintf("\tOVERFLOW!\n");
17.     else
18.         Mprintf("\tOK!\n");
19. }
```

代码说明如下：

① “_set_drvpin("H",CS,0)”中的“H”是指高电平，即对 $\overline{CS}$ 引脚施加高电平。

② “sc1=_measure_i(1,1,2)/1000”语句中的“/1000”是将测试出的电流单位转换为 mA。

③ “if(sc1<0||sc1>2.5)”语句是判断被测引脚的返回电流，若测得 ADC0804 的工作电流在 0～2.5 mA，则芯片为良品，显示“OK!”；否则为非良品，显示“OVERFLOW!”。

（3）ADC0804 测试程序编译

编写完 ADC0804 工作电流测试程序后，进行编译。若编译发生错误，要进行分析与检查，直至编译成功为止。

4. ADC0804 测试程序的载入与运行

参考项目 1 中任务 2“创建第一个集成电路测试程序”的载入测试程序的步骤，完成 ADC0804 工作电流测试程序的载入与运行。ADC0804 工作电流测试结果如图 8-12 所示。

```
********* SUPPLY CURRENT AND DC TEST ************
Power Supply Current=1.844mAOK!
```

图 8-12 ADC0804 工作电流测试结果

观察 ADC0804 测试程序的运行结果是否符合任务要求。若运行结果不能满足任务要求，则要对测试程序进行分析、检查、修改，直至运行结果满足任务要求为止。

8.3 任务 26 ADC0804 的直流参数测试

8.3.1 任务描述

通过 LK8810S 集成电路测试机和 ADC0804 测试电路，完成 ADC0804 的直流参数测试。ADC0804 的直流参数测试主要包括输入阻抗、输入电流、时钟引脚输出电压、中断引脚输出

电压、漏电流及驱动能力等测试。

ADC0804 直流参数测试的具体测试条件和参数要求，如表 8-2 所示。

8.3.2 直流参数测试实现分析

8.3.2 直流参数测试实现分析

1. 输入阻抗测试

输入阻抗测试就是在给 ADC0804 供电时，测试其输入阻抗。其测试方法是给参考电压引脚一个稳定的电压值；然后测量参考电压引脚的电流值；最后根据欧姆定律计算输入阻抗，并判断输入阻抗是否正常。

输入阻抗测试步骤如下：

（1）打开继电器 4，将芯片参考电压端 9 脚和 FORCE2 端相连；

（2）FORCE2 端输出+2.5V；

（3）测量 V_{REF} 输入电流；

（4）根据欧姆定律计算 V_{REF} 输入阻抗，输入阻抗若大于 250Ω，则芯片为良品，否则为非良品。

说明： 按照 TI 公司官网下载的 ADC0804 数据手册，输入阻抗若大于 750Ω，则芯片为良品，但是实际测试中因为生产厂家的不同，参数和测试条件会稍有差别。在这里，输入阻抗若大于 250Ω，则芯片为良品。

2. 输入电流测试

输入电流的测试方法，就是在为各个输入提供逻辑高/低电平时，测试判断其各个输入的电流是否正常。

输入电流测试步骤如下：

（1）$\overline{CS}$、$\overline{RD}$、$\overline{WR}$ 三个输入引脚接入高电平 5V；

（2）测量以上 3 个引脚电流；

（3）以上测得的电流若小于 1μA，则芯片为良品，否则为非良品；

（4）$\overline{CS}$、$\overline{RD}$、$\overline{WR}$ 三个输入引脚接入低电平 0V，测量以上 3 个引脚电流，测得的电流若大于−1μA，则芯片为良品，否则为非良品。

3. 时钟引脚输出电压 PMU 测试

时钟引脚输出电压 PMU 测试，主要对时钟引脚进行供电流、测电压的 PMU 测量，其测试步骤如下：

（1）设置 CLK IN 输入高电平为 3.1V；

（2）施加 360μA 注入电流，测量 CLK R 输出低电平，测得的电压若不超过 0.5V，则芯片为良品，否则为非良品；

（3）设置 CLK IN 输入高电平为 1.8V；

（4）施加 360μA 抽出电流，测量 CLK R 输出高电平，测得的电压若不小于 4.5V，则芯片为良品，否则为非良品。

4. 中断引脚输出电压 PMU 测试

中断引脚输出电压 PMU 测试，主要是测量 AD0804 芯片的中断引脚输出电压，其测试步骤如下：

（1）打开继电器 1、继电器 2，此时 V_{REF} 端接入由电阻 R_1、R_2 分压得到的 2.5V；

（2）$\overline{CS}$、$\overline{WR}$ 置 0，$\overline{RD}$ 置 1，A/D 转换准备，如图 8-2 所示；

（3）施加 1mA 抽出电流，测量 $\overline{INTR}$ 输出高电平，测得的电压若不小于 4.5V，则芯片为良品，否则为非良品；

（4）$\overline{WR}$、$\overline{CS}$ 置 1，开启 A/D 转换，如图 8-2 所示；

（5）等待 $\overline{INTR}$ 下降沿出现，因为每完成一次 A/D 转换，$\overline{INTR}$ 都会由高变低；

（6）施加 1mA 注入电流，测量 $\overline{INTR}$ 低电平，测得的电压若不大于 0.4V，则芯片为良品，否则为非良品。

5. 漏电流测试

（1）在中断引脚输出电压 PMU 测试的第 6 步操作完成后，等待 10ms；

（2）外接 0V，测量各个输出端漏电流，测得的电流若不小于−3μA，则芯片为良品，否则为非良品；

（3）外接 5V，测量各个输出端漏电流，测得的电流若不大于 3μA，则芯片为良品，否则为非良品。

6. 驱动能力测试

（1）在漏电流测试的第 3 步操作完成后，$\overline{CS}$、$\overline{RD}$ 置 0，等待读取转换结果；

（2）延时 10ms，则数据引脚输出全低；

（3）施加 1.6mA 注入电流，测量低电平输出驱动能力，即在额定电流 1.6mA 下测输出引脚最大输出电压，测得的电压若不大于 0.4V，则芯片为良品，否则为非良品。

8.3.3 直流参数测试程序设计

8.3.3 直流参数测试程序设计

1. 编写直流参数测试函数 DC()

ADC0804 芯片直流参数测试函数 DC()，代码如下：

```
1.  /**********直流参数测试**********/
2.  /**********（1）输入阻抗测试**********/
3.  _on_relay(4);                              //VREF 接 VP2
4.  _on_vp(2,2.5);                             //VREF=2.5V
5.  _wait(10);
6.  IputI=_measure_i(2,5,2);                   //测量 VREF 输入电流
7.  IputR=2.5/IputI*1000;                      //计算 VREF 输入阻抗
8.  Mprintf("\tVREF Iput Resistance=%5.3fOM",IputR);
9.  //若 VREF 输入阻抗小于 0.25kΩ或者超过 6kΩ(上下限可放宽)，显示“OVERFLOW!”，否则显示“OK!”
10. if(IputR<250||IputR>6000)
11.     Mprintf("\tOVERFLOW!\n");
12. else
13.     Mprintf("\tOK!\n");
14. /**********（2）输入电流测试**********/
15. _off_relay(4);
16. _off_vp(2);
17. _wait(10);
18. for(i=0;i<3;i++)
19. {
20.     InputIH[i]=_pmu_test_vi(i+9,2,5,5,2);
```

```
        //CS、RD、WR 三个引脚依次接 5V 电压，测量输入电流
21.     Mprintf("\tPIN[%d] INPUT H CURRENT=%5.3fuA\n",i+9,InputIH[i]);
22.     putchar(13);
23.     if(InputIH[i]>1)            //测得的电流若小于 1μA，则芯片为良品，否则为非良品
24.     {
25.         Mprintf("\tOVERFLOW!\n");
26.         failflag=1;
27.         return;
28.     }
29. }
30. Mprintf("\tDigital Pin Input H Current Test is OK!\n");
31. for(i=0;i<3;i++)
32. {
33.     InputIL[i]=_pmu_test_vi(i+9,2,5,0,2);
        //CS、RD、WR 三个引脚依次接 0V 电压，测量输入电流
34.     Mprintf("\tPIN[%d] INPUT L CURRENT=%5.3fuA\n",i+9,InputIL[i]);
35.     putchar(13);
36.     if(InputIL[i]<-1)           //测得的电流若大于-1μA，则芯片为良品，否则为非良品
37.     {
38.         Mprintf("\tOVERFLOW!\n");
39.         failflag=1;
40.         return;
41.     }
42. }
43. Mprintf("\tDigital Pin Input L Current Test is OK!\n");
44. /**********（3）时钟引脚输出电压 PMU 测试**********/
45. _set_logic_level(3.1,0.8,4.5,0.4);      //设置 CLK IN 输入高电平为 3.1V
46. _set_drvpin("H",CLKIN,0);
47. _wait(10);
48. ClkRVoutL=_pmu_test_iv(CLKR,2,360,2); //施加 360μA 注入电流，测量 CLK R 输出低电平
49. Mprintf("\tClkR Vout L=%5.3fV\n",ClkRVoutL);
50. if(ClkRVoutL>0.5)               //测得的电压若不超过 0.5V，则芯片为良品，否则为非良品
51.     Mprintf("\tClkRVoutL TEST IS OVERFLOW!\n");
52. else
53.     Mprintf("\tClkRVoutL TEST IS OK!\n");
54. //************************************
55. _set_logic_level(1.8,0.8,4.5,0.4);      //设置 CLK IN 输入高电平为 1.8V
56. _set_drvpin("H",CLKIN,0);
57. _wait(10);
58. ClkRVoutH=_pmu_test_iv(CLKR,2,-360,2); //施加-360μA 抽出电流，测量 CLK R 输出高电平
59. Mprintf("\tClkR Vout H=%5.3fV\n",ClkRVoutH);
60. if(ClkRVoutH<4.5)                       //条件可放宽最低 4.5V
61.     Mprintf("\tClkRVoutH TEST IS OVERFLOW!\n");
62. else
63.     Mprintf("\tClkRVoutH TEST IS OK!\n");
64. /**********（4）中断引脚输出电压 PMU 测试**********/
65. _off_fun_pin(CLKIN,CLKR,0);
66. _off_vp(2);
67. _on_relay(1);
68. _on_relay(2);
```

```
69.  _set_logic_level(2.0,0.8,4.0,0.7);
70.  _set_drvpin("L",CS,WR,0);          //CS、WR 置 0，RD 置 1，A/D 转换准备
71.  _set_drvpin("H",RD,0);
72.  _wait(10);
73.  VintR=_pmu_test_iv(INTR,2,-1000,2);    //施加 1mA 抽出电流，测量 INTR 输出高电平
74.  Mprintf("\tINTR Initial Statue=%5.3fV\n",VintR);
75.  if(VintR<4.5)        //测得 INTR 高电平电压若大于 4.5V，则芯片为良品，否则为非良品
76.      Mprintf("\tOVERFLOW!\n");
77.  else
78.      Mprintf("\tOK!\n");
79.  //****************************************
80.  _set_drvpin("H",WR,CS,0);          //CS、WR 置 1，启动 A/D 转换
81.  _wait(10);
82.  i=0;while(_rdcmppin(INTR)==1&&i++<30000);  //等待 INTR 下降沿
83.  VintR=_pmu_test_iv(INTR,2,1000,2);         //施加 1mA 注入电流，测量 INTR 低电平
84.  Mprintf("\tINTR Transformed Statue=%5.3fV\n",VintR);
85.  if(VintR>0.4)        //测得 INTR 低电平电压若小于 0.4V，则芯片为良品，否则为非良品
86.      Mprintf("\tOVERFLOW!\n");
87.  else
88.      Mprintf("\tOK!\n");
89.  /**********（5）漏电流测试**********/
90.  _wait(10);
91.  for(i=1;i<9;i++)
92.  {
93.      Dout[i-1]=_pmu_test_vi(i,2,5,0,2);      //测量各个输出端漏电流，外接 0V
94.      Mprintf("\tD%d Out Leakage L=%5.3fuA\n",i,Dout[i-1]);
95.      putchar(13);
96.      if(Dout[i-1]<-3)          //测得的电流若不小于-3μA，则芯片为良品，否则为非良品
97.      {
98.          Mprintf("\tOVERFLOW!\n");
99.          failflag=1;
100.         return;
101.     }
102. }
103. Mprintf("\tDout Leakage L is OK!\t\t\t\n");
104. for(i=1;i<9;i++)
105. {
106.     Dout[i-1]=_pmu_test_vi(i,2,5,5,2);      //测量各个输出端漏电流，外接 5V
107.     Mprintf("\tD%d Out Leakage H=%5.3fuA\n",i,Dout[i-1]);
108.     putchar(13);
109.     if(Dout[i-1]>3)           //测得的电流若不大于 3μA，则芯片为良品，否则为非良品
110.     {
111.         Mprintf("\tOVERFLOW!\n");
112.         failflag=1;
113.         return;
114.     }
115. }
116. Mprintf("\tDout Leakage H is OK!\t\t\t\n");
117. /**********（6）驱动能力测试**********/
118. _set_drvpin("L",CS,RD,0);                   //等待读取转换结果
```

```
119. _wait(10);                                    //延时 10ms，数据引脚输出全低
120. for(i=1;i<9;i++)
121. {
122.     Dout[i-1]=_pmu_test_iv(i,2,1600,2);
    //施加 1.6mA 注入电流，测量低电平输出驱动能力
123.     Mprintf("\tD%d Out Drive L=%5.3fuA\n",i,Dout[i-1]);
124.     putchar(13);
125.     if(Dout[i-1]>0.4)          //测得的电压若不大于 0.4V，则芯片为良品，否则为非良品
126.     {
127.         Mprintf("\tOVERFLOW!\n");
128.         failflag=1;
129.         return;
130.     }
131. }
132. Mprintf("\tDout Drive L is OK!\t\t\t\n");
133. _off_relay(1);
134. _off_relay(2);
135. _reset();
```

2. ADC0804 直流参数测试程序的编写及编译

下面完成 ADC0804 直流参数测试程序的编写，在这里省略前面已经给出的代码，代码如下：

```
1.   /***************S1ADC0804 直流参数测试***************/
2.   ……                                              //头文件包含
3.   /***************全局变量或函数声明***************/
4.   ……
5.   ……                                              //全局变量声明代码
6.   /**********直流参数测试函数**********/
7.   void DC()
8.   {
9.       ……                                          //直流参数测试函数的函数体
10.  }
11.  /**********ADC0804 测试程序信息函数**********/
12.  void PASCAL S1ADC0804_inf()
13.  {
14.      ……
15.  }
16.  /**********ADC0804 主测试函数**********/
17.  void PASCAL S1ADC0804()
18.  {
19.      ……
20.      _reset();                                   //软件复位 LK8810S 的测试接口
21.      DC();                                       //ADC0804 直流参数测试函数
22.      _wait(10);    //适当延时，提高测试的准确性（防止上次参数测试留下的电量对下次造成影响）
23.  }
```

编写完 ADC0804 直流参数测试程序后，进行编译。若编译发生错误，要进行分析与检查，直至编译成功为止。

3. ADC0804 测试程序的载入与运行

参考任务 2“创建第一个集成电路测试程序”的载入测试程序的步骤，完成 ADC0804 直

流参数测试程序的载入与运行。ADC0804 直流参数测试结果如图 8-13 所示。

```
********* SUPPLY CURRENT AND DC TEST ************
Vref Iput Resistance=250.9800MOK!
PIN[9] INPUT H CURRENT=0.016uA
PIN[10] INPUT H CURRENT=0.030uA
PIN[11] INPUT H CURRENT=0.031uA
Digital Pin Input H Current Test is OK!
PIN[9] INPUT L CURRENT=-0.069uA
PIN[10] INPUT L CURRENT=-0.062uA
PIN[11] INPUT L CURRENT=-0.063uA
Digital Pin Input L Current Test is OK!
ClkR Vout L=0.413V
ClkRVoutL TEST IS OK!
ClkR Vout H=4.802V
ClkRVoutH TEST IS OK!
INTR Initial Statue=4.705V
OK!
INTR Transformed Statue=0.103V
OK!
D1 Out Leakage L=-0.066uA
D2 Out Leakage L=-0.065uA
D3 Out Leakage L=-0.060uA
D4 Out Leakage L=-0.055uA
D5 Out Leakage L=-0.071uA
```

```
D6 Out Leakage L=-0.063uA
D7 Out Leakage L=-0.057uA
D8 Out Leakage L=-0.056uA
Dout Leakage L is OK!
D1 Out Leakage H=0.011uA
D2 Out Leakage H=0.029uA
D3 Out Leakage H=0.026uA
D4 Out Leakage H=0.020uA
D5 Out Leakage H=0.021uA
D6 Out Leakage H=0.023uA
D7 Out Leakage H=0.030uA
D8 Out Leakage H=0.025uA
Dout Leakage H is OK!
D1 Out Drive L=0.159uA
D2 Out Drive L=0.160uA
D3 Out Drive L=0.131uA
D4 Out Drive L=0.125uA
D5 Out Drive L=0.112uA
D6 Out Drive L=0.108uA
D7 Out Drive L=0.108uA
D8 Out Drive L=0.105uA
Dout Drive L is OK!
```

图 8-13　ADC0804 直流参数测试结果

观察 ADC0804 直流参数测试程序的运行结果是否符合任务要求。若运行结果不能满足任务要求，则要对测试程序进行分析、检查、修改，直至运行结果满足任务要求为止。

8.4　任务 27　ADC0804 的功能测试

8.4.1　任务描述

通过 LK8810S 集成电路测试机和 ADC0804 测试电路，完成 ADC0804 的功能测试。参照 ADC0804 芯片数据手册及功能说明，编写相应测试程序，验证芯片逻辑功能是否与数据手册相符。

8.4.2　功能测试实现分析

8.4.2 功能测试实现分析

ADC0804 功能测试流程如下：

（1）FORCE1 端输出 5V，供电给 ADC0804 芯片的 V_{CC}；

（2）打开继电器 1、2、3，即 V_{REF} 端接 2.5V、V_{IN}（+）接 FORCE2 端；

（3）FORCE2 端输出 5V，即 ADC0804 芯片应输出满量程的数据；

（4）开始 A/D 转换，转换前测量 $\overline{INTR}$ 引脚是否为高，若为高，则表示功能正常，继续下面的测量，反之则认为芯片功能有异常；

（5）转换结束，测量 $\overline{INTR}$ 引脚是否为低，若为低，则表示功能正常，继续下面的测量，反之则认为芯片功能有异常；

（6）$\overline{CS}$=0、$\overline{RD}$=0，开始输出 A/D 转换结果；

（7）此时输出全高，施加 1mA 抽出电流，测量驱动能力，若输出电压不小于 4.5V，则表示功能正常，否则为不良品；

（8）使用同样的 A/D 转换方式，测试两种不同的电压。输入 1.65V 电压给 V_{IN}（+），判断得到的结果是否为 0x54，若是则表示芯片功能正常，否则为不良品；输入 3.32V 电压给 V_{IN}（+），判断得到的结果是否为 0xAC，若是则表示芯片功能正常，否则为不良品；

（9）关掉所有的继电器和电源，复位，结束测试。

8.4.3 功能测试程序设计

8.4.3 功能测试程序设计

1. 编写功能测试函数 Function()

ADC0804 功能测试函数 Function()，代码如下：

```
1.  /**********功能测试**********/
2.  void Function()
3.  {
4.      float  Dout[8];
5.      inti;
6.      Mprintf("********* ADC FUNCTION TEST ************\n");
7.      _reset();
8.      _sel_comp_pin(D0,D1,D2,D3,D4,D5,D6,D7,INTR,0); //将 INTR、D0～D7 设置为输出引脚
9.      _sel_drv_pin(CS,RD,WR,0);                  //将 CS、RD、WR 设置为驱动引脚
10.     _set_logic_level(2,0.8,3,0.4);             //设置 VIH、VIL、VOH、VOL
11.     _on_vp(1,5.0);                             //电源 5V
12.     _wait(10);
13.     _on_relay(1);
14.     _on_relay(2);                              //VREF=2.5V
15.     _on_relay(3);                              //VIN(+)=VP2,VIN(-)=GND
16.     _on_vp(2,5);                               //输入 5V，输出全高
17.     _set_drvpin("L",CS,WR,0);                  //片选和写使能
18.     _set_drvpin("H",RD,0);                     //禁止输出
19.     _wait(10);
20.     i=_rdcmppin(INTR);                         //转换开始前，INTR=H
21.     if(i==0)
22.     {
23.         Mprintf("\tADC Function INTR ERROR!\n");
24.         return;
25.     }
26.     _set_drvpin("H",WR,CS,0);
27.     _wait(10);
28.     i=_rdcmppin(INTR);                         //转换结束，INTR=L
29.     if(i==1)
30.     {
31.         Mprintf("\tADC Function INTR ERROR!\n");
32.         return;
33.     }
34.     _set_drvpin("L",CS,RD,0);             //CS，RD=L，开始输出 A/D 转换结果
35.     _wait(10);
36.     for(i=1;i<9;i++)
37.     {
38.         Dout[i-1]=_pmu_test_iv(i,2,-1000,2);
            //此时输出全高，测量驱动能力，拉 1mA
39.         Mprintf("\tD%d Out Drive H=%5.3fuA\n",i,Dout[i-1]);
40.         putchar(13);
41.         if(Dout[i-1]<4.5)
42.         {
43.             Mprintf("\tOVERFLOW!");
44.             return;
```

```
45.         }
46.     }
47.     Mprintf("\tDout Drive H is OK!\t\t\t\n");
48.     _on_vp(2,1.65);                        //输入 1.65V，理论输出 01010101B
49.     _wait(10);
50.     _set_drvpin("L",CS,WR,0);
51.     _set_drvpin("H",RD,0);
52.     _wait(10);
53.     i=_rdcmppin(INTR);
54.     if(i==0)
55.     {
56.         Mprintf("\tADC Function INTR ERROR!\n");
57.         return;
58.     }
59.     _set_drvpin("H",WR,CS,0);
60.     _wait(10);
61.     i=_rdcmppin(INTR);
62.     if(i==1)
63.     {
64.         Mprintf("\tADC Function INTR ERROR!\n");
65.         return;
66.     }
67.     _set_drvpin("L",CS,RD,0);
68.     _wait(10);
69.     i=_readdata(8);
70.     i=i&0x00fc;
71.     if(i==0x54)
72.         Mprintf("\tADC FUN 01010101B is OK\n");
73.     else
74.     {
75.         Mprintf("\tADC FUN 01010101B is ERROR!%x\n",i);
76.         return;
77.     }
78.     _on_vp(2,3.32);                        //输入 3.32V，理论输出 10101010B
79.     _wait(10);
80.     _set_drvpin("L",CS,WR,0);
81.     _set_drvpin("H",RD,0);
82.     _wait(10);
83.     i=_rdcmppin(INTR);
84.     if(i==0)
85.     {
86.         Mprintf("\tADC Function INTR ERROR!\n");
87.         return;
88.     }
89.     _set_drvpin("H",WR,CS,0);
90.     _wait(10);
91.     i=_rdcmppin(INTR);
92.     if(i==1)
93.     {
94.         Mprintf("\tADC Function INTR ERROR!\n");
```

```
95.             return;
96.         }
97.         _set_drvpin("L",CS,RD,0);
98.         _wait(10);
99.         i=_readdata(8);
100.        i=i&0x00fc;
101.        if(i==0xAc)
102.        Mprintf("\tADC FUN 10101010B is OK\n");
103.        else
104.        {
105.            Mprintf("\tADC FUN 10101010B is ERROR!%x\n",i);
106.            return;
107.        }
108.        _off_relay(1);
109.        _off_relay(2);
110.        _off_relay(3);
111.        _off_vp(1);
112.        _off_vp(2);
113.        _reset();
114. }
```

2. ADC0804 功能测试程序的编写及编译

下面完成 ADC0804 功能测试程序的编写，在这里省略前面已经给出的代码，代码如下：

```
1.  /***************SlADC0804 功能测试***************/
2.  ……                                          //头文件包含，见任务 25
3.  /***************全局变量或函数声明***************/
4.  ……
5.  ……                                          //全局变量声明代码，见任务 25
6.  /**********功能测试函数**********/
7.  void Function()
8.  {
9.      ……                                      //功能测试函数的函数体
10. }
11. /**********ADC0804 测试程序信息函数**********/
12. void PASCAL SlADC0804_inf()
13. {
14.     ……                                      //见任务 25
15. }
16. /**********ADC0804 主测试函数**********/
17. void PASCAL SlADC0804()
18. {
19.     ……                                      //见任务 25
20.     _reset();
21.     Function();                             //ADC0804 功能测试函数
22.     _wait(10);
23. }
```

编写完 ADC0804 功能测试程序后，进行编译。若编译发生错误，则要进行分析与检查，直至编译成功为止。

3. ADC0804 测试程序的载入与运行

参考任务 2“创建第一个集成电路测试程序”的载入测试程序的步骤，完成 ADC0804 功能测试程序的载入与运行。ADC0804 功能测试结果如图 8-14 所示。

```
********* ADC FUNCTION TEST ************
D1 Out Drive H=4.699uA
D2 Out Drive H=4.693uA
D3 Out Drive H=4.694uA
D4 Out Drive H=4.721uA
D5 Out Drive H=4.724uA
D6 Out Drive H=4.725uA
D7 Out Drive H=4.690uA
D8 Out Drive H=4.725uA
Dout Drive H is OK!
ADC FUN 01010101B is OK
ADC FUN 10101010B is OK
```

图 8-14　ADC0804 功能测试结果

观察 ADC0804 功能测试程序的运行结果是否符合任务要求。若运行结果不能满足任务要求，则要对测试程序进行分析、检查、修改，直至运行结果满足任务要求为止。

【技能训练 8-2】
ADC0804 综合
测试程序设计

【技能训练 8-2】ADC0804 综合测试程序设计

在前面 3 个任务中，我们完成了工作电流测试、直流参数测试及功能测试，那么，如何把这 3 个任务的测试程序集成起来，完成 ADC0804 综合测试程序设计呢？

我们只要把前面 3 个任务的测试程序集中放在一个文件中，即可完成 ADC0804 综合测试程序设计。在这里省略前面已经给出的代码，代码如下：

```
1.   /***************SlADC0804 功能测试***************/
2.   ……                                           //头文件包含
3.   /***************全局变量或函数声明***************/
4.   ……
5.   ……                                           //全局变量声明代码
6.   /**********静态工作电流测试函数**********/
7.   void ICC()
8.   {
9.       ……                                       //静态工作电流测试函数的函数体
10.  }
11.  /**********直流参数测试函数**********/
12.  void DC()
13.  {
14.      ……                                       //直流参数测试函数的函数体
15.  }
16.  /**********功能测试函数**********/
17.  void Function()
18.  {
19.      ……                                       //功能测试函数的函数体
20.  }
21.  /**********ADC0804 测试程序信息函数**********/
22.  void PASCAL SlADC0804_inf()
23.  {
24.      ……
25.  }
26.  /**********ADC0804 主测试函数**********/
```

```
27.  void PASCAL S1ADC0804()
28.  {
29.       ……
30.       _reset();
31.       ICC();                                          //ADC0804芯片静态工作电流测试函数
32.       DC();                                           //ADC0804直流参数测试函数
33.       Function();                                     //ADC0804直流参数测试函数
34.       _wait(10);
35.  }
```

关键知识点梳理

1. ADC0804 是一款 8 位、单通道、低价格的模数转换器，简称 A/D 转换器。这是一款早期的 A/D 转换器，因其价格低廉而在要求不高的场合得到广泛应用。ADC0804 具有以下主要特性：模数转换时间大约 100μs；方便 TTL 或 CMOS 标准接口；可以满足差分电压输入；具有参考电压输入端；内含时钟发生器；单电源工作时，输入电压范围是 0～5V；不需要调零等。

2. ADC0804 芯片的工作时序是：先将 $\overline{CS}$ 置为低电平；随后将 $\overline{WR}$ 置为低电平；经过一段时间 t_w 后 $\overline{WR}$ 又被置为高电平，启动 A/D 转换器；经过“1 到 8 个 T_{CLK}+INTERNAL T_c”的时间，A/D 转换完成，转换结果保存在输出数据锁存器，同时 $\overline{INTR}$ 自动变为低电平，表示本次 A/D 转换已完成，并输出转换完毕中断信号。

3. 工作电流测试是通过测试机给芯片电源引脚施加电压，测量芯片电源引脚的电流，并判断其工作电流是否正常。根据表 8-2 所示，ADC0804 工作电流的测试条件是：

$$f_{CLK} = 640\ \text{kHz}、V_{REF}/2 = \text{NC}、T_A = 25℃ 和 \overline{CS} = 5\ \text{V}$$

在满足 ADC0804 工作电流的测试条件后，可使用电流测试函数来测试 ADC0804 的 V_{CC} 引脚电流 I_{CC}，然后根据测试结果判断工作电流 I_{CC} 是否小于 2.5mA。若结果小于 2.5mA，则芯片为良品，否则为非良品。ADC0804 芯片工作电流测试流程如下：

（1）在 CLK IN 和 CLK R 引脚直接接合适的电阻，保证 $f_{CLK} = 640$ kHz；

（2）给 $\overline{CS}$ 引脚加 5V 直流电压；

（3）FORCE1 端输出+5V 给 V_{CC} 引脚；

（4）测量 FORCE1 端电流。

4. ADC0804 的直流参数测试包括输入阻抗测试、输入电流测试、时钟引脚输出电压 PMU 测试、中断引脚输出电压 PMU 测试、漏电流测试、驱动能力测试等。

5. ADC0804 功能测试流程如下：

（1）FORCE1 端输出 5V，供电给 ADC0804 芯片的 V_{CC}；

（2）打开继电器 1、2、3，即 V_{REF} 端接 2.5V，V_{IN}（+）接 FORCE2 端；

（3）FORCE2 端输出 5V，即 ADC0804 芯片应输出满量程的数据；

（4）开始 A/D 转换，转换前测量 $\overline{INTR}$ 引脚是否为高，若为高，则表示功能正常，继续下面的测量，反之则认为芯片功能有异常；

（5）转换结束，测量 $\overline{INTR}$ 引脚是否为低，若为低，则表示功能正常，继续下面的测量，反之则认为芯片功能有异常；

（6）$\overline{CS}$=0、$\overline{RD}$=0，开始输出 A/D 转换结果；

（7）此时输出全高，施加 1mA 抽出电流，测量驱动能力，若输出电压不小于 4.5V，则表示功能正常，否则为不良品；

（8）使用同样的 A/D 转换方式，测试两种不同的电压。输入 1.65V 电压给 V_{IN}（+），判断得到的结果是否为 0x54，若是则表示芯片功能正常，否则为不良品；输入 3.32V 电压给 V_{IN}（+），判断得到的结果是否为 0xAC，若是则表示芯片功能正常，否则为不良品；

（9）关掉所有的继电器和电源，复位，结束测试。

问题与实操

8-1　填空题

（1）ADC0804 静态工作电流测试是向 V_{CC} 引脚施加一个________电压，使用电流测试函数测试 ADC0804 的 V_{CC} 引脚电流 I_{CC}，若电流 I_{CC} 小于________，则芯片为良品，否则为非良品。

（2）ADC0804 输入电流测试，首先把 $\overline{CS}$、$\overline{RD}$、$\overline{WR}$ 三个输入引脚接入高电平 5V，若测试的工作电流小于________，则芯片为良品，否则为非良品。

（3）ADC0804 中断引脚输出高电平时，拉 1mA 电流，测得的电压若不小于________，则芯片为良品，否则为非良品；ADC0804 中断引脚输出低电平时，灌 1mA 电流，测得的电压若不大于________，则芯片为良品，否则为非良品。

8-2　搭建基于 LK220T 测试区的 ADC0804 芯片测试电路。

8-3　搭建基于 LK220T 练习区的 ADC0804 芯片测试电路。

8-4　完成基于 LK220T 练习区的 ADC0804 工作电流测试、直流参数测试及功能测试。

项目9 DAC0832芯片测试

项目导读

DAC0832 芯片常见参数测试方式，主要有工作电流测试、直流参数测试和功能测试 3 种。本项目从 DAC0832 芯片测试电路设计入手，首先让读者对 DAC0832 芯片功能有一个初步了解；然后介绍 DAC0832 芯片的工作电流测试、直流参数测试及功能测试程序设计的方法。通过 DAC0832 芯片测试电路连接及测试程序设计，让读者进一步了解 DAC0832 芯片。

知识目标	1. 了解 DAC0832 芯片的功能及特点 2. 掌握 DAC0832 芯片的引脚功能 3. 掌握 DAC0832 芯片 D/A 转换的工作过程 4. 知道 DAC0832 芯片的测试原理和测试流程
技能目标	能够根据 DAC0832 芯片数据手册完成 DAC0832 芯片测试电路的设计和搭建，会编写和调试 DAC0832 芯片测试的相关程序，能实现 DAC0832 芯片的工作电流测试、直流参数测试及功能测试
教学重点	1. DAC0832 芯片的工作过程 2. DAC0832 芯片的测试电路设计 3. DAC0832 芯片的测试程序设计
教学难点	DAC0832 芯片的测试步骤及测试程序设计
建议学时	6～8 学时
推荐教学方法	从任务入手，通过 DAC0832 芯片的测试电路设计，让读者了解 DAC0832 芯片的作用和引脚功能，进而通过 DAC0832 芯片的测试程序设计，进一步熟悉 DAC0832 芯片的测试方法
推荐学习方法	勤学勤练、动手操作是学好 DAC0832 芯片测试的关键，动手完成一个 DAC0832 芯片测试，通过“边做边学”达到更好的学习效果

9.1 任务 28 DAC0832 测试电路设计与搭建

9.1.1 任务描述

利用 LK8810S 集成电路测试机和 LK220T 集成电路测试资源系统，根据 DAC0832 的数据手册和工作原理，完成 DAC0832 测试电路设计与搭建。该任务要求如下：

（1）测试电路能实现 DAC0832 的工作电流测试、直流参数测试及功能测试；

（2）DAC0832 测试电路的搭建，采用基于测试区的测试方式。也就是把 LK8810S 与 LK220T 的测试区结合起来，完成 DAC0832 测试电路的搭建。

9.1.2 认识 DAC0832

DAC0832 是 8 分辨率的 D/A 转换集成芯片，与微处理器完全兼容。这个 D/A 芯片因为价格低廉、接口简单、转换控制容易等优点，所以在单片机应用系统中得到广泛的应用。DAC0832 的主要参数如下：分辨率为 8 位；电流稳定时间 1μs；可单缓冲、双缓冲或直接数字输入；只需要在满量程下调整其线性度；单一电源供电（+5～+15V）；低功耗，20mW。

1. DAC0832 芯片引脚功能

DAC0832 是一个 20 引脚的集成电路，多采用 DIP 或带引线的塑料芯片载体(plastic leaded chip carrier，PLCC) 封装，其引脚图如图 9-1 所示。

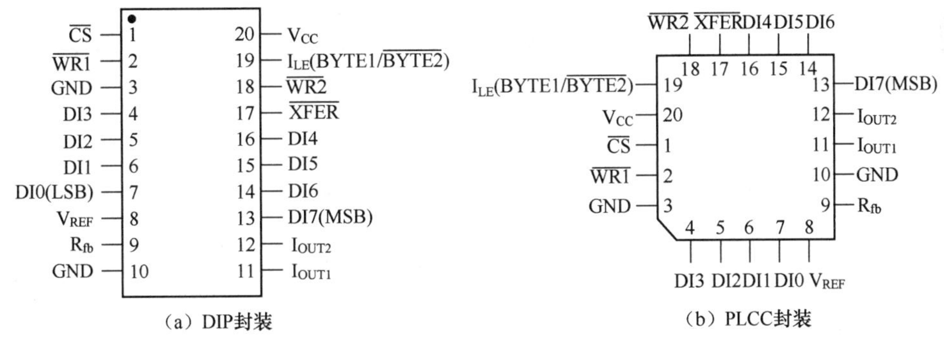

图 9-1　DAC0832 引脚图

在 DIP 封装正方向上有一个缺口，靠近缺口左边有一个小圆点，其对应引脚的引脚号为 1，然后以逆时针方向编号。DAC0832 引脚功能如表 9-1 所示。

表 9-1　DAC0832 引脚功能

引脚序号	引脚名称	引脚功能	引脚序号	引脚名称	引脚功能
1	CS	片选信号输入端，低电平有效	19	I_{LE}(BYTE1/BYTE2)	输入寄存器允许，高电平有效
2	WR1	写信号 1，低电平有效	20	V_{CC}	源电压（+5～+15V）
3	GND	接地端	4	DI3	数字信号输入端，DI_0 为最低位，DI_7 为最高位
8	V_{REF}	基准电压（−10～10V）	5	DI2	
9	R_{fb}	外接反馈电阻端	6	DI1	
10	GND	接地端	7	DI0	
11	I_{OUT1}	DAC 电流输出端	13	DI7	
12	I_{OUT2}	DAC 电流输出端	14	DI6	
17	XFER	传送控制信号，低电平有效	15	DI5	
18	WR2	写信号 2，低电平有效	16	DI4	

2. DAC0832 芯片特性

（1）分辨率是反映输出模拟电压的最小变化值，定义为输出满刻度电压与 2^n 的比值，其中 n 为数模转换器（digital analog converter，DAC）的位数。分辨率与输入数字量的位数有确定的关系。对于 5V 的满量程，当采用 8 位的 DAC 时，分辨率为 5V/256=19.5mV；当采用 10 位的 DAC 时，分辨率则为 5V/1024=4.88mV。显然，位数越多，分辨率就越高。

（2）建立时间是描述 DAC 转换速度快慢的参数，定义为从输入数字量变化到输出达到终值误差 ± 1/2 LSB（最低有效位）所需的时间。

（3）接口形式是 DAC 输入/输出特性之一。DAC0832 是使用非常普遍的 8 位 D/A 转换器，由于其片内有输入数据寄存器，故可以直接与单片机接口。DAC0832 以电流形式输出，当需要转换为电压输出时，可外接运算放大器。属于该系列的芯片还有 DAC0830、DAC0831，它们可以相互代换。

3. DAC0832 工作时序

DAC0832 工作时序如图 9-2 所示。

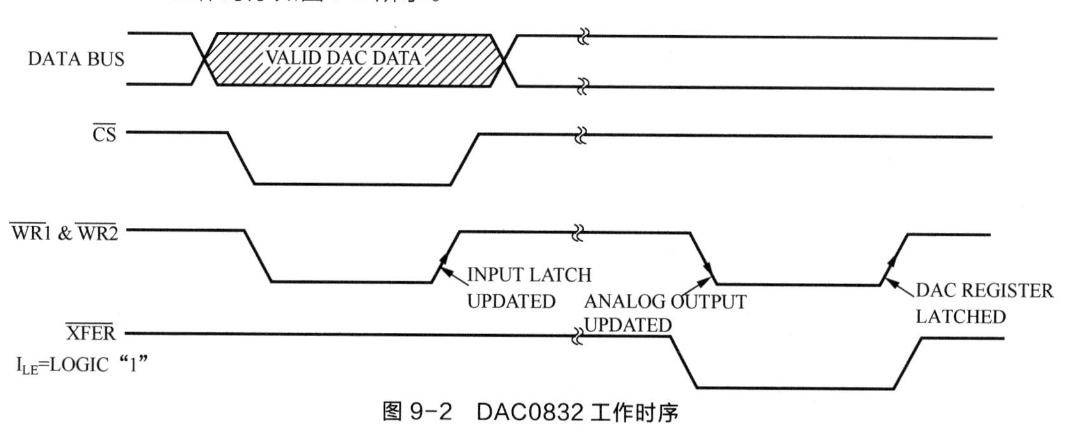

图 9-2　DAC0832 工作时序

DAC0832 进行 D/A 转换，可以采用两种方法对数据进行锁存。

第一种方法是使输入寄存器工作在锁存状态，而 DAC 寄存器工作在直通状态。具体地说，就是使 $\overline{WR2}$ 和 $\overline{XFER}$ 都为低电平，DAC 寄存器的锁存选通端得不到有效电平而直通；此外，使输入寄存器的控制信号 I_{LE} 处于高电平、$\overline{CS}$ 处于低电平，这样，当 $\overline{WR1}$ 端来一个负脉冲时，就可以完成一次转换。

第二种方法是使输入寄存器工作在直通状态，而 DAC 寄存器工作在锁存状态。具体地说，就是使 $\overline{WR1}$ 和 $\overline{CS}$ 为低电平，I_{LE} 为高电平，这样，输入寄存器的锁存选通信号处于无效状态而直通；当 $\overline{WR2}$ 和 $\overline{XFER}$ 端输入一个负脉冲时，使得 DAC 寄存器工作在锁存状态，提供锁存数据进行转换。

根据上述对 DAC0832 的输入寄存器和 DAC 寄存器不同的控制方法，DAC0832 有如下 3 种工作方式。

（1）单缓冲方式：单缓冲方式是控制输入寄存器和 DAC 寄存器同时接收数据，或者只用输入寄存器而把 DAC 寄存器接成直通方式。此方式适用于只有一路模拟量输出或几路模拟量异步输出的情形。

（2）双缓冲方式：双缓冲方式是先使输入寄存器接收数据，再控制输入寄存器的输出数据到 DAC 寄存器，即分两次锁存输入数据。此方式适用于多个 D/A 转换同步输出的情形。

（3）直通方式：直通方式就是不经过两级锁存器锁存，即 $\overline{WR1}$、$\overline{WR2}$、$\overline{XFER}$、$\overline{CS}$ 均接地，I_{LE} 接高电平。此方式适用于连续反馈控制线路，但是在使用时，必须通过另加 I/O 接口与中央处理器（central processing unit，CPU）连接，以匹配 CPU 与 D/A 转换。

4．DAC0832 芯片的典型应用电路

DAC0832 芯片的典型应用电路如图 9-3 所示。

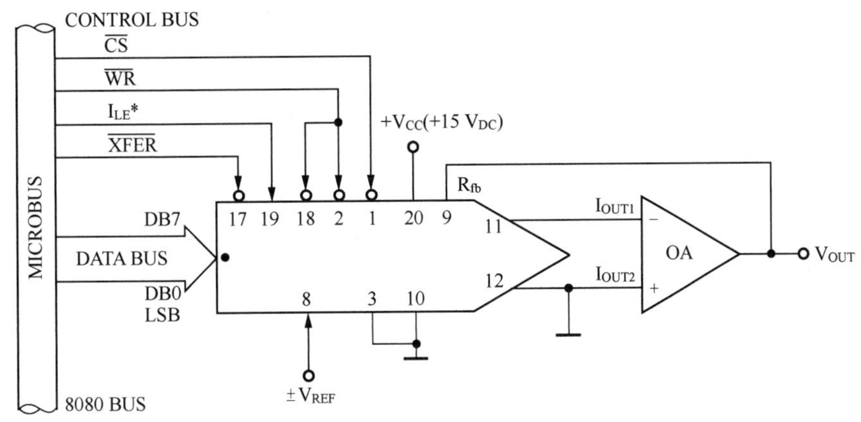

图 9-3　DAC0832 芯片的典型应用电路

由于 DAC0832 是将转换结果以电流形式输出，所以需要外接运算放大器，使输出电流转换为输出电压。

9.1.3　DAC0832 测试电路设计与搭建

9.1.3 DAC0832 测试电路设计与搭建

根据任务描述，DAC0832 测试电路能满足工作电流测试、直流参数测试及功能测试的需要。

1．测试接口

DAC0832 引脚与 LK8810S 的芯片测试接口是 DAC0832 测试电路设计的基本依据。DAC0832 引脚与 LK8810S 测试接口配接表如表 9-2 所示。

表 9-2　DAC0832 引脚与 LK8810S 测试接口配接表

DAC0832		LK8810S 测试接口	
引脚号	引脚符号	引脚号	引脚符号
1	$\overline{CS}$	9	PIN9
2	$\overline{WR1}$	14	PIN14
3	GND	17、92、93	GND
4	DI3	4	PIN4
5	DI2	3	PIN3
6	DI1	2	PIN2
7	DI0	1	PIN1
8	V_{REF}	66、67	K1_2、K2_1
9	R_{fb}	13	PIN13

续表

DAC0832		LK8810S 测试接口	
引脚号	引脚符号	引脚号	引脚符号
10	GND	17、92、93	GND
11	I_{OUT1}	/	/
12	I_{OUT2}	/	/
13	DI7	8	PIN8
14	DI6	7	PIN7
15	DI5	6	PIN6
16	DI4	5	PIN5
17	$\overline{XFER}$	10	PIN10
18	$\overline{WR2}$	11	PIN11
19	I_{LE}(BYTE1/$\overline{BYTE2}$)	12	PIN12
20	V_{CC}	70、71	K3_2、K4_1

2. 测试电路设计

根据表 9-2 所示，基于 LK8810S 测试系统的 DAC0832 芯片测试电路设计如图 9-4 所示。

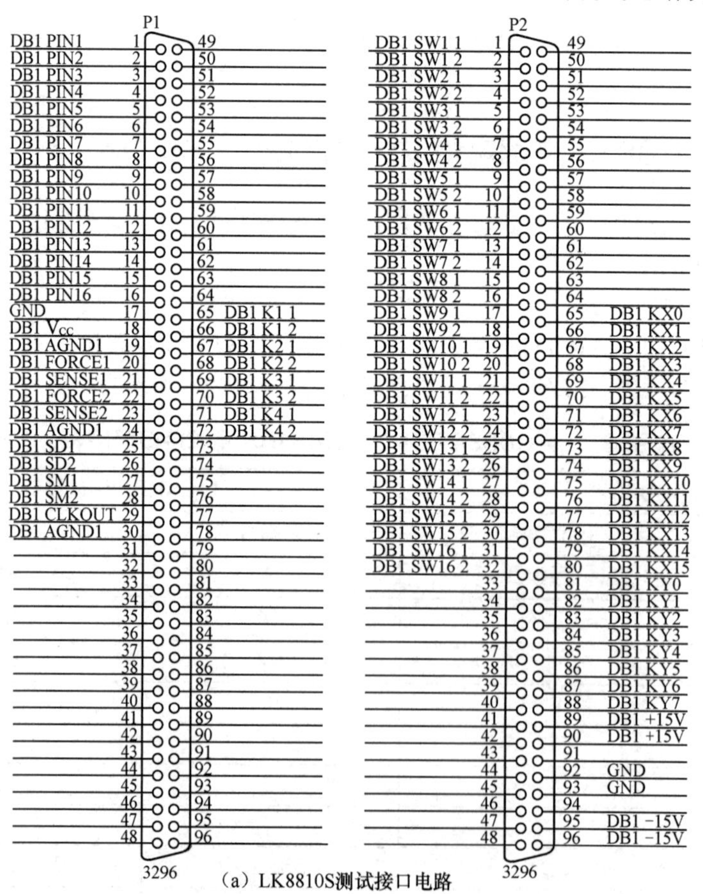

（a）LK8810S测试接口电路

图 9-4　DAC0832 测试电路设计

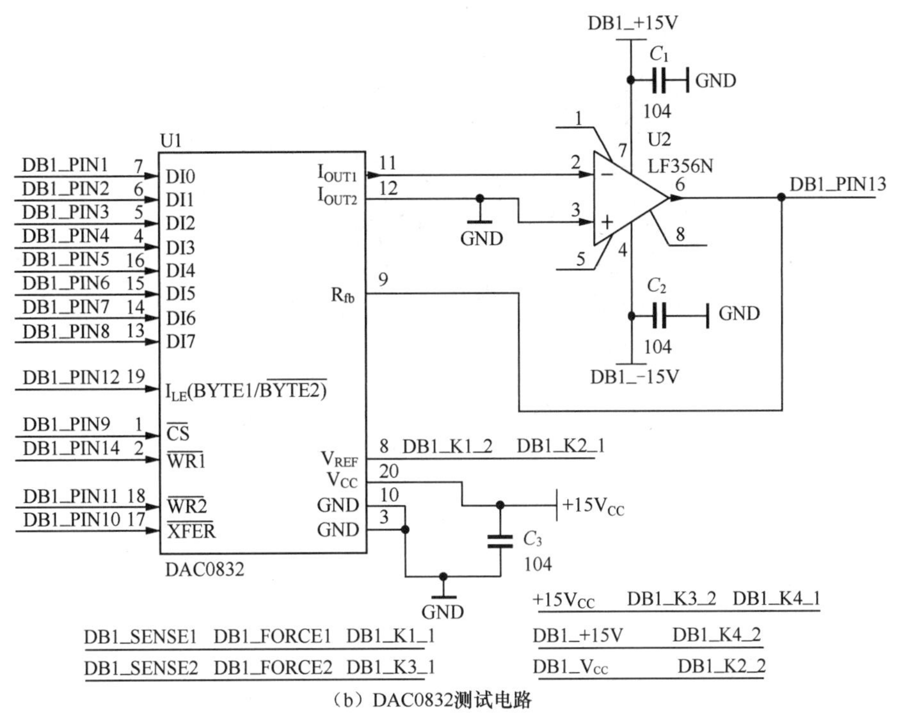

（b）DAC0832测试电路

图 9-4　DAC0832 测试电路设计（续）

由图 9.4 可知，在测试 DAC0832 芯片时，完成表 9-2 的配接后还需外接辅助电路，所需元件如表 9-3 所示。

表 9-3　DAC0832 芯片测试辅助电路元件表

名称	规格	位置	封装	数量
电容	104	C_1、C_2、C_3	C0805	3
接插口	3296	P1、P2	3_96_2.54_F	2
D/A 芯片	DAC0832	U1	LC-DIP-20	1
运放	LF356N	U2	DIP-8	1

3. DAC0832 测试板卡

根据图 9-4 所示的 DAC0832 测试电路，DAC0832 测试板卡的正面如图 9-5 所示。

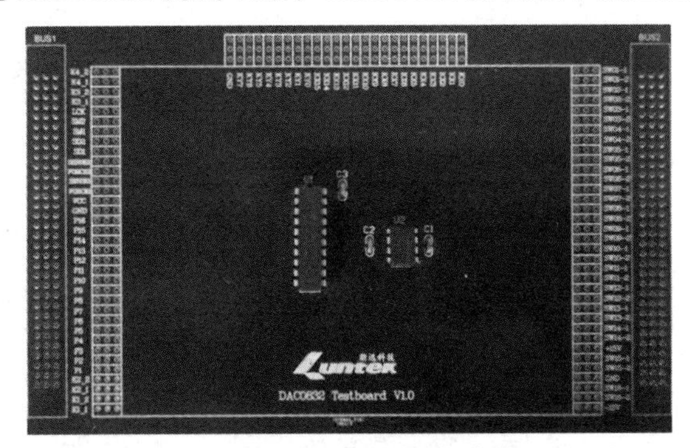

图 9-5　DAC0832 测试板卡的正面

DAC0832 测试板卡的背面如图 9-6 所示。

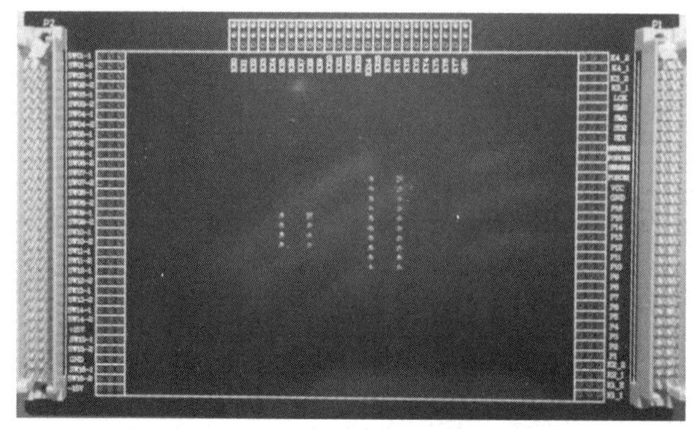

图 9-6　DAC0832 测试板卡的背面

4．DAC0832 测试电路搭建

按照任务要求，采用基于测试区的测试方式，把 LK8810S 与 LK220T 的测试区结合起来，完成 DAC0832 测试电路搭建。

（1）将 DAC0832 测试板卡插接到 LK220T 的测试区接口；

（2）将 100PIN 的 SCSI 转换接口线一端插接到靠近 LK220T 测试区一侧的 SCSI 接口上，另一端插接到 LK8810S 外挂盒上的芯片测试转接板的 SCSI 接口上。

到此，完成基于测试区的 DAC0832 测试电路搭建，如图 9-7 所示。

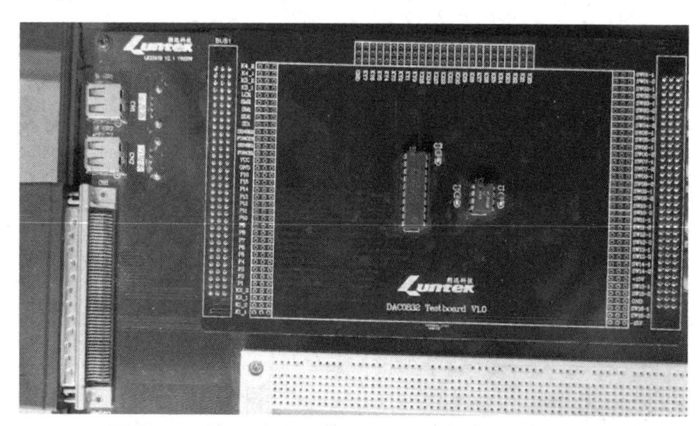

图 9-7　基于测试区的 DAC0832 测试电路搭建

【技能训练 9-1】基于练习区的 DAC0832 测试电路搭建

任务 28 是采用基于测试区的测试方式，完成 DAC0832 测试电路搭建的。如果采用基于练习区的测试方式，我们该如何搭建 DAC0832 测试电路呢？

【技能训练 9-1】基于练习区的 DAC0832 测试电路搭建

（1）在练习区的面包板上插上一个 DAC0832 芯片，芯片正面缺口向左；

（2）参考表 9-2 所示的 DAC0832 引脚与 LK8810S 测试接口配接表、图 9-4 所示的 DAC0832 测试电路设计，按照 DAC0832 引脚号和测试接口引脚号，用杜邦线将 DAC0832 芯片的引脚依次对应连接到 96PIN 的插座上；

（3）将 100PIN 的 SCSI 转换接口线一端插接到靠近 LK220T 练习区一侧的 SCSI 接口上，另一端插接到 LK8810S 外挂盒上的芯片测试转接板的 SCSI 接口上。

基于练习区的 DAC0832 测试电路搭建如图 9-8 所示。

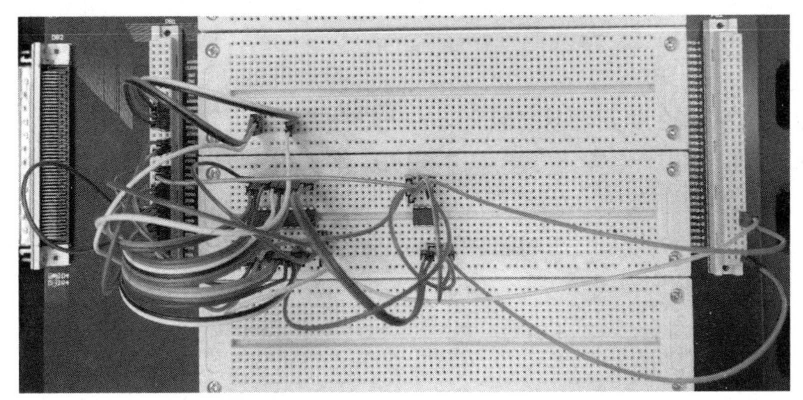

图 9-8　基于练习区的 DAC0832 测试电路搭建

9.2　任务 29　DAC0832 的工作电流测试

9.2.1　任务描述

根据 LK8810S 集成电路测试机和 DAC0832 测试电路，向 DAC0832 的 V_{CC} 引脚加 17V 直流工作电压，完成 DAC0832 工作电流测试。测试结果要求如下：测得的工作电流在 1.2～3.5mA，则芯片为良品；否则芯片为非良品。

9.2.2　工作电流测试实现分析

9.2.2 工作电流测试实现分析

1. 工作电流测试方法

DAC0832 工作电流的测试方法，主要是给芯片电源引脚提供电源电压，然后测量该芯片电源引脚的电流，并判断工作电流是否正常。

2. 工作电流测试实现分析

根据 TI 公司的 DAC0832 数据手册，DAC0832 的工作电压 V_{CC} 为 17V，工作电流的最小值为 1.2mA、最大值为 3.5mA。

这样，我们就可以通过测试机给 DAC0832 的 V_{CC} 引脚提供 17V 直流工作电压，然后把 DAC0832 的片选引脚 $\overline{CS}$ 设置为低电平，最后测量 DAC0832 的 V_{CC} 引脚电流，以及判断其工作电流是否在 1.2～3.5mA。

3. 工作电流测试流程

DAC0832 芯片工作电流测试流程如下：

（1）DAC0832 的 V_{CC} 引脚（20 引脚）接继电器 K3_2，通过控制 K3 继电器来控制芯片 V_{CC} 和 FORCE2 的连接；

（2）FORCE2 引脚输出+17V；

（3）使能 DAC0832 的片选引脚 $\overline{CS}$；

（4）测量 FORCE2 引脚电流，若测得的电流在 1.2～3.5mA，则芯片为良品，否则为非良品。

9.2.3 工作电流测试程序设计

9.2.3 工作电流测试程序设计

参考项目 1 中任务 2“创建第一个集成电路测试程序”的步骤，完成 DAC0832 工作电流测试程序设计。

1. 新建 DAC0832 测试程序模板

运行 LK8810S 上位机软件，打开“LK8810S”界面。单击界面上“创建程序”按钮，弹出“新建程序”对话框，如图 9-9 所示。

先在对话框中输入程序名“DAC0832”，然后单击“确定”按钮保存，弹出“程序创建成功”消息对话框，如图 9-10 所示。

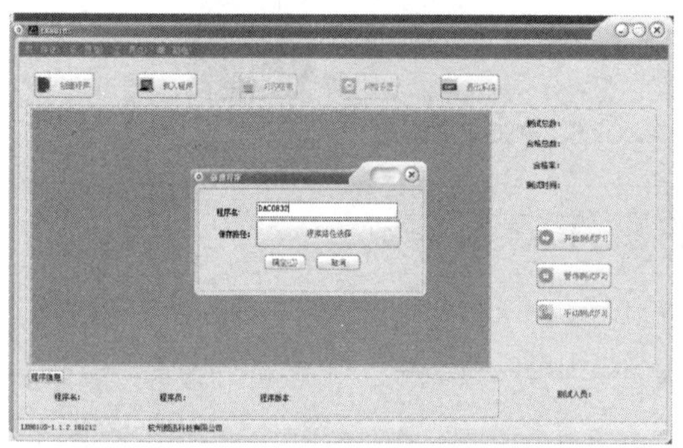

图 9-9 “新建程序”对话框

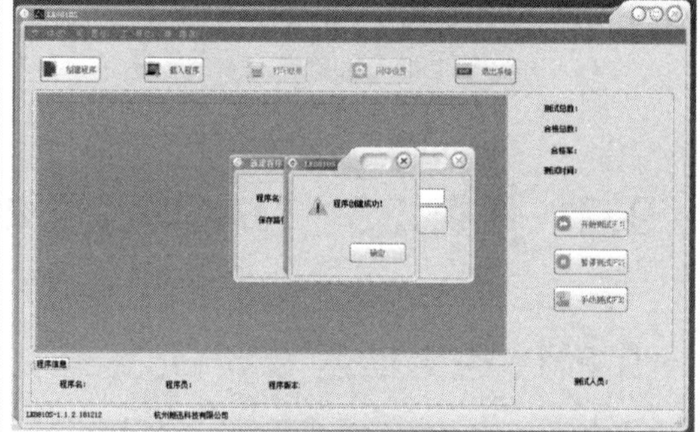

图 9-10 “程序创建成功”消息对话框

单击“确定”按钮，此时系统会自动为用户在 C 盘创建一个“DAC0832”文件夹（即 DAC0832 测试程序模板）。DAC0832 测试程序模板中主要包括 C 文件 DAC0832.cpp、工程文件 Sl DAC0832.dsp 及 Debug 文件夹等。

2. 打开测试程序模板

定位到“DAC0832”文件夹（测试程序模板），打开的“DAC0832.dsp”工程文件如图 9-11 所示。

```
DAC0832.cpp *
/**********DAC0832测试程序**********/

#include "StdAfx.h"
#include "Printout.h"
#include "math.h"
//全局变量或函数声明:

//这里添加函数:

/**********DAC0832测试程序信息函数**********/
void PASCAL S1DAC0832_inf()
{
    CString str1;
    str1="程序员ID";
    strcpy(testerinf.Programer,str1.GetBuffer(str1.GetLength()));
    str1="程序版本号";
    strcpy(testerinf.ProgVer,str1.GetBuffer(str1.GetLength()));
    str1.ReleaseBuffer();
    testsum.failflag=0;  //"硬件Bin"
    terminal="机械手或者探针台";
    //规定失效分项从SBIN7开始,合格分档testsum.passbin在0-7之间
    Writeitem(fail_stat[7].test_name,"失效SBIN7 名称");
    Writeitem(fail_stat[8].test_name,"失效SBIN8 名称");
    Writeitem(fail_stat[9].test_name,"失效SBIN9 名称");
    Writeitem(fail_stat[10].test_name,"失效SBIN10 名称");
    //保存参数(1-300个)属性输入(保存的项目号, 保存参数名字)(参数名不能包含@字符)
    Writetestinf(1,"保存参数名1");
    Writetestinf(2,"保存参数名2");
    Writetestinf(3,"保存参数名3");
    Writetestinf(4,"保存参数名4");
    Writetestinf(5,"保存参数名5");
}


/**********DAC0832主测试函数**********/
void PASCAL S1DAC0832()
{

    //添加DAC0832主测试函数的函数体代码
}
```

图 9-11 打开的“DAC0832.dsp”工程文件

在图 9-11 中，可以看到一个自动生成的 DAC0832 测试程序，代码如下：

```
1.  /**********DAC0832 测试程序**********/
2.  #include "StdAfx.h"
3.  #include "Printout.h"
4.  #include "math.h"
5.  //添加全局变量或函数声明
6.  //添加芯片测试函数，在这里是添加芯片开短路测试函数
7.  /**********DAC0832 测试程序信息函数**********/
8.  void PASCAL S1DAC0832_inf()
9.  {
10.     Cstring str1;
11.     str1="程序员 ID";
12.     strcpy(testerinf.Programer,str1.GetBuffer(str1.GetLength()));
13.     str1="程序版本号";
14.     strcpy(testerinf.ProgVer,str1.GetBuffer(str1.GetLength()));
15.     str1.ReleaseBuffer();
16.     testsum.failflag=0;  //"硬件 Bin"
17.     terminal="机械手或者探针台";
18.     //规定失效分项从 SBIN7 开始,合格分档 testsum.passbin 在 0～7
19.     Writeitem(fail_stat[7].test_name,"失效 SBIN7 名称");
20.     Writeitem(fail_stat[8].test_name,"失效 SBIN8 名称");
21.     Writeitem(fail_stat[9].test_name,"失效 SBIN9 名称");
22.     Writeitem(fail_stat[10].test_name,"失效 SBIN10 名称");
23.     //保存参数(1~300 个)属性输入(保存的项目号，保存参数名)(参数名不能包含@字符)
24.     Writetestinf(1,"保存参数名 1");
25.     Writetestinf(2,"保存参数名 2");
26.     Writetestinf(3,"保存参数名 3");
27.     Writetestinf(4,"保存参数名 4");
28.     Writetestinf(5,"保存参数名 5");
29. }
30. /**********DAC0832 主测试函数**********/
31. void PASCAL S1DAC0832()
32. {
33.      //添加 DAC0832 主测试函数的函数体代码
34. }
```

3．编写测试程序及编译

在自动生成的 DAC0832 测试程序中，需要添加全局变量声明、工作电流测试函数 ICC() 及 DAC0832 测试函数的函数体。

（1）全局变量声明

全局变量声明，代码如下：

```
1.  //全局变量声明
2.  void ICC (void);                  //工作电流测试的函数声明
3.  unsigned int D0;                  //D0～D7 为 8 位数字信号输入变量，其中 D7 为高位
4.  unsigned int D1;
5.  unsigned int D2;
6.  unsigned int D3;
7.  unsigned int D4;
8.  unsigned int D5;
9.  unsigned int D6;
```

```
10.  unsigned int D7;
11.  unsigned int CS;                 //片选
12.  unsigned int XFER;               //传送控制信号
13.  unsigned int WR2;                //写信号 2
14.  unsigned int ILE;                //输入寄存器允许
15.  unsigned int VOUT;               //输出电压
16.  unsigned int WR1;                //写信号 1
17.  unsigned int failflag;           //故障标志位。如果 failflag=1，表示出现故障
```

（2）编写工作电流测试函数 ICC()

DAC0832 芯片工作电流测试函数 ICC()，代码如下：

```
1.   void ICC()
2.   {
3.       float sc1;                    //定义一个浮点型变量，用于记录测试工作电流
4.       Mprintf("********* SUPPLY CURRENT TEST ************\n");
5.       _reset();                     //软件与硬件复位
6.       _sel_comp_pin(VOUT,0);        //比较引脚声明
7.       _sel_drv_pin(D0,D1,D2,D3,D4,D5,D6,D7,CS,WR1,ILE,WR2,XFER,0);
                                       //驱动引脚声明
8.       _on_relay(3);                 //闭合继电器 3，见表 9-2、图 9-4，使 FORCE2 和 VCC 连接
9.       _wait(10);                    //延时
10.      _on_vp(2,17.0);               //FORCE2 输出 17V 给芯片
11.      _set_logic_level(2,0.8,3,0.7);//设置 VIH、VIL、VOH、VOL
12.      _set_drvpin("L",CS,0);             //片选信号使能
13.      _wait(50);
14.      sc1=_measure_i(2,1,2)/1000;
         //电源通道 2，电流挡位 1 为 100mA，测量增益 2 为 1 倍，返回工作电流
15.      Mprintf("\tSupply Current \tSC1=%7.3fmA\t\t",sc1);
16.      if(sc1<1.2||sc1>3.5)
         //如果工作电流超出 1.2～3.5mA，则显示“SUPPLY CURRENT OVERFLOW!”，否则显示“OK!”
17.      {
18.          Mprintf("\n SUPPLY CURRENT OVERFLOW !");
19.          failflag=1;
20.          return;
21.      }
22.      else
23.          Mprintf("OK!\n");
24.      _off_relay(3);                     //断开继电器 3，断开 FORCE2 和 VCC 的连接
25.      _off_vp(2);                        //关闭电源通道 2
26.  }
```

代码说明：

①“_set_drvpin("L",CS,0)”中的“L”是指高电平，即对 $\overline{CS}$ 引脚施加高电平。

②“sc1=_measure_i(2,1,2)/1000”语句中的“/1000”是将测试出的电流单位转换为 mA。

③“if(sc1<1.2||sc1>3.5)”语句是判断被测引脚的返回电流，若测得 DAC0832 的工作电流在 1.5～3.5 mA，则芯片为良品，显示“OK!”；否则为非良品，显示“SUPPLY CURRENT OVERFLOW!”。

（3）DAC0832 测试程序编译

编写完 DAC0832 工作电流测试程序后，进行编译。若编译发生错误，要进行分析与检查，直至编译成功为止。

4. DAC0832 测试程序的载入与运行

参考项目 1 中任务 2“创建第一个集成电路测试程序”的载入测试程序的步骤，完成 DAC0832 工作电流测试程序的载入与运行。DAC0832 工作电流测试结果如图 9-12 所示。

```
********* SUPPLY CURRENT TEST ************
Supply Current SC1=  1.616mAOK!
```

图 9-12　DAC0832 工作电流测试结果

观察 DAC0832 测试程序的运行结果是否符合任务要求。若运行结果不能满足任务要求，则要对测试程序进行分析、检查、修改，直至运行结果满足任务要求为止。

9.3 任务 30　DAC0832 的直流参数测试

9.3.1 任务描述

根据 LK8810S 集成电路测试机和 DAC0832 测试电路，完成 DAC0832 的直流参数测试。测试结果要求如下：

（1）输入高电平测试时，向 DAC0832 的 V_{CC} 引脚加 5V 电压，依次给输入引脚施加 2.0V 电压，测得的每个引脚电流若在−1～10μA，则芯片为良品，否则为非良品；

（2）输入低电平测试时，向 DAC0832 的 V_{CC} 引脚加 20V 电压，依次给输入引脚施加 0.8V 电压，测得的每个引脚电流若在−200～−50μA，则芯片为良品，否则为非良品。

9.3.2 直流参数测试实现分析

9.3.2 直流参数测试实现分析

1. 直流参数测试方法

DAC0832 的直流参数测试的内容相对较少，一般只需要完成给每个输入引脚施加高电平和低电平，测试其引脚的电流即可。

DAC0832 直流参数的测试方法分为输入高电平测试和输入低电平测试，主要是给芯片电源引脚提供电源电压，然后依次给输入引脚施加测试电压，测量其输入引脚的电流，并判断所测得的电流是否正常。

2. 输入高电平测试流程

输入高电平测试流程如下：

（1）给 FORCE2 输出 5V 电压，即向 V_{CC} 引脚提供 5V 电压；

（2）设置输入的高低电平 V_{IH}、V_{IL}、V_{OH}、V_{OL}；

（3）依次给输入引脚施加 2.0V 电压，并测量每个输入引脚的电流。若测得的电流在−1～10μA，则芯片为良品，否则为非良品。

3. 输入低电平测试流程

输入低电平测试流程如下：

（1）给 FORCE2 输出 20V 电压，即向 V_{CC} 引脚提供 20V 电压；

（2）设置输入的高低电平 V_{IH}、V_{IL}、V_{OH}、V_{OL}；

（3）依次给输入引脚施加 0.8V 电压，并测量每个输入引脚的电流。若测得的电流在

−200～−50μA，则芯片为良品，否则为非良品。

9.3.3 直流参数测试程序设计

9.3.3 直流参数测试程序设计

1. 编写直流参数测试函数 DC()

DAC0832 芯片直流参数测试函数 DC()，代码如下：

```
1.  void DC()
2.  {
3.      float  InputH[14];          //定义一个浮点型数组，用来保存各输入引脚的测试电流
4.      int i;                      //循环变量
5.      Mprintf("********* INPUT CURRENT H TEST ************\n");
6.      _reset();                   //系统复位
7.      _on_relay(3);               //闭合继电器 3，如表 9-2、图 9-4，使得 FORCE2 和 VCC 连接
8.      _wait(10);
9.      _on_vp(2,5.0);              //FORCE2 输出 5V 给芯片
10.     _set_logic_level(2,0,3,1);    //设置 VIH、VIL、VOH、VOL
11.     _wait(10);
12.     for(i=0;i<14;i++)
13.     {
14.         if(i==12) continue;       //忽略 Rfb 引脚，如表 9-2 的 PIN13 引脚（i+1=13）
15.         InputH[i]=_pmu_test_vi(i+1,1,4,2,2);
            //对各个输入进行给电压测电流测试，外接 2V 电压
16.         Mprintf("\tPIN%d\t=%5.3fuA",i+1,InputH[i]);
            //显示各个引脚测试得到的电流
17.         putchar(13);
18.         if(InputH[i]<-1||InputH[i]>10)     //电流若在-1～10μA，显示“DIGITAL
            //INPUT CURRENT H IS OK!”，否则显示“PININPUT CURRENTIS OVERFLOW!”
19.         {
20.             Mprintf("\tPIN%d INPUT CURRENT IS OVERFLOW!\n",i);
21.         }
22.         else
23.             Mprintf("\tDIGITAL INPUT CURRENT H IS OK!\t\t\t\t\n");
24.     }
25.     Mprintf("\n********* INPUT CURRENT L TEST ************\n");
26.     _on_vp(2,20.0);                          //选择 2 通道，输出 20V 电压芯片
27.     _set_logic_level(2,0.8,3,0.7);           //设置 VIH、VIL、VOH、VOL
28.     _wait(10);
29.     for(i=0;i<14;i++)
30.     {
31.         if(i==12) continue;       //忽略 Rfb 引脚，如表 9-2 的 PIN13 引脚（i+1=13）
32.         InputH[i]=_pmu_test_vi(i+1,1,3,0.8,2);
            //给每个输入引脚施加电压测电流，将测得电流保存在 InputH[i]
33.         Mprintf("\tPIN%d\t=%5.3fuA",i+1,InputH[i]);
            //显示每个输入引脚测得的电流
34.         if(InputH[i]<-200||InputH[i]>-50)      //电流若在-200uA～-50uA，显示
            //“DIGITAL INPUT CURRENT L IS OK!”,否则显示“PININPUT CURRENT IS OVERFLOW!”
35.         {
36.             Mprintf("\tPIN%d INPUT CURRENT IS OVERFLOW!\n",i);
37.         }
38.         else
```

```
39.             Mprintf("\tDIGITAL INPUT CURRENT L IS OK!\t\t\t\t\n");
40.         }
41.         _off_relay(3);
42.         _off_vp(2);
43. }
```

2. DAC0832 直流参数测试程序的编写及编译

下面完成 DAC0832 直流参数测试程序的编写，在这里省略前面已经给出的代码，代码如下：

```
1.  /***************S1DAC0832 直流参数测试***************/
2.  ……                                          //头文件包含
3.  /***************全局变量或函数声明***************/
4.  ……
5.  ……                                          //全局变量声明代码
6.  /**********直流参数测试函数**********/
7.  void DC()
8.  {
9.      ……                                      //直流参数测试函数的函数体
10. }
11. /**********DAC0832 测试程序信息函数**********/
12. void PASCAL S1DAC0832_inf()
13. {
14.     ……
15. }
16. /**********DAC0832 主测试函数**********/
17. void PASCAL S1DAC0832()
18. {
19.     ……
20.     _reset();       //软件复位 LK8810S 的测试接口
21.     DC();           //DAC0832 直流参数测试函数
22.     _wait(10);      //适当延时，提高测试的准确性（防止上次参数测试留下的电量对下次造成影响）
23. }
```

编写完 DAC0832 直流参数测试程序后，进行编译。若编译发生错误，要进行分析与检查，直至编译成功为止。

3. DAC0832 测试程序的载入与运行

参考任务 2“创建第一个集成电路测试程序”的载入测试程序的步骤，完成 DAC0832 直流参数测试程序的载入与运行。DAC0832 直流参数测试结果如图 9-13 所示。

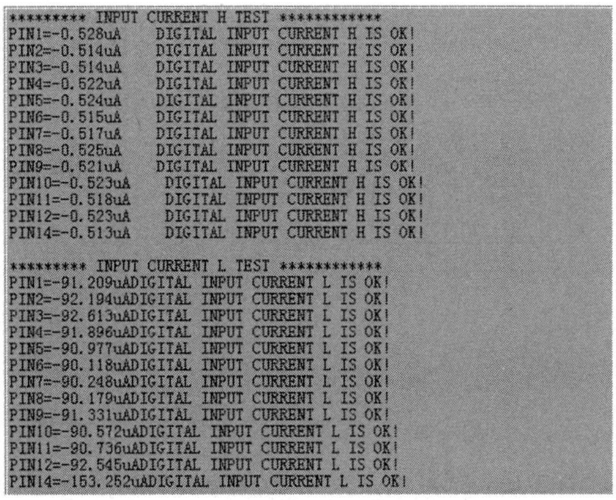

观察 DAC0832 直流参数测试程序的运行结果是否符合任务要求。若运行结果不能满足任务要求，则要对测试程序进行分析、检查、修改，直至运行结果满足任务要求为止。

```
********* INPUT CURRENT H TEST ************
PIN1=-0.528uA    DIGITAL INPUT CURRENT H IS OK!
PIN2=-0.514uA    DIGITAL INPUT CURRENT H IS OK!
PIN3=-0.514uA    DIGITAL INPUT CURRENT H IS OK!
PIN4=-0.522uA    DIGITAL INPUT CURRENT H IS OK!
PIN5=-0.524uA    DIGITAL INPUT CURRENT H IS OK!
PIN6=-0.515uA    DIGITAL INPUT CURRENT H IS OK!
PIN7=-0.517uA    DIGITAL INPUT CURRENT H IS OK!
PIN8=-0.525uA    DIGITAL INPUT CURRENT H IS OK!
PIN9=-0.521uA    DIGITAL INPUT CURRENT H IS OK!
PIN10=-0.523uA    DIGITAL INPUT CURRENT H IS OK!
PIN11=-0.518uA    DIGITAL INPUT CURRENT H IS OK!
PIN12=-0.523uA    DIGITAL INPUT CURRENT H IS OK!
PIN14=-0.513uA    DIGITAL INPUT CURRENT H IS OK!

********* INPUT CURRENT L TEST ************
PIN1=-91.209uADIGITAL INPUT CURRENT L IS OK!
PIN2=-92.194uADIGITAL INPUT CURRENT L IS OK!
PIN3=-92.613uADIGITAL INPUT CURRENT L IS OK!
PIN4=-91.896uADIGITAL INPUT CURRENT L IS OK!
PIN5=-90.977uADIGITAL INPUT CURRENT L IS OK!
PIN6=-90.118uADIGITAL INPUT CURRENT L IS OK!
PIN7=-90.248uADIGITAL INPUT CURRENT L IS OK!
PIN8=-90.179uADIGITAL INPUT CURRENT L IS OK!
PIN9=-91.331uADIGITAL INPUT CURRENT L IS OK!
PIN10=-90.572uADIGITAL INPUT CURRENT L IS OK!
PIN11=-90.736uADIGITAL INPUT CURRENT L IS OK!
PIN12=-92.545uADIGITAL INPUT CURRENT L IS OK!
PIN14=-153.252uADIGITAL INPUT CURRENT L IS OK!
```

图 9-13　DAC0832 直流参数测试结果

9.4 任务 31 DAC0832 的功能测试

9.4.1 任务描述

根据 LK8810S 集成电路测试机和 DAC0832 测试电路，完成 DAC0832 的功能测试。测试结果要求如下：

（1）在 V_{REF}=5V 时，依次向 DAC0832 输入不同数字量 D，测得输出电压值 V_{OUT} 与其对应的数字量 D 是否相符合，若相符合，则芯片为良品，否则为非良品；

（2）在 V_{REF}=−10V 时，依次向 DAC0832 输入不同数字量 D，测得输出电压值 V_{OUT} 与其对应的数字量 D 是否相符合，若相符合，则芯片为良品，否则为非良品。

9.4.2 功能测试实现分析

9.4.2 功能测试实现分析

1. DAC0832 功能测试原理

DAC0832 的 D/A 转换结果是采用电流形式输出的，若需要相应的模拟电压信号，可通过一个高输入阻抗的线性运算放大器来实现。

DAC0832 功能测试是采用单极性输出方式，由运算放大器完成电流转换成电压，使用内部反馈电阻。单极性电压输出电路，如图 9-14 所示。

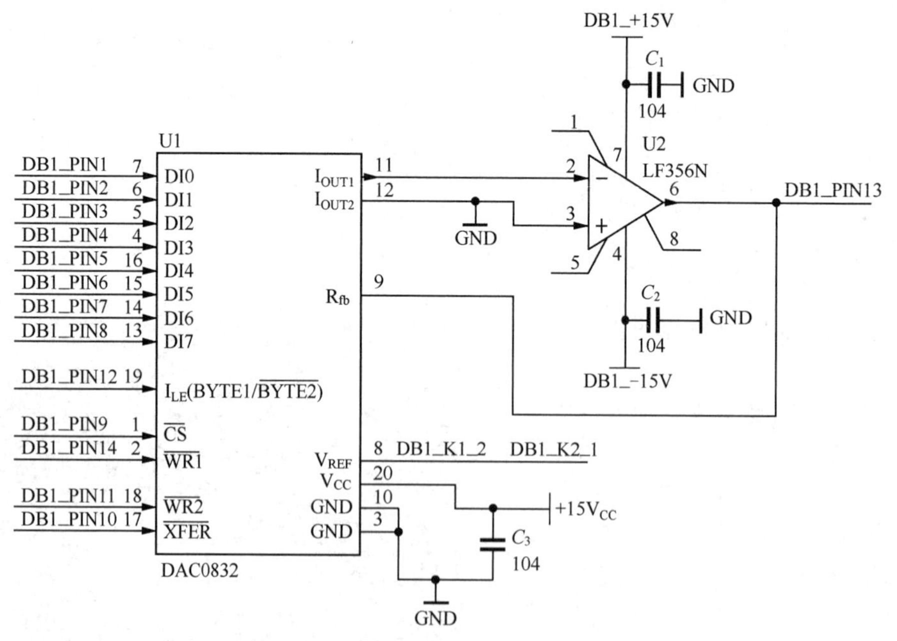

图 9-14 单极性电压输出电路

在图 9-14 中，I_{OUT1} 作为 D/A 转换的电流输出端，I_{OUT2} 接地。单极性电压输出电路的输出电压值 V_{OUT} 与输入数字量 D 关系，计算公式如下：

$$V_{OUT}=-V_{REF}\times D/256$$

其中，V_{REF}是基准电压，取值范围是−10～+10V。当 D=0～255 时，输出电压 V_{OUT}的范围是：

$$V_{OUT}=0\sim -V_{REF}\times 255/256$$

例如，当 V_{REF}=−5V，D=128 时，$V_{OUT}=-V_{REF}\times D/256=-1\times(-5V)\times 128/256=2.5V$。即输入的数字量是 128（二进制为 10000000B）时，D/A 转换后输出的电流经运算放大器转换成 2.5V 电压。

2. DAC0832 功能测试实现分析

根据任务要求，对 DAC0832 的功能测试，可以采用如下方法来实现。

（1）当 V_{CC}=5V，V_{REF}=5V 时，依次向 DAC0832 输入如下数字量 D，并测得与其对应的输出电压值 V_{OUT}：

输入数字量 D 为二进制 11111111B（即十进制 255），测得输出电压值 V_{OUT}；

输入数字量 D 为二进制 00000000B（即十进制 0），测得输出电压值 V_{OUT}。

（2）当 V_{CC}=20V，V_{REF}=5V 时，依次向 DAC0832 输入如下数字量 D，并测得与其对应的输出电压值 V_{OUT}：

输入数字量 D 为二进制 01010101B（即十进制 85），测得输出电压值 V_{OUT}；

输入数字量 D 为二进制 10101010B（即十进制 170），测得输出电压值 V_{OUT}。

（3）当 V_{CC}=15V，V_{REF}=−10V 时，依次向 DAC0832 输入如下数字量 D，并测得与其对应的输出电压值 V_{OUT}：

输入数字量 D 为二进制 11111111B（即十进制 255），测得输出电压值 V_{OUT}；

输入数字量 D 为二进制 10000000B（即十进制 128），测得输出电压值 V_{OUT}；

输入数字量 D 为二进制 01000000B（即十进制 64），测得输出电压值 V_{OUT}；

输入数字量 D 为二进制 00100000B（即十进制 32），测得输出电压值 V_{OUT}；

输入数字量 D 为二进制 00010000B（即十进制 16），测得输出电压值 V_{OUT}；

输入数字量 D 为二进制 00001000B（即十进制 8），测得输出电压值 V_{OUT}；

输入数字量 D 为二进制 00000100B（即十进制 4），测得输出电压值 V_{OUT}；

输入数字量 D 为二进制 00000010B（即十进制 2），测得输出电压值 V_{OUT}；

输入数字量 D 为二进制 00000001B（即十进制 1），测得输出电压值 V_{OUT}。

按照不同的测试条件，通过依次向 DAC0832 输入不同数字量 D，测得与其对应的输出电压值 V_{OUT}，并判断输出电压值是否与公式计算的结果相符合，若相符合，则芯片为良品，否则为非良品。

3. 设置 V_{CC} 和 V_{REF} 的电压

在 DAC0832 功能测试中，需要对 V_{CC} 和 V_{REF} 的电压进行设置，下面以本任务需要设置的 V_{CC} 和 V_{REF} 电压为例，介绍如何设置 V_{CC} 和 V_{REF} 电压。

（1）设置 V_{CC}=5V，V_{REF}=5V

根据图 9-4 所示，打开继电器 2，使得 V_{REF} 连接到 DB1_V_{CC}（+5V 电压）；打开继电器 3，使得 V_{CC} 连接到 FORCE2，并在 FORCE2 输出 5V 电压。代码如下：

```
1.   _on_relay(3);            //闭合继电器 3，使得芯片 Vcc 引脚连接到 FORCE2（电源通道 2）
2.   _on_relay(2);            //闭合继电器 2，VREF 连接到 DB1_Vcc（+5V 电压）
3.   _wait(10);               //延时 10ms
4.   _on_vp(2,5.0);           //在 FORCE2（电源通道 2）输出 5V 电压
```

（2）设置 V_{CC}=20V，V_{REF}=5V

在设置 V_{CC}=5V、V_{REF}=5V 的基础上，V_{REF} 继续保持连接在 DB1_V_{CC}（+5V 电压）、V_{CC}

继续保持连接在 FORCE2，但需要在 FORCE2 输出 20V 电压。代码如下：

```
1.   //在设置 VCC=5V、VREF=5V 的基础上，只要设置在 FORCE2 输出 20V 电压即可
2.   _on_vp(2,20.0);                    //在 FORCE2（电源通道 2）输出 20V 电压
```

（3）设置 V_{CC}=15V、V_{REF}=−10V

根据图 9-4 所示，打开继电器 1，使得 V_{REF} 连接到 FORCE1，并在 FORCE1 输出−10V 电压；打开继电器 4，使得 V_{CC} 连接+15V 电压。代码如下：

```
1.   _on_relay(1);                      //闭合继电器 1，VREF 连接到 FORCE1（电源通道 1）
2.   _on_relay(4);                      //闭合继电器 4，芯片 VCC 连接到+15VCC（+15V 电压）
3.   _on_vp(1,-10);                     //在 FORCE1（电源通道 1）输出-10V 电压
```

9.4.3 功能测试程序设计

9.4.3 功能测试程序设计

1. 编写功能测试函数 Function()

DAC0832 功能测试函数 Function()，代码如下：

```
1.   void Function()
2.   {
3.       int i;
4.       float Vout1;//定义变量
5.       Mprintf("\n********* DAC8032 FUNCTION TEST ********\n");
6.       _reset();
7.       _sel_comp_pin(VOUT,0);          //设定输出口
8.       _sel_drv_pin(D0,D1,D2,D3,D4,D5,D6,D7,CS,WR1,ILE,WR2,XFER,0);//设定输入口
9.       _on_relay(3);                   //闭合继电器 3，使得芯片 VCC 引脚连接到 FORCE2
10.      _on_relay(2);                   //闭合继电器 2，VREF 连接到 DB1_VCC（+5V 电压）
11.      _wait(10);
12.      _on_vp(2,5.0);                              //设定 FORCE2 为 5V
13.      _set_logic_level(2.0,1,3,0.7);              //设定 VIH、VIL、VOH、VOL
14.      _wait(10);
15.      _set_drvpin("H",ILE,0);
16.      _set_drvpin("L",CS,WR1,WR2,XFER,0);         //设置控制信号
17.      /******（1）VCC=5V、VREF=5V，全部高电平输入******/
18.      _set_drvpin("H",D0,D1,D2,D3,D4,D5,D6,D7,0);     //设置输入端全为高
19.      _wait(10);
20.      Vout1=_pmu_test_iv(VOUT,1,0,2);             //读出输出端电压
21.      Mprintf("\tVCC=5V,VREF=5V,ALL DATA=1  VOUT=%5.3f",Vout1);  //显示读出的电压
22.      if(fabs(Vout1+5)>0.05)
         //测试的电压若在-5V 的±0.05V 误差内，则芯片为良品，否则为不良品
23.          Mprintf("\tOverflow!\n");
24.      else
25.          Mprintf("\tOK\n");
26.      /******（2）VCC=5V、VREF=5V，全部低电平输入******/
27.      _set_drvpin("L",D0,D1,D2,D3,D4,D5,D6,D7,0);          //设置输入全为低电平
28.      _wait(10);
29.      Vout1=_pmu_test_iv(VOUT,1,0,2);                  //读出输出电压
30.      Mprintf("\tVCC=5V,VREF=5V,ALL DATA=0  VOUT=%5.3f",Vout1); //显示读出的电压
31.      if(fabs(Vout1)>0.2)   //测试的电压绝对值若小于 0.2V，则芯片为良品，否则为不良品
32.          Mprintf("\tOverflow!\n");
33.      else
```

```
34.         Mprintf("\tOK\n");
35.     /******（3）VCC=20V、VREF=5V，输入 01010101B，输出 1.66V******/
36.     _on_vp(2,20.0);                              //设定 FORCE2 为 20V
37.     _set_drvpin("H",D0,D2,D4,D6,0);
38.     _set_drvpin("L",D1,D3,D5,D7,0);
39.     _wait(10);
40.     Vout1=_pmu_test_iv(VOUT,1,0,2);
41.     Mprintf("\tVCC=20V,VREF=5V,ALL DATA=01 VOUT=%5.3f",Vout1);
42.     if(fabs(Vout1+1.66)>0.05)
        //测试的电压若在-1.66V 的±0.05V 误差内，则芯片为良品，否则为不良品
43.     Mprintf("\tOverflow!\n");
44.     else
45.     Mprintf("\tOK\n");
46.     /******（4）VCC=20V、VREF=5V，输入 10101010B，输出 3.32V******/
47.     _set_drvpin("L",D0,D2,D4,D6,0);
48.     _set_drvpin("H",D1,D3,D5,D7,0);
49.     _wait(10);
50.     Vout1=_pmu_test_iv(VOUT,1,0,2);
51.     Mprintf("\tVCC=20V,VREF=5V,ALL DATA=10 VOUT=%5.3f",Vout1);
52.     if(fabs(Vout1+3.32)>0.05)
        //测试的电压若在-3.32V 的±0.05V 误差内，则芯片为良品，否则为不良品
53.         Mprintf("\tOverflow!\n");
54.     else
55.         Mprintf("\tOK\n");
56.     _off_relay(2);
57.     _off_relay(3);
58.     _off_vp(2);
59.     /******（5）VCC=15V、VREF=-10V，输入 11111111B，转换输出******/
60.     _wait(10);
61.     _on_relay(1);               //闭合继电器 1，使得 VREF 连接到 FORCE1，如图 9-4
62.     _on_relay(4);               //闭合继电器 4，芯片 VCC 连接到+15VCC（+15V 电压）
63.     _on_vp(1,-10);              //设定 FORCE1 为-10V
64.     _set_drvpin("H",D0,D1,D2,D3,D4,D5,D6,D7,0);
65.     _wait(10);
66.     Vout1=_pmu_test_iv(VOUT,2,0,2);
67.     Mprintf("\tVCC=15V,VREF=-10V,ALL=1 VOUT=%5.3f",Vout1);
68.     if(fabs(Vout1-10)>0.05)
        //测试的电压若在 10V 的±0.05V 误差内，则芯片为良品，否则为不良品
69.         Mprintf("\tOverflow!\n");
70.     else
71.         Mprintf("\tOK\n");
72.     /******（6）VCC=15V、VREF=-10V，输入 10000000B，转换输出******/
73.     _set_drvpin("L",D0,D1,D2,D3,D4,D5,D6,0);
74.     _set_drvpin("H",D7,0);
75.     _wait(10);
76.     Vout1=_pmu_test_iv(VOUT,2,0,2);
77.     Mprintf("\tVCC=15V,VREF=-10V,D7=1 VOUT=%5.3f",Vout1);
78.     if(fabs(Vout1-5)>0.05)
        //测试的电压若在 5V 的±0.05V 误差内，则芯片为良品，否则为不良品
79.     Mprintf("\tOverflow!\n");
80.     else
```

```
81.          Mprintf("\tOK\n");
82.      /******（7）Vcc=15V、VREF=-10V，输入 01000000B，转换输出******/
83.      _set_drvpin("L",D0,D1,D2,D3,D4,D5,D7,0);
84.      _set_drvpin("H",D6,0);
85.      _wait(10);
86.      Vout1=_pmu_test_iv(VOUT,2,0,2);
87.      Mprintf("\tVCC=15V,VREF=-10V,D6=1 VOUT=%5.3f",Vout1);
88.      if(fabs(Vout1-2.5)>0.05)
         //测试的电压若在 2.5V 的±0.05V 误差内，则芯片为良品，否则为不良品
89.          Mprintf("\tOverflow!\n");
90.      else
91.          Mprintf("\tOK\n");
92.      /******（8）Vcc=15V、VREF=-10V，输入 00100000B，转换输出******/
93.      _set_drvpin("L",D0,D1,D2,D3,D4,D6,D7,0);
94.      _set_drvpin("H",D5,0);
95.      _wait(10);
96.      Vout1=_pmu_test_iv(VOUT,2,0,2);
97.      Mprintf("\tVCC=15V,VREF=-10V,D5=1 VOUT=%5.3f",Vout1);
98.      if(fabs(Vout1-1.25)>0.05)
         //测试的电压若在 1.25V 的±0.05V 误差内，则芯片为良品，否则为不良品
99.          Mprintf("\tOverflow!\n");
100.     else
101.         Mprintf("\tOK\n");
102.     /******（9）Vcc=15V、VREF=-10V，输入 00010000B，转换输出******/
103.     _set_drvpin("L",D0,D1,D2,D3,D5,D6,D7,0);
104.     _set_drvpin("H",D4,0);
105.     _wait(10);
106.     Vout1=_pmu_test_iv(VOUT,2,0,2);
107.     Mprintf("\tVCC=15V,VREF=-10V,D4=1 VOUT=%5.3f",Vout1);
108.     if(fabs(Vout1-0.625)>0.05)
         //测试的电压若在 0.625V 的±0.05V 误差内，则芯片为良品，否则为不良品
109.         Mprintf("\tOverflow!\n");
110.     else
111.         Mprintf("\tOK\n");
112.     /******（10）Vcc=15V、VREF=-10V，输入 00001000B，转换输出******/
113.     _set_drvpin("L",D0,D1,D2,D4,D5,D6,D7,0);
114.     _set_drvpin("H",D3,0);
115.     _wait(10);
116.     Vout1=_pmu_test_iv(VOUT,2,0,2);
117.     Mprintf("\tVCC=15V,VREF=-10V,D3=1 VOUT=%5.3f",Vout1);
118.     if(fabs(Vout1-0.313)>0.04)
         //测试的电压若在 0.313V 的±0.04V 误差内，则芯片为良品，否则为不良品
119.         Mprintf("\tOverflow!\n");
120.     else
121.         Mprintf("\tOK\n");
122.     /******（11）Vcc=15V、VREF=-10V，输入 00000100B，转换输出******/
123.     _set_drvpin("L",D0,D1,D3,D4,D5,D6,D7,0);
124.     _set_drvpin("H",D2,0);
125.     _wait(10);
126.     Vout1=_pmu_test_iv(VOUT,2,0,2);
127.     Mprintf("\tVCC=15V,VREF=-10V,D2=1 VOUT=%5.3f",Vout1);
```

```
128.     if(fabs(Vout1-0.156)>0.02)
         //测试的电压若在 0.156V 的±0.02V 误差内，则芯片为良品，否则为不良品
129.         Mprintf("\tOverflow!\n");
130.     else
131.         Mprintf("\tOK\n");
132.     /******（12）VCC=15V、VREF=-10V，输入 00000010B，转换输出******/
133.     _set_drvpin("L",D0,D2,D3,D4,D5,D6,D7,0);
134.     _set_drvpin("H",D1,0);
135.     _wait(10);
136.     Vout1=_pmu_test_iv(VOUT,2,0,2);
137.     Mprintf("\tVCC=15V,VREF=-10V,D1=1 VOUT=%5.3f",Vout1);
138.     if(fabs(Vout1-0.078)>0.01)
         //测试的电压若在 0.078V 的±0.01V 误差内，则芯片为良品，否则为不良品
139.         Mprintf("\tOverflow!\n");
140.     else
141.         Mprintf("\tOK\n");
142.     /******（13）VCC=15V、VREF=-10V，输入 00000001B，转换输出******/
143.     _set_drvpin("L",D1,D2,D3,D4,D5,D6,D7,0);
144.     _set_drvpin("H",D0,0);
145.     _wait(10);
146.     Vout1=_pmu_test_iv(VOUT,2,0,2);
147.     Mprintf("\tVCC=15V,VREF=-10V,D0=1 VOUT=%5.3f",Vout1);
148.     if(fabs(Vout1-0.039)>0.01)
         //测试的电压若在 0.039V 的±0.01V 误差内，则芯片为良品，否则为不良品
149.         Mprintf("\tOverflow!\n");
150.     else
151.         Mprintf("\tOK\n");
152.     _reset();
153. }
```

2. DAC0832 功能测试程序的编写及编译

下面完成 DAC0832 功能测试程序的编写，在这里省略前面已经给出的代码，代码如下：

```
1.  /***************SlDAC0832 功能测试***************/
2.  ……                                          //头文件包含，见任务 29
3.  /***************全局变量或函数声明***************/
4.  ……
5.  ……                                          //全局变量声明代码，见任务 29
6.  /**********功能测试函数**********/
7.  void Function()
8.  {
9.      ……                                      //功能测试函数的函数体
10. }
11. /**********DAC0832 测试程序信息函数**********/
12. void PASCAL SlDAC0832_inf()
13. {
14.     ……                                      //见任务 29
15. }
16. /**********DAC0832 主测试函数**********/
17. void PASCAL SlDAC0832()
18. {
19.     ……                                      //见任务 29
```

```
20.        _reset();
21.        Function();                              //DAC0832 功能测试函数
22.        _wait(10);
23.  }
```

编写完 DAC0832 功能测试程序后，进行编译。若编译发生错误，则要进行分析与检查，直至编译成功为止。

3. DAC0832 测试程序的载入与运行

参考任务 2“创建第一个集成电路测试程序”的载入测试程序的步骤，完成 DAC0832 功能测试程序的载入与运行。DAC0832 功能测试结果如图 9-15 所示。

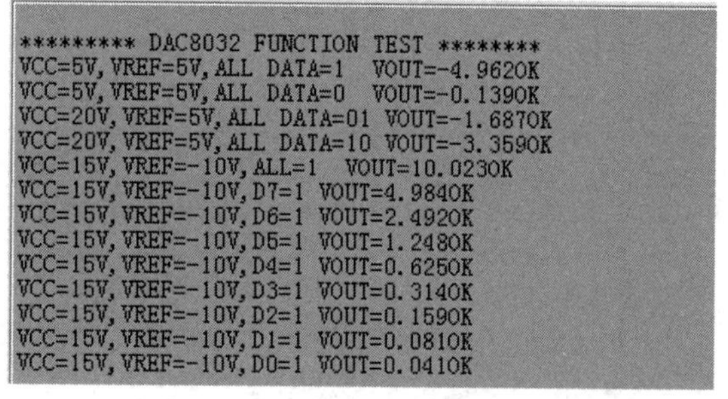

图 9-15　DAC0832 功能测试结果

观察 DAC0832 功能测试程序的运行结果是否符合任务要求。若运行结果不能满足任务要求，则要对测试程序进行分析、检查、修改，直至运行结果满足任务要求为止。

【技能训练 9-2】DAC0832 综合测试程序设计

【技能训练 9-2】DAC0832 综合测试程序设计

在前面 3 个任务中，我们完成了工作电流测试、直流参数测试及功能测试，那么，如何把 3 个任务的测试程序集成起来，完成 DAC0832 综合测试程序设计呢？

我们只要把前面 3 个任务的测试程序集中放在一个文件中，即可完成 DAC0832 综合测试程序设计。在这里省略前面已经给出的代码，代码如下：

```
1.   /***************S1DAC0832 功能测试***************/
2.   ……                                              //头文件包含
3.   /***************全局变量或函数声明***************/
4.   ……
5.   ……                                              //全局变量声明代码
6.   /**********静态工作电流测试函数**********/
7.   void ICC()
8.   {
9.        ……                                         //静态工作电流测试函数的函数体
10.  }
11.  /**********直流参数测试函数**********/
12.  void DC()
13.  {
14.       ……                                         //直流参数测试函数的函数体
15.  }
16.  /**********功能测试函数**********/
17.  void Function()
18.  {
19.       ……                                         //功能测试函数的函数体
20.  }
21.  /**********DAC0832 测试程序信息函数**********/
22.  void PASCAL S1DAC0832_inf()
23.  {
```

```
24.         ……
25.  }
26.  /**********DAC0832 主测试函数**********/
27.  void PASCAL S1DAC0832()
28.  {
29.         ……
30.         _reset();
31.         ICC();                                  //DAC0832 芯片静态工作电流测试函数
32.         DC();                                   //DAC0832 直流参数测试函数
33.         Function();                             //DAC0832 功能测试函数
34.         _wait(10);
35.  }
```

关键知识点梳理

1．DAC0832 是 8 分辨率的 D/A 转换集成芯片，与微处理器完全兼容。这个 D/A 芯片具有价格低廉、接口简单、转换控制容易等优点。DAC0832 具有如下主要参数：

分辨率为 8 位；电流稳定时间 1μs；可单缓冲、双缓冲或直接数字输入；只需要在满量程下调整其线性度；单一电源供电（+5～+15V）；低功耗，20mW。

2．DAC0832 进行 D/A 转换，可以采用如下两种方法对数据进行锁存。

一是使输入寄存器工作在锁存状态，而 DAC 寄存器工作在直通状态。具体地说，就是使 $\overline{WR2}$ 和 $\overline{XFER}$ 都为低电平，DAC 寄存器的锁存选通端得不到有效电平而直通；此外，使输入寄存器的控制信号 I_{LE} 处于高电平、$\overline{CS}$ 处于低电平，这样，当 $\overline{WR1}$ 端来一个负脉冲时，就可以完成一次转换。

二是使输入寄存器工作在直通状态，而 DAC 寄存器工作在锁存状态。具体地说，就是使 $\overline{WR1}$ 和 $\overline{CS}$ 为低电平，I_{LE} 为高电平，这样，输入寄存器的锁存选通信号处于无效状态而直通；当 $\overline{WR2}$ 和 $\overline{XFER}$ 端输入一个负脉冲时，使得 DAC 寄存器工作在锁存状态，提供锁存数据进行转换。

3．根据 DAC0832 的输入寄存器和 DAC 寄存器不同的控制方法，DAC0832 有如下 3 种工作方式。

（1）单缓冲方式：它是控制输入寄存器和 DAC 寄存器同时接收数据，或者只用输入寄存器而把 DAC 寄存器接成直通方式。此方式适用于只有一路模拟量输出或几路模拟量异步输出的情形。

（2）双缓冲方式：它是先使输入寄存器接收数据，再控制输入寄存器的输出数据到 DAC 寄存器，即分两次锁存输入数据。此方式适用于多个 D/A 转换同步输出的情形。

（3）直通方式它就是不经过两级锁存器锁存，即 $\overline{WR1}$、$\overline{WR2}$、$\overline{XFER}$、$\overline{CS}$ 均接地，I_{LE} 接高电平。此方式适用于连续反馈控制线路，但是在使用时，必须通过另加 I/O 接口与 CPU 连接，以匹配 CPU 与 D/A 转换。

4．DAC0832 工作电流的测试方法，主要是给芯片电源引脚提供电源电压，然后测量该芯片电源引脚的电流，并判断工作电流是否正常。DAC0832 芯片工作电流测试流程如下：

（1）DAC0832 的 V_{CC} 引脚（20 引脚）接继电器 K3_2，通过控制 K3 继电器来控制芯片 V_{CC} 和 FORCE2 的连接；

（2）FORCE2 引脚输出+17V；

（3）使能 DAC0832 的片选引脚 $\overline{CS}$；

（4）测量 FORCE2 引脚电流，若测得的电流在 1.2～3.5mA，则芯片为良品，否则为非良品。

5. DAC0832 直流参数的测试方法分为输入高电平测试和输入低电平测试，主要是给芯片电源引脚提供电源电压，然后依次给输入引脚施加测试电压，测量其输入引脚的电流，并判断所测得的电流是否正常。

（1）输入高电平测试流程如下：

1）给 FORCE2 输出 5V 电压，即向 V_{CC} 引脚提供 5V 电压；

2）设置输入的高低电平 V_{IH}、V_{IL}、V_{OH}、V_{OL}；

3）依次给输入引脚施加 2.0V 电压，并测量每个输入引脚的电流。若测得的电流在−1～10μA，则芯片为良品，否则为非良品。

（2）输入低电平测试流程如下：

1）给 FORCE2 输出 20V 电压，即向 V_{CC} 引脚提供 20V 电压；

2）设置输入的高低电平 V_{IH}、V_{IL}、V_{OH}、V_{OL}；

3）依次给输入引脚施加 0.8V 电压，并测量每个输入引脚的电流。若测得的电流在−200～−50μA，则芯片为良品，否则为非良品。

6. DAC0832 的 D/A 转换结果是采用电流形式输出的，若需要相应的模拟电压信号，可通过一个高输入阻抗的线性运算放大器来实现。单极性电压输出电路的输出电压值 V_{OUT} 与输入数字量 D 的关系，计算公式如下：

$$V_{OUT}=-V_{REF}\times D/256$$

按照不同的测试条件，通过依次向 DAC0832 输入不同数字量 D，测得与其对应的输出电压值 V_{OUT}，并判断输出电压值是否与公式计算的结果相符合，若相符合，则芯片为良品，否则为非良品。

问题与实操

9-1　填空题

（1）DAC0832 静态工作电流测试是向 V_{CC} 引脚施加一个________电压，使用电流测试函数测试 DAC0832 的 V_{CC} 引脚电流 I_{CC}，若电流 I_{CC} 在________和________之间，则芯片为良品，否则为非良品。

（2）DAC0832 输入高电平电流测试，首先把 V_{CC} 接入 5V，给输入引脚接 2V 输入电压，若测试的电流在________和________之间，则芯片为良品，否则为非良品。

（2）DAC0832 输入低电平电流测试，首先把 V_{CC} 接入 20V，给输入引脚接 0.8V 输入电压，若测试的电流在________和________之间，则芯片为良品，否则为非良品。

9-2　搭建基于 LK220T 测试区的 DAC0832 芯片测试电路。

9-3　搭建基于 LK220T 练习区的 DAC0832 芯片测试电路。

9-4　完成基于 LK220T 练习区的 DAC0832 工作电流测试、直流参数测试及功能测试。

项目10 基于LK8820的74HC151芯片测试

10

项目导读

前面主要介绍了LK8810S集成电路测试机如何完成集成电路芯片测试，本章使用LK8820集成电路测试机来完成集成电路芯片测试。

本项目从LK8820集成电路测试机入手，首先让读者对LK8820有一个初步了解；然后介绍如何搭建74HC151测试电路，介绍74HC151芯片测试电路、程序设计的方法，并介绍74HC151芯片直流参数测试、功能测试程序设计的方法。通过74HC151芯片测试电路连接及测试程序设计，让读者进一步了解74HC151芯片。

知识目标	1. 了解LK8820集成电路测试机的结构和功能 2. 掌握集成电路测试硬件和软件环境搭建 3. 掌握74HC151芯片的结构、引脚功能及工作过程 4. 掌握74HC151芯片的测试电路设计和测试程序设计方法
技能目标	能完成LK8820集成电路测试机的74HC151芯片测试电路连接，能完成74HC151芯片测试的相关编程，实现74HC151芯片的直流参数测试及功能测试
教学重点	1. LK8820集成电路测试机的硬件、软件环境搭建 2. 74HC151芯片的工作过程 3. 74HC151芯片的测试电路和程序设计方法
教学难点	74HC151芯片的测试步骤及测试程序设计
建议学时	6～8学时
推荐教学方法	从任务入手，通过74HC151芯片的测试电路设计，让读者了解LK8820集成电路测试机及74HC151芯片，进而通过74HC151芯片的测试程序设计，进一步熟悉74HC151芯片的测试方法
推荐学习方法	勤学勤练、动手操作是学好74HC151芯片测试的关键，动手完成一个74HC151芯片测试，通过“边做边学”达到更好的学习效果

10.1 认识基于 LK8820 的集成电路测试平台

“1+X 集成电路开发与测试”和“1+X 集成电路封装与测试”等级证书的部分考核内容，是在 LK8820 集成电路测试机上完成的。

10.1.1 LK8820 集成电路测试机

10.1.1 LK8820 集成电路测试机

1. LK8820 集成电路测试机的组成

LK8820 集成电路测试机是一款高性价比的集成电路测试设备，采用模块化和工业化的设计思路可以完成集成电路芯片测试、板级电路测试、电子技术学习与电路辅助设计。LK8820 由工控机、触控显示器、测试主机、专用电源、测试软件、测试终端接口等部分组成。LK8820 集成电路测试机主要有如下组成部分。

（1）供电电源：AC 220V/5A；

（2）对外接口：USB 2.0/USB 3.0/AC 220V/测试接口；

（3）工控机：8GB 内存/500GB 硬盘/19 英寸触控显示器/Windows10 操作系统；

（4）工业级配置：工业机柜、触控显示屏、高精度电源、软启动装置、安全指纹门锁、人体工学模组、漏电保护装置、静音直流风扇、工作照明装置；

（5）测试主机：CM 测试模块、VM 测试模块、PV 测试模块、PE 测试模块、WM 测试模块、ST 测试模块；

（6）LK8820-SP 集成电路开发教学软件。

LK8820 正面图如图 10-1 所示。

LK8820 系统控制模块主要包括控制系统、接口与通信（CM）、参考电压与电压测量（VM）、四象限电源（PV）、数字功能引脚（PE）、模拟功能（WM）及模拟开关与时间测量（ST）等模块，如图 10-2 所示。

图 10-1　LK8820 正面图

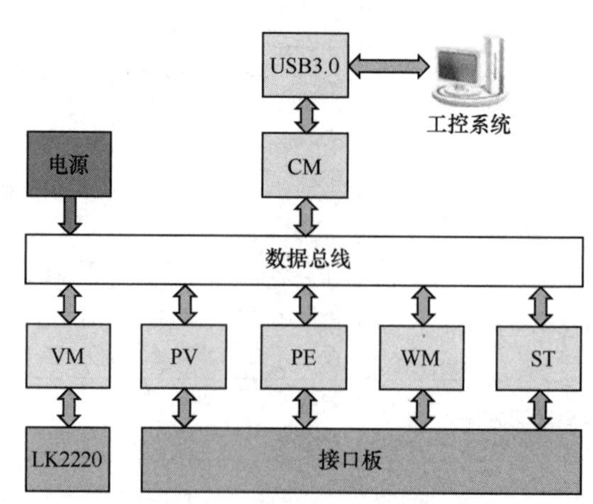

图 10-2　LK8820 系统控制模块

（1）接口与通信（CM）

接口与通信模块（简称 CM 板）主要进行数据通信、电源状态指示、RGB 灯控制、软启动继电器控制。

（2）参考电压与电压测量（VM）

参考电压与电压测量模块可提供4个参考电压，4个参考电压可通过程序设定，分别为输入高电平（VIH）、输入低电平（VIL）、输出高电平（VOH）、输出低电平（VOL）。电压测量功能，可测试范围±30V。

（3）四象限电源（PV）

四象限电源模块可输出4路电压电流源，提供精密四象限恒压、恒流、测压、测流通道。电压最大范围±30V，电流最大范围±500mA。可根据用户需求扩展至2个四象限电源模块（8通道），用于满足64PIN以下芯片测试需求。

（4）数字功能引脚（PE）

数字功能引脚模块是实现数字功能测试的核心，能给被测电路提供输入信号，测试被测电路的输出状态。数字功能引脚模块提供16个引脚通道，可根据用户需求扩展至4个数字功能引脚模块（64通道），用于满足64PIN以下芯片测试需求。

（5）模拟功能（WM）

模拟功能模块是测试机实现交流信号测试的模块，主要功能是提供交流信号输出与交流信号测量功能，可输出波形有正弦波、三角波、锯齿波，能测量交流信号的有效值、总谐波失真度。

（6）模拟开关与时间测量（ST）

模拟开关与时间测量模块主要有16个用户继电器、128个光继电器矩阵开关、1kHz～1MHz用户时钟信号、TMU测试功能。可根据用户需求扩展至2个模拟开关与时间测量模块，用于满足64PIN以下芯片测试需求。

2. LK8820集成电路测试机的电源

LK8820集成电路测试机的电源是专门设计的，为测试机提供+5V、+12V、±24V、±36V等电源，由于电源开启瞬间交流电流会达到25～30A，所以桥架上开关容量至少是40A。

LK8820集成电路测试机的电源，完全由测试系统软件控制和监控，并具备如下特性：

（1）由测试系统软件打开和关闭电源；

（2）测试系统软件退出时，自动关闭电源；

（3）按下面板上的复位按钮时，可紧急关闭电源并自动停止测试；

（4）电源出现过载或输出短路时，自动关闭电源并报警；

（5）电源的输入交流电断电时，自动关闭电源并报警；

（6）带电插拔测试机中的PCB板（严禁这样操作）时，自动关闭电源；

（7）电源自动关闭报警时，需要按下面板上的复位按钮，才能再开启电源。

3. LK8820集成电路测试机的特点

LK8820集成电路测试机具有如下特点：

（1）测试主机通过USB接口与工控机进行数据交换；

（2）采用双层机架，最多可以配12块测试模块；

（3）测试总线一体化设计，挂载测试模块更方便；

（4）高精度电源由软件控制，测试主机具有自我保护功能；

（5）最多可扩展到64个功能测试引脚、8个电压电流源通道；

（6）最多可扩展到 256 个光继电器矩阵开关、32 个用户继电器；

（7）配备 TTL 接口，可连接智能芯片分选机进行芯片测试；

（8）支持 TMU 功能，能测量数字芯片上升沿、下降沿、建立时间等参数；

（9）提供高精度的交流信号源，支持正弦波、三角波、锯齿波输出；

（10）提供低速/高速、高精度交流信号测量功能。

10.1.2 集成电路测试硬件环境搭建

10.1.2 集成电路测试硬件环境搭建

1. LK8820 的测试板

LK8820 的测试板，也称为 DUT 板。在进行芯片测试时，通常需要搭建焊接测试电路板。目前 LK8820 的测试板使用 Mini DUT 板，如图 10-3 所示。

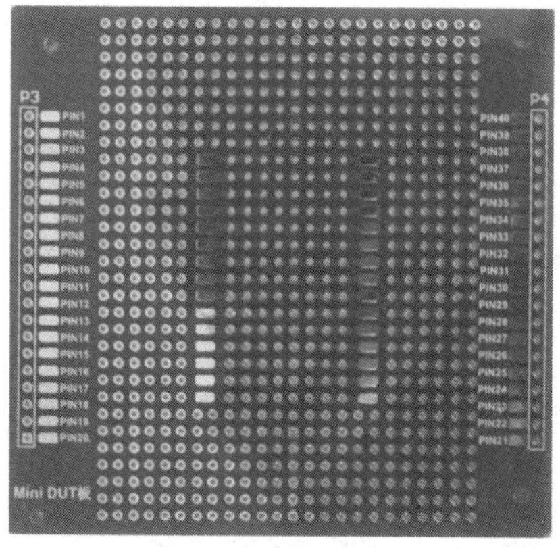

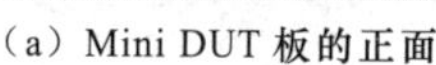

（a）Mini DUT 板的正面

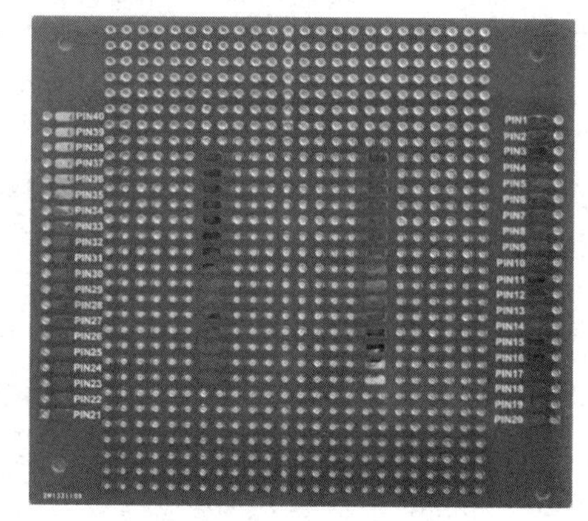

（b）Mini DUT 板的反面

图 10-3 LK8820 的 Mini DUT 板

2. LK8820 的测试转接板

LK8820 的测试转接板有 6 个 96PIN 接口（母接口），Mini DUT 板主要是通过这些接口连接在测试机上进行测试。LK8820 的测试转接板如图 10-4 所示。

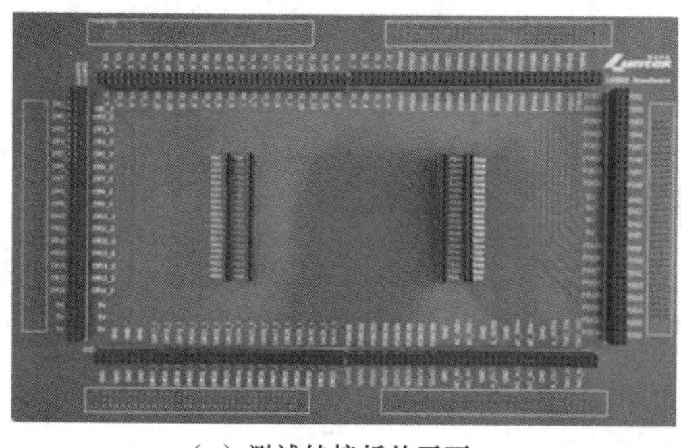

（a）测试转接板的正面

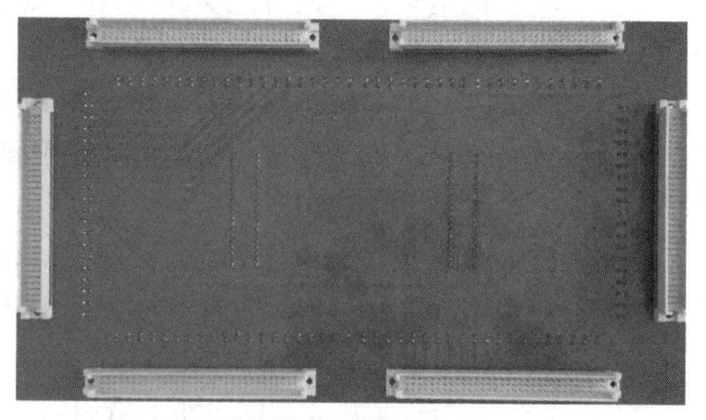

（b）测试转接板的反面

图 10-4 LK8820 的测试转接板

将 LK8820 的 Mini DUT 板的正面向外、丝印向下插接到图 10-4（a）中的测试转接板上，如图 10-5 所示。

图 10-5　Mini DUT 板插接到测试转接板上

3. LK8820 的外挂测试接口

LK8820 的外挂测试接口在 LK8820 机体的右面上侧，如图 10-6 所示。

LK8820 的外挂测试接口也有 6 个 96PIN 接口（公接口），在进行芯片测试时，可将插接有 Mini DUT 板的测试转接板正面向外、丝印向下插接到外挂测试接口上，如图 10-7 所示。

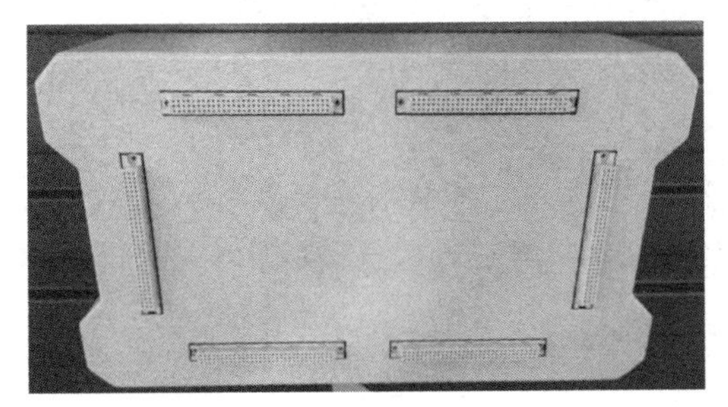

图 10-6　LK8820 的外挂测试接口

图 10-7　Mini DUT 板插接列外挂测试接口上

10.1.3 集成电路测试软件

10.1.3 集成电路测试软件

1. 测试软件安装准备

（1）将 LK8820 集成电路测试机的测试软件压缩包“VS2013”打开，其中包含 LK8820 软件运行需要的所有资源，如图 10-8 所示。

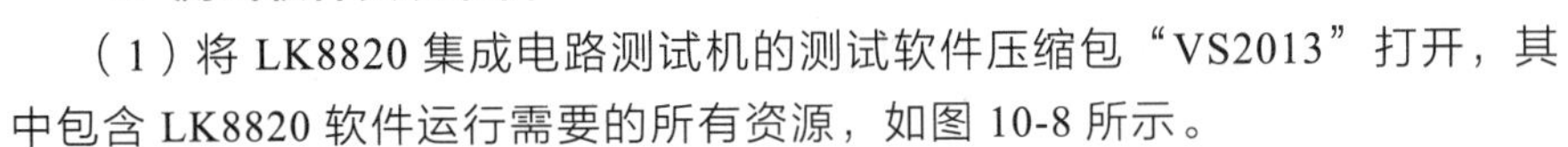

（2）将图 10-8 中的 3 个文件夹 LK2220TS_IMAGE、LK2220TS_VISION_LIB 和 vs2013 复制到 D 盘根目录下；在桌面上生成 LK8820 测试软件的快捷方式图标，如图 10-9 所示。

LK2220TS_IMAGE
LK2220TS_VISION_LIB
vs2013
HuaTengVision Camera Platform Set...
LK8820安装说明.docx
opencv-2.4.9.exe

图 10-8　测试软件压缩包的所有资源

图 10-9　LK8820 快捷方式图标

（3）运行 USB 2.0 相机驱动程序 HuaTengVision Camera PlatformSetup(2.1.10.109).exe，然后根据安装提示，单击“下一步”按钮，即可完成 USB 2.0 相机驱动的安装，其中将默认的安装路径中的“C:”改为“D:”即可。

2. 运行 LK8820 测试软件

双击 LK8820 快捷方式图标，运行 LK8820 测试软件，弹出 LK8820 测试系统登录界面，如图 10-10 所示。

图 10-10　LK8820 测试系统登录界面

通常用户名和密码是默认的，只要直接单击“登录”按钮即可进入系统主界面，如图 10-11 所示。

图 10-11 的左侧为功能栏，分别是设备设置、芯片测试、数据显示、云平台、日志管理、用户管理、分选测试、系统退出 8 个功能。在这里，主要介绍常用的用户管理和芯片测试功能。

图 10-11　集成电路测试系统主界面

（1）用户管理

单击图 10-11 中的“用户管理”，进入“用户管理”界面，可新增、删除、修改用户的相关信息；还可以对用户数据库进行管理，定义管理员以下级别用户的权限信息，如图 10-12 所示。

用户管理

用户列表　用户增加　用户修改　用户删除　用户保存　返回

序号	用户名	密码	权限	设序
1	515515	123456	管理员	
2	870218	123456	管理员	
3	ixkj	123456	管理员	
6	522581	3257	普通	200002
7	522967	7110	普通	200003
8	522200	6676	普通	200004
9	522456	9524	普通	200005
10	522651	5668	普通	200006
11	522594	6011	普通	200007
13	522538	4442	普通	200009
14	522666	9241	普通	200010
15	522284	7874	普通	200011
16	522737	8941	普通	200012
17	522293	6522	普通	200013
18	522805	4960	普通	200014
19	522934	2957	普通	200015
20	522553	9965	普通	200016
21	522555	2213	普通	200017
22	522754	2874	普通	200018
23	522946	1141	普通	200019
24	522501	1688	普通	200020
25	522181	1022	普通	200021

用户账号信息管理:
账号序列: 12
账户名称: 522984
账户密码: 9842
账号权限: 普通

图 10-12　“用户管理”界面

在图 10-12 中，可直接双击某个用户的某一单元格，进行信息改写。

（2）芯片测试

单击图10-11中的“芯片测试”，进入“芯片测试”界面，如图10-13所示。

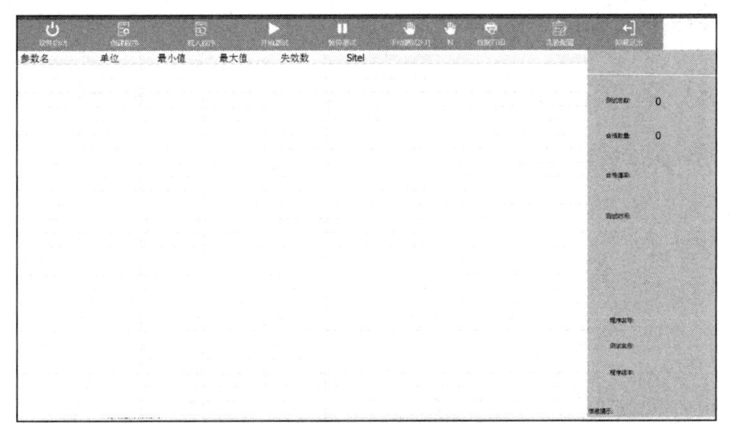

图10–13 “芯片测试”界面

图10-13的上面为测试功能栏，分别对应软件启动、创建程序、载入程序、开始测试、暂停测试、手动（连续）测试、数据打印、实验配置及卸载退出等功能。其右侧为信息栏，能显示当前测试的次数、时间、测试工程名及测试版本等基本信息。

在图10-13中，用户可以通过单击“创建程序”，编写自己的测试程序，运行编译后生成可执行程序。然后经“载入程序”和“开始测试”，便可显示测试的结果数据。

3. 创建测试程序

在“芯片测试”界面中，单击“创建程序”，进入“创建程序”界面，如图10-14所示。

单击“程序路径”选择按钮，弹出选择程序路径的对话框，选择一个目录作为创建程序的保存路径，如图10-15所示。

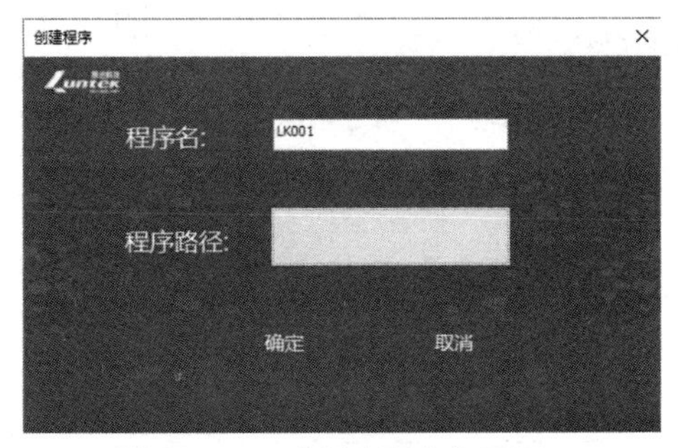

图10–14 “创建程序”界面

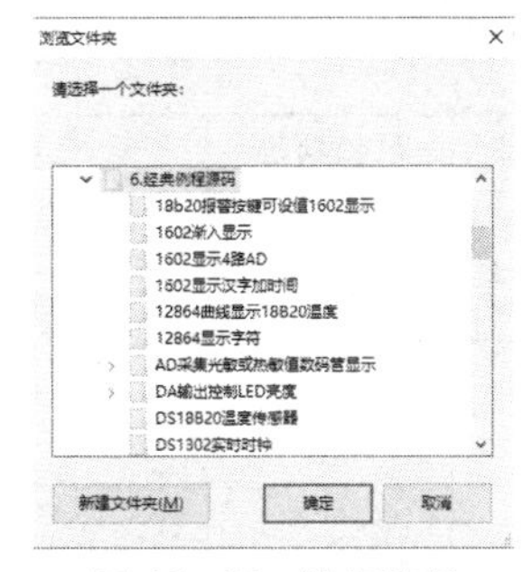

图10–15 选择路径

那么，如何打开创建的测试程序呢？在创建程序的保存目录中，双击后缀名为.sln的文件，即可打开创建的测试程序。

10.2 任务32 74HC151测试电路设计与搭建

10.2.1 任务描述

利用LK8820集成电路测试机、Mini DUT板及测试转接板，根据74HC151（8通道多路复用器）工作原理，完成 74HC151 测试电路设计与搭建。该任务要求如下：

（1）测试电路能实现 74HC151 的输出高/低电平电压测试和功能测试；

（2）采用 LK8820 的 Mini DUT 板和测试转接板，完成 74HC151 测试电路搭建。

10.2.2 认识 74HC151

10.2.2 认识 74HC151

1. 74HC151 芯片引脚功能

74HC151 是一个 8 通道多路复用器（8 选 1 数据选择器），用于从 8 个数据中选择 1 个数据输出，采用 16 引脚的 DIP 封装或 SOP 封装，其引脚图如图 10-16 所示。

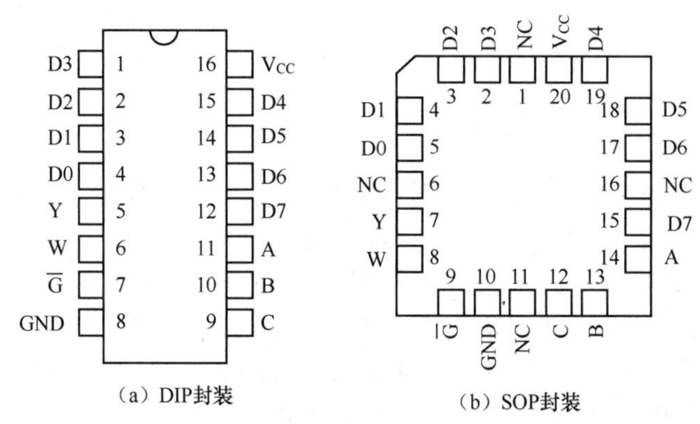

（a）DIP封装　　（b）SOP封装

图 10-16　74HC151 引脚图

通常，在芯片封装正方向上有一个缺口，靠近缺口左边有一个小圆点，其对应引脚的引脚号为 1，然后以逆时针方向编号。74HC151 引脚功能如表 10-1 所示。

表 10-1　74HC151 引脚功能

引脚序号	引脚名称	引脚功能	引脚序号	引脚名称	引脚功能
1	D3	数据输入端	9	C	通道选择输入端
2	D2		10	B	
3	D1		11	A	
4	D0		12	D7	数据输入端
5	Y	数据输出端	13	D6	
6	W	反码数据输出端	14	D5	
7	$\overline{G}$	使能端（低电平有效）	15	D4	
8	GND	接地	16	V_{CC}	电源正

说明： A、B 和 C 是以二进制形式输入，然后转换成十进制，选择对应 D0～D7 的数据输入作为数据输出。

2. 74HC151 真值表

74HC151 真值表如表 10-2 所示。

表 10-2 74HC151 真值表

输入				输出	
通道选择			使能端	Y	W
C	B	A	$\bar{G}$		
x	x	x	1	0	1
0	0	0	0	D0	$\overline{D0}$
0	0	1	0	D1	$\overline{D1}$
0	1	0	0	D2	$\overline{D2}$
0	1	1	0	D3	$\overline{D3}$
1	0	0	0	D4	$\overline{D4}$
1	0	1	0	D5	$\overline{D5}$
1	1	0	0	D6	$\overline{D6}$
1	1	1	0	D7	$\overline{D7}$

3. 74HC151 工作原理

74HC151 工作原理电路图如图 10-17 所示。

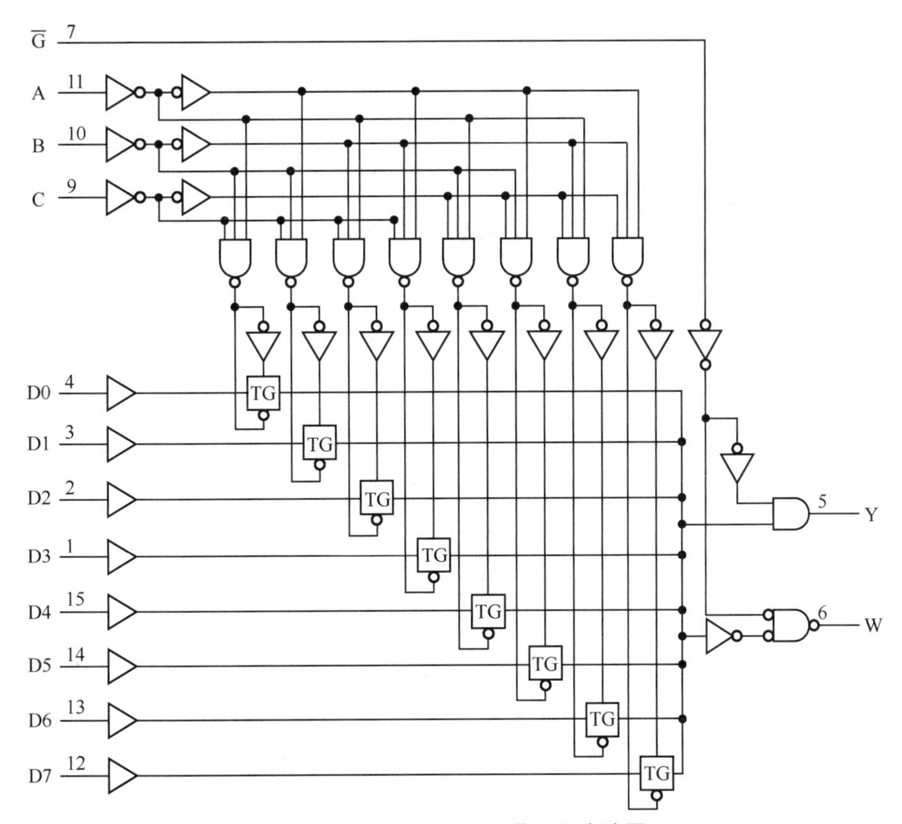

图 10-17 74HC151 工作原理电路图

根据表 10-2 和图 10-17 所示，可知 74HC151 的工作原理如下：

（1）使能端 $\bar{G}=1$ 时，不论 C、B、A 状态如何，均无输出（即 Y = 0、W = 1），8 通道多

路复用器被禁止。

（2）使能端 $\overline{G}=0$ 时，8 通道多路复用器正常工作，根据通道选择端 C、B、A 的状态，选择 D0～D7 中某一个通道的数据输送到输出端 Y。

例如，CBA = 000，则选择 D0 数据到输出端，即 Y = D0。

又如，CBA = 001，则选择 D1 数据到输出端，即 Y = D1，以此类推。

4. 74HC151 直流特性

74HC151 直流特性如表 10-3 所示。

表 10-3　直流特性

参数	符号	测试条件			最小	最大	单位
高电平输出电压	V_{OH}	$V_I=V_{IH}$ 或 V_{IL}	I_{OH}=−20 μA	V_{CC}=2V	1.9		V
				V_{CC}=4.5V	4.4		
				V_{CC}=6V	5.9		
			I_{OH}=−6mA，V_{CC}=4.5V		3.84		
			I_{OH}=−7.8mA，V_{CC}=6V		5.34		
低电平输出电压	V_{OL}	$V_I=V_{IH}$ 或 V_{IL}	I_{OL}=20 μA	V_{CC}=2V		0.1	V
				V_{CC}=4.5V		0.1	
				V_{CC}=6V		0.1	
			I_{OL}=6mA，V_{CC}=4.5V			0.33	
			I_{OL}=7.8mA，V_{CC}=6V			0.33	
静态工作电流	I_{CC}	$V_I=V_{CC}$ 或 0，I_O=0，V_{CC}=6.0V				80	μA

10.2.3 74HC151 测试电路设计与搭建

10.2.3 74HC151 测试电路设计与搭建

根据任务描述，74HC151 测试电路能满足直流参数测试和功能测试。

1. 测试接口

74HC151 引脚与 LK8820 的芯片测试接口是 74HC151 测试电路设计的基本依据。74HC151 引脚与 LK8820 测试接口配接表如表 10-4 所示。

表 10-4　74HC151 引脚与 LK8820 测试接口配接表

74HC151		LK8820 测试接口	功能
引脚号	引脚符号	引脚符号	
1	D3	PIN1	数据输入端
2	D2	PIN2	
3	D1	PIN3	
4	D0	PIN4	
5	Y	PIN5	数据输出端
6	W	PIN6	反码数据输出端
7	$\overline{G}$	PIN7	使能端（低电平有效）

续表

74HC151		LK8820 测试接口	功能
引脚号	引脚符号	引脚符号	
8	GND	GND	接地
9	C	PIN8	通道选择输入端
10	B	PIN9	
11	A	PIN10	
12	D7	PIN11	数据输入端
13	D6	PIN12	
14	D5	PIN13	
15	D4	PIN14	
16	V_{CC}	FORCE1	电源正

2. Mini DUT 板测试电路焊接

在 Mini DUT 板上，搭建及焊接测试电路板，如图 10-18 所示。

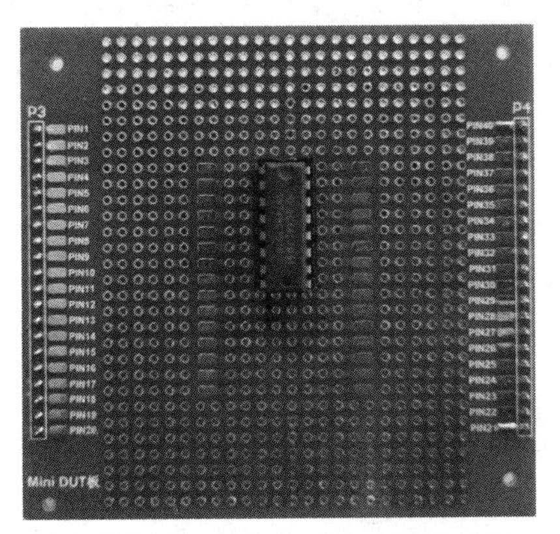

(a) 74HC151 插在 Mini DUT 板的正面

(b) 在 Mini DUT 板的反面焊接连接线

图 10-18 74HC151 测试电路

（1）在 Mini DUT 板正面的指定位置上，插上一个 74HC151 芯片，芯片正面缺口向上，如图 10-18（a）所示；

（2）在 Mini DUT 板反面的指定位置上，用连接线将 74HC151 芯片的 16 个引脚依次对应焊接到 Mini DUT 板反面两边的针插引脚上，如图 10-18（b）所示。

3. 搭建转接板测试电路

（1）先将焊接好的 74HC151 测试电路的 Mini DUT 板，正面向外、丝印向下插接到测试转接板上。

（2）参考表 10-4 所示的 74HC151 引脚与 LK8820 测试接口配接表，用杜邦线将 74HC151 芯片的引脚依次对应连接到测试转接板上 96PIN 的接口上，如图 10-19 所示。

（3）将搭建好的转接板测试电路插接到 LK8820 外挂盒的芯片测试接口上，完成 74HC151 测试电路搭建，如图 10-20 所示。

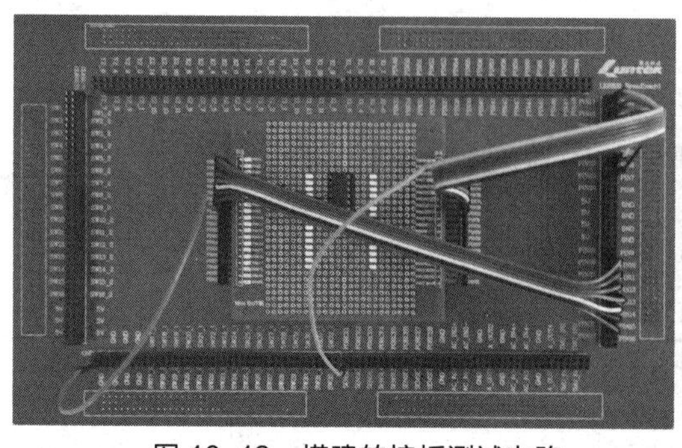

图 10-19　搭建转接板测试电路

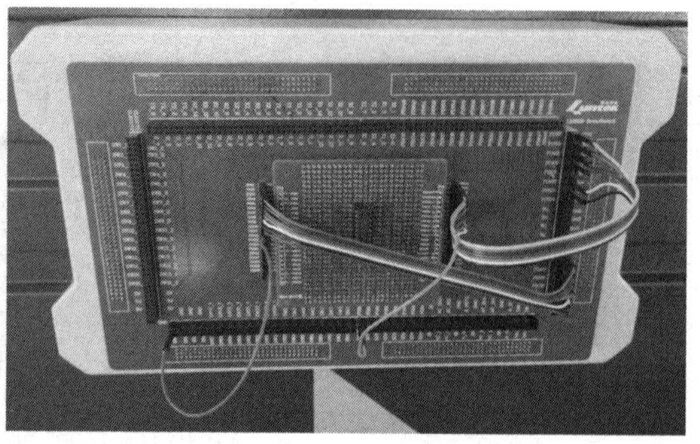

图 10-20　完成 74HC151 测试电路搭建

10.3　任务 33　74HC151 测试程序设计

10.3.1　任务描述

利用 LK8820 集成电路测试机和 74HC151 测试电路，完成 74HC151 的直流参数测试和功能测试。测试结果要求如下：

（1）直流参数测试

在输出高电平测试时，测得输出引脚的电压大于 3.84V，则芯片为良品，否则为非良品；

在输出低电平测试时，测得输出引脚的电压小于 0.33V，则芯片为良品，否则为非良品。

（2）功能测试

根据 74HC151 引脚功能表 10-1 和真值表 10-2 所示，按照 3 个通道选择输入端 A、B 和 C 的 8 个组合，逐一测试 74HC151 的功能；

74HC151 的功能测试结果与真值表符合的为良品，否则为非良品。

10.3.2　74HC151 测试实现分析

10.3.2 74HC151 测试实现分析

1. 直流参数测试

74HC151 的直流参数测试有输出高电平测试和输出低电平测试两种方式。根据表 10-3 所示，输出高电平和输出低电平各有 5 种组合的测试条件。在这里，我们选择其中 1 种组合作为测试条件。

（1）输出高电平测试

选择 74HC151 输出高电平测试的条件是：

$$V_I=V_{IH} \text{ 或 } V_I=V_{IL}，I_{OH}=-6\text{mA}，V_{CC}=4.5\text{V}$$

① 74HC151 输入引脚有 $\bar{G}$、A、B、C、D0～D7，只要设置 $\bar{G}$、A、B、C、D0～D7 为高电平或低电平，即可满足 $V_I=V_{IH}$ 或 $V_I=V_{IL}$ 条件；

② 向 74HC151 的 Y 和 W 输出引脚施加−6mA 抽出电流，即可满足 I_{OH}=−6mA 条件；

③ 向 V_{CC} 引脚施加一个 4.5V 电压，即可满足 V_{CC}=4.5V 条件。

在满足 74HC151 输出高电平测试的条件后，可测试 74HC151 的 Y 和 W 输出引脚电压 V_{OH}，然后根据测试的结果判断输出高电平 V_{OH} 是否大于 3.84V。若结果大于 3.84V，则芯片为良品，否则为非良品。

（2）输出低电平测试

选择 74HC151 输出低电平测试的条件是：

$$V_I=V_{IH} \text{ 或 } V_I=V_{IL}，I_{OL}=6mA，V_{CC}=4.5V$$

① 设置 74HC151 的 $\overline{G}$、A、B、C、D0～D7 为高电平或低电平，即可满足 $V_I=V_{IH}$ 或 $V_I=V_{IL}$ 条件；

② 向 74HC151 的 Y 和 W 输出引脚施加 6mA 注入电流，即可满足 I_{OL}=6mA 条件；

③ 向 V_{CC} 引脚施加一个 4.5V 电压，即可满足 V_{CC}=4.5V 条件。

在满足 74HC151 输出低电平测试的条件后，可测试 74HC151 的 Y 和 W 输出引脚电压 V_{OL}，然后根据测试的结果判断输出低电平 V_{OL} 是否小于 0.33V。若结果小于 0.33V，则芯片为良品，否则为非良品。

2．功能测试

根据真值表 10-2 所示，74HC151 功能测试如下：

（1）向 V_{CC} 引脚施加一个 5V 电压，设置使能端 $\overline{G}$ 为低电平；

（2）按照 3 个通道选择端 A、B 和 C 的 8 个组合，逐一测试 74HC151 的 Y 和 W 输出引脚的状态；

（3）根据 74HC151 真值表，逐一验证 74HC151 的 Y 和 W 输出引脚的状态是否与 D0～D7 的状态相符合，若符合，则芯片为良品，否则为非良品。

注意 **基于 LK8820 的测试程序中用到的函数与基于 LK8810S 的测试程序中用到的函数，在用法上基本是一样的，只是在调用时有所区别。**

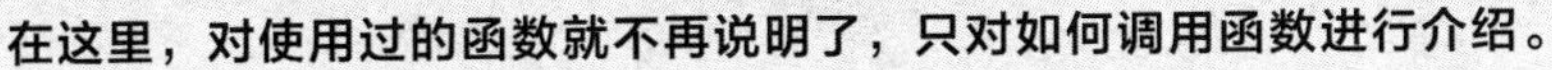

在这里，对使用过的函数就不再说明了，只对如何调用函数进行介绍。

3．74HC151 直流参数测试流程

74HC151 芯片直流参数测试流程如下：

（1）通过_on_vpt()函数选择 FORCE1（即电源通道 1），向 V_{CC} 引脚施加 4.5V 的电压，电流挡位是 1；

（2）通过_set_logic_level 函数设置输入引脚高电平的电压是 4.5V、低电平的电压是 0V，设置输出引脚高电平的电压是 0V、低电平的电压是 0V；

（3）通过_sel_drv_pin 函数设置 $\overline{G}$、A、B、C、D0～D7 为输入引脚；

（4）通过_set_drvpin 函数设置 $\overline{G}$、A、B、C、D0～D7 为低电平（A、B、C、D0～D7 也可以设置为其他状态）；

（5）通过_pmu_test_iv()函数，向被测引脚 Y 和 W 分别提供 6mA 和−6mA 电流，被测引脚 Y 和 W 的电压作为函数的返回值，根据返回值来判断被测引脚电压是否符合输出高/低电平的要求；

（6）通过_set_drvpin 函数，也可以将 A、B、C、D0～D7 设置为其他状态；

（7）通过_pmu_test_iv()函数向被测引脚提供−6mA 和 6mA 电流，测量的被测引脚电压作为函数的返回值，根据返回值来判断被测引脚电压是否符合输出高/低电平的要求。

说明：（1）～（3）是直流参数测试初始化；（4）～（5）是输出高电平测试；（6）～（7）是输出低电平测试。

4. 74HC151 功能测试流程

74HC151 功能测试流程如下：

（1）通过_on_vpt()函数选择 FORCE1（即电源通道 1），向 V_{CC} 引脚施加 5V 的电压，电流挡位是 1；

（2）通过_set_logic_level 函数设置输入引脚高电平的电压是 5V、低电平的电压是 0V，设置输出引脚高电平的电压是 4V、低电平的电压是 1V；

（3）通过_sel_drv_pin 函数设置 $\overline{G}$、A、B、C、D0～D7 为输入引脚；

（4）通过_sel_comp_pin 函数设置 Y 和 W 为输出引脚（比较引脚）；

（5）通过_set_drvpin 函数设置 $\overline{G}$、A、B、C、D0～D7 为低电平；

（6）按照 74HC151 的真值表，向输入端依次输入信号，通过_read_comppin()函数读取 Y 和 W 输出引脚的状态，并判断功能是否符合要求。若符合，则芯片为良品，否则为非良品。

比如，CBA 为 010 时，Y 引脚输出为 D2，W 引脚输出为 $\overline{D2}$。

又如，CBA 为 101 时，Y 引脚输出为 D5，W 引脚输出为 $\overline{D5}$。

10.3.3 74HC151 测试程序设计

10.3.3 74HC151
测试程序设计

根据任务描述，下面完成第一个基于 LK8820 的 74HC151 测试程序设计，并完成测试程序的编译、载入与运行。

1. 创建 74HC151 测试程序

在前面介绍过的图 10-13 中，单击“芯片测试”界面的“创建程序”；根据图 10-14 所示，输入测试程序名“74HC151”，并选择一个目录作为创建程序的保存路径；在图 10-15 中，单击“确定”按钮完成程序创建。74HC151 测试程序的文件夹，如图 10-21 所示。

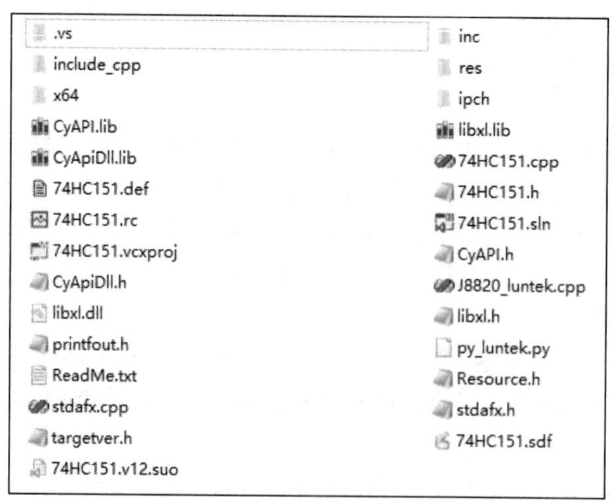

图 10-21　74HC151 测试程序的文件夹

2. 配置工程属性

在创建工程后，通常需要配置工程属性。在图 10-21 中，双击 74HC151.sln 文件，打开创建的 74HC151 测试程序。先用鼠标右击“解决方案资源管理器”的“74HC151”工程名；

然后在弹出的快捷菜单中，单击最后一行的“属性”选项，如图 10-22（a）所示。

打开“74HC151 属性页”后，在“配置”下拉列表中选择“Debug”，在“平台”下拉列表中选择“x64”，如图 10-22（b）所示，配置 74HC151 属性。

另外，还可以单击图 10-22（b）中的“配置管理器”按钮，进入“配置管理器”，进行属性配置。

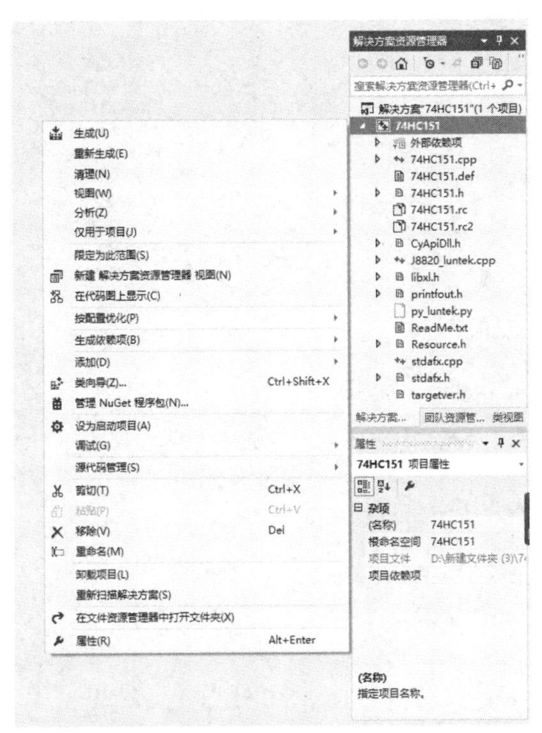

（a）单击“属性”选项

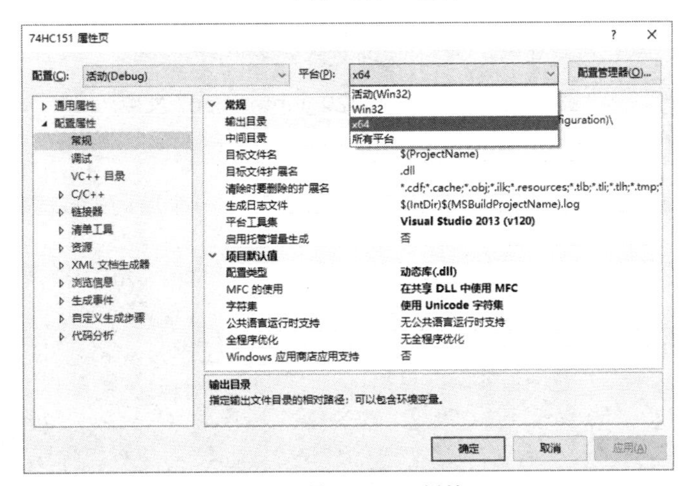

（b）配置 74HC151 属性

图 10-22　配置工程属性

3．编写测试程序

在“解决方案资源管理器”中，打开“J8820_luntek.cpp”文件，如图 10-23 所示。

J8820_luntek.cpp 文件主要包括头文件包含、测试程序信息函数及主测试程序函数，其中主测试程序函数需要编写测试程序代码。

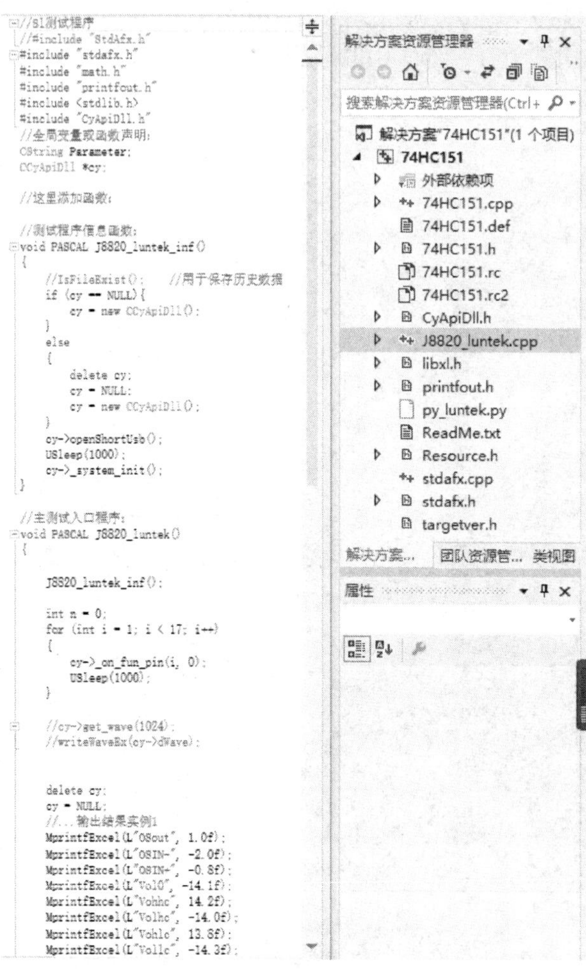

图 10-23　打开“J8820_luntek.cpp”文件

（1）PASCAL J8820_luntek_inf()函数

PASCAL J8820_luntek_inf()是测试程序信息函数，是一个自动生成的代码，不需要编写或修改。代码如下：

```
1.  void PASCAL J8820_luntek_inf()
2.  {
3.       if (cy == NULL){
4.                 cy = new CCyApiDll();
5.       }
6.       else
7.       {
8.                 delete cy;
9.                 cy = NULL;
10.                cy = new CCyApiDll();
11.      }
12.      cy->openShortUsb();
```

```
13.          USleep(1000);
14.      cy->_system_init();
15.  }
```

代码说明如下：

① “cy = new CCyApiDll();”语句，是创建 CCyApiDll()类的一个 cy 实例。也就是为类 CCyApiDll()实例化了一个对象，这个对象名为 cy。

② “if (cy == NULL)”语句中的 NULL，表示一个空指针，没有指向任何一个对象。该语句实现的功能是：如果 cy 是一个空指针，就执行“cy = new CCyApiDll();”语句；否则就先执行“delete cy;”和“cy = NULL;”语句，使得 cy 为空指针（即把 cy 以前指向的对象删除），然后再执行“cy = new CCyApiDll();”语句。

③ 最后 3 条语句，先是建立 USB 通信，然后延时 1000ms，最后进行系统初始化。

④ “->”是一个指向结构体成员的运算符。它表示使用一个指向结构体或对象的指针来访问其内部成员。

（2）编写初始化代码

PASCAL J8820_luntek()是一个主测试程序函数，主要包括测试程序初始化、直流参数测试、功能测试及输出测试结果等，这些代码都需要我们编写。

根据 74HC151 引脚与 LK8820 测试接口配接表（表 10-4），初始化代码如下：

```
1.  int i;
2.  int input[8] = { 4, 3, 2, 1, 14, 13, 12, 11 };
    //定义 74HC151 的 D0～D7 引脚所接 LK8820 测试接口的引脚
3.  int _G = 7;              //定义 G̅、Y、W、A、B 及 C 引脚所接 LK8820 测试接口的引脚
4.  int _Y = 5;
5.  int _W = 6;
6.  int _A = 10;
7.  int _B = 9;
8.  int _C = 8;
9.  int fun[8] = { 0 };   //fun[]数组用于存放 8 选 1 数据选择器 74HC151 的功能测试结果
10. float VOH[2] = { 0 };      //浮点型的 VOH[]数组用于存放输出高电平的测试结果
11. float VOL[2] = { 0 };      //浮点型的 VOL[]数组用于存放输出低电平的测试结果
12. J8820_luntek_inf();        //执行测试程序信息函数
```

其中，代码中 VOH[]数组的具体用法说明如下：

① 数组 VOH[]的 VOH[0]和 VOH[1]，分别存放 Y 和 W 引脚输出高电平的测试结果。

② 数组 VOL[]的 VOL[0]和 VOL[1]，分别存放 Y 和 W 引脚输出低电平的测试结果。

（3）编写直流参数测试代码

根据 74HC151 的直流参数测试条件的要求，直流参数测试代码包括输出高电平测试和输出低电平测试，代码如下：

```
1.  cy->_on_vpt(1, 1, 4.5);   //选择 FORCE1、向 Vcc 引脚施加 4.5V 的电压，电流挡位是 1
2.  cy->_set_logic_level(4.5, 0, 0, 0);
    //设置输入高电平是 4.5V、低电平是 0V；输出高电平是 0V、低电平是 0V
3.  cy->_sel_comp_pin(_W, _Y, 0);      //设置 W 和 Y 是比较引脚，也称为输出（比较）引脚
    //设置 D0～D7、G̅、A、B 及 C 是驱动引脚，也称为输入（驱动）引脚
4.  cy->_sel_drv_pin(input[0], input[1], input[2], input[3], input[4], input[5],
    input[6], input[7], _G, _A, _B, _C, 0);
5.  cy->_set_drvpin("L", _G, 0);                  //设置 G̅ 为低电平
6.  cy->_set_drvpin("L", _A, _B, _C, 0);          //设置 A、B 及 C 为低电平
```

```
7.  cy->_set_drvpin("L", input[0], 0);                    //设置 D0 为低电平
8.  VOL[0] = cy->_pmu_test_iv(_Y, 4, 6000, 2);
    //向 Y 引脚施加 6mA 电流，获得 Y 的电压，即输出低电平测试
9.  VOH[1] = cy->_pmu_test_iv(_W, 4, -6000, 2);
    //向 W 引脚施加-6mA 电流，获得 W 的电压，即输出高电平测试
10. cy->_set_drvpin("H", input[0], 0);                    //设置 D0 为高电平
11. VOL[1] = cy->_pmu_test_iv(_W, 4, 6000, 2);
    //向 W 引脚施加 6mA 电流，获得 W 的电压，即输出低电平测试
12. VOH[0] = cy->_pmu_test_iv(_Y, 4, -6000, 2);
    //向 Y 引脚施加-6mA 电流，获得 Y 的电压，即输出高电平测试
```

（4）编写功能测试代码

功能测试代码如下：

```
1.  cy->_on_vpt(1, 1, 5);         //选择 FORCE1、向 Vcc 引脚施加 5V 的电压，电流挡位是 1
2.  cy->_set_logic_level(5, 0, 4, 1);
    //设置输入高电平是 5V、低电平是 0V；输出高电平是 4V、低电平是 1V
3.  cy->_sel_comp_pin(_W, _Y, 0);
4.  cy->_sel_drv_pin(input[0], input[1], input[2], input[3], input[4], input[5],
    input[6], input[7], _G, _A, _B, _C, 0);
5.  cy->_set_drvpin("L", _G, 0);
6.  cy->_set_drvpin("L", _A, _B, _C, 0);                  //设置 CBA 为 000
7.  cy->_set_drvpin("L", input[0], input[1], input[2], input[3], input[4],
    input[5], input[6], input[7], 0);   //设置 D0～D7 为 0
8.  //CBA 为 000、D0 为 0 时，根据函数返回值判断 Y 和 W 是否分别为 0 和 1，若不是，fun[0] = 1,
    //表示功能失效
9.  if (cy->_read_comppin("L", _Y, 0) || cy->_read_comppin("H", _W, 0)){ fun[0] = 1; }
10. //CBA 为 000、D0 为 1 时，根据函数返回值判断 Y 和 W 是否分别为 1 和 0，若不是，fun[0] = 1,
    //表示功能失效
11. cy->_set_drvpin("H", input[0], 0);
12. if (cy->_read_comppin("H", _Y, 0) || cy->_read_comppin("L", _W, 0)){ fun[0] = 1; }
13. //CBA 为 001、D1 为 0 时，根据函数返回值判断 Y 和 W 是否分别为 0 和 1，若不是，fun[1] = 1,
    //表示功能失效
14. cy->_set_drvpin("H", _A, 0);//001
15. if (cy->_read_comppin("L", _Y, 0) || cy->_read_comppin("H", _W, 0)){ fun[1] = 1; }
16. //CBA 为 001、D1 为 1 时，根据函数返回值判断 Y 和 W 是否分别为 1 和 0，若不是，fun[1] = 1,
    //表示功能失效
17. cy->_set_drvpin("H", input[1], 0);
18. if (cy->_read_comppin("H", _Y, 0) || cy->_read_comppin("L", _W, 0)){ fun[1] = 1; }
19. cy->_set_drvpin("L", _A, 0);
20. cy->_set_drvpin("H", _B, 0);                          //D2 为 0：设置 CBA 为 010
21. if (cy->_read_comppin("L", _Y, 0) || cy->_read_comppin("H", _W, 0)){ fun[2]
    = 1; }        //判断 D2 为 0 的情况（同上）
22. cy->_set_drvpin("H", input[2], 0);                    //设置 D2 为 1
23. if (cy->_read_comppin("H", _Y, 0) || cy->_read_comppin("L", _W, 0)){ fun[2]
    = 1; }        //判断 D2 为 1 的情况（同上）
24. cy->_set_drvpin("H", _A, 0);                          //D3 为 0：设置 CBA 为 011
25. if (cy->_read_comppin("L", _Y, 0) || cy->_read_comppin("H", _W, 0)){ fun[3]
    = 1; }        //判断 D3 为 0 的情况
26. cy->_set_drvpin("H", input[3], 0);                    //设置 D3 为 1
27. if (cy->_read_comppin("H", _Y, 0) || cy->_read_comppin("L", _W, 0)){ fun[3]
    = 1; }        //判断 D3 为 1 的情况
```

```
28. cy->_set_drvpin("L", _A, _B, 0);
29. cy->_set_drvpin("H", _C, 0);                              //D4 为 0：设置 CBA 为 100
30. if (cy->_read_comppin("L", _Y, 0) || cy->_read_comppin("H", _W, 0)){ fun[4]
    = 1; }          //判断 D4 为 0 的情况
31. cy->_set_drvpin("H", input[4], 0);                        //设置 D4 为 1
32. if (cy->_read_comppin("H", _Y, 0) || cy->_read_comppin("L", _W, 0)){ fun[4]
    = 1; }          //判断 D4 为 1 的情况
33.     cy->_set_drvpin("H", _A, 0);                          //D5 为 0：设置 CBA 为 101
34. if (cy->_read_comppin("L", _Y, 0) || cy->_read_comppin("H", _W, 0)){ fun[5]
    = 1; }          //判断 D5 为 0 的情况
35. cy->_set_drvpin("H", input[5], 0);                        //设置 D5 为 1
36. if (cy->_read_comppin("H", _Y, 0) || cy->_read_comppin("L", _W, 0)){ fun[5]
    = 1; }          //判断 D5 为 1 的情况
37. cy->_set_drvpin("L", _A, 0);
38. cy->_set_drvpin("H", _B, 0);                              //D6 为 0：设置 CBA 为 110
39. if (cy->_read_comppin("L", _Y, 0) || cy->_read_comppin("H", _W, 0)){ fun[6]
    = 1; }          //判断 D6 为 0 的情况
40. cy->_set_drvpin("H", input[6], 0);                        //设置 D6 为 1
41. if (cy->_read_comppin("H", _Y, 0) || cy->_read_comppin("L", _W, 0)){ fun[6]
    = 1; }          //判断 D6 为 1 的情况
42. cy->_set_drvpin("H", _A, 0);                              //D7 为 0：设置 CBA 为 111
43. if (cy->_read_comppin("L", _Y, 0) || cy->_read_comppin("H", _W, 0)){ fun[7]
    = 1; }          //判断 D7 为 0 的情况
44. cy->_set_drvpin("H", input[7], 0);                        //设置 D7 为 1
45. if (cy->_read_comppin("H", _Y, 0) || cy->_read_comppin("L", _W, 0)){ fun[7]
    = 1; }          //判断 D7 为 1 的情况
```

“if (cy->_read_comppin("L", _Y, 0) || cy->_read_comppin("H", _W, 0)){ fun[0] = 1; }”语句的说明如下：

① “||”是逻辑运算符中的逻辑或，是一个二元运算符，当且仅当两个运算量的值都为“假”时，运算结果是“假”，否则为真。

② cy->_read_comppin("L", _Y, 0)函数实现的功能是：读取 Y 引脚的状态，并与“L”进行比较，如果二者相等，表示功能符合要求，函数返回值为 0，否则为 1（表示功能不符合要求）。

③ cy->_read_comppin("H", _W, 0)函数实现的功能是：读取 W 引脚的状态，并与“H”进行比较，如果二者相等，表示功能符合要求，函数返回值为 0，否则为 1。

④ 在 if 语句的条件表达式中，如果两个_read_comppin()函数中有任何一个函数的返回值为“1”或两个函数的返回值都为“1”，条件表达式为“真”，执行 if 语句的“fun[0] = 1;”语句，功能不符合要求。如果两个函数的返回值都为“0”，条件表达式为“假”，就不执行“fun[0] = 1;”语句，fun[0]还保持为 0，功能符合要求。

（5）编写输出测试结果的代码

输出 74HC151 的直流参数测试和功能测试结果，是利用 MprintfExcel()函数实现的，输出测试结果的代码如下：

```
1.  MprintfExcel(L"D0 OUT", fun[0]);
2.  MprintfExcel(L"D1 OUT", fun[1]);
3.  MprintfExcel(L"D2 OUT", fun[2]);
4.  MprintfExcel(L"D3 OUT", fun[3]);
```

```
5.  MprintfExcel(L"D4 OUT", fun[4]);
6.  MprintfExcel(L"D5 OUT", fun[5]);
7.  MprintfExcel(L"D6 OUT", fun[6]);
8.  MprintfExcel(L"D7 OUT", fun[7]);
9.  MprintfExcel(L"VOH Y", VOH[0]);
10. MprintfExcel(L"VOL Y", VOL[0]);
11. MprintfExcel(L"VOH W", VOH[1]);
12. MprintfExcel(L"VOL W", VOL[1]);
```

MprintfExcel()函数在 printfout.h 头文件中，本书中不对该函数进一步介绍。函数说明如下：

① 第 1 个参数是测试的参数名称，第 2 个参数是测试参数的结果。

② 根据 def 文件中的参数名称，查找 excel 文件中对应的参数名称，并将第 2 个参数计算出的参数结果写入对应的单元格中。其中，def 文件会在后面进行介绍。

下面给出 74HC151 测试程序的完整代码，在这里省略前面已经给出的代码，代码如下：

```
1.  /*****************74HC151 测试****************/
2.  #include "math.h"
3.  #include "printfout.h"
4.  #include <stdlib.h>
5.  #include "CyApiDll.h"
6.  ……                                    //全局变量和函数声明
7.  CString Parameter;
8.  CCyApiDll *cy;
9.  /***************测试程序信息函数***************/
10. void PASCAL J8820_luntek_inf()
11. {
12.     ……                                //测试程序信息函数的函数体
13. }
14. /***************主测试入口程序****************/
15. inline void PASCAL J8820_luntek()
16. {
17.     ……                                //初始化代码
18.     J8820_luntek_inf();               //调用测试程序信息函数
19.     ……                                //直流参数测试代码
20.     cy->_reset();                     //系统复位
21.     ……                                //功能测试代码
22.     cy->_reset();
23.     delete cy;                        //使 cy 为空指针，把 cy 以前指向的对象删除
24.     cy = NULL;
25.     ……                                //输出测试结果
26. }
```

4. 修改 def 文件

在创建工程时，会自动生成一个 def 文件模板，在“解决方案资源管理器”中，打开“74HC151.def”文件模板，如图 10-24 所示。

在 def 文件模板上，根据 74HC151 的功能测试和直流参数测试条件的要求，修改 def 文件模板的每行每列内容，修改后的 def 文件如图 10-25 所示。

5. 74HC151 测试程序编译

编写完 74HC151 测试程序后，进行编译。若编译发生错误，则要进行分析与检查，直至编译成功为止。

```
;Parameter, Unit, CompMin, CompMax, DispFormat, SUBn, SFBin, Test, Save, FunctionName, TestCondation,
;OSout,     V,    -1.2,    2.2,     0,          2,    8,     1,    1,    Test_OS,      Delay_mS:5\I_mA:-0.1,
;OSIN-,     V,    -1.2,    -0.2,    0,          2,    8,     1,    1,    Nop,          ,
;OSIN+,     V,    -1.2,    -0.2,    0,          2,    8,     1,    1,    Nop,          ,
;Vol0,      V,    -15.0,   -13.5,   0,          2,    8,     1,    1,    Nop,          ,
;Vohhc,     V,    13.5,    15.0,    0,          2,    8,     1,    1,    Nop,          ,
;Volhc,     V,    -15.0,   -13.5,   0,          2,    8,     1,    1,    Nop,          ,
;Vohlc,     V,    13.5,    15.0,    0,          2,    8,     1,    1,    Nop,          ,
;Vollc,     V,    -15.0,   -13.5,   0,          2,    8,     1,    1,    Nop,          ,
;LVoh,      V,    1.5,     3.0,     0,          2,    8,     1,    1,    Nop,          ,
;LVol,      V,    -0.01,   0.2,     0,          2,    8,     1,    1,    Nop,          ,
;Isource,   mA,   -59.0,   -20.0,   0,          2,    8,     1,    1,    Test_ISOR,    Delay_mS:5\Vcc_V:5.0\VEE_V:-0.0,
;Isc,       mA,   0.0,     -12,     0,          2,    8,     1,    1,    Nop,          ,
;Isink2,    mA,   12.0,    -12,     0,          2,    8,     1,    1,    Nop,          ,
;Isink0.2,  uA,   32.0,    -13,     0,          2,    8,     1,    1,    Nop,          ,
;Vpp,       V,    9.6,     11.4,    0,          2,    8,     1,    1,    Test_Vpp,     Delay_mS:20\Vcc_V:7.5\VEE_V:-7.5\VinPP_V:1.0,
```

图 10-24　自动生成的 def 文件模板

```
;Parameter, Unit, CompMin, CompMax, DispFormat, SUBn, SFBin, Test, Save, FunctionName, TestCondation,
;D0 OUT,    1/0,  0,       0,       0,          2,    8,     1,    1,    Nop,          ,
;D1 OUT,    1/0,  0,       0,       0,          2,    8,     1,    1,    Nop,          ,
;D2 OUT,    1/0,  0,       0,       0,          2,    8,     1,    1,    Nop,          ,
;D3 OUT,    1/0,  0,       0,       0,          2,    8,     1,    1,    Nop,          ,
;D4 OUT,    1/0,  0,       0,       0,          2,    8,     1,    1,    Nop,          ,
;D5 OUT,    1/0,  0,       0,       0,          2,    8,     1,    1,    Nop,          ,
;D6 OUT,    1/0,  0,       0,       0,          2,    8,     1,    1,    Nop,          ,
;D7 OUT,    1/0,  0,       0,       0,          2,    8,     1,    1,    Nop,          ,
;VOH Y,     V,    3.84,    4.5,     0,          2,    8,     1,    1,    Nop,          ,
;VOL Y,     V,    0,       0.33,    0,          2,    8,     1,    1,    Nop,          ,
;VOH W,     V,    3.84,    4.5,     0,          2,    8,     1,    1,    Nop,          ,
;VOL W,     V,    0,       0.33,    0,          2,    8,     1,    1,    Nop,
```

图 10-25　修改后的 def 文件

6. 74HC151 测试程序的载入与运行

先将搭建好的 74HC151 测试电路插接到 LK8820 外挂盒的芯片测试接口上，然后进行 74HC151 测试程序的载入与运行操作。操作步骤如下：

（1）打开 LK8820 前面板，打开专用电源开关，如图 10-26 所示；

（2）打开工控机电源开关，如图 10-27 所示；

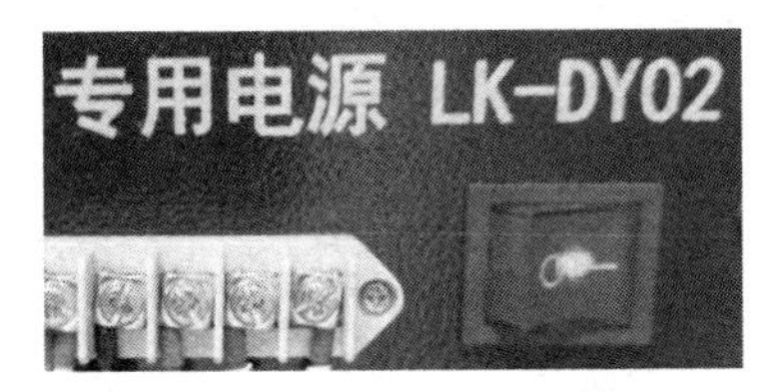

图 10-26　打开专用电源开关

图 10-27　打开工控机电源开关

（3）工控机启动后，运行 LK8820 测试软件，通过 LK8820 测试系统登录等操作进入“芯片测试”界面，如图 10-13 所示；

（4）单击“载入程序”，弹出“程序选择”界面，然后通过 74HC151 测试程序的文件夹、经 x64 文件夹、定位到 Debug 文件夹，获取 74HC151 芯片的动态连接库文件，并完成芯片测试程序的载入，如图 10-28 所示；

（5）载入 74HC151 芯片的测试程序后，单击“开始测试”，即可显示 74HC151 芯片的测试结果，如图 10-29 所示。

观察 74HC151 测试程序的运行结果是否符合任务要求。若运行结果不能满足任务要求，则要对测试程序进行分析、检查、修改，直至运行结果满足任务要求为止。

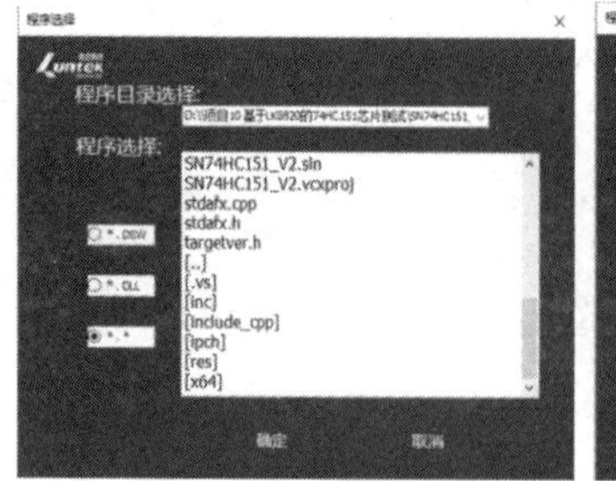

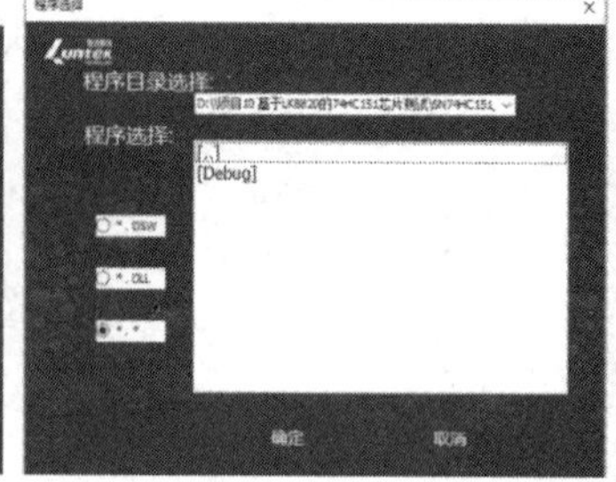

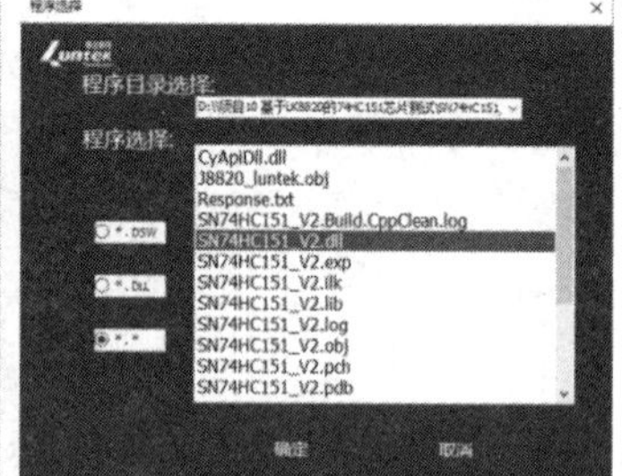

图 10-28 “程序选择”界面

参数名	单位	最小值	最大值	失效数	Site
DO OUT	1/0	0	0	0	0.0000
D1 OUT	1/0	0	0	0	0.0000
D2 OUT	1/0	0	0	0	0.0000
D3 OUT	1/0	0	0	0	0.0000
D4 OUT	1/0	0	0	0	0.0000
D5 OUT	1/0	0	0	0	0.0000
D6 OUT	1/0	0	0	0	0.0000
D7 OUT	1/0	0	0	0	0.0000
VOH Y	V	3.84	4.5	0	4.3571
VOL Y	V	0	0.33	0	0.1315
VOH W	V	3.84	4.5	0	4.3617
VOL W	V	0	0.33	0	0.1300

测试总数：1

合格数量：1

合格率：100.00%

测试时间：3.320S

程序名称：SN74HC151_V.

测试名称：J8820_luntek.CPP

程序版本：SN74HC151_V2

图 10-29 74HC151 芯片的测试结果

关键知识点梳理

1．LK8820 集成电路测试机采用模块化和工业化的设计思路，可以完成集成电路芯片测试和板级电路测试。

2．LK8820 由工控机、测试主机、测试软件、测试接口、触控显示器及 LK8820-SP 集成电路开发教学软件等部分组成。

3．LK8820 系统控制模块主要包括控制系统、接口与通信（CM）、参考电压与电压测量（VM）、四象限电源（PV）、数字功能引脚（PE）、模拟功能（WM）及模拟开关与时间测量（ST）等模块。

4．LK8820 集成电路测试机的电源是专门设计的，为测试机提供+5V、+12V、±24V、±36V 等电源，完全由测试系统软件控制和监控。

5．LK8820 的测试板，也称为 DUT 板，目前使用 Mini DUT 板。在进行芯片测试时，通常需要搭建与焊接测试电路板。

LK8820 的测试转接板有 6 个 96PIN 接口（母接口），Mini DUT 板主要是通过这些接口连接在测试机上进行测试。

LK88820 的外挂测试接口也有 6 个 96PIN 接口（公接口），在进行芯片测试时，可将插接有 Mini DUT 板的测试转接板正面向外、丝印向下插接到外挂测试接口上。

6. LK8820 测试软件主要有设备设置、芯片测试、数据显示、云平台、日志管理、用户管理、分选测试及系统退出等 8 个功能。用户可方便地新建、打开、复制用户测试程序。通过使用测试机的专用函数，在 VS2013 编程环境下编写相应的芯片测试程序，可有效地使用和控制测试机的硬件资源。

7. 74HC151 是一个 8 通道多路复用器（8 选 1 数据选择器），通过 A、B 和 C 通道选择输入端，选择 D0～D7 其中一个相应的数据输入作为数据输出，采用 16 引脚的 DIP 封装或 SOP 封装。

例如，CBA = 000，则选择 D0 数据到输出端，即 Y = D0。

又如，CBA = 001，则选择 D1 数据到输出端，即 Y = D1，以此类推。

8. 采用 LK8820 的 Mini DUT 板和测试转接板，通过杜邦线和焊接进行 74HC151 测试电路搭建。测试电路主要完成 74HC151 的直流参数测试和功能测试。

9. 74HC151 的直流参数测试有输出高电平测试和输出低电平测试两种方式，有 5 种组合的测试条件。

选择 74HC151 输出高电平测试的条件是：

$$V_I=V_{IH} \text{ 或 } V_I=V_{IL}，I_{OH}=-6\text{mA}，V_{CC}=4.5\text{V}$$

在满足 74HC151 输出高电平测试的条件后，可测试 74HC151 的 Y 和 W 输出引脚电压 V_{OH}，然后根据测试的结果判断输出高电平 V_{OH} 是否大于 3.84V。若结果大于 3.84V，则芯片为良品，否则为非良品。

选择 74HC151 输出低电平测试的条件是：

$$V_I=V_{IH} \text{ 或 } V_I=V_{IL}，I_{OL}= 6\text{mA}，V_{CC}=4.5\text{V}$$

在满足 74HC151 输出低电平测试的条件后，可测试 74HC151 的 Y 和 W 输出引脚电压 V_{OL}，然后根据测试的结果判断输出低电平 V_{OL} 是否小于 0.33V。若结果小于 0.33V，则芯片为良品，否则为非良品。

10. 根据真值表 10-2 所示，74HC151 功能测试流程如下：

（1）向 V_{CC} 引脚施加一个 5V 电压，设置使能端 $\overline{G}$ 为低电平；

（2）按照 3 个通道选择端 A、B 和 C 的 8 个组合，逐一测试 74HC151 的 Y 和 W 输出引脚的状态；

（3）根据 74HC151 真值表，逐一验证 74HC151 的 Y 和 W 输出引脚的状态是否与 D0～D7 的状态相符合，若符合，则芯片为良品，否则为非良品。

11. 创建集成电路测试程序的步骤如下：

（1）创建测试程序；

（2）配置工程属性，以后就不需要配置了；

（3）根据集成电路测试的参数，编写测试程序、修改 def 文件；

（4）测试程序编译及载入测试程序；

（5）运行测试程序。

12. 集成电路测试流程如下：

（1）将搭建好的 74HC151 测试电路插接到 LK8820 外挂盒的芯片测试接口上；

（2）打开 LK8820 前面板，打开专用电源开关；

（3）打开工控机电源开关；

（4）工控机启动后，运行 LK8820 测试软件，通过 LK8820 测试系统登录等操作进入“芯片测试”界面；

（5）通过单击“芯片测试”界面上“载入程序”来获取芯片的动态连接库文件，并完成芯片测试程序的载入；

（6）单击“芯片测试”界面上的“开始测试”按钮，在界面的窗体中即可显示测试结果的数据。

问题与实操

10-1 填空题

（1）LK8820 系统控制模块主要包括________、________、________、________、________、________及________等模块。

（2）LK8820 集成电路测试机的电源是专门设计的，为测试机提供________、________、________、________等电源，完全由测试系统软件控制和监控。

（3）LK8820 测试软件主要有________、________、________、________、________、________、________及________8 个功能。

（4）74HC151 的直流参数测试和________测试，其中直流参数测试有________测试和________测试。

10-2 简述 LK8820 由哪几部分组成。

10-3 简述 LK8820 集成电路测试机的电源具备哪些特性。

10-4 简述 74HC151 直流参数测试的流程。

10-5 简述 74HC151 功能测试的流程。

10-6 简述创建集成电路测试程序的步骤。

项目11 电压调挡显示测试

11

项目导读

前面主要介绍了常见的 74HC138、CD4511、74HC245、ULN2003、LM358、NE555、ADC0804、DAC0832 及 74HC151 芯片测试。

本项目从电压调挡显示（集成电路综合应用）测试电路入手，首先让读者对电压调挡显示电路有一个初步了解；然后介绍如何搭建基于 LK8810S 和基于 LK8820 的电压调挡显示测试电路，并介绍电压调挡显示测试程序设计的方法。通过电压调挡显示测试电路连接及测试程序设计，让读者进一步了解集成电路芯片的应用。

知识目标	1. 了解 LM358、ADC0804 及 CD4511 的应用 2. 掌握电压调挡显示电路的组成和工作过程 3. 掌握电压调挡显示电路的测试方法 4. 学会电压调挡显示测试电路设计和测试程序设计
技能目标	能完成基于 LK8810S 和基于 LK8820 的电压调挡显示测试电路连接，能完成电压调挡显示测试的相关编程，实现电压调挡显示测试
教学重点	1. 基于 LK8810S 和基于 LK8820 的电压调挡显示测试电路搭建 2. 电压调挡显示电路的工作过程 3. 电压调挡显示测试程序设计
教学难点	电压调挡显示测试步骤及测试程序设计
建议学时	6～8 学时
推荐教学方法	从任务入手，通过电压调挡显示测试电路设计，让读者了解 LM358、ADC0804 及 CD4511 等芯片的应用，进而通过电压调挡显示测试程序设计，进一步熟悉电压调挡显示的测试方法
推荐学习方法	勤学勤练、动手操作是学好电压调挡显示测试的关键，动手完成基于 LK8810S 和基于 LK8820 的电压调挡显示测试，通过“边做边学”达到更好的学习效果

11.1 任务 34 电压调挡显示测试电路设计与搭建

11.1.1 任务描述

利用 LM358、ADC0804、CD4511 及数码管，根据电压调挡显示电路的工作原理，完成电压调挡显示电路设计与搭建。电路搭建要求如下：

（1）采用 LK8810S 的电压调挡显示测试板，完成基于 LK8810S 的电压调挡显示电路搭建；

（2）采用 LK8820 的电压调挡显示测试板，完成基于 LK8820 的电压调挡显示电路搭建。

11.1.2 电压调挡显示电路设计

11.1.2 电压调挡显示电路设计

电压调挡显示电路主要由电压采集、挡位选择、电压放大、A/D 转换、测试机及数码显示等模块组成。电压调挡显示电路的组成如图 11-1 所示。

其中，电压采集、挡位选择、电压放大、A/D 转换及数码显示等模块是集成在一个电路板上，称为电压调挡显示电路板。

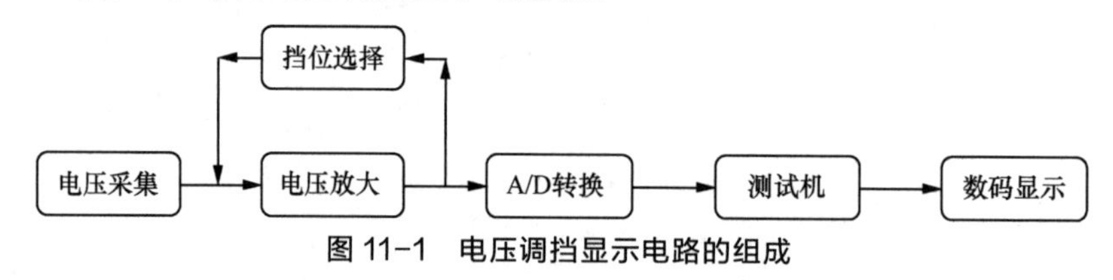

图 11-1 电压调挡显示电路的组成

根据图 11-1 所示，电压调挡显示测试的工作过程如下：

（1）电压采集模块从测试机提供的 5V 电压，采集 1V 电压给电压放大模块；

（2）挡位选择模块通过改变运算放大器的反馈电阻值，选择电压放大模块的放大倍数，共有 4 个挡位，可以选择放大 1～4 倍；

（3）经过电压放大模块的电压信号送至 A/D 转换模块；

（4）A/D 转换完成后，数字信号被送至测试机；

（5）测试机运行测试程序，对 A/D 转换模块送来的数字信号进行处理，处理完成后送至数码管显示采集的电压值。

下面以 LK8810S 的电压调挡显示测试电路为例，介绍电路中的各模块。

1. 电压采集、挡位选择与电压放大

（1）测试机输入的 5V 电压，经两个 2kΩ和一个 1kΩ电阻分压得到 1V 的电压，采集到的 1V 电压提供给运算放大器，如图 11-2（a）所示。

（2）电压放大电路是由 LM358 芯片构成的同相输入放大电路，1V 电压的输入信号加到 LM358 的同相输入端，如图 11-2（b）所示。

（3）电压放大倍数有 1、2、3、4 等 4 个调挡，电压调挡是通过跳线帽来选择不同的反馈电阻，获得不同的放大倍数，如图 11-2（c）所示。其中，连接 3kΩ反馈电阻的是 4 挡；连接 2kΩ反馈电阻的是 3 挡；连接 1kΩ反馈电阻的是 2 挡；另外一个是 1 挡。

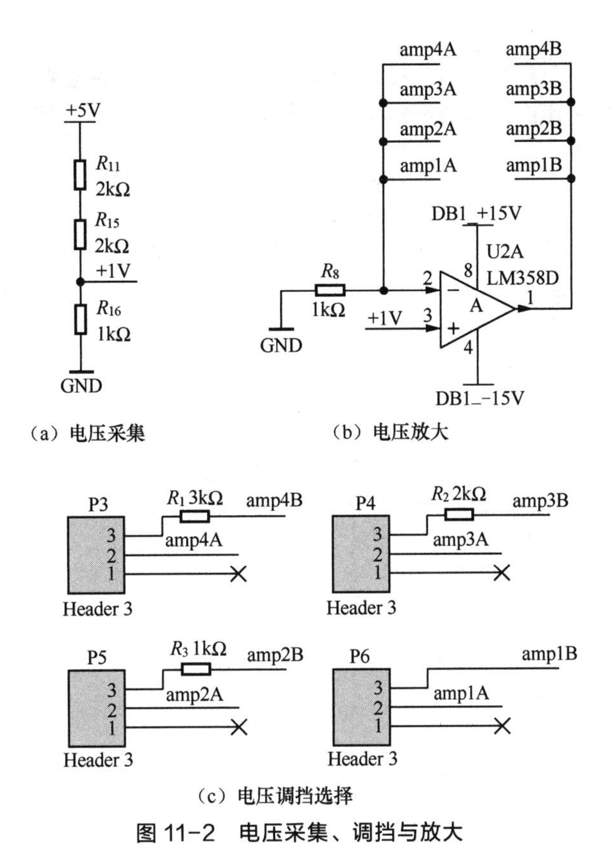

（a）电压采集　（b）电压放大

（c）电压调挡选择

图 11-2　电压采集、调挡与放大

2. A/D 转换

A/D 转换电路是由 ADC0804 芯片构成的，模拟量输入是放大电路输出的电压信号，经 A/D 转换获得的数字信号送至测试机，如图 11-3 所示。

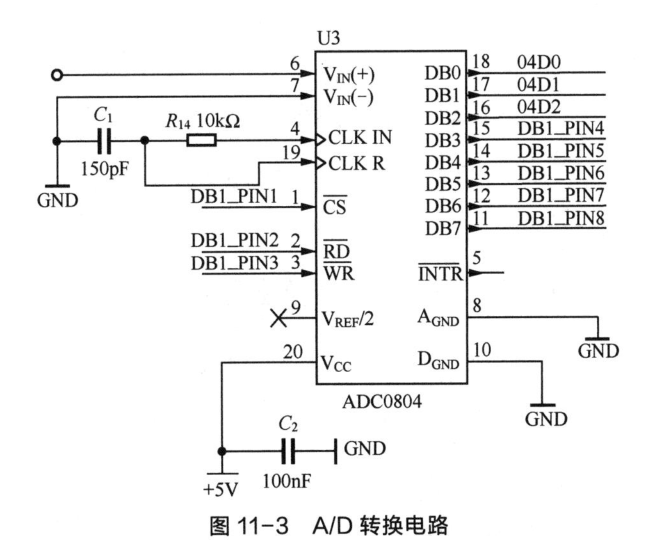

图 11-3　A/D 转换电路

注意　根据图 11-3 所示，经 A/D 转换的数字信号是 8 位二进制数。在这里，只把 8 位二进制数的高 5 位发给测试机，低 3 位默认为 0。所以，电压测试的结果会有微小误差。

3. 数码显示

数码显示电路是由两个 CD4511 和两个共阴数码管构成的，其中两个数码管分别显示电压值的个位和十分位。显示电压值的个位数的电路，如图 11-4（a）所示。显示电压值的十分位数的电路，如图 11-4（b）所示。

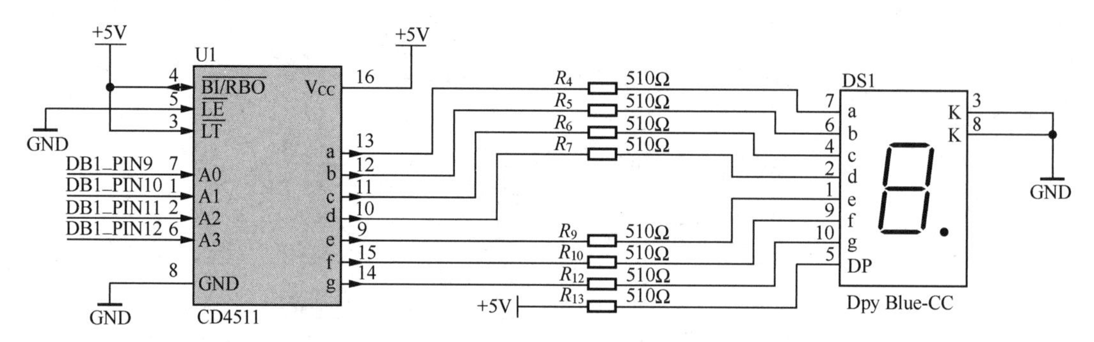

（a）个位数显示电路

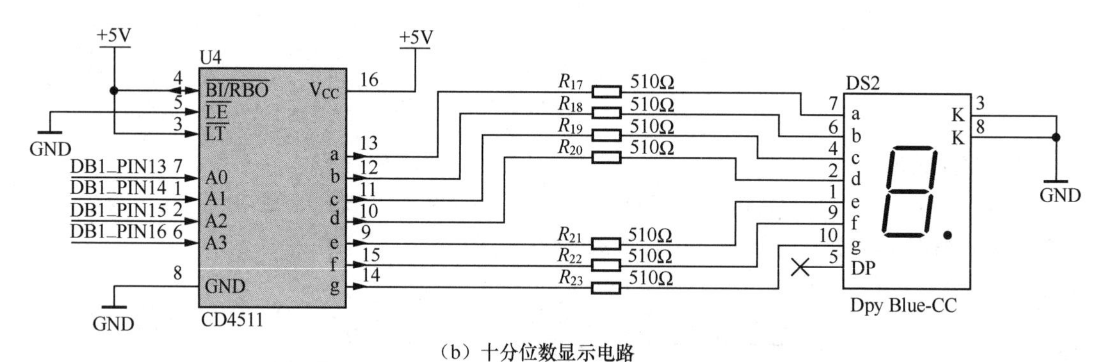

（b）十分位数显示电路

图 11-4　数码管显示电路

根据图 11-4 所示，测试机将要显示的电压值的个位和十分位分别经 CD4511 译码为数码管显示个位和十分位的数字编码。

11.1.3　基于 LK8810S 的电压调挡显示电路搭建

11.1.3 基于 LK8810S 的电压调挡显示电路搭建

根据任务描述，采用 LK8810S 的电压调挡显示测试板完成基于 LK8810S 的电压调挡显示电路搭建。

1. 测试接口

基于 LK8810S 的电压调挡显示测试板电路，如图 11-2、图 11-3 以及图 11-4 所示。电压调挡显示测试板与 LK8810S 测试接口配接表如表 11-1 所示。

表 11-1　电压调挡显示测试板与 LK8810S 测试接口配接表

序号	测试机接口引脚	电压调挡显示测试板接口引脚	芯片引脚
1	PIN1	$\overline{CS}$	ADC0804 控制信号 $\overline{CS}$：芯片使能 $\overline{RD}$：读转换数据 $\overline{WR}$：开始转换
2	PIN2	$\overline{RD}$	
3	PIN3	$\overline{WR}$	
4	PIN4	DB[3]	ADC0804 模数转换后，取高 5 位，低 3 位默认为 0，DB[7]为最高位。 DB3～DB7
5	PIN5	DB[4]	
6	PIN6	DB[5]	
7	PIN7	DB[6]	
8	PIN8	DB[7]	
9	PIN9	A[0]	控制显示电压值个位数的 CD4511： A0、A1、A2、A3
10	PIN10	A[1]	
11	PIN11	A[2]	
12	PIN12	A[3]	
13	PIN13	B[0]	控制显示电压值十分位数的 CD4511： A0、A1、A2、A3
14	PIN14	B[1]	
15	PIN15	B[2]	
16	PIN16	B[3]	

2. 电压调挡显示测试板

电压调挡显示测试板的正面如图 11-5 所示。

电压调挡显示测试板的反面如图 11-6 所示。

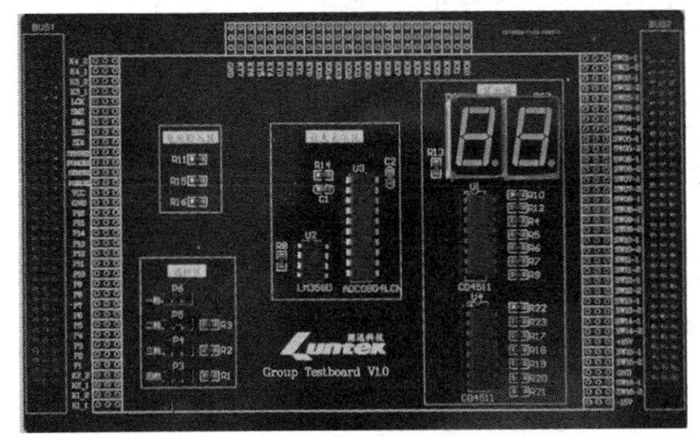

图 11-5　电压调挡显示测试板的正面

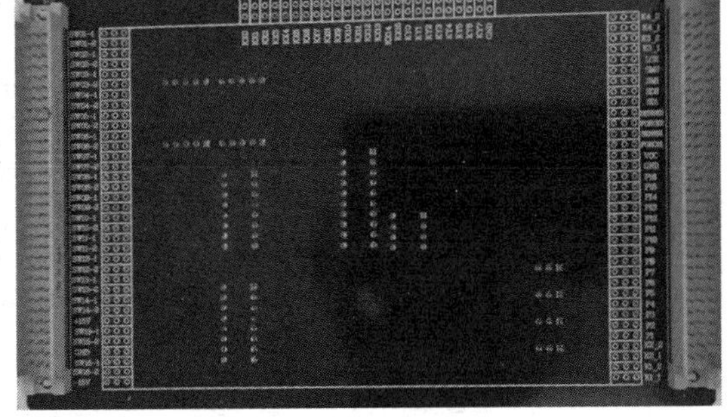
图 11-6　电压调挡显示测试板的反面

3. 电压调挡显示测试电路搭建

按照任务要求，基于 LK8810S 的电压调挡显示测试，是采用基于测试区的测试方式，把 LK8810S 与 LK220T 的测试区结合起来，完成电路搭建的。

（1）将电压调挡显示测试板卡插接到 LK220T 的测试区接口；

（2）将 100PIN 的 SCSI 转换接口线一端插接到靠近 LK220T 测试区一侧的 SCSI 接口上，另一端插接到 LK8810S 外挂盒上的芯片测试转接板的 SCSI 接口上。

到此，完成基于测试区的电压调挡显示测试电路搭建，如图 11-7 所示。

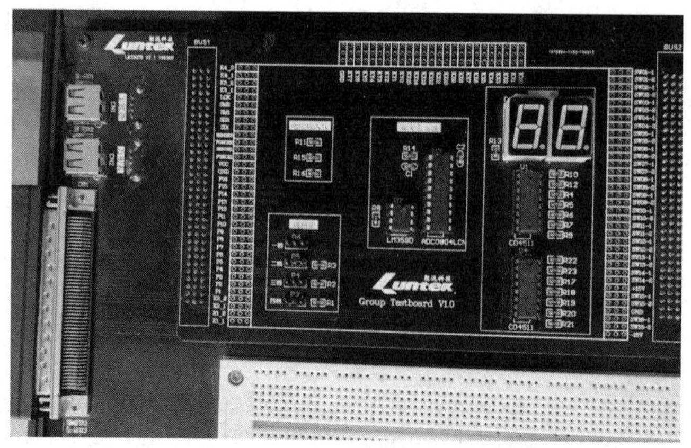

图 11-7　基于测试区的电压调挡显示测试电路搭建

11.1.4　基于 LK8820 的电压调挡显示电路搭建

11.1.4 基于 LK8820 的电压调挡显示电路搭建

根据任务描述，采用 LK8820 的电压调挡显示测试板，完成基于 LK8820 的电压调挡显示电路搭建。

1. 电压调挡显示测试电路设计

基于 LK8820 的电压调挡显示测试电路，与基于 LK8810S 的电压调挡显示测试电路基本一样，也是由电压采集、挡位选择、电压放大、A/D 转换、测试机及数码显示等模块组成的。

（1）电压采集、挡位选择与电压放大

测试机输入的 5V 电压，经两个 2kΩ和一个 1kΩ电阻分压得到 1V 的电压，采集到的 1V 电压提供给运算放大器；运放 LM358、电阻以及排针跳线帽组成同向比例放大电路，1V 电压的输入信号加到 LM358 的同相输入端。电压采集、挡位选择与电压放大电路如图 11-8 所示。

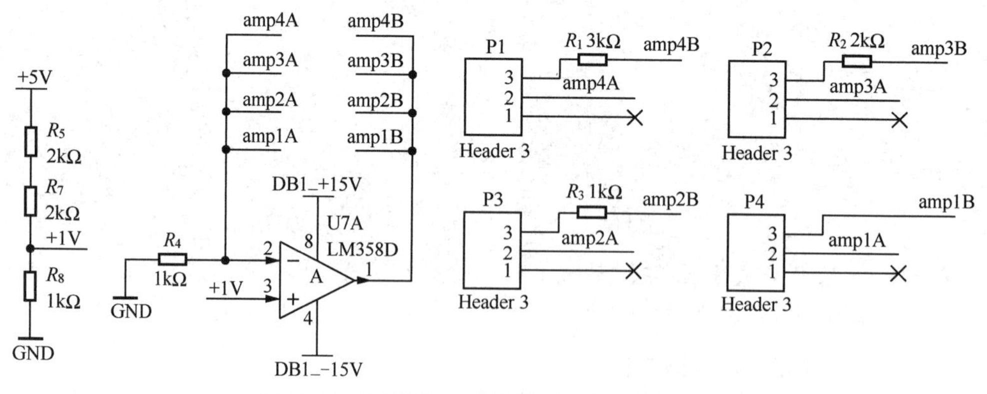

图 11-8　电压采集、挡位选择与电压放大电路

调节反馈电阻的阻值可以改变放大倍数，计算放大倍数公式如下：

$$A_V = 1 + \frac{R_f}{R_4}$$

根据公式，当 R_4=1kΩ 时，R_f 取 0Ω、1kΩ、2kΩ、3kΩ，对应的放大倍数分别为 1 倍、2

倍、3 倍、4 倍。

（2）A/D 转换

A/D 转换电路是将运放 LM358 输出的模拟量转换为数字量，并把转换后的数字量的高 5 位发给测试机（低 3 位默认为 0，结果会有微小误差）。A/D 转换电路如图 11-9 所示。

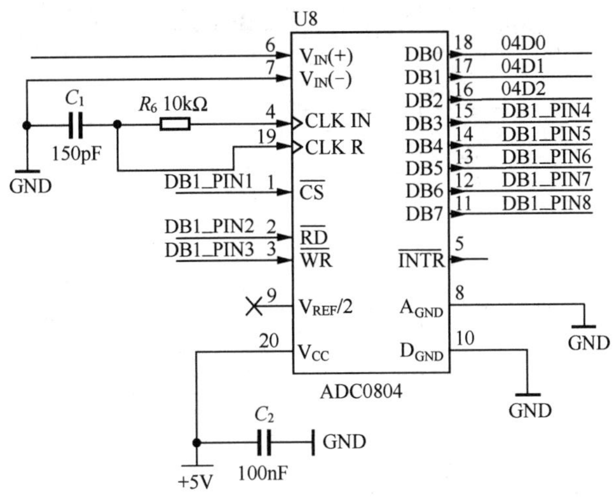

图 11-9 A/D 转换电路

（3）数码管显示

数码管显示电路的两个数码管分别显示电压值的个位数和十分位数，如图 11-10 所示。

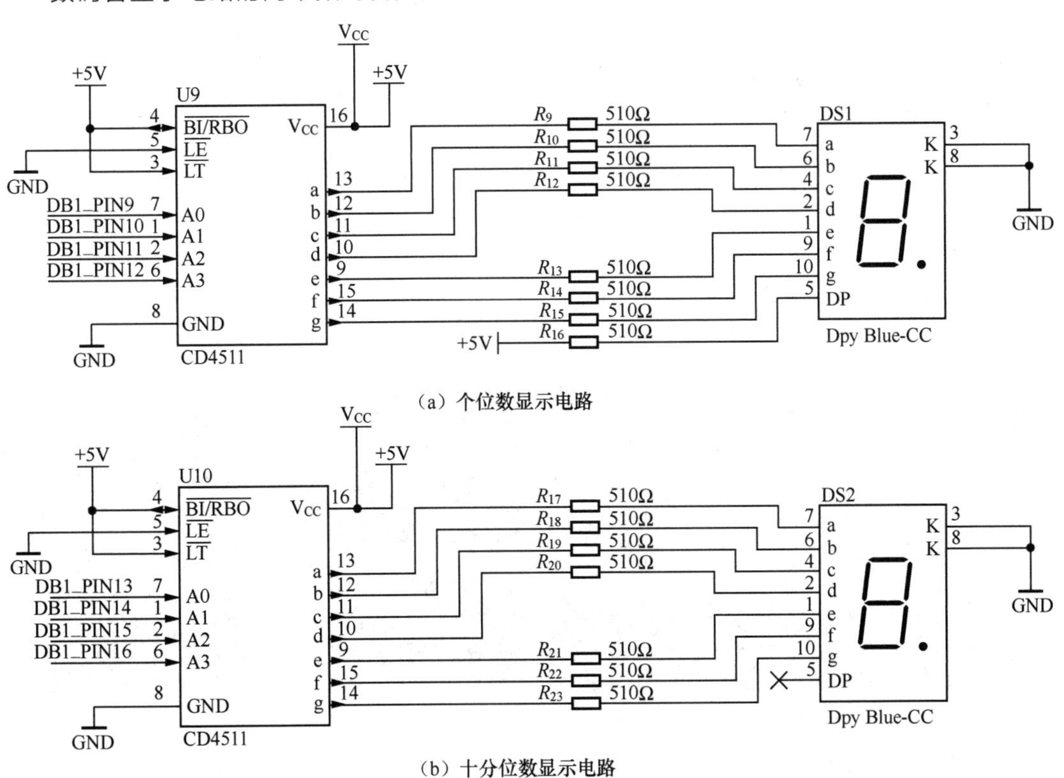

（a）个位数显示电路

（b）十分位数显示电路

图 11-10 数码管显示电路

2. 测试接口

基于 LK8820 的电压调挡显示测试板电路，如图 11-8、图 11-9 及图 11-10 所示。电压调挡显示测试板与 LK8820 测试接口配接表如表 11-2 所示。

表 11-2　电压调挡显示测试板与 LK8820 测试接口配接表

<table>
<tr><th>序号</th><th>测试机接口引脚</th><th>电压调挡显示测试板接口引脚</th><th>芯片引脚</th></tr>
<tr><td>1</td><td>PIN1</td><td>$\overline{CS}$</td><td rowspan="3">ADC0804 控制信号
$\overline{CS}$：芯片使能
$\overline{RD}$：读转换数据
$\overline{WR}$：开始转换</td></tr>
<tr><td>2</td><td>PIN2</td><td>$\overline{RD}$</td></tr>
<tr><td>3</td><td>PIN3</td><td>$\overline{WR}$</td></tr>
<tr><td>4</td><td>PIN4</td><td>DB[3]</td><td rowspan="5">ADC0804 模数转换后，取高 5 位，低 3 位默认为 0，DB[7]为最高位。
DB3～DB7</td></tr>
<tr><td>5</td><td>PIN5</td><td>DB[4]</td></tr>
<tr><td>6</td><td>PIN6</td><td>DB[5]</td></tr>
<tr><td>7</td><td>PIN7</td><td>DB[6]</td></tr>
<tr><td>8</td><td>PIN8</td><td>DB[7]</td></tr>
<tr><td>9</td><td>PIN9</td><td>A[0]</td><td rowspan="4">控制显示电压值个位数的 CD4511：
A0、A1、A2、A3</td></tr>
<tr><td>10</td><td>PIN10</td><td>A[1]</td></tr>
<tr><td>11</td><td>PIN11</td><td>A[2]</td></tr>
<tr><td>12</td><td>PIN12</td><td>A[3]</td></tr>
<tr><td>13</td><td>PIN13</td><td>B[0]</td><td rowspan="4">控制显示电压值十分位数的 CD4511：
A0、A1、A2、A3</td></tr>
<tr><td>14</td><td>PIN14</td><td>B[1]</td></tr>
<tr><td>15</td><td>PIN15</td><td>B[2]</td></tr>
<tr><td>16</td><td>PIN16</td><td>B[3]</td></tr>
<tr><td>17</td><td>+15V</td><td>FORCE2</td><td>电源通道 2</td></tr>
<tr><td>18</td><td>-15V</td><td>FORCE1</td><td>电源通道 1</td></tr>
</table>

3. 电压调挡显示测试板

电压调挡显示测试板的正面如图 11-11 所示。

电压调挡显示测试板的反面如图 11-12 所示。

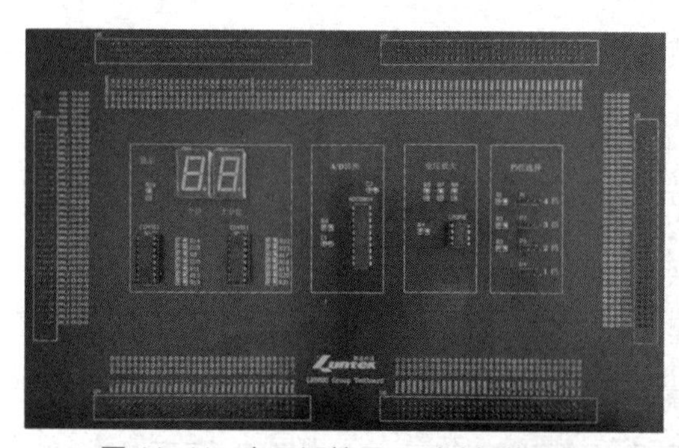

图 11-11　电压调挡显示测试板的正面

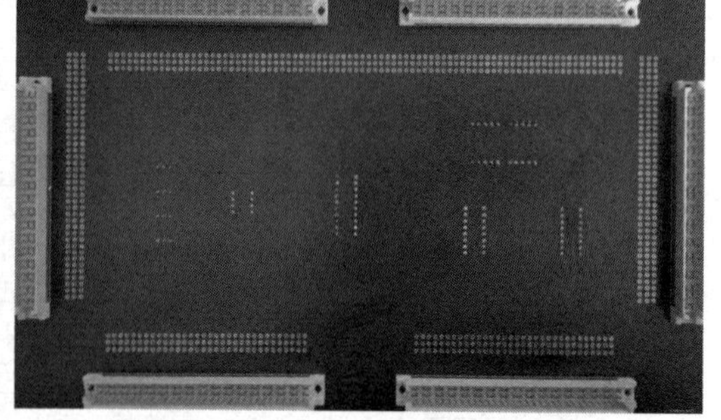

图 11-12　电压调挡显示测试板的反面

4. 电压调挡显示测试电路搭建

将电压调挡显示测试板插接到 LK8820 外挂盒的芯片测试接口上，如图 11-13 所示。

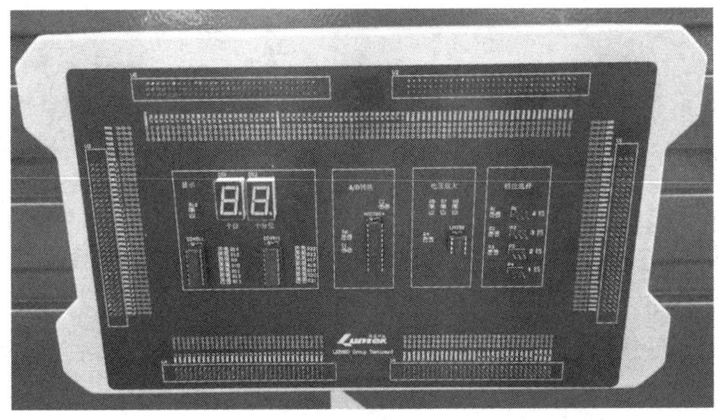

图 11-13　电压调挡显示测试电路搭建

11.2　任务 35　基于 LK8810S 的电压调挡显示测试程序设计

11.2.1　任务描述

利用 LK8810S 集成电路测试机和电压调挡显示测试电路，完成电压调挡显示电路的功能测试。测试结果要求如下：

（1）跳线帽接 1 挡：放大 1 倍，数码管显示 1.0V；

（2）跳线帽接 2 挡：放大 2 倍，数码管显示 2.0V；

（3）跳线帽接 3 挡：放大 3 倍，数码管显示 3.0V；

（4）跳线帽接 4 挡：放大 4 倍，数码管显示 4.0V。

11.2.2　电压调挡显示测试实现分析

11.2.2 电压调挡显示测试实现分析

从图 11-2（a）可以看出，电压信号采集是通过电阻分压得到 1V 的电压，采集到的 1V 电压提供给运算放大器。为此，只要在程序中按照任务要求控制 ADC0804 和 CD4511 工作即可。

1. 模数转换实现分析

根据图 11-2 和图 11-3 所示，通过跳线帽选择不同的反馈电阻，即可获得不同的放大倍数，达到电压调挡的目的。经 LM358 组成的放大电路，输出的电压信号送至 ADC0804。模数转换过程如下：

（1）先将 $\overline{CS}$ 置为低电平，然后将 $\overline{WR}$ 置为低电平，启动 A/D 转换器；

（2）将 $\overline{RD}$ 置为高电平；

（3）在启动 A/D 转换后，延时一段时间，将 $\overline{CS}$ 和 $\overline{WR}$ 置为高电平；

（4）将 $\overline{CS}$ 和 $\overline{RD}$ 置为低电平，允许输出转换结果，读取 A/D 转换结果。

模数转换代码如下：

```
1.    _set_drvpin("L",cs,wr,0);             //将 CS 和 WR 置为低电平，低电平有效
2.    _wait(10);
3.    _set_drvpin("H",rd,0);                //将 RD 置为高电平，高电平无效
4.    _wait(10);
5.    _set_drvpin("H",wr,cs,0);  //经过一段时间延时后，ADC0804 转换结束，将 CS 和 WR 置为高电平
```

```
6.    _wait(10);
7.    _set_drvpin("L",cs,rd,0);              //将RD置为低电平，允许输出转换结果
8.    _wait(100);
9.    ADvalue=_readdata(8);                  //读取转换结果
```

其中，_readdata()函数用来读取测试机数据，函数原型是：

```
unsigned int _readdata(int n);
```

参数 n 是测试机读地址，取值范围是 0～15。在本任务中，n 的取值为 8，这样就能读取测试机引脚数据，即读取 ADC0804 模数转换的结果。

2．数码管显示实现分析

（1）采集电压数据处理

根据任务描述，电压调挡显示电路具有 4 个挡位，1 挡～4 挡分别对应输出 1.0～4.0V，而 ADC0804 的电源电压是 5V，ADC0804 模数转换的分辨率是 $5*1/(2^8-1)$V，即 19.608mV。

通过模数转换电路，把电压转换为其对应的数据，并将这个数据处理成电压值以备显示，代码如下：

```
V=ADvalue*5/255;                             //乘以 19.608mV 分辨率，获得采集的电压值
```

（2）显示数据拆分

采用整除和求余相结合的方式，获得待显示的各位数字（即拆分要显示的数据），并送到显示缓冲区（即显示变量）中，代码如下：

```
gewei=(int(V*10))/10;         //V 乘以 10 后转换为整型数据，通过对 10 整除获得显示的个位数
//gewei=((int)V)%10;          //也可先将 V 转换为整型数据，然后对 10 求余获得显示的个位数
xswei=(int(V*10))%10;         //V 乘以 10 后转换为整型数据，通过对 10 求余获得显示的十分位数
```

3．电压调挡显示测试的实现步骤

电压调挡显示测试的实现步骤如下：

（1）进行初始化，主要包括电压调挡显示测试板的引脚定义、设置参考电压等；

（2）启动 ADC0804 进行模数转换，主要设置 $\overline{CS}$ 和 $\overline{WR}$ 为低电平、设置 $\overline{RD}$ 为高电平，即设置 ADC0804 的转换时序；

（3）在 A/D 转换一段时间后（延时的一段时间能确保 A/D 转换完成），设置 $\overline{CS}$ 和 $\overline{WR}$ 为高电平，停止 A/D 转换；

（4）延时一段时间后，设置 $\overline{CS}$ 和 $\overline{RD}$ 为低电平，允许 ADC0804 输出转换结果，读取 A/D 转换的结果；

（5）将 A/D 转换的结果转换成电压值，并拆分为个位数和十分位数；

（6）通过两个 CD4511 分别控制数码管显示个位数和十分位数。

如图 11-4（a）所示，显示个位数数码管的 DP 引脚，通过限流电阻接 5V 电源，使个位数数码管的小数点始终点亮。

11.2.3　电压调挡显示测试程序设计

11.2.3 电压调挡显示测试程序设计

参考项目 1 中任务 2“创建第一个集成电路测试程序”的步骤，完成电压调挡显示测试程序设计。

1．新建电压调挡显示测试程序模板

运行 LK8810S 上位机软件，打开“LK8810S”界面。单击界面上“创建程序”按钮，弹出“新建程序”对话框，如图 11-14 所示。

先在对话框中输入程序名“VShiftDis”，然后单击“确定”按钮保存，弹出“程序创建成功”消息对话框，如图 11-15 所示。

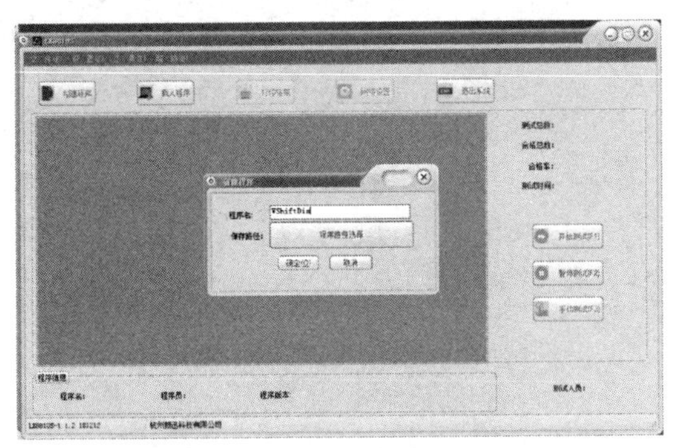

图 11–14 “新建程序”对话框

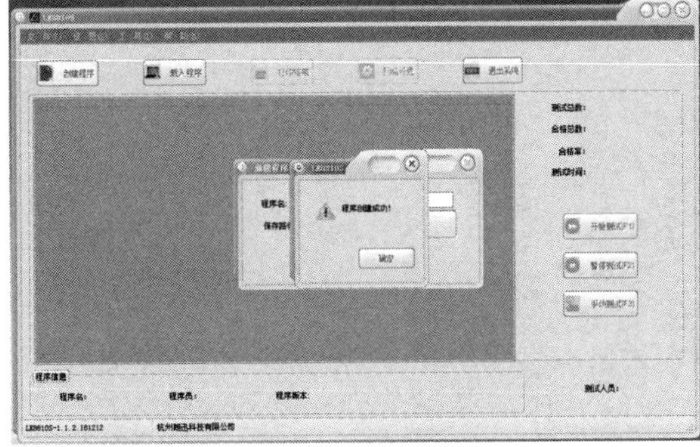

图 11–15 “程序创建成功”消息对话框

单击“确定”按钮，此时系统会自动为用户在 C 盘创建一个“VShiftDis”文件夹。电压调挡显示测试程序模板中主要包括 C 文件 VShiftDis.cpp、工程文件 VShiftDis.dsp 及 Debug 文件夹等。

2. 打开测试程序模板

定位到“VShiftDis”文件夹（测试程序模板），打开的“VShiftDis.dsp”工程文件如图 11-16 所示。

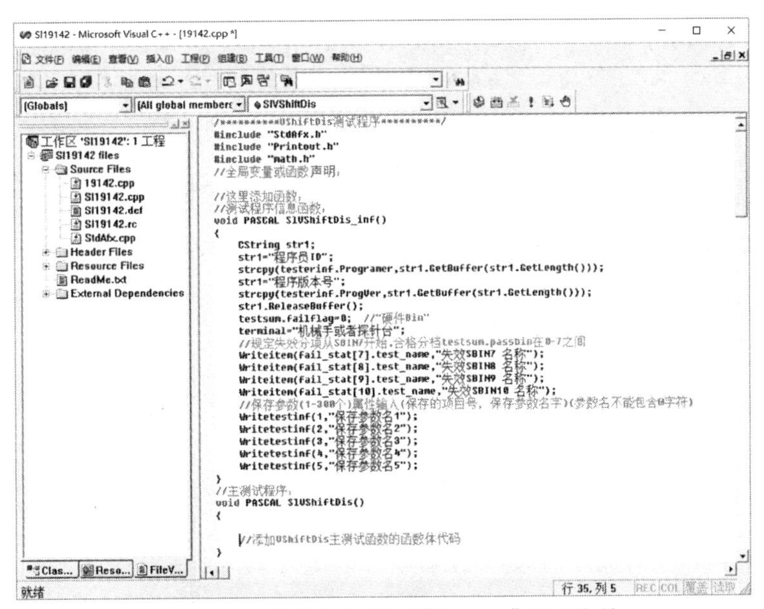

图 11–16 打开的“VShiftDis.dsp”工程文件

在图 11-16 中，我们可以看到一个自动生成的 VShiftDis 测试程序，代码如下：

```
1.   /**********VShiftDis 测试程序**********/
2.   #include "StdAfx.h"
3.   #include "Printout.h"
4.   #include "math.h"
5.   //添加全局变量或函数声明
```

```
6.   //添加芯片测试函数，在这里是添加芯片开短路测试函数
7.   /**********VShiftDis 测试程序信息函数**********/
8.   void PASCAL SlVShiftDis_inf()
9.   {
10.      Cstring str1;
11.      str1="程序员 ID";
12.      strcpy(testerinf.Programer,str1.GetBuffer(str1.GetLength()));
13.      str1="程序版本号";
14.      strcpy(testerinf.ProgVer,str1.GetBuffer(str1.GetLength()));
15.      str1.ReleaseBuffer();
16.      testsum.failflag=0;  //"硬件 Bin"
17.      terminal="机械手或者探针台";
18.      //规定失效分项从 SBIN7 开始,合格分档 testsum.passbin 在 0～7
19.      Writeitem(fail_stat[7].test_name,"失效 SBIN7 名称");
20.      Writeitem(fail_stat[8].test_name,"失效 SBIN8 名称");
21.      Writeitem(fail_stat[9].test_name,"失效 SBIN9 名称");
22.      Writeitem(fail_stat[10].test_name,"失效 SBIN10 名称");
23.      //保存参数(1～300 个)属性输入(保存的项目号，保存参数名)(参数名不能包含@字符)
24.      Writetestinf(1,"保存参数名 1");
25.      Writetestinf(2,"保存参数名 2");
26.      Writetestinf(3,"保存参数名 3");
27.      Writetestinf(4,"保存参数名 4");
28.      Writetestinf(5,"保存参数名 5");
29.  }
30.  /**********VShiftDis 主测试函数**********/
31.  void PASCAL SlVShiftDis()
32.  {
33.      //添加 VShiftDis 主测试函数的函数体代码
34.  }
```

3．编写测试程序及编译

在自动生成的 VShiftDis 测试程序中，需要添加全局变量声明、电压采集函数 VOUT()、电压显示函数 xianshi()及主测试函数 VShiftDis()的函数体。

（1）全局变量声明

全局变量声明，代码如下：

```
1.   //全局变量声明
2.   unsigned int DB[8];    //声明无符号整型数组 DB，存放 ADC0804 输出引脚接到测试机接口的引脚号
3.   unsigned int A[5];     //声明数组 A，存放显示个位 CD4511 的 A0、A1、A2、A3 所接引脚号
4.   unsigned int B[5];     //声明数组 B，存放显示十分位 CD4511 的 A0、A1、A2、A3 所接引脚号
5.   unsigned int cs;       //声明存放片选所接引脚号的变量 cs
6.   unsigned int rd;       //声明存放允许输出转换结果所接引脚号的变量 rd
7.   unsigned int wr;       //声明存放启动转换开始所接引脚号的变量 wr
8.   unsigned int count;    //声明存放 A/D 转换次数的变量 count
9.   float ADvalue;         //声明存放模数转换后的浮点型变量 ADvalue
10.  unsigned int gewei;    //声明存放显示电压值个位的无符号整型变量 gewei
11.  unsigned int xswei;    //声明存放显示电压值十分位的无符号整型变量 xswei
12.  float V;               //声明存放转换为电压值的浮点型变量 V
13.  //函数声明
14.  void VOUT();           //电压采集的函数声明
15.  void xianshi();        //电压显示的函数声明
```

（2）编写电压采集函数 VOUT()

电压调挡显示的电压采集函数 VOUT()，代码如下：

```
1.   void VOUT( )
2.   {
3.        _reset();
4.        _wait(10);
5.        _on_vp(1,2.5);                    //电源通道 1、电压 2.5V
6.        _set_logic_level(5,0,4.5,1);
          //输入高电平 5V、输入低电平 0V、输出高电平 4.5V、输出低电平 1V
7.        //设置 ADC0804 的 CS 、WR 和 RD 为输入驱动引脚，两个 CD4511 的 A0、A1、A2、A3 为输入
          //驱动引脚
8.        _sel_drv_pin(cs,wr,rd,A[0],A[1],A[2],A[3],B[0],B[1],B[2],B[3],0);
9.        _sel_comp_pin(DB[3],DB[4],DB[5],DB[6],DB[7],0);
          //设置 ADC0804 的 DB3～DB7（高 5 位）为输出引脚
10.       _set_drvpin("L",cs,wr,0); //将 CS 和 WR 置为低电平
11.       _wait(10);                //延时 10ms
12.       _set_drvpin("H",rd,0);    //将 RD 置为高电平，禁止 ADC0804 输出 A/D 转换结果
13.       _wait(10);
14.       _set_drvpin("H",wr,cs,0); //将 CS 和 WR 置为高电平，停止 A/D 转换
15.       _wait(10);
16.       _set_drvpin("L",cs,rd,0); //将 CS 和 WR 置为低电平，允许 ADC0804 输出 A/D 转换结果
17.       _wait(100);
18.       ADvalue=_readdata(8);     //从测试机读取 A/D 转换结果
19.       V=ADvalue*5/255;          //乘以 19.608mV 分辨率，转换成电压值
20.       gewei=((int)V)%10;        //对 10 求余获得显示的个位数
21.       xswei=(int(V*10))%10;     //对 10 求余获得显示的十分位数
22.       _wait(2000);
23.  }
```

（3）编写电压显示函数 xianshi()

电压调挡显示的电压显示函数 xianshi()，代码如下：

```
1.   void xianshi( )
2.   {
3.        /*************个位显示************************/
4.        switch(gewei)     //根据显示的个位值，选择 CD4511 的 A0、A1、A2、A3 不同组合值
5.        {
6.            case 0:
7.            _set_drvpin("L",A[0],A[1],A[2],A[3],0);  break;      //显示“0”
8.            case 1:
9.            _set_drvpin("H",A[0],0);                             //显示“1”
10.           _set_drvpin("L",A[1],A[2],A[3],0);  break;
11.           case 2:
12.           _set_drvpin("H",A[1],0);                             //显示“2”
13.           _set_drvpin("L",A[0],A[2],A[3],0);  break;
14.           case 3:
15.           _set_drvpin("H",A[0],A[1],0);                        //显示“3”
16.           _set_drvpin("L",A[2],A[3],0);  break;
17.           case 4:
18.           _set_drvpin("H",A[2],0);                             //显示“4”
19.           _set_drvpin("L",A[0],A[1],A[3],0);  break;
```

```
20.         case 5:
21.         _set_drvpin("H",A[0],A[2],0);                    //显示“5”
22.         _set_drvpin("L",A[1],A[3],0);  break;
23.         case 6:
24.         _set_drvpin("H",A[1],A[2],0);                    //显示“6”
25.         _set_drvpin("L",A[0],A[3],0);  break;
26.         case 7:
27.         _set_drvpin("H",A[0],A[1],A[2],0);               //显示“7”
28.         _set_drvpin("L",A[3],0); break;
29.         case 8:
30.         _set_drvpin("H",A[3],0);                         //显示“8”
31.         _set_drvpin("L",A[0],A[1],A[2],0);  break;
32.         case 9:
33.         _set_drvpin("H",A[0],A[3],0);                    //显示“9”
34.         _set_drvpin("L",A[1],A[2],0);  break;
35.         default: break;
36.     }
37.     /*************十分位显示************************/
38.     switch(xswei)     //根据显示的十分位值，选择CD4511的A0、A1、A2、A3不同组合值
39.     {
40.         case 0:
41.         _set_drvpin("L",B[0],B[1],B[2],B[3],0);  break;     //显示“0”
42.         case 1:
43.         _set_drvpin("H",B[0],0);                         //显示“1”
44.         _set_drvpin("L",B[1],B[2],B[3],0);  break;
45.         case 2:
46.         _set_drvpin("H",B[1],0);                         //显示“2”
47.         _set_drvpin("L",B[0],B[2],B[3],0);  break;
48.         case 3:
49.         _set_drvpin("H",B[0],B[1],0);                    //显示“3”
50.         _set_drvpin("L",B[2],B[3],0);  break;
51.         case 4:
52.         _set_drvpin("H",B[2],0);                         //显示“4”
53.         _set_drvpin("L",B[0],B[1],B[3],0);  break;
54.         case 5:
55.         _set_drvpin("H",B[0],B[2],0);                    //显示“5”
56.         _set_drvpin("L",B[1],B[3],0);  break;
57.         case 6:
58.         _set_drvpin("H",B[1],B[2],0);                    //显示“6”
59.         _set_drvpin("L",B[0],B[3],0);  break;
60.         case 7:
61.         _set_drvpin("H",B[0],B[1],B[2],0);               //显示“7”
62.         _set_drvpin("L",B[3],0); break;
63.         case 8:
64.         _set_drvpin("H",B[3],0);                         //显示“8”
65.         _set_drvpin("L",B[0],B[1],B[2],0);  break;
66.         case 9:
67.         _set_drvpin("H",B[0],B[3],0);                    //显示“9”
68.         _set_drvpin("L",B[1],B[2],0);  break;
69.         default: break;
```

```
70.         }
71.         _wait(8000);
72.  }
```

（4）编写主测试函数 VShiftDis()

电压调挡显示的主测试函数 VShiftDis()，代码如下：

```
1.   void PASCAL SlVShiftDis( )
2.   {
3.   //根据电压调挡显示测试板与 LK8810S 测试接口配接表 11-2，设置连接 LK8810S 测试接口的引脚号
4.       cs=1;                    //设置 ADC0804 的 CS 引脚是连接在 PIN1 引脚上
5.       rd=2;                    //设置 ADC0804 的 RD 引脚是连接在 PIN2 引脚上
6.       wr=3;                    //设置 ADC0804 的 WR 引脚是连接在 PIN3 引脚上
7.       DB[3]=4;                 //设置 ADC0804 的 DB3～DB7（高 5 位）连接在 PIN4～PIN8 引脚上
8.       DB[4]=5;
9.       DB[5]=6;
10.      DB[6]=7;
11.      DB[7]=8;
12.      A[0]=9;          //设置显示个位 CD4511 的 A0、A1、A2、A3 连接在 PIN9～PIN12 引脚上
13.      A[1]=10;
14.      A[2]=11;
15.      A[3]=12;
16.      B[0]=13;         //设置显示十分位 CD4511 的 A0、A1、A2、A3 连接在 PIN13～PIN16 引脚上
17.      B[1]=14;
18.      B[2]=15;
19.      B[3]=16;
20.      Mprintf("........................\n");
21.      for(count=0;count<=30;count++)      //采集、显示电压值 30 次，确保显示正常
22.      {
23.          VOUT();
24.          xianshi();
25.          }
26.  }
```

（5）电压调挡显示测试程序编译

编写完电压调挡显示测试程序后，进行编译。若编译发生错误，则要进行分析与检查，直至编译成功为止。

4. 电压调挡显示测试程序的载入与运行

（1）电压调挡显示测试程序的载入

参考项目 1 中任务 2“创建第一个集成电路测试程序”的载入测试程序的步骤，完成电压调挡显示测试程序的载入。

（2）电压调挡显示测试程序的运行与调试

观察电压调挡显示测试程序的运行结果是否符合任务要求。若运行结果不能满足任务要求，则要对测试程序进行分析、检查、修改，直至运行结果满足任务要求为止。电压调挡显示测试程序的运行结果如下：

① 跳线帽接 1 挡：放大 1 倍，数码管显示 1.0V；

② 跳线帽接 2 挡：放大 2 倍，数码管显示 2.0V，如图 11-17 所示；

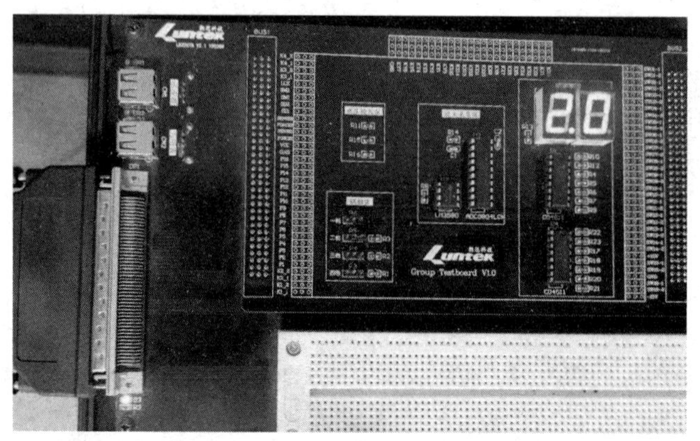

图 11-17　电压调为 2 挡

③ 跳线帽接 3 挡：放大 3 倍，数码管显示 3.0V；

④ 跳线帽接 4 挡：放大 4 倍，数码管显示 4.0V。

11.3　任务 36　基于 LK8820 的电压调挡显示测试程序设计

11.3.1　任务描述

利用 LK8820 集成电路测试机和电压调挡显示测试板，完成电压调挡显示测试。电压调挡显示测试的结果要求，与任务 35 的要求一样。

11.3.2　电压调挡显示测试实现分析

11.3.2 电压调挡显示测试实现分析

LK8820 与 LK8810S 的电压调挡显示测试板电路基本一样，电压信号采集都是通过电阻分压得到 1V 的电压，并将采集到的 1V 电压提供给运算放大器。

1．模数转换实现分析

根据图 11-8 所示，通过跳线帽选择不同的反馈电阻，即可获得不同放大倍数，达到电压调挡的目的。经 LM358 组成的放大电路，输出的电压信号送至 ADC0804。模数转换过程如下：

（1）使 $\overline{RD}$、$\overline{CS}$ 和 $\overline{WR}$ 控制信号无效，即设置为高电平；

（2）设置 $\overline{CS}$ 和 $\overline{WR}$ 为低电平，ADC0804 开始转换；

（3）ADC0804 转换结束，将 $\overline{CS}$ 和 $\overline{WR}$ 设置为高电平；

（4）将 $\overline{CS}$ 和 $\overline{RD}$ 设置为低电平，允许输出转换结果。

模数转换代码如下：

```
1.   cy->_set_drvpin("H", rd, cs, wr, 0);   //将 RD、CS 和 WR 置为高电平，高电平无效
2.   cy->_set_drvpin("L", cs, 0);  //将 CS 和 WR 置为低电平，低电平有效，ADC0804 开始转换
3.   cy->_set_drvpin("L", wr, 0);
4.   cy->_set_drvpin("H", wr, 0);              //ADC0804 转换结束，将 CS 和 WR 置为高电平
5.   cy->_set_drvpin("H", cs, 0);
6.   Sleep(10);                                //延时一段时间（10ms）
```

```
7.    cy->_set_drvpin("L", cs, 0);                //将CS和RD置为低电平，允许输出转换结果
8.    cy->_set_drvpin("L", rd, 0);
```

2. 读取模数转换的结果

使用_rdcmppin()函数来读取模数转换的结果，函数原型是：

```
int _rdcmppin(unsigned int pin);
```

_rdcmppin()函数的功能是读取输出（比较）引脚的逻辑状态，函数的返回值是“0”或“1”。其中“0”表示逻辑状态为“L”，“1”表示逻辑状态为“H”。

参数 pin 是读取输出（比较）引脚的引脚号，取值范围是 1、2、…、64。

读取模数转换的结果，是按照引脚号一位一位地读取每位逻辑值（即按位读取）。LK8820 也是只读取模数转换的高 5 位，低 3 位默认为 0，代码如下：

```
1.    ADvaluea_[0] = cy->_rdcmppin(4);
2.    ADvaluea_[1] = cy->_rdcmppin(5);
3.    ADvaluea_[2] = cy->_rdcmppin(6);
4.    ADvaluea_[3] = cy->_rdcmppin(7);
5.    ADvaluea_[4] = cy->_rdcmppin(8);
```

3. 采集电压数据的处理

在读取模数转换结果时，我们只读取了模数转换的高 5 位，还需要对该高 5 位数据进行处理，获得采集的电压值。

那么，我们如何把高 5 位数据转换成十进制数呢？其转换方法与二进制数转换成十进制数的方法一样，即按权位展开。采集到的 5 位数据转换成十进制数方法的如下：

ADvaluea_[0]×2^3+ADvaluea_[1]×2^4+ADvaluea_[2]×2^5+ADvaluea_[3]×2^6+ADvaluea_[4]×2^7

即：

ADvaluea_[0]×8+ADvaluea_[1]×16+ADvaluea_[2]×32+ADvaluea_[3]×64+ADvaluea_[4]×128

通过以上分析，采集到的 5 位数据转换成十进制数的代码如下：

```
1.        if (ADvaluea_[0] == 1)
2.        {
3.            ADvalue = ADvalue + 8;
4.        }
5.        if (ADvaluea_[1] == 1)
6.        {
7.            ADvalue = ADvalue + 16;
8.        }
9.        if (ADvaluea_[2] == 1)
10.       {
11.           ADvalue = ADvalue + 32;
12.       }
13.       if (ADvaluea_[3] == 1)
14.       {
15.           ADvalue = ADvalue + 64;
16.       }
17.       if (ADvaluea_[4] == 1)
18.       {
19.           ADvalue = ADvalue + 128;
20.       }
```

11.3.3 电压调挡显示测试程序设计

11.3.3 电压调挡显示测试程序设计

根据任务描述，完成基于 LK8820 的电压调挡显示测试程序设计，并完成测试程序的编译、载入与运行。

1. 创建电压调挡显示测试程序

参考任务 33 中“创建 74HC151 测试程序”的步骤，创建电压调挡显示测试程序。测试程序名称为“VShiftDis”，并选择一个目录作为所创建程序的保存路径。

创建工程后，配置电压调挡显示测试工程属性时，参考任务 33 中“配置工程属性”的步骤。

2. 编写测试程序

在“解决方案资源管理器”中，打开“J8820_luntek.cpp”，J8820_luntek.cpp 主要包括头文件包含、测试程序信息函数及主测试程序函数。

其中 PASCAL J8820_luntek_inf()函数，在项目 10 的任务 33 中已经介绍过，这是一段自动生成的代码，不需要编写或修改。

在这里，还需要添加全局变量声明、电压采集函数 VOUT()、电压显示函数 xianshi()及 J8820_luntek()主测试函数的函数体。

（1）全局变量和函数声明

全局变量和函数声明，代码如下：

```
1.   //全局变量声明
2.   unsigned int DB[8];   //声明无符号整型数组 DB，存放 ADC0804 输出引脚接到测试机接口的引脚号
3.   unsigned int A[5];    //声明数组 A，存放显示个位 CD4511 的 A0、A1、A2、A3 所接引脚号
4.   unsigned int B[5];    //声明数组 B，存放显示十分位 CD4511 的 A0、A1、A2、A3 所接引脚号
5.   unsigned int cs;      //声明存放片选所接引脚号的变量 cs
6.   unsigned int rd;      //声明存放允许输出转换结果所接引脚号的变量 rd
7.   unsigned int wr;      //声明存放启动转换开始所接引脚号的变量 wr
8.   unsigned int count;   //声明存放 A/D 转换次数的变量 count
9.   float ADvaluea_[5]={0};   //声明存放模数转换后的浮点型数组 ADvaluea_[5]，初值为 0
10.  int gewei=0;              //声明存放显示电压值个位的整型变量 gewei，初值为 0
11.  int xswei=0;              //声明存放显示电压值十分位的整型变量 xswei，初值为 0
12.  float V;                  //声明存放转换为电压值的浮点型变量 V
13.  int temp_1;
14.  //函数声明
15.  void VOUT();              //电压采集的函数声明
16.  void xianshi();           //电压显示的函数声明
```

（2）编写电压采集函数 VOUT()

电压调挡显示的电压采集函数 VOUT()，代码如下：

```
1.   void VOUT( )
2.   {
3.       int ADvalue = 0;              //声明存放模数转换后的整型变量 ADvalue，初值为 0
4.       cy->_on_vpt(1, 4, -10);   //电源通道 1、电压-10V，见表 11-2。电流挡位是 4，输出 1mA
5.       cy->_on_vpt(2, 4, 10);    //电源通道 2、电压 10V，注意上电顺序，否则将烧毁 LM358
6.       cy->_set_logic_level(4.5, 0, 3.5, 1);  //输入高电平 4.5V、输入低电平 0V、
                                                //输出高电平 3.5V、输出低电平 1V
7.   //设置 ADC0804 的 CS 、WR 和 RD 为输入驱动引脚，两个 CD4511 的 A0、A1、A2、A3 为输入驱动引脚
```

```
8.        cy->_sel_drv_pin(cs, wr, rd, A[0], A[1], A[2], A[3], B[0], B[1], B[2], B[3], 0);
9.        //设置 ADC0804 的 DB3～DB7（高 5 位）为输出比较引脚，忽略低 3 位
10.       cy->_sel_comp_pin(DB[3], DB[4], DB[5], DB[6], DB[7], 0);
11.       cy->_set_drvpin("H", rd, cs, wr, 0);    //将 RD、CS 和 WR 置为高电平，高电平无效
12.       cy->_set_drvpin("L", cs, 0); //将 CS 和 WR 置为低电平，低电平有效，ADC0804 开始转换
13.       cy->_set_drvpin("L", wr, 0);
14.       cy->_set_drvpin("H", wr, 0);  //ADC0804 转换结束，将 CS 和 WR 置为高电平
15.       cy->_set_drvpin("H", cs, 0);
16.       Sleep(10);                          //延时一段时间（10ms）
17.       cy->_set_drvpin("L", cs, 0);        //将 CS 和 RD 置为低电平，允许输出转换结果
18.       cy->_set_drvpin("L", rd, 0);
19.       ADvaluea_[0] = cy->_rdcmppin(4);
          //读取模数转换的高 5 位放入数组 ADvaluea_中，读取 ADC0804 的 DB3 引脚值
20.       ADvaluea_[1] = cy->_rdcmppin(5);  //读取 ADC0804 的 DB4 引脚值
21.       ADvaluea_[2] = cy->_rdcmppin(6);  //读取 ADC0804 的 DB5 引脚值
22.       ADvaluea_[3] = cy->_rdcmppin(7);  //读取 ADC0804 的 DB6 引脚值
23.       ADvaluea_[4] = cy->_rdcmppin(8);  //读取 ADC0804 的 DB7 引脚值
24.       cy->_set_drvpin("H", rd, cs, 0);  //将 CS 和 RD 设置为高电平，使 ADC0804 失能
25.       if (ADvaluea_[0] == 1)
          //先从高 5 位的最低位开始判断，ADvaluea_[0]若为 1，ADvalue 累加 8
26.       {
27.           ADvalue = ADvalue + 8;
28.       }
29.       if (ADvaluea_[1] == 1)    //ADvaluea_[1]若为 1，ADvalue 累加 16
30.       {
31.           ADvalue = ADvalue + 16;
32.       }
33.       if (ADvaluea_[2] == 1)    //ADvaluea_[1]若为 1，ADvalue 累加 32
34.       {
35.           ADvalue = ADvalue + 32;
36.       }
37.       if (ADvaluea_[3] == 1)    //ADvaluea_[1]若为 1，ADvalue 累加 64
38.       {
39.           ADvalue = ADvalue + 64;
40.       }
41.       if (ADvaluea_[4] == 1)    //ADvaluea_[1]若为 1，ADvalue 累加 128
42.       {
43.           ADvalue = ADvalue + 128;
44.       }
45.       V =ADvalue * 5 / 255.0f;  //高 5 位逻辑和计算完成后，乘以分辨率，转换成电压值
46.       temp_1 = V * 10;              //采集的电压值扩大 10 倍，便于拆分显示数据，保留 1 位小数
47.       gewei = ((int)temp_1) % 10;    //对 10 整除，获得显示的个位数
48.       xswei = ((int)temp_1) % 10;    //对 10 求余，获得显示的十分位数
49.   }
```

（3）编写电压显示函数 xianshi()

电压调挡显示的电压显示函数 xianshi()，代码如下：

```
1.   void xianshi( )
2.   {
3.       /*************个位显示************************/
4.       switch(gewei)     //根据显示的个位值，选择 CD4511 的 A0、A1、A2、A3 不同组合值
```

```
5.      {
6.          case 0:
7.              cy->_set_drvpin("L",A[0],A[1],A[2],A[3],0);  break; //显示"0"
8.          case 1:
9.              cy->_set_drvpin("H",A[0],0);                     //显示"1"
10.             cy->_set_drvpin("L",A[1],A[2],A[3],0);  break;
11.         case 2:
12.             cy->_set_drvpin("H",A[1],0);                     //显示"2"
13.             cy->_set_drvpin("L",A[0],A[2],A[3],0);  break;
14.         case 3:
15.             cy->_set_drvpin("H",A[0],A[1],0);                //显示"3"
16.             cy->_set_drvpin("L",A[2],A[3],0);  break;
17.         case 4:
18.             cy->_set_drvpin("H",A[2],0);                     //显示"4"
19.             cy->_set_drvpin("L",A[0],A[1],A[3],0);  break;
20.         case 5:
21.             cy->_set_drvpin("H",A[0],A[2],0);                //显示"5"
22.             cy->_set_drvpin("L",A[1],A[3],0);  break;
23.         case 6:
24.             cy->_set_drvpin("H",A[1],A[2],0);                //显示"6"
25.             cy->_set_drvpin("L",A[0],A[3],0);  break;
26.         case 7:
27.             cy->_set_drvpin("H",A[0],A[1],A[2],0);           //显示"7"
28.             cy->_set_drvpin("L",A[3],0); break;
29.         case 8:
30.             cy->_set_drvpin("H",A[3],0);                     //显示"8"
31.             cy->_set_drvpin("L",A[0],A[1],A[2],0);  break;
32.         case 9:
33.             cy->_set_drvpin("H",A[0],A[3],0);                //显示"9"
34.             cy->_set_drvpin("L",A[1],A[2],0);  break;
35.         default: break;
36.     }
37.     /*************十分位显示************************/
38.     switch(xswei)     //根据显示的十分位值，选择 CD4511 的 A0、A1、A2、A3 不同组合值
39.     {
40.         case 0:
41.             cy->_set_drvpin("L",B[0],B[1],B[2],B[3],0);  break; //显示"0"
42.         case 1:
43.             cy->_set_drvpin("H",B[0],0);                     //显示"1"
44.             cy->_set_drvpin("L",B[1],B[2],B[3],0);  break;
45.         case 2:
46.             cy->_set_drvpin("H",B[1],0);                     //显示"2"
47.             cy->_set_drvpin("L",B[0],B[2],B[3],0);  break;
48.         case 3:
49.             cy->_set_drvpin("H",B[0],B[1],0);                //显示"3"
50.             cy->_set_drvpin("L",B[2],B[3],0);  break;
51.         case 4:
52.             cy->_set_drvpin("H",B[2],0);                     //显示"4"
53.             cy->_set_drvpin("L",B[0],B[1],B[3],0);  break;
54.         case 5:
```

```
55.             cy->_set_drvpin("H",B[0],B[2],0);                //显示“5”
56.             cy->_set_drvpin("L",B[1],B[3],0);  break;
57.         case 6:
58.             cy->_set_drvpin("H",B[1],B[2],0);                //显示“6”
59.             cy->_set_drvpin("L",B[0],B[3],0);  break;
60.         case 7:
61.             cy->_set_drvpin("H",B[0],B[1],B[2],0);           //显示“7”
62.             cy->_set_drvpin("L",B[3],0); break;
63.         case 8:
64.             cy->_set_drvpin("H",B[3],0);                     //显示“8”
65.             cy->_set_drvpin("L",B[0],B[1],B[2],0);  break;
66.         case 9:
67.             cy->_set_drvpin("H",B[0],B[3],0);                //显示“9”
68.             cy->_set_drvpin("L",B[1],B[2],0);  break;
69.         default: break;
70.     }
71. }
```

（4）编写 J8820_luntek 主测试函数

J8820_luntek()主测试函数，代码如下：

```
1.  void PASCAL J8820_luntek( )
2.  {
3.      J8820_luntek_inf();         //测试程序信息函数，代码分析见项目 10 的任务 33
4.  //根据电压调挡显示测试板与 LK8810S 测试接口的配接表 11-2，设置连接 LK8810S 测试接口的引脚号
5.      cs=1;                   //设置 ADC0804 的 CS 引脚连接在 PIN1 引脚上
6.      rd=2;                   //设置 ADC0804 的 RD 引脚连接在 PIN2 引脚上
7.      wr=3;                   //设置 ADC0804 的 WR 引脚连接在 PIN3 引脚上
8.      DB[3]=4;                //设置 ADC0804 的 DB3～DB7（高 5 位）连接在 PIN4～PIN8 引脚上
9.      DB[4]=5;
10.     DB[5]=6;
11.     DB[6]=7;
12.     DB[7]=8;
13.     A[0]=9;                 //设置显示个位 CD4511 的 A0、A1、A2、A3 连接在 PIN9～PIN12 引脚上
14.     A[1]=10;
15.     A[2]=11;
16.     A[3]=12;
17.     B[0]=13;                //设置显示十分位 CD4511 的 A0、A1、A2、A3 连接在 PIN13～PIN16 引脚上
18.     B[1]=14;
19.     B[2]=15;
20.     B[3]=16;
21.     VOUT();
22.     xianshi();
23.     Sleep(3000);
24.     cy->_reset();
25.     delete cy;
26.     cy = NULL;
27.     //输出电压调挡显示的测试结果，是利用 MprintfExcel()函数实现的
28.     MprintfExcel(L"ADvalue4", ADvaluea_[0]);
29.     //显示高 5 位的逻辑值，ADvaluea_[0]为高 5 位的最低位
30.     MprintfExcel(L"ADvalue5", ADvaluea_[1]);
31.     MprintfExcel(L"ADvalue6", ADvaluea_[2]);
```

```
32.       MprintfExcel(L"ADvalue7", ADvaluea_[3]);
33.       MprintfExcel(L"ADvalue8", ADvaluea_[4]);
34.       //ADvaluea_[4]为高 5 位的最高位
35.       MprintfExcel(L"gewei", gewei);                    //显示个位
36.       MprintfExcel(L"xswei", xswei);                    //显示十分位
37. }
```

MprintfExcel()函数在 printfout.h 头文件中，本书不对该函数做进一步介绍。

该函数的第 1 个参数是测试的参数名称，第 2 个参数是测试参数的结果；该函数是根据 def 文件中的参数名称，查找 excel 文件中对应的参数名称，并将第 2 个参数计算出的参数结果，写入对应的单元格中。

下面给出电压调挡显示测试程序的完整代码，在这里省略前面已经给出的代码，代码如下：

```
1.  /*****************电压调挡显示测试****************/
2.  #include "stdafx.h"
3.  #include "math.h"
4.  #include "printfout.h"
5.  #include <stdlib.h>
6.  #include "CyApiDll.h"
7.  #include "bitset"
8.  ……                                  //全局变量和函数声明
9.  CString Parameter;
10. CCyApiDll *cy;
11. /***************测试程序信息函数***************/
12. void PASCAL J8820_luntek_inf()
13. {
14.             ……                      //测试程序信息函数的函数体
15. }
16. /****************主测试入口程序****************/
17. inline void PASCAL J8820_luntek()
18. {
19.      J8820_luntek_inf();      //调用测试程序信息函数
20.      ……                       //初始化代码
21.      VOUT();                  //电压采集函数
22.      xianshi();               //数码管显示函数
23.      cy->_reset();
24.      delete cy;               //使 cy 为空指针，把 cy 以前指向的对象删除
25.      cy = NULL;
26.      ……                       //输出测试结果
27. }
```

3. 修改 def 文件

在创建工程时，会自动生成一个 def 文件模板，在“解决方案资源管理器”中，打开 def 文件模板，根据电压调挡显示测试要求，参考项目 10 的任务 33，修改 def 文件模板的每行每列内容，修改后的 def 文件如图 11-18 所示。

4. 电压调挡显示测试程序的编译及运行

编写完电压调挡显示测试程序后，进行编译。若编译发生错误，则要进行分析与检查，直至编译成功为止。

```
;Parameter, Unit, CompMin, CompMax, DispFormat, SUBn, SFBin, Test, Save, FunctionName, TestCondation,
;ADvalue4,   V,    -1.2,    2.2,      0,          2,    8,     1,    1,    Test_OS,      Delay_mS:5\I_mA:-0.1,
;ADvalue5,   V,    -1.2,    -0.2,     0,          2,    8,     1,    1,    Nop,          ,
;ADvalue6,   V,    -1.2,    -0.2,     0,          2,    8,     1,    1,    Nop,          ,
;ADvalue7,   V,    -15.0,   -13.5,    0,          2,    8,     1,    1,    Nop,          ,
;ADvalue8,   V,    13.5,    15.0,     0,          2,    8,     1,    1,    Nop,          ,
;DATA V,     V,    13.5,    15.0,     0,          2,    8,     1,    1,    Nop,          ,
;gewei,      V,    13.5,    15.0,     0,          2,    8,     1,    1,    Nop,          ,
;xswei,      V,    13.5,    15.0,     0,          2,    8,     1,    1,    Nop,          ,
```

图 11-18　修改后的 def 文件

参考任务 33 的测试程序的载入与运行的操作步骤，进行电压调挡显示测试程序的载入与运行，其测试结果如图 11-19 所示。

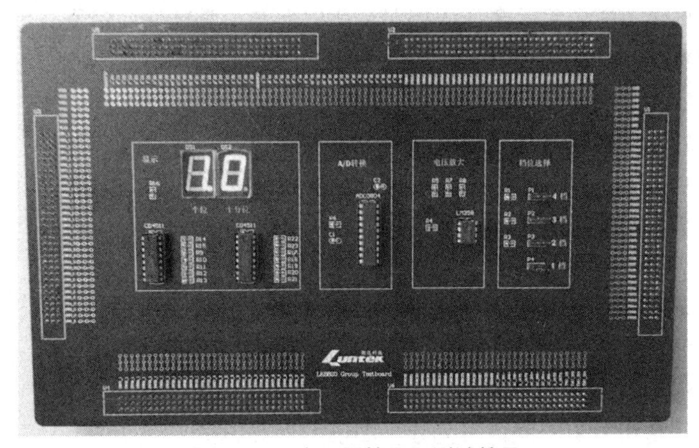

图 11-19　电压调挡显示测试结果

观察电压调挡显示测试程序的运行结果是否符合任务要求。若运行结果不能满足任务要求，则要对测试程序进行分析、检查、修改，直至运行结果满足任务要求为止。

关键知识点梳理

1. 电压调挡显示电路主要由电压采集、挡位选择、电压放大、A/D 转换、测试机及数码显示等模块组成。

（1）电压采集是通过测试机输入的 5V 电压，经过两个 2kΩ和一个 1kΩ电阻分压，得到 1V 的电压，采集到的 1V 电压提供给运算放大器。

（2）电压放大电路是由 LM358 芯片构成的同相输入放大电路，1V 电压的输入信号加到 LM358 的同相输入端。

（3）挡位选择是通过跳线帽来选择不同的反馈电阻，获得不同的放大倍数，有 1、2、3、4 等 4 个调挡。

（4）A/D 转换电路是由 ADC0804 芯片构成的，模拟量输入是放大电路输出的电压信号，经 A/D 转换获得的数字信号送至测试机。

（5）数码管显示电路是由两个 CD4511 和两个共阴数码管构成的，其中两个数码管分别显示电压值的个位和十分位。

2．电压调挡显示测试的工作过程如下：

（1）电压采集模块从测试机提供的 5V 电压，采集 1V 电压给电压放大模块；

（2）挡位选择模块通过改变运算放大器的反馈电阻值，选择电压放大模块的放大倍数，共有 4 个挡位，可以选择放大 1～4 倍；

（3）经过电压放大模块的电压信号送至 A/D 转换模块；

（4）A/D 转换完成后，数字信号送至测试机；

（5）测试机运行测试程序，对 A/D 转换模块送来的数字信号进行处理，处理完成后送至数码管显示采集的电压值。

3．基于 LK8810S 的电压调挡显示测试的步骤如下：

（1）进行初始化，主要包括电压调挡显示测试板的引脚定义、设置参考电压等；

（2）启动 ADC0804 进行模数转换，主要设置 $\overline{CS}$ 和 $\overline{WR}$ 为低电平，设置 $\overline{RD}$ 为高电平，即设置 ADC0804 的转换时序；

（3）在 A/D 转换一段时间后（延时的一段时间能确保 A/D 转换完成），设置 $\overline{CS}$ 和 $\overline{WR}$ 为高电平，停止 A/D 转换；

（4）延时一段时间后，设置 $\overline{CS}$ 和 $\overline{RD}$ 为低电平，允许 ADC0804 输出转换结果，读取 A/D 转换结果；

（5）将 A/D 转换的结果转换成电压值，并拆分为个位数和十分位数；

（6）通过两个 CD4511 分别控制数码管显示个位数和十分位数。

4．基于 LK8820 的电压调挡显示测试的模数转换过程如下：

（1）使 $\overline{RD}$、$\overline{CS}$ 和 $\overline{WR}$ 控制信号无效，即设置为高电平；

（2）设置 $\overline{CS}$ 和 $\overline{WR}$ 为低电平，ADC0804 开始转换；

（3）ADC0804 转换结束，将 $\overline{CS}$ 和 $\overline{WR}$ 设置为高电平；

（4）将 $\overline{CS}$ 和 $\overline{RD}$ 设置为低电平，允许输出转换结果。

问题与实操

11-1　填空题

（1）电压调挡显示测试模块主要由________、________、________、________、________及________等模块组成。

（2）电压采集是通过测试机输入的 5V 电压，经过________个________kΩ和________个________kΩ电阻分压得到 1V 的电压，采集到的 1V 电压提供给运算放大器。

（3）挡位选择是通过________选择不同的________，获得不同的放大倍数，有 1、2、3、4 等 4 个调挡。

（4）A/D 转换电路是由________芯片构成的，模拟量输入是放大电路输出的________，经 A/D 转换获得的________，送至测试机。

11-2　简述电压调挡显示电路中各个模块的作用。

11-3　简述电压调挡显示测试的工作过程。

11-4　简述基于 LK8810S 的电压调挡显示测试的步骤。

11-5　简述基于 LK8820 的电压调挡显示测试的模数转换过程。

附录1

LK8810S函数

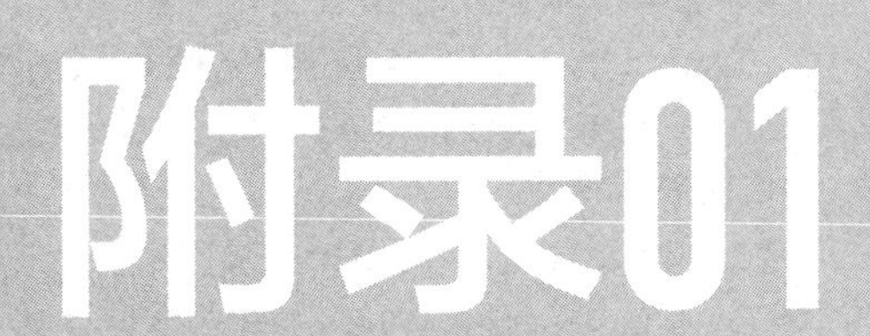

1.1 接口板函数 _outsubport()

_outsubport()用于 C 机向测试机发送数据，函数原型是：

```
void _outsubport(unsigned int subport,unsigned int data);
```

第 1 个参数 subport：测试机硬件地址，取值范围是 0x00～0x7f;

第 2 个参数 data：发送数据，取值范围是 0x0000～0xffff。

1.2 IV 板函数

1. _set_logic_level()

_set_logic_level()用于设置参考电压，函数原型是：

```
void _set_logic_level(float VIH,float VIL,float VOH,float VOL);
```

第 1 个参数 VIH：输入驱动高电平，取值范围是 0.0～10.0V；

第 2 个参数 VIL：输入驱动低电平，取值范围是 0.0～10.0V；

第 3 个参数 VOH：输出比较高电平，取值范围是 0.0～10.0V；

第 4 个参数 VOL：输出比较低电平，取值范围是 0.0～10.0V。

2. _readdata()

_readdata()用于读取测试机数据，函数原型是：

```
unsigned int _readdata(int n);
```

参数 n：测试机读地址，取值范围是 0～15。

3. _wait()

_wait()用于延时等待，函数原型是：

```
void _wait(float n_ms);
```

参数 n_ms：延时时间，取值范围是 0.001～65535ms。

4. _reset()

_reset()用于测试机复位，产生 CLR 复位脉冲，端口数据清零，函数原型是：

```
void _reset(void);
```

该函数无参数。

5. _displed_pass()

_displed_pass()用于点亮测试机面板上的 pass（绿）灯，函数原型是：

```
void _displed_pass(void);
```

该函数无参数。

6. _displed_fail()

_displed_fail()用于点亮测试机面板上的 fail（红）灯，函数原型是：

```
void _displed_fail(void);
```

该函数无参数。

7. _readyled_testing()

_readyled_testing()用于表明测试机已准备好下一个电路的测试，只要按下面板上的按钮，即进入测试，同时面板上的黄灯亮，函数原型是：

```
void _readyled_testing(void);
```

该函数无参数。

8. _handler()

_handler()用于向机械手或探针台发送测试结果和 BIN，函数原型是：

```
void _handler(unsigned int hcode);
```

参数 hcode：发送码，取值范围是 0x00～0xff。

9. _get_start()

_get_start()用于接收机械手或探针台的开始测试信号，返回 1:start，函数原型是：

```
int _get_start(void);
```

该函数无参数。

10. _get_testing()

_get_testing()用于接收面板按钮或脚踏开关的开始测试信号，返回 1:start，函数原型是：

```
int _get_testing(void);
```

该函数无参数。

11. _instrument()

_instrument()用于向外部仪表发送控制码，函数原型是：

```
void _instrument(unsigned int icode);
```

参数 icode：仪表控制码，取值范围是 0x00～0xff。

1.3 PM 板函数

1. _on_vp()

_on_vp()用于输出通道电压源，函数原型是：

```
void _on_vp(unsigned int channel, float voltage);
```

第 1 个参数 channel：电源通道，取值范围是 1、2；

第 2 个参数 voltage：输出电压，取值范围是-20～+20V。

2. _on_vpt()

_on_vpt()用于选择电源通道和电流挡位、设置电压，函数原型是：

```
void _on_vpt(unsigned int channel, unsigned int current_stat, float voltage);
```

第 1 个参数 channel：电源通道，选择范围是 1、2；

第 2 个参数 current_stat：电流挡位，选择范围是 1、2、3、4、5、6，其中 1 表示 100 mA，2 表示 10 mA，3 表示 1 mA，4 表示 100μA，5 表示 10μA，6 表示 1μA；

第 3 个参数 voltage：输出电压，取值范围是-20～+20V。

3. _off_vp()

_off_vp()用于关闭通道电压源，函数原型是：

```
void _off_vp(unsigned int channel);
```

参数 channel：电源通道，选择范围是 1、2。

4. _on_ip()

_on_ip()用于输出通道电流源，函数原型是：

```
void _on_ip(unsigned int channel, float current);
```

第 1 个参数 channel：电源通道，选择范围是 1、2；

第 2 个参数 current：输出电流，取值范围是-100000～+100000μA。

5. _off_ip()

_off_ip()用于关闭通道电流源，函数原型是：

```
void _off_ip(unsigned int channel);
```

参数 channel：电源通道，选择范围是 1、2。

6. _get_ad()

_get_ad()用于读取 A/D 输入电压值，函数原型是：

```
float _get_ad(void);
```

函数无参数。

7. _ad_conver()

_ad_conver()用于读取被选通道的实际测量值，电压（V）、电流（uA），函数原型是：

```
float _ad_conver(unsigned int measure_ch,unsigned int gain);
```

第 1 个参数 measure_ch：测量通道，选择范围是 1、2、3、4、5、6，其中 1 表示 I1—电源通道 1 输出电流，2 表示 V1—电源通道 1 输出电压，3 表示 I2—电源通道 2 输出电流，4 表示 V2—电源通道 2 输出电压，5 表示 I3（AD2）—外部（WM）输入信号电压或电压差，6 表示 V3（AD1）—外部（WM）输入信号电压。

第 2 个参数 gain：测量增益，选择范围是 1、2、3，其中 1 表示 0.5，2 表示 1，3 表示 5。

8. _measure_i()

_measure_i()用于选择合适电流挡位，精确测量工作电流，返回 μA 值，函数原型是：

```
float _measure_i(unsigned int channel,unsigned int current_ch,unsigned int gain);
```

第 1 个参数 channel：电源通道，选择范围是 1、2；

第 2 个参数 current_ch：电流挡位，选择范围是 1、2、3、4、5、6，其中 1 表示 100 mA，2 表示 10 mA，3 表示 1 mA，4 表示 100μA，5 表示 10μA，6 表示 1μA；

第 3 个参数 gain：测量增益，选择范围是 1、2、3，其中 1 表示 0.5，2 表示 1，3 表示 5。

1.4　PE 板函数

1. _on_fun_pin()

_on_fun_pin()用于合上功能引脚继电器，函数原型是：

```
void _on_fun_pin(unsigned int pin,...);
```

参数 pin,...：引脚序列，选择范围是 1、2、3、…、16，引脚序列要以 0 结尾。

2. _off_fun_pin()

_off_fun_pin()用于关闭功能引脚继电器，函数原型是：

```
void _off_fun_pin(unsigned int pin,...);
```

参数 pin,...：引脚序列，选择范围是 1、2、3、…、16，引脚序列要以 0 结尾。

3. _sel_comp_pin()

_sel_comp_pin()用于设定输出（比较）引脚，函数原型是：

```
void _sel_comp_pin(unsigned int pin,...);
```

参数 pin,...：引脚序列，选择范围是 1、2、3、…、16，引脚序列要以 0 结尾。

4. _sel_drv_pin()

_sel_drv_pin()用于设定输入（驱动）引脚，函数原型是：

```
void _sel_drv_pin(unsigned int pin,...);
```

参数 pin,...：引脚序列，选择范围是 1、2、3、…、16，引脚序列要以 0 结尾。

5. _set_drvpin()

_set_drvpin()用于设置并输出驱动引脚的逻辑状态，H 表示高电平，L 表示低电平，函数原型是：

```
void _set_drvpin(char *logic, unsigned int pin,...);
```

第 1 个参数*logic：逻辑标志，“H”、“L”；

第 2 个参数 pin,...：引脚序列，选择范围是 1、2、3、…、16，引脚序列要以 0 结尾。

6. _read_comppin()

_read_comppin()用于读取输出比较引脚的状态或数据，函数原型是：

```
unsigned int _read_comppin(char *logic, unsigned int pin,...);
```

第 1 个参数*logic：“H”、“L”或其他字符等逻辑标志；

（1）当*logic=“H”时：函数返回值为 0，则 Pass，表示读取的输出引脚是高电平；否则为 Fail，并返回引脚序列中第一个不是“H”的引脚值。

（2）当*logic=“L”时：函数返回值为 0，则 Pass，表示读取的输出引脚是低电平；否则为 Fail，并返回引脚序列中第一个不是“L”的引脚值。

（3）当*logic 为非“H”或“L”时：返回引脚序列的实际逻辑值（1 表示 H，0 表示 L），并不判断比较结果是 Pass 还是 Fail。

第 2 个参数 pin：引脚序列，选择范围是 1、2、3、…、16，引脚序列要以 0 结尾。

7. _on_relay()

_on_relay()用于合上用户继电器，函数原型是：

```
void _on_relay(unsigned int number);
```

参数 number：继电器编号，取值范围是 1、2、3、4。

8. _off_relay()

_off_relay()用于关闭用户继电器，函数原型是：

```
void _off_relay(unsigned int number);
```

参数 number：继电器编号，取值范围是 1、2、3、4。

9. _on_pmu_pin()

_on_pmu_pin()用于合上引脚 pmu 继电器，函数原型是：

```
void _on_pmu_pin(unsigned int pin);
```

参数 pin：引脚号，取值范围是 1、2、3、…、16。

10. _off_pmu_pin()

_off_pmu_pin()用于断开引脚 pmu 继电器，函数原型是：

```
void _off_pmu_pin(unsigned int pin);
```

参数 pin：引脚号，取值范围是 1、2、3、…、16。

11. _pmu_test_vi()

_pmu_test_vi()用于对引脚进行供电压测电流的 pmu 测量，返回引脚电流（μA），函数原型是：

```
float _pmu_test_vi(unsigned int pin_number, unsigned int power_channel, unsigned int current_stat, float voltage_souse, unsigned int gain);
```

第 1 个参数 pin_number：被测引脚号，取值范围是 1、2、3、…、16；

第 2 个参数 power_channel：电源通道，取值范围是 1、2；

第 3 个参数 current_stat：电流挡位，取值范围是 1、2、3、4、5、6，其中 1 表示 100 mA，2 表示 10 mA，3 表示 1 mA，4 表示 100μA，5 表示 10μA，6 表示 1μA；

第 4 个参数 voltage_souse：给定电压，取值范围是-20～+20V；

第 5 个参数 gain：测量增益，选择范围是 1、2、3，其中 1 表示 0.5，2 表示 1，3 表示 5。

12. _pmu_test_iv()

_pmu_test_iv()用于对引脚进行供电流测电压的 pmu 测量，返回引脚电压（V），函数原型是：

```
float _pmu_test_iv(unsigned int pin_number, unsigned int power_channel, float current_souse, unsigned int gain);
```

第 1 个参数 pin_number：被测引脚号，取值范围是 1、2、3、…、16；

第 2 个参数 power_channel：电源通道，取值范围是 1、2；

第 3 个参数 current_souse：给定电流，取值范围是-100000～+100000μA；

第 4 个参数 gain：测量增益，选择范围是 1、2、3，其中 1 表示 0.5，2 表示 1，3 表示 5。

1.5 WM 板函数

1. _nwave_on()

_nwave_on()用于接通波形输出继电器，输出波形，函数原型是：

```
void _nwave_on(unsigned int channel)
```

参数 channel：波形发生器通道，取值范围是 1、2。

2. _nwave_off()

_nwave_off()用于断开波形输出继电器，禁止输出波形，函数原型是：

```
void _nwave_off (unsigned int channel)
```

参数 channel：波形发生器通道，取值范围是 1、2。

3. _nset_wave()

_nset_wave()用于设置波形发生器的波形、频率、峰-峰值，函数原型是：

```
void _nset_wave(unsigned int channel,unsigned int wave,float freq,float peak_value)
```

第 1 个参数 channel：波形发生器通道，取值范围是 1、2；

第 2 个参数 wave：波形选择，取值范围是 1、2、3，其中 1 为正弦波，2 为方波，3 为三角波；

第 3 个参数 freq：频率，取值范围是 10.0～200000.0 Hz；

第 4 个参数 peak_value：峰-峰值，取值范围是 0.0～5.0 V。

4. _nac_distortion()

_nac_distortion()用于测量交流信号失真度，可返回信号的 AD1、AD2 或失真度，函数原型是：

```
float _ac_distortion(int channel,int input_range,int gain_range,int notch_range,
char state,char out_num)
```

第 1 个参数 channel：测量交流信号测量通道，取值是 1、2；

第 2 个参数 input_range：输入衰减倍数，取值范围是 1、2、3、4，其中 1 表示 1.0，2 表示 0.316，3 表示 0.1，4 表示 0.0316；

第 3 个参数 gain_range：信号增益，取值范围是 1、2、3、4、5，其中 1 表示 1，2 表示 3，3 表示 10，4 表示 30，5 表示 100；

第 4 个参数 notch_range：失真度增益，取值范围是 1、2、3，其中 1 表示 1，2 表示 10，3 表示 30；

第 5 个参数 state：测试方式，取值范围是 1、2，其中 1 表示 fast，2 表示 normal；

第 6 个参数 out_num：测量信号值选择，取值范围是 1、2、3，其中 1 表示测量 AD1，2 表示测量 AD2，3 表示测量失真度。

5. _set_dist_range1()

_set_dist_range1()用于设置失真度通道 1 的挡位，是对通道 1 的信号进行放大与缩小处理，函数原型是：

```
void _set_dist_range1(int input_range,int gain_range, int notch_range)
```

第 1 个参数 input_range：输入衰减倍数，取值是 1、2、3、4，其中 1 表示 1.0，2 表示 0.316，3 表示 0.1，4 表示 0.0316；

第 2 个参数 gain_range：信号增益，取值范围是 1、2、3、4、5，其中 1 表示 1，2 表示 3，3 表示 10，4 表示 30，5 表示 100；

第 3 个参数 notch_range：失真度增益，取值范围是 1、2、3，其中 1 表示 1，2 表示 10，3 表示 30。

6. _dist_rms1()

_dist_rms1()用于测量失真度通道 1 输入信号的有效值，函数原型是：

```
float _dist_rms1(void)
```

该函数无参数。

7. _distortion1()

_distortion1()用于测量失真度通道 1 输入信号的失真度，函数原型是：

```
float _distortion1(void)
```

该函数无参数。

另外，_set_dist_range2( )、_dist_rms2( )及_distortion2( )等函数的功能和使用方法，同上（同通道 1）。

1.6　CS 板函数

1. _turn_key()

_turn_key()用于操作 xy 矩阵接点，函数原型是：

```
void _trun_key(char *state,int x,int y)
```

第一个参数*state：接点状态标志，“on”接通，“off”断开；

第二个参数 x：矩阵行，取值范围是 0～15；

第三个参数 y：矩阵列，取值范围是 0～7。

2. _turn_switch()

_turn_switch()用于打开操作继电器，函数原型是：

```
void _turn_switch(char *state,int n,...)
```

第 1 个参数*state：接点状态标志，“on”接通，“off”断开；

第 2 个参数 n,…：继电器编号序列，取值范围是 1、2、3、…、16，引脚序列要以 0 结尾。

3. _writ_cpu()

_writ_cpu()是向 89C51 的 P1 口写 8 位数据，函数原型是：

```
void _writ_cpu(int dat_p1)
```

参数 dat_p1：8 位数据，取值范围是 0x00～0xff。

4. _read_cpu()

_read_cpu()是从 89C51 的 P0、P2 口读数据，函数原型是：

```
unsigned int void _read_cpu()
```

该函数无参数。

5. _set_p1()

_set_p1()是设置 CPU 的 P1 口信号或 CPU 复位信号，函数原型是：

```
void _set_p1(char *state, int time1, int time2, int n,...)
```

第 1 个参数*state：设置电平，取值“H”、“L”；

第 2 个参数 time1：设置类型或脉冲宽度（ms）；

第 3 个参数 time2：输出波形后的延时时间（ms）；

第 4 个参数 n,…：CPU 引脚序列，其中 1 表示 p1.1，2 表示 p1.2，3 表示 p1.3，4 表示 p1.4，5 表示 p1.5，6 表示 p1.6，7 表示 p1.7，8 表示 reset。

附录2

LK8820函数

2.1 系统函数

1. USleep()

USleep()用于测试过程中的延时等待，函数原型是：

```
void USleep(long ITime);
```

参数 ITime：延时时间（μs），取值范围是 0～4294967295。

2. Sleep()

Sleep()用于测试过程中的延时等待，函数原型是：

```
void Sleep(DWORD dwMilliseconds);
```

参数 dwMilliseconds：延时时间（ms），取值范围是 0～429496729。

3. _reset()

_reset()用于测试机复位，端口数据清零，函数原型是：

```
void _reset();
```

该函数无参数。

4. MprintfExcel()

MprintfExcel()用于数据打印， 将测试结果输出到上位机中显示，函数原型是：

```
void MprintfExcel( CString parameName, float f );
```

第 1 个参数 parameName：测试芯片的参数名；

第 2 个参数 f：测试得出的结果。

5. writeWaveEx()

writeWaveEx()用于采集波形数据，将数据保存至本地文件中，函数原型是：

```
void writeWaveEx(vector<DWORD> dWave);
```

参数 dWave：存储波形数据的容器变量。

2.2 VM 板函数

1. _vm_init()

_vm_init()用于 VM 板初始化，参考电压预置到 0V，关闭 A/D 采样通道，函数原型是：

```
_vm_init();
```

该函数无参数。

2. _set_logic_level()

_set_logic_level()用于设置输入驱动参考电压和输出比较参考电压，函数原型是：

```
void _set_logic_level(float vih,float vil,float voh,float vol);
```

第 1 个参数 vih：驱动高电平，电压范围-10～+10V；

第 2 个参数 vil：驱动低电平，电压范围-10～+10V；

第 3 个参数 voh：比较高电平，电压范围-10～+10V；

第 4 个参数 vol：比较低电平，电压范围-10～+10V。

3. _get_ad()

_get_ad()用于读取 A/D 输入电压值，返回值范围-10～10V，单位是 V，函数原型是：

```
float _get_ad(unsigned int channel,unsigned int gain);
```

第 1 个参数 channel：测量通道（1、2、3、…、16），其中测量通道 1、3、5、7、9、11、13、15 是测量电流通道的电压值，测量通道 2、4、6、8、10、12、14、16 是测量电压通道的电压值；

第 2 个参数 gain：测量增益（1、2、3），其中 1 表示衰减比 1：3，2 表示增益 1 倍，3 表示增益 5 倍。

4. _measure_v()

_measure_v()用于测量电源通道电压，返回值范围-30～30V，单位是 V，函数原型是：

```
float _measure_v (unsigned int channel, unsigned int gain);
```

第 1 个参数 channel：电源通道（1、2、3、…、8）；

第 2 个参数 gain：测量增益（1、2、3），其中 1 表示衰减比 1：3，2 表示增益 1 倍，3 表示增益 5 倍。

5. _measure_i()

_measure_i()用于选择合适的电流挡位，精确测量工作电流，单位是 μA，函数原型是：

```
float _measure_i(unsigned int channel,unsigned int state,unsigned int gain);
```

第 1 个参数 channel：电源通道（1、2、3、…、8）；

第 2 个参数 state：电流挡位（1、2、3、…、7），其中 1 表示 500mA，2 表示 100mA，3 表示 10 mA，4 表示 1mA，5 表示 100μA，6 表示 10μA，7 表示 1μA；

第 3 个参数 gain：测量增益（1、2、3），其中 1 表示衰减比 1：3，2 表示增益 1 倍，3 表示增益 5 倍。

注意：若选择电流挡位的量程小于待测电流值，返回值为该电流挡位的量程值。

2.3 PV 板函数

1. _pv_init()

_pv_init()用于 PV 板初始化，电压预置到 0V，关闭电源输出通道，函数原型是：

```
void _vm_init(unsigned int module);
```

参数 module：板卡号（1、2）。

2. _on_vpt()

_on_vpt()用于设置输出电压源通道及电压值，函数原型是：

```
void _on_vp(unsigned int channel,unsigned int current_stat,float voltage);
```

第 1 个参数 channel：电源通道（1、2、3、…、8）；

第 2 个参数 current_stat：电流挡位（1、2、3、…、7），其中 1 表示 500mA，2 表示 100mA，3 表示 10 mA，4 表示 1mA，5 表示 100μA，6 表示 10μA，7 表示 1μA；

第 3 个参数 voltage：输出电压，电压范围-30～+30V。

注意：调用_on_vpt 函数后，为了使源的内部达到稳定状态，需要至少延时 10ms 再执行其他操作。

3. _off_vpt()

_off_vpt()用于关闭通道电压源，函数原型是：

```
void _off_vpt(unsigned int channel);
```

参数 channel：电源通道（1、2、3、…、8）。

4. _on_ip()

_on_ip()用于设置输出电流源通道及电流值，函数原型是：

```
void _on_ip(unsigned int channel, float current);
```

第 1 个参数 channel：电源通道（1、2、3、…、8）;

第 2 个参数 current：输出电流，电流范围−500000～+500000μA。

注意：调用_on_ip 函数后，为了使源的内部达到稳定状态，需要至少延时 10ms 再执行其他操作。

5. _off_ip()

_off_ip()用于关闭通道电流源，函数原型是：

```
void _off_ip(unsigned int channel);
```

参数 channel：电源通道（1、2、3、…、8）。

2.4 PE 板函数

1. void_pe_init()

void_pe_init()用于 PE 板初始化，复位 PMU 通道，断开 PIN 脚输出，函数原型是：

```
void _pe_init(unsigned int module);
```

参数 module：板卡号（1、2、3、4）。

2. _on_fun_pin()

_on_fun_pin()用于闭合功能引脚继电器，打开 PIN 脚输出，函数原型是：

```
void _on_fun_pin(unsigned int pin, ...);
```

参数 pin,...：引脚序列（1、2、3、…、64），引脚序列要以 0 结尾。

3. _off_fun_pin()

_off_fun_pin()用于断开功能引脚继电器，断开 PIN 输出，函数原型是：

```
void _off_fun_pin(unsigned int pin, ...);
```

参数 pin,...：引脚序列（1、2、3、…、64），引脚序列要以 0 结尾。

4. _on_pmu_pin()

_on_pmu_pin()用于闭合 PMU 引脚继电器，函数原型是：

```
void _on_pmu_pin(unsigned int pin);
```

参数 pin：引脚号（1、2、3、…、64）。

5. _off_pmu_pin()

_off_pmu_pin()用于断开 PMU 引脚继电器，函数原型是：

```
void _off_pmu_pin(unsigned int pin);
```

参数 pin：引脚号（1、2、3、…、64）。

6. _sel_drv_pin()

_sel_drv_pin()用于设定输入（驱动）引脚，打开 PIN 脚输出，函数原型是：

```
void _sel_drv_pin(unsigned int pin, ...);;
```

参数 pin,...：引脚序列（1、2、3、…、64），引脚序列要以 0 结尾。

注意：在设定输入（驱动）引脚时，测试机将自动断开 PMU 引脚，如果需要使用 PMU 功能，必须闭合 PMU 引脚。

7. _set_drvpin()

_set_drvpin()用于设置输出驱动脚的逻辑状态，函数原型是：

```
void _set_drvpin(char *logic, unsigned int pin, ...);
```

第 1 个参数*logic：逻辑标志（“H”、“L”），H 表示高电平，L 表示低电平；

第 2 个参数 pin，...：引脚序列（1、2、3、…、64），引脚序列要以 0 结尾。

8. _sel_comp_pin()

_sel_comp_pin()用于设定输出（比较）引脚，打开 PIN 脚输入，函数原型是：

```
void _sel_comp_pin(unsigned int pin, ...);
```

参数 pin,...：引脚序列（1、2、3、…、64），引脚序列要以 0 结尾。

注意：在设定输入（驱动）引脚时，测试机将自动断开 PMU 引脚。

9. _read_comppin()

_read_comppin()用于读取比较脚的状态或数据。当*logic=“H”时，返回 0 则 pass，否则为 fail。当*logic=“L”时，返回 0 则 pass，否则为 fail。函数原型是：

```
int _read_comppin(char *logic, unsigned int pin, ...);
```

第 1 个参数*logic：逻辑标志（“H”、“L”）；

第 2 个参数 pin：引脚序列（1、2、3、…、64），引脚序列要以 0 结尾。

10. _rdcmppin()

_rdcmppin()用于读取比较脚的逻辑状态，返回“0”或“1”，1 的逻辑状态为“H”，0 的逻辑状态为“L”，函数原型是：

```
int _rdcmppin(unsigned int pin);
```

参数 pin：引脚号（1、2、3，…、64）。

11. _on_pmu()

_on_pmu()用于闭合 PMU 通道继电器，打开 PMU 通道，函数原型是：

```
void _on_pmu(unsigned int module, unsigned int channel);
```

第 1 个参数 module：板卡号（1、2、3、4）；

第 2 个参数 channel：PMU 通道（1、2、3、…、8）。

12. _off_pmu()

_off_pmu()用于断开 PMU 通道继电器，关闭 PMU 通道，函数原型是：

```
void _off_pmu(unsigned int module, unsigned int channel);
```

第 1 个参数 module：板卡号（1、2、3、4）；

第 2 个参数 channel：PMU 通道（1、2、3、…、8）。

13. _pmu_test_vi()

_pmu_test_vi()用于对引脚进行供电压测电流的 PMU 测量，返回引脚电流，单位是 μA，函数原型是：

```
float _pmu_test_vi(unsigned int pin, unsigned int channel, unsigned int state,
float voltage, unsigned int gain);
```

第 1 个参数 pin：引脚号（1、2、3、…、64）；

第 2 个参数 channel：PMU 通道（1、2、3、…、8）；

第 3 个参数 state：电流挡位（1、2、3、…、7），其中 1 表示 500mA，2 表示 100mA，

3 表示 10 mA，4 表示 1mA，5 表示 100μA，6 表示 10μA，7 表示 1μA；

第 4 个参数 voltage：驱动电压，取值范围−30～+30 V；

第 5 个参数 gain：测量增益（1、2、3），其中 1 表示衰减比 1：3，2 表示增益 1 倍，3 表示增益 5 倍。

14. _pmu_test_iv()

_pmu_test_iv()用于对引脚进行供电流测电压的 PMU 测量，返回引脚电压，单位是 V，函数原型是：

```
float _pmu_test_iv(unsigned int pin, unsigned int channel, float souce, unsigned int gain);
```

第 1 个参数 pin：被测引脚号（1、2、3、…、64）；

第 2 个参数 channel：PMU 通道（1、2、3、…、8）；

第 3 个参数 souse：驱动电流，取值范围−500000～+500000μA；

第 4 个参数 gain：测量增益（1、2、3），其中 1 表示衰减比 1：3，2 表示增益 1 倍，3 表示增益 5 倍。

15. _read_pin_voltage()

_read_pin_voltage()用于测量 PIN 脚输入电压，返回引脚电压，单位是 V，函数原型是：

```
float _read_pin_voltage(unsigned int pin, unsigned int channel,  unsigned int gain);
```

第 1 个参数 pin：被测引脚号（1、2、3、…、64）；

第 2 个参数 channel：电源通道（1、2、3、…、8）；

第 3 个参数 gain：测量增益（1、2、3），其中 1 表示衰减比 1：3，2 表示增益 1 倍，3 表示增益 5 倍。

2.5 ST 板函数

1. _st_init()

_st_init()用于 ST 板初始化，预置 TMU 比较参考电压、用户时钟信号电压为 0V，复位用户继电器、矩阵按键。函数原型是：

```
void _st_init(unsigned int module);
```

参数 module：板卡号（1，2）。

2. _turn_switch()

_turn_switch()用于打开或关闭用户继电器，函数原型是：

```
void _turn_switch(char *state, unsigned int n, ...);
```

第 1 个参数*state：接点状态标志（“on”，“off”），on 表示接通，off 表示断开；

第 2 个参数 n，...：继电器编号序列（1、2、3、…、32），序列以 0 结尾。

3. _turn_key()

_turn_switch()用于控制 xy 矩阵接点，函数原型是：

```
void _turn_key(char *state, unsigned int module, unsigned int x,  unsigned int y);
```

第 1 个参数*state：接点状态标志（“on”，“off”），on 表示接通，off 表示断开；

第 2 个参数 module：板卡号（1、2）；

第 3 个参数 x：矩阵行（0、1、2、…、15）；

第 4 个参数 y：矩阵列（0、1、2、…、7）。

4. _on_clko()

_on_clko()用于设置用户时钟信号参数，打开用户时钟信号输出，函数原型是：

```
void _on_clko(unsigned int channel, float lv1, float lv2, float freq);
```

第 1 个参数 channel：时钟信号通道（1、2）;

第 2 个参数 lv1：时钟信号低电平电压，电压范围-10～+10V;

第 3 个参数 lv2：时钟信号高电平电压，电压范围-10～+10V;

第 4 个参数 freq：时钟信号频率，频率范围 1kHz～1MHz。

5. _off_clko()

_off_clko()用于关闭用户时钟信号输出，函数原型是：

```
void _off_clko(unsigned int channel);
```

参数 channel：时钟信号通道（1、2）。

6. _tmu_test()

_tmu_test()用于设置 TMU 测量参数，启动 TMU 测量，函数原型是：

```
int _tmu_test(unsigned int channel, unsigned int state, unsigned int mode, float lv1,
float lv2, unsigned int gain);
```

第 1 个参数 channel：TMU 通道（1、2）;

第 2 个参数 state：输入模式选择（1、2、3、…、6），其中，1 表示 TMU+、TMU−输入、高输入阻抗、1MΩ；2 表示 TMU+、TMU−输入、低输入阻抗、50Ω；3 表示 TMU+输入、高输入阻抗、1MΩ；4 表示 TMU−输入、低输入阻抗、50Ω；5 表示 TMU+输入、高输入阻抗、1MΩ；6 表示 TMU−输入、低输入阻抗、50Ω。

第 3 个参数 mode：测量模式（1、2、3、…、8），其中，1 表示低速测量、Start 信号为上升沿、Stop 信号为上升沿；2 表示低速测量、Start 信号为下降沿、Stop 信号为下降沿；3 表示低速测量、Start 信号为上升沿、Stop 信号为下降沿；4 表示低速测量、Start 信号为下降沿、Stop 信号为上升沿；5 表示高速测量、Start 信号为上升沿、Stop 信号为上升沿；6 表示高速测量、Start 信号为下降沿、Stop 信号为下降沿；7 表示高速测量、Start 信号为上升沿、Stop 信号为下降沿；8 表示高速测量、Start 信号为下降沿、Stop 信号为上升沿。

第 4 个参数 lv1：设置 Start 触发电压，电压范围-10～+10V;

第 5 个参数 lv2：设置 Stop 触发电压，电压范围-10～+10V;

第 6 个参数 gain：信号衰减模式（1、2、3），其中 1 表示衰减比 1：20，2 表示衰减比 1：5，3 表示无衰减。

2.6 WM 板函数

1. _wm_init()

_wm_init()用于 WM 板初始化，预置参考电压、偏置电压为 0V，复位波形输出通道、波形采样通道，断开所有继电器，函数原型是：

```
void _wm_init(unsigned int module);
```

参数 module：板卡号（1、2）。

2. _set_wave()

_set_wave()用于设置波形输出参数，函数原型是：

```
void _set_wave(unsigned int channel, unsigned int mode, float vpp, float vref, float
freq, unsigned int filter, unsigned int gain);
```

第 1 个参数 channel：波形输出通道（1、2、3、4）；

第 2 个参数 mode：设置输出波形（1、2、3、4），其中 1 表示正弦波，2 表示三角波，3 表示锯齿波，4 表示方波；

第 3 个参数 vpp：设置输出波形峰-峰值，电压范围 0～20V；

第 4 个参数 vref：设置输出波形偏置值，电压范围-10～10V；

第 5 个参数 freq：设置输出波形频率，频率范围 1Hz～100kHz，其中 1 表示不滤波，2 表示截至频率 10kHz，3 表示截至频率 100kHz；

第 6 个参数 filter：选择滤波截止频率（1、2、3），其中 1 表示不滤波，2 表示截止频率为 10kHz，3 表示截止频率为 100kHz。

第 7 个参数 gain：选择波形输出衰减比（1、2），其中 1 表示无衰减，2 表示衰减比 1∶10。

3. _wave_on()

_wave_on()用于接通波形输出继电器，输出波形，函数原型是：

```
void _wave_on(unsigned int channel);
```

参数 channel：波形输出通道（1、2、3、4）。

注意：调用_wave_on 函数后，为了使源的内部达到稳定状态，需要至少延时 10ms 再执行其他操作。

4. _wave_off()

_wave_off()用于断开波形输出继电器，禁止输出波形，函数原型是：

```
void _wave_off(unsigned int channel);
```

参数 channel：波形输出通道（1、2、3、4）。

5. _set_lmeasure()

_set_lmeasure()用于设置交流表低速测量模式，函数原型是：

```
void _set _lmeasure (unsigned int channel, unsigned int couple, unsigned int vrange,
float voffset, unsigned int filter, unsigned int samplenum);
```

第 1 个参数 channel：波形测量通道（1、2、3、4）；

第 2 个参数 couple：交直流耦合（1、2），其中 1 表示直流耦合，2 表示交流耦合；

第 3 个参数 vrange：量程选择（1、2、3、4、5），1 表示 1V，2 表示 2V，3 表示 5V，4 表示 10V，5 表示 20V；

第 4 个参数 voffset：设置偏置电压，电压范围-10～+10V；

第 5 个参数 filter：波形输入模式（1、2），其中 1 表示无滤波，2 表示有滤波；

第 6 个参数 samplenum：设置采样点数，范围 10～1024。

6. _set_hmeasure ()

_set_hmeasure ()用于设置交流表高速测量模式，函数原型是：

```
void _set _hmeasure (unsigned int channel, unsigned int couple, unsigned int vrange,
unsigned int samplenum);
```

第 1 个参数 channel：波形测量通道（1、2、3、4）；

第 2 个参数 couple：交直流耦合（1、2），其中 1 表示直流耦合，2 表示交流耦合；

第 3 个参数 vrange：量程选择（1、2、3、4、5），其中 1 表示 1V，2 表示 2V，3 表示 4V，4 表示 10V；

第 4 个参数 samplenum：设置采样点数，范围 10～1024。

目录

第一章　钢筋混凝土结构施工图基本知识

内容提要

“平法”施工图是供结构设计人员绘制钢筋混凝土结构施工图时应用的一种新型实用技术。其实质是将现浇钢筋混凝土结构中大量的复杂构件，如多跨多层现浇框架梁、柱等，以特殊方式实现标准化。该方法以其绘图方便，表达准确、全面，数值唯一，构造标准化，易随机修正，能成倍提高设计效率及施工方便等优点受到结构设计人员和施工单位的普遍欢迎。本章内容主要包括结构施工图的概念及组成、识读方法与注意事项和钢筋及混凝土的基本知识。

知识目标

1. 理解结构施工图的概念和作用。
2. 掌握钢筋级别、锚固和搭接。
3. 掌握混凝土级别、耐久性。

能力目标

能够进行钢筋工程量的计算。

第一节　结构施工图概述

一、结构施工图的概念

结构施工图(简称结施图)主要表达建筑工程的结构类型，是在建筑施工图的基础上表达房屋各承重构件或单体(如基础、梁、柱、板、剪力墙和楼梯)的布置、材料、截面尺寸、配筋，以及构件间的连接、构造要求的图样。

二、结构施工图的作用

结构施工图是设计人员综合考虑建筑的规模、使用功能、业主的要求、当地材料的供应情况、场地周边的现状、抗震设防要求等因素，根据国家及省市有关现行规范、规程、规定，以经济合理、技术先进、确保安全为原则而形成的结构工种设计文件。

结构施工图是施工放线，挖沟槽，支模板，绑扎钢筋，浇筑混凝土，安装梁、板、柱等构件，编制预决算和施工组织设计的依据，是监理单位工程质量检查与验收的依据。

三、结构施工图的组成

结构施工图一般由结构图纸目录、结构设计总说明、基础施工图、上部结构施工图和结构详图组成。

1. 结构图纸目录

结构图纸目录可以使人们了解图纸的排列、总张数和每张图纸的内容，核对图纸的完整性，查找所需要的图纸。

2. 结构设计总说明

结构设计总说明是结构施工图的纲领性文件，是施工的重要依据。其根据现行的规范要求，结合工程结构的实际情况，将设计的依据、对材料的要求、所选用的标准图和对施工的特殊要求等，以文字表达为主的方式形成的设计文件。

3. 基础施工图

基础施工图包括基础平面图和基础详图。其主要表达建筑物的地基处理措施与要求、基础形式、位置、所属轴线，以及基础内留洞、构件、管沟、地基变化的台阶、基底标高等平面布置情况；基础详图主要说明基础的具体构造。

4. 上部结构施工图

上部结构施工图是指标高在±0.000以上的结构。其主要表达梁、柱、板、剪力墙等构件的平面布置，各构件的截面尺寸、配筋等。

5. 结构详图

结构详图包括楼梯、电梯间、屋架结构详图及梁、柱、板的节点详图。

结构施工图一般按施工顺序排序，依次为结构图纸目录、结构设计总说明、基础平面图、基础详图、柱(剪力墙)平面及配筋图(自下而上按层排列)、梁平面及配筋图(自下而上按层排列)、楼(屋)面结构平面图(自下而上按层排列)、楼梯及构件详图等。

四、结构施工图的识读方法和步骤

在实际施工中，通常是要同时看建筑图和结构图的。只有将两者同时结合起来看，将两者融合在一起，一栋建筑物才能顺利进行施工。

1. 建筑图和结构图的关系

建筑图和结构图有相同的地方和不同的地方，以及相关联的地方。

(1)相同的地方。轴线位置、编号都相同；墙体厚度应相同；过梁位置与门窗洞口位置应相符合等。因此，凡是应相符合的地方都应相同；如果不符合，就有了矛盾、有了问题，在看图时应记录下来，在会审图纸时提出或随时与设计人员联系，以便得到解决，使图纸对口才能施工。

(2)不同的地方。建筑标高有时与结构标高是不一样的；结构尺寸和建筑(做好装饰后的)尺寸是不相同的；承重结构墙在结构平面图上有，非承重的隔断墙则在建筑图上才有等。这些要从看图中积累经验，了解到哪些构件应在哪种图纸上看到才能了解建筑物的全貌。

(3)相关联的地方。建筑图和结构图相关联的地方，必须同时看两种图。在民用建筑中，如雨篷、阳台的结构图和建筑的装饰图必须结合起来看；如圈梁的结构布置图中的圈梁通过门、窗口处对门窗高度有无影响，也要将两种图纸结合起来看；还有楼梯的结构图往往与建筑图结合在一起绘制等。随着施工经验和看图纸经验的积累，建筑图和结构图相关处的结合看图就会慢慢熟练起来。

2. 综合看图注意事项

(1)查看建筑尺寸和结构尺寸有无矛盾之处。

(2)建筑标高和结构标高之差，是否符合应增加的装饰厚度。

(3)建筑图上的一些构造，在做结构时是否需要先做预埋件或木砖等。

(4)查看结构施工图时，应考虑建筑安装是尺寸上的放大或缩小。这在图上是没有具体标志的，但从施工经验及看了两种图后的配合，应该预先想到应放大或缩小的尺寸。

以上几点只是应引起注意的一些方面，当然还可以举出一些。总之，我们要在看图时能全面考虑到施工，才可以真正领会和消化图纸。

3. 识图时注意事项

(1)施工图是根据投影原理绘制的，用图纸表明房屋建筑的设计及构造做法。所以，要看懂施工图，应掌握投影原理和熟悉房屋建筑的基本构造。

(2)施工图采用了一些图例符号及必要的文字说明，共同将设计内容表现在图纸上。因此要看懂施工图，还必须记住常用的图例符号。

(3)看图时要注意从粗到细，从大到小。先粗看一遍，了解工程的概貌，然后细看。细看时应先看总说明和基本图纸，然后深入看构件和详图。

(4)一套施工图纸由各工种的许多张图纸组成，各图纸之间是互相配合、紧密联系的。图纸的绘制大体是按照施工过程中不同的工种、工序分成一定的层次和部位进行的，因此要有联系、综合地看图。

(5)结合实际看图。遵循"实践、认识、再实践、再认识"的规律，看图时结合实践，就能比较快地掌握图纸的内容。

五、学习依据

本书的混凝土结构施工图均采用建筑结构施工图平面整体设计方法(简称平法)绘制。平法的表达形式，概括起来是将结构构件的尺寸和配筋等，按照平面整体表示方法制图规则，整体直接表达在各类构件的结构平面布置图上，再与标准构造详图相结合，即构成一套新型完整的结构设计。

本书涉及的图集及规范如下：

(1)《混凝土结构设计规范(2015 年版)》(GB 50010—2010)；

(2)《建筑工程抗震设防分类标准》(GB 50223—2008)；

(3)《高层建筑混凝土结构技术规程》(JGJ 3—2010)；

(4)《建筑抗震设计规范(2016 年版)》(GB 50011—2010)；

(5)《建筑结构制图标准》(GB/T 50105—2010)；

(6)《混凝土结构施工图平面整体表示方法制图规则和构造详图(现浇混凝土框架、剪力墙、梁、板)》(16G101-1)；

(7)《混凝土结构施工图平面整体表示方法制图规则和构造详图(现浇混凝土板式楼梯)》(16G101-2)；

(8)《混凝土结构施工图平面整体表示方法制图规则和构造详图(独立基础、条形基础、筏形基础、桩基础)》(16G101-3)；

(9)《混凝土结构施工钢筋排布规则与构造详图(现浇混凝土框架、剪力墙、梁、板)》(18G901-1)；

(10)《混凝土结构施工钢筋排布规则与构造详图(现浇混凝土板式楼梯)》(18G901-2)；

(11)《混凝土结构施工钢筋排布规则与构造详图(独立基础、条形基础、筏形基础、桩基础)》(18G901-3)。

第二节　钢筋的基本知识

一、钢筋的品种、级别及选用

热轧钢筋的公称直径和符号见表 1-1。

表 1-1　热轧钢筋的公称直径和符号

<table>
<tr><th>符号</th><th>牌号</th><th>抗拉强度设计值 f_y/MPa</th><th>加工工艺</th><th>外形</th><th>化学成分</th><th>公称直径/mm</th><th>推荐直径/mm</th></tr>
<tr><td>Φ</td><td>HPB300</td><td>270</td><td>热轧(H)</td><td>光圆(P)</td><td>低碳钢(B)</td><td>6～22</td><td>6、8、10、12、16、20</td></tr>
<tr><td>Φ̲</td><td>HRB335</td><td>300</td><td>热轧(H)</td><td rowspan="7">带肋(R)</td><td rowspan="7">低合金钢(B)</td><td rowspan="7">6～50</td><td rowspan="4">6、8、10、12、16、20、25、32、40、50</td></tr>
<tr><td>$\underline{\Phi}^{F}$</td><td>HRBF335</td><td>300</td><td>细晶粒热轧(F)</td></tr>
<tr><td>Φ̲̲</td><td>HRB400</td><td>360</td><td>热轧(H)</td></tr>
<tr><td>$\underline{\underline{\Phi}}^{F}$</td><td>HRBF400</td><td>360</td><td>细晶粒热轧(F)</td></tr>
<tr><td>$\underline{\underline{\Phi}}^{R}$</td><td>RRB400</td><td>360</td><td>余热处理(R)</td><td>8、10、12、16、20、25、32、40</td></tr>
<tr><td>Φ̲̲̲</td><td>HRB500</td><td>435</td><td>热轧(H)</td><td rowspan="2">6、8、10、12、16、20、25、32、40、50</td></tr>
<tr><td>$\underline{\underline{\underline{\Phi}}}^{F}$</td><td>HRBF500</td><td>435</td><td>细晶粒热轧(F)</td></tr>
</table>

混凝土结构的钢筋应按下列规定选用：

(1)纵向受力普通钢筋可采用 HRB400、HRB500、HRBF400、HRBF500、HRB335、RRB400、HPB300 钢筋；梁、柱和斜撑构件的纵向受力普通钢筋宜采用 HRB400、HRB500、HRBF400、HRBF500 钢筋。

(2)箍筋宜采用 HRB400、HRBF400、HRB335、HPB300、HRB500、HRBF500 钢筋。

(3)预应力筋宜采用预应力钢丝、钢绞线和预应力螺纹钢筋。

二、常见钢筋的图例和画法

钢筋的图例和画法分别见表 1-2、表 1-3。

表 1-2　一般钢筋的图例

序号	名称	图例	序号	名称	图例
1	钢筋横断面		6	无弯钩的钢筋搭接	
2	无弯钩的钢筋端部	重叠短钢筋端部用 45°短线表示	7	带半圆弯钩的钢筋搭接	
3	带半圆形弯钩的钢筋端部		8	带直钩的钢筋搭接	
4	带直钩的钢筋端部		9	花篮螺栓钢筋接头	
5	带丝扣的钢筋端部		10	接触对焊的钢筋接头	

表 1-3　钢筋的画法

序号	说明	图例
1	在平面图中配置钢筋时，底层钢筋弯钩应向上或向左，顶层钢筋则向下或向右	(底层)　(顶层)
2	配双层钢筋的墙体，在配筋立面图中，远面钢筋的弯钩应向上或向左，而近面钢筋则向下或向右	近面　远面
3	如在断面图中不能表示清楚钢筋配置，应在断面图外面增加钢筋大样图	
4	图中所表示的箍筋、环筋等若布置复杂时，可加画钢筋大样及说明	或
5	每组相同的钢筋、箍筋或环筋，可以用粗实线画出其中一根来表示，同时用一横穿的细线表示其余的钢筋、箍筋或环筋，横线的两端带斜短线表示该号钢筋的起止范围	

三、钢筋的锚固

为了保证钢筋与混凝土之间的可靠粘结，钢筋必须有一定的锚固长度。钢筋的锚固长度一般是指梁、板、柱等构件的受力钢筋伸入支座或基础中的长度。

普通受拉钢筋的锚固长度应按下列公式计算：

基本锚固长度

$$l_{ab}=\alpha\frac{f_y}{f_t}d \tag{1-1}$$

受拉钢筋的锚固长度

$$l_a=\zeta_a l_{ab} \tag{1-2}$$

式中 l_{ab}——受拉钢筋的基本锚固长度；

f_y——普通钢筋的抗拉强度设计值，见表 1-1；

f_t——混凝土轴心抗拉强度设计值，当混凝土强度等级高于 C60 时，按 C60 取值；

d——锚固钢筋的直径；

α——锚固钢筋的外形系数，按表 1-4 取用；

l_a——受拉钢筋的锚固长度；

ζ_a——锚固长度修正系数，对普通钢筋按表 1-5 取用，当多于一项时，可按连乘计算，但不应小于 0.6；对预应力筋，可取 1.0。

表 1-4　锚固钢筋的外形系数 α

钢筋类型	光圆钢筋	带肋钢筋	螺旋肋钢丝	三股钢绞线	七股钢绞线
α	0.16	0.14	0.13	0.16	0.17
注：光圆钢筋末端应做 180°弯钩，弯后平直段长度不应小于 3d，但作受压钢筋时可不做弯钩。					

表 1-5　锚固长度修正系数 ζ_a

锚固条件		ζ_a	备注
带肋钢筋的公称直径大于 25 mm		1.10	—
环氧树脂涂层带肋钢筋		1.25	—
施工过程中易受扰动的钢筋		1.10	—
锚固钢筋的保护层厚度	3d	0.80	中间按内插取值，此处 d 为锚固钢筋的直径
	5d	0.70	
注：当纵向受力钢筋的实际配筋面积大于其设计计算面积时，修正系数取设计计算面积与实际配筋面积的比值，但对有抗震设防要求及直接承受动力荷载的结构构件，不应考虑此项修正。			

当锚固钢筋的保护层厚度不大于 5d 时，锚固长度范围内应配置横向构造钢筋，其直径不应小于 $d/4$；对梁、柱等杆状构件间距不应大于 5d，对板、墙等平面构件间距不应大于 10d，且均不应小于 100 mm，此处 d 为锚固钢筋的最小直径。

当纵向受拉普通钢筋末端采用钢筋弯钩或机械锚固措施时，包括弯钩或锚固端头在内的锚固长度(投影长度)可取为基本锚固长度 l_{ab}的 60%。钢筋弯钩与机械锚固的形式与技术要求应符合表 1-6 及图 1-1 的规定。

表 1-6　钢筋弯钩与机械锚固的形式与技术要求

锚固形式		技术要求
弯钩	90°弯钩	末端 90°弯钩，弯钩内径 4*d*，弯后直线段长度 12*d*
	135°弯钩	末端 135°弯钩，弯钩内径 4*d*，弯后直线段长度 5*d*
机械锚固	一侧贴焊锚筋	末端一侧贴焊长 5*d* 同直径钢筋，焊缝满足强度要求
	两侧贴焊锚筋	末端两侧贴焊长 3*d* 同直径钢筋，焊缝满足强度要求
	焊端锚板	末端与厚度 *d* 的锚板穿孔塞焊，焊缝满足强度要求
	螺栓锚头	末端旋入螺栓锚头，螺纹长度满足强度要求

注：1. 焊缝和螺纹长度应满足承载力要求。
2. 螺栓锚头和焊接锚板的承压净面积不应小于锚固钢筋截面面积的 4 倍。
3. 螺栓锚头的规格应符合相关标准的要求。
4. 螺栓锚头和焊接锚板的钢筋净间距不宜小于 4*d*，否则应考虑群锚效应的不利影响。
5. 截面角部的弯钩和一侧贴焊锚筋的布筋方向宜向截面内侧偏置。

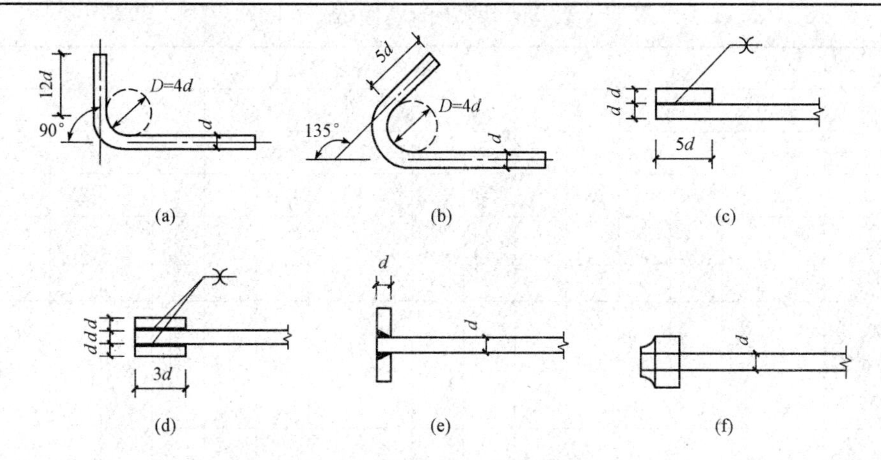

图 1-1　钢筋弯钩与机械锚固的形式

(a)90°弯钩；(b)135°弯钩；(c)一侧贴焊锚筋；(d)两侧贴焊锚筋；(e)穿孔塞焊锚板；(f)螺栓锚头

表 1-7～表 1-10 列出了受拉钢筋的基本锚固长度及锚固长度。

表 1-7　受拉钢筋基本锚固长度 l_{ab}

钢筋种类	混凝土强度等级								
	C20	C25	C30	C35	C40	C45	C50	C55	≥C60
HPB300	39*d*	34*d*	30*d*	28*d*	25*d*	24*d*	23*d*	22*d*	21*d*
HRB335、HRBF335	38*d*	33*d*	29*d*	27*d*	25*d*	23*d*	22*d*	21*d*	21*d*
HRB400、HRBF400 RRB400	—	40*d*	35*d*	32*d*	29*d*	28*d*	27*d*	26*d*	25*d*
HRB500、HRBF500	—	48*d*	43*d*	39*d*	36*d*	34*d*	32*d*	31*d*	30*d*

表 1-8　抗震设计时受拉钢筋基本锚固长度 l_{abE}

钢筋种类	抗震等级	混凝土强度等级								
		C20	C25	C30	C35	C40	C45	C50	C55	≥C60
HPB300	一、二级	45*d*	39*d*	35*d*	32*d*	29*d*	28*d*	26*d*	25*d*	24*d*
	三级	41*d*	36*d*	32*d*	29*d*	26*d*	25*d*	24*d*	23*d*	22*d*

续表

钢筋种类	抗震等级	混凝土强度等级								
		C20	C25	C30	C35	C40	C45	C50	C55	≥C60
HRB335 HRBF335	一、二级	44d	38d	33d	31d	29d	26d	25d	24d	24d
	三级	40d	35d	31d	28d	26d	24d	23d	22d	22d
HRB400 HRBF400 RRB400	一、二级	—	46d	40d	37d	33d	32d	31d	30d	29d
	三级	—	42d	37d	34d	30d	29d	28d	27d	26d
HRB500 HRBF500	一、二级	—	55d	49d	45d	41d	39d	37d	36d	35d
	三级	—	50d	45d	41d	38d	36d	34d	33d	32d
注：四级抗震时，$l_{abE}=l_{ab}$。										

表 1-9　受拉钢筋锚固长度 l_a

钢筋种类	混凝土强度等级																
	C20	C25		C30		C35		C40		C45		C50		C55		≥C60	
	$d\leqslant25$	$d\leqslant25$	$d>25$	$d\leqslant25$	$d>25$	$d\leqslant25$	$d>25$	$d\leqslant25$	$d>25$	$d\leqslant25$	$d>25$	$d\leqslant25$	$d>25$	$d\leqslant25$	$d>25$	$d\leqslant25$	$d>25$
HPB300	39d	34d	—	30d	—	28d	—	25d	—	24d	—	23d	—	22d	—	21d	—
HRB335、HRBF335	38d	33d	—	29d	—	27d	—	24d	—	23d	—	22d	—	21d	—	20d	—
HRB400、HRBF400、RRB400	—	40d	44d	35d	39d	32d	35d	29d	32d	28d	31d	27d	30d	26d	29d	25d	28d
HRB500、HRBF500	—	48d	53d	43d	47d	39d	43d	36d	40d	34d	37d	32d	35d	31d	34d	30d	33d

表 1-10　受拉钢筋抗震锚固长度 l_{aE}

钢筋种类及抗震等级		混凝土强度等级																
		C20	C25		C30		C35		C40		C45		C50		C55		≥C60	
		$d\leqslant25$	$d\leqslant25$	$d>25$	$d\leqslant25$	$d>25$	$d\leqslant25$	$d>25$	$d\leqslant25$	$d>25$	$d\leqslant25$	$d>25$	$d\leqslant25$	$d>25$	$d\leqslant25$	$d>25$	$d\leqslant25$	$d>25$
HPB300	一、二级	45d	39d	—	35d	—	32d	—	29d	—	28d	—	26d	—	25d	—	24d	—
	三级	41d	36d	—	32d	—	29d	—	26d	—	25d	—	24d	—	23d	—	22d	—
HRB335 HRBF335	一、二级	44d	38d	—	33d	—	31d	—	29d	—	26d	—	25d	—	24d	—	24d	—
	三级	40d	35d	—	30d	—	28d	—	26d	—	24d	—	23d	—	22d	—	22d	—
HRB400 HRBF400	一、二级	—	46d	51d	40d	45d	37d	40d	33d	37d	32d	36d	31d	35d	30d	33d	29d	32d
	三级	—	42d	46d	37d	41d	34d	37d	30d	34d	29d	33d	28d	32d	27d	30d	26d	29d

续表

钢筋种类及抗震等级		混凝土强度等级																
		C20	C25		C30		C35		C40		C45		C50		C55		≥C60	
		$d\leqslant 25$	$d\leqslant 25$	$d>25$	$d\leqslant 25$	$d>25$	$d\leqslant 25$	$d>25$	$d\leqslant 25$	$d>25$	$d\leqslant 25$	$d>25$	$d\leqslant 25$	$d>25$	$d\leqslant 25$	$d>25$	$d\leqslant 25$	$d>25$
HRB500 HRBF500	一、二级	—	$55d$	$61d$	$49d$	$54d$	$45d$	$49d$	$41d$	$46d$	$39d$	$43d$	$37d$	$40d$	$36d$	$39d$	$35d$	$38d$
	三级	—	$50d$	$56d$	$45d$	$49d$	$41d$	$45d$	$38d$	$42d$	$36d$	$39d$	$34d$	$37d$	$33d$	$36d$	$32d$	$35d$

混凝土结构中的纵向受压钢筋，当计算中充分利用其抗压强度时，锚固长度不应小于相应受拉锚固长度的70%。受压钢筋不应采用末端弯钩和一侧贴焊锚筋的锚固措施。受压钢筋锚固长度范围内的横向构造钢筋应符合上述相关规定。

承受动力荷载的预制构件，应将纵向受力普通钢筋末端焊接在钢板或角钢上，钢板或角钢应可靠地锚固在混凝土中。钢板或角钢的尺寸应按计算确定，其厚度不宜小于10 mm。其他构件中受力普通钢筋的末端也可通过焊接钢板或型钢实现锚固。

四、钢筋的连接

因钢筋供货条件的限制，实际施工中钢筋长度不够时常需要连接。钢筋的连接可采用绑扎搭接、机械连接或焊缝连接(焊接)，如图1-2所示。

(a)

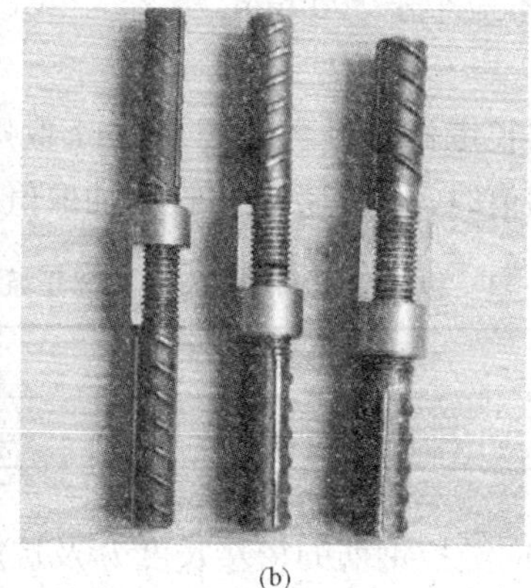
(b)

(c)

图1-2　钢筋的连接方式

(a)梁纵筋的绑扎搭接；(b)钢筋的机械连接；(c)钢筋的焊缝连接

钢筋连接的原则：受力钢筋的连接接头宜设置在受力较小处，在同一根受力钢筋上宜少设接头。轴心受拉及小偏心受拉构件的受力钢筋不得采用绑扎搭接；同一构件相邻纵向受力钢筋的绑扎搭接接头宜相互错开，如图1-3所示。当受拉钢筋直径大于25 mm及受压钢筋直径大于28 mm时，不宜采用绑扎搭接。纵向受力钢筋连接位置宜避开梁端、柱端箍筋加密区。如必须在此连接时，应采用机械连接或焊接。

钢筋绑扎搭接接头连接区段的长度为1.3倍搭接长度，凡搭接接头中点位于该连接区段长度内的搭接接头均属于同一连接区段，如图1-3(a)所示。同一连接区段内纵向受力钢筋搭接接头面积百分率为该区段内有搭接接头的纵向受力钢筋与全部纵向受力钢筋截面面积的比值。当直径不同的钢筋搭接时，按直径较小的钢筋计算。

位于同一连接区段内的受拉钢筋搭接接头面积百分率：对梁类、板类及墙类构件，不宜大于25%；对柱类构件，不宜大于50%。当工程中确有必要增大受拉钢筋搭接接头面积百分率时，对梁类构件，不宜大于50%；对板、墙、柱及预制构件的拼接处，可根据实际情况放宽。

并筋采用绑扎搭接连接时，应按每根单筋错开搭接的方式连接。接头面积百分率应按同一连接区段内所有的单根钢筋计算。并筋中钢筋的搭接长度应按单筋分别计算。

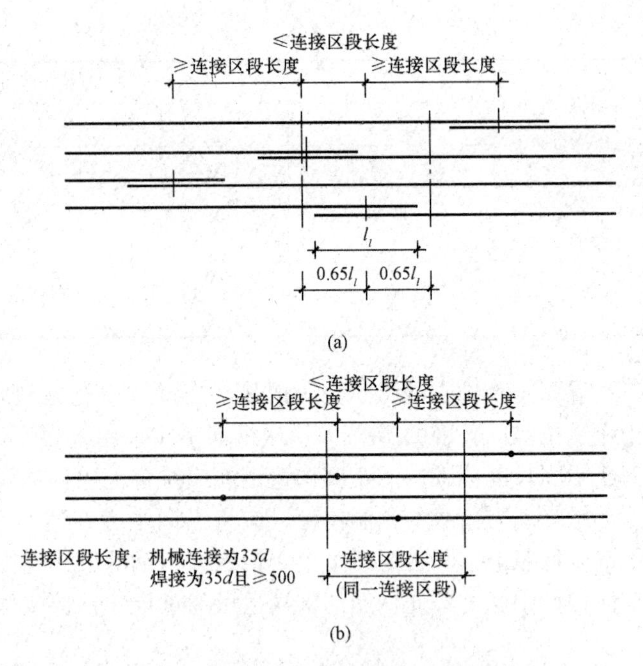

图1-3　同一连接区段内纵向受拉钢筋搭接接头

(a)绑扎搭接接头；(b)机械连接、焊接接头

纵向受拉钢筋绑扎搭接接头的搭接长度，应根据位于同一连接区段内的钢筋搭接接头面积百分率按式(1-3)计算，且不应小于300 mm。

$$l_l=\zeta_l l_a \tag{1-3}$$

式中　ζ_l——纵向受拉钢筋搭接长度修正系数，按表1-11取用。当纵向搭接钢筋接头面积百分率为表的中间值时，修正系数可按内插取值。

表1-11　纵向受拉钢筋搭接长度修正系数

纵向搭接钢筋接头面积百分率/%	≤25	50	100
ζ_l	1.2	1.4	1.6

表1-12、表1-13列出了纵向受拉钢筋的搭接长度 l_l 及抗震搭接长度 l_{lE}。

表1-12　纵向受拉钢筋搭接长度 l_l

钢筋种类及同一区段内搭接钢筋面积百分率/%		混凝土强度等级																
		C20	C25		C30		C35		C40		C45		C50		C55		C60	
		d≤25	d≤25	d>25	d≤25	d>25	d≤25	d>25	d≤25	d>25	d≤25	d>25	d≤25	d>25	d≤25	d>25	d≤25	d>25
HPB300	≥25	47d	41d	—	36d	—	34d	—	30d	—	29d	—	28d	—	26d	—	25d	—
	50	55d	48d	—	42d	—	39d	—	35d	—	34d	—	32d	—	31d	—	29d	—
	100	62d	54d	—	48d	—	45d	—	40d	—	38d	—	37d	—	35d	—	34d	—
HRB335 HRBF335	≥25	46d	40d	—	35d	—	32d	—	30d	—	28d	—	26d	—	25d	—	25d	—
	50	53d	46d	—	41d	—	38d	—	35d	—	32d	—	31d	—	29d	—	29d	—
	100	61d	53d	—	46d	—	43d	—	40d	—	37d	—	35d	—	34d	—	34d	—

续表

钢筋种类及同一区段内搭接钢筋面积百分率/%		混凝土强度等级																
		C20	C25		C30		C35		C40		C45		C50		C55		C60	
		d≤25	d≤25	d>25	d≤25	d>25	d≤25	d>25	d≤25	d>25	d≤25	d>25	d≤25	d>25	d≤25	d>25	d≤25	d>25
HRB400 HRBF400 RRB400	≥25	—	48*d*	53*d*	42*d*	47*d*	38*d*	42*d*	35*d*	38*d*	34*d*	37*d*	32*d*	36*d*	31*d*	35*d*	30*d*	34*d*
	50	—	56*d*	62*d*	49*d*	55*d*	45*d*	49*d*	41*d*	45*d*	39*d*	43*d*	38*d*	42*d*	36*d*	41*d*	35*d*	39*d*
	100	—	64*d*	70*d*	56*d*	62*d*	51*d*	56*d*	46*d*	51*d*	45*d*	50*d*	43*d*	48*d*	42*d*	46*d*	40*d*	45*d*
HRB500 HRBF500	≥25	—	58*d*	64*d*	52*d*	56*d*	47*d*	52*d*	43*d*	48*d*	41*d*	44*d*	38*d*	42*d*	37*d*	41*d*	36*d*	40*d*
	50	—	67*d*	74*d*	60*d*	66*d*	55*d*	60*d*	50*d*	56*d*	48*d*	52*d*	45*d*	49*d*	43*d*	48*d*	42*d*	46*d*
	100	—	77*d*	85*d*	69*d*	75*d*	62*d*	69*d*	58*d*	64*d*	54*d*	59*d*	51*d*	56*d*	50*d*	54*d*	48*d*	53*d*

注：1. 表中数值为纵向受拉钢筋绑扎搭接接头的搭接长度。

2. 两根不同直径钢筋搭接时，表中 *d* 取较细钢筋直径。

3. 当为环氧树脂涂层带肋钢筋时，表中数据尚应乘以 1.25。

4. 当纵向受拉钢筋在施工过程中易受扰动时，表中数据尚应乘以 1.1。

5. 当搭接长度范围内纵向受力钢筋周边保护层厚度为 3*d*、5*d*（*d* 为搭接钢筋的直径）时，表中数据尚可分别乘以 0.8、0.7；中间时按内插值。

6. 当上述修正系数（注 3～注 5）多于一项时，可按连乘计算。

7. 在任何情况下，搭接长度不应小于 300 mm。

表 1-13　纵向受拉钢筋抗震搭接长度 l_{lE}

钢筋种类及同一区段内搭接钢筋面积百分率/%			混凝土强度等级																
			C20	C25		C30		C35		C40		C45		C50		C55		≥C60	
			d≤25	d≤25	d>25	d≤25	d>25	d≤25	d>25	d≤25	d>25	d≤25	d>25	d≤25	d>25	d≤25	d>25	d≤25	d>25
一、二级抗震等级	HPB300	≤25	54*d*	47*d*	—	42*d*	—	38*d*	—	35*d*	—	34*d*	—	31*d*	—	30*d*	—	29*d*	—
		50	63*d*	55*d*	—	49*d*	—	45*d*	—	41*d*	—	39*d*	—	36*d*	—	35*d*	—	34*d*	—
	HRB335 HRBF335	≤25	53*d*	46*d*	—	40*d*	—	37*d*	—	35*d*	—	31*d*	—	30*d*	—	29*d*	—	29*d*	—
		50	62*d*	53*d*	—	46*d*	—	43*d*	—	41*d*	—	36*d*	—	35*d*	—	34*d*	—	34*d*	—
	HRB400 HRBF400	≤25	—	55*d*	61*d*	48*d*	54*d*	44*d*	48*d*	40*d*	44*d*	38*d*	43*d*	37*d*	42*d*	36*d*	40*d*	35*d*	38*d*
		50	—	64*d*	71*d*	56*d*	63*d*	52*d*	56*d*	46*d*	52*d*	45*d*	50*d*	43*d*	49*d*	42*d*	46*d*	41*d*	45*d*
	HRB500 HRBF500	≤25	—	66*d*	73*d*	59*d*	65*d*	54*d*	59*d*	49*d*	55*d*	47*d*	52*d*	44*d*	48*d*	43*d*	47*d*	42*d*	46*d*
		50	—	77*d*	85*d*	69*d*	76*d*	63*d*	69*d*	57*d*	64*d*	55*d*	60*d*	52*d*	56*d*	50*d*	55*d*	49*d*	53*d*
三级抗震等级	HPB300	≤25	49*d*	43*d*	—	38*d*	—	35*d*	—	31*d*	—	30*d*	—	29*d*	—	28*d*	—	26*d*	—
		50	57*d*	50*d*	—	45*d*	—	41*d*	—	36*d*	—	35*d*	—	34*d*	—	32*d*	—	31*d*	—
	HRB335 HRBF335	≤25	48*d*	42*d*	—	36*d*	—	34*d*	—	31*d*	—	29*d*	—	28*d*	—	26*d*	—	26*d*	—
		50	56*d*	49*d*	—	42*d*	—	39*d*	—	36*d*	—	34*d*	—	32*d*	—	31*d*	—	31*d*	—
	HRB400 HRBF400	≤25	—	50*d*	55*d*	44*d*	49*d*	41*d*	44*d*	36*d*	41*d*	35*d*	40*d*	34*d*	38*d*	32*d*	36*d*	31*d*	35*d*
		50	—	59*d*	64*d*	52*d*	57*d*	48*d*	52*d*	42*d*	48*d*	41*d*	46*d*	39*d*	45*d*	38*d*	42*d*	36*d*	41*d*
	HRB500 HRBF500	≤25	—	60*d*	67*d*	54*d*	59*d*	49*d*	54*d*	46*d*	50*d*	43*d*	47*d*	41*d*	44*d*	40*d*	43*d*	38*d*	42*d*
		50	—	70*d*	78*d*	63*d*	69*d*	57*d*	63*d*	53*d*	59*d*	50*d*	55*d*	48*d*	52*d*	46*d*	50*d*	45*d*	49*d*

续表

钢筋种类及同一区段内搭接钢筋面积百分率/%	混凝土强度等级																
	C20	C25		C30		C35		C40		C45		C50		C55		≥C60	
	$d\leqslant 25$	$d\leqslant 25$	$d>25$	$d\leqslant 25$	$d>25$	$d\leqslant 25$	$d>25$	$d\leqslant 25$	$d>25$	$d\leqslant 25$	$d>25$	$d\leqslant 25$	$d>25$	$d\leqslant 25$	$d>25$	$d\leqslant 25$	$d>25$

注：1. 表中数值为纵向受拉钢筋绑扎搭接接头的搭接长度。

2. 两根不同直径钢筋搭接时，表中 d 取较细钢筋直径。

3. 当为环氧树脂涂层带肋钢筋时，表中数据尚应乘以 1.25。

4. 当纵向受拉钢筋在施工过程中易受扰动时，表中数据尚应乘以 1.1。

5. 当搭接长度范围内纵向受力钢筋周边保护层厚度为 $3d$、$5d$(d 为搭接钢筋的直径)时，表中数据尚可分别乘以 0.8、0.7；中间时按内插值。

6. 当上述修正系数(注 3～注 5)多于一项时，可按连乘计算。

7. 在任何情况下，搭接长度不应小于 300 mm。

8. 四级抗震等级时，$l_{lE}=l_l$。

第三节　混凝土的基本知识

一、混凝土的级别及选用

立方体抗压强度标准值是指按标准方法制作、养护的边长为 150 mm 的立方体试件，在 28 d 或设计规定龄期以标准试验方法测得的具有 95%保证率的抗压强度值。混凝土强度等级应按立方体抗压强度标准值确定划分为 14 个等级：C15、C20、C25、C30、C35、C40、C45、C50、C55、C60、C65、C70、C75 和 C80。

素混凝土结构的混凝土强度等级不应低于 C15；钢筋混凝土结构的混凝土强度等级不应低于 C20；采用强度级别为 400 MPa 及以上的钢筋时，混凝土强度等级不应低于 C25。

承受重复荷载的钢筋混凝土构件，混凝土强度等级不应低于 C30。

预应力混凝土结构的混凝土强度等级不宜低于 C40，且不应低于 C30。

二、混凝土的耐久性

混凝土结构应根据设计使用年限和环境类别进行耐久性设计，耐久性设计包括下列内容：确定结构所处的环境类别，见表 1-14；提出材料的耐久性质量要求；确定构件中钢筋的混凝土保护层厚度，见表 1-15；满足耐久性要求相应的技术措施；在不利的环境条件下应采取的防护措施；提出结构使用阶段检测与围护的要求。

表 1-14　混凝土结构的环境类别

环境类别	条件
一	室内干燥环境； 无侵蚀性静水浸没环境
二 a	室内潮湿环境； 非严寒和非寒冷地区的露天环境； 非严寒和非寒冷地区与无侵蚀性的水或土壤直接接触的环境； 严寒和寒冷地区的冰冻线以下与无侵蚀性的水或土壤直接接触的环境
二 b	干湿交替环境； 水位频繁变动环境； 严寒和寒冷地区的露天环境； 严寒和寒冷地区冰冻线以上与无侵蚀性的水或土壤直接接触的环境
三 a	严寒和寒冷地区冬季水位变动区环境； 受除冰盐影响环境； 海风环境
三 b	盐渍土环境； 受除冰盐作用环境； 海岸环境
四	海水环境
五	受人为或自然的侵蚀性物质影响的环境

注：1. 室内潮湿环境是指构件表面经常处于结露或湿润状态的环境。
2. 严寒和寒冷地区的划分应符合国家现行标准《民用建筑热工设计规范》(GB 50176—2016)的有关规定。
3. 海岸环境和海风环境宜根据当地情况，考虑主导风向及结构所处迎风、背风部位等因素的影响，由调查研究和工程经验确定。
4. 受除冰盐影响环境为受到除冰盐盐雾影响的环境；受除冰盐作用环境是指被除冰盐溶液溅射的环境以及使用除冰盐地区的洗车房、停车楼等建筑。
5. 暴露的环境是指混凝土结构表面所处的环境。

表 1-15　混凝土保护层的最小厚度　　mm

环境类别	板、墙、壳	梁、柱、杆
一	15	20
二 a	20	25
二 b	25	35
三 a	30	40
三 b	40	50

注：1. 表中混凝土保护层厚度是指最外层钢筋外边缘至混凝土表面距离(图 1-4、图 1-5)，适用于设计使用年限为 50 年的混凝土结构。
2. 构件中受力钢筋的保护层厚度不应小于钢筋的公称直径。
3. 一类环境中，设计使用年限为 100 年的结构最外层钢筋的保护层厚度不应小于表中数值的 1.4 倍；二、三类环境中，设计使用年限为 100 年的结构应采取专门的有效措施。
4. 混凝土强度等级不大于 C25 时，表中保护层厚度数值应增加 5 mm。
5. 钢筋混凝土基础宜设置混凝土垫层，基础中钢筋的混凝土保护层厚度应从垫层顶面算起，且不应小于 40 mm，无垫层时不应小于 70 mm。承台钢筋混凝土保护层厚度尚不应小于桩头嵌入承台内的长度。

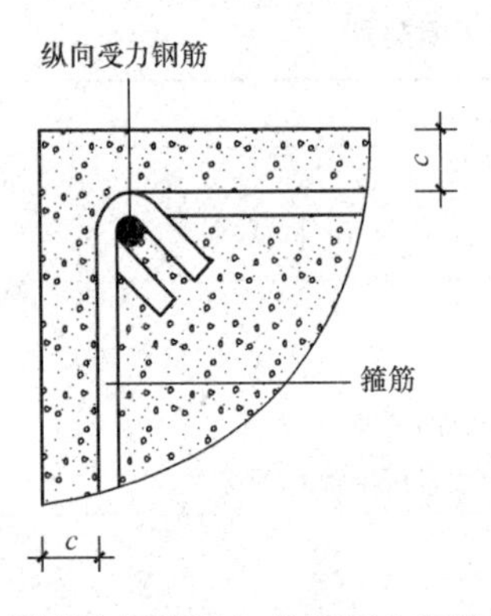

图 1-4　混凝土保护层(c 为混凝土保护层厚度)

图 1-5　混凝土保护层位置

当有充分依据并采取下列有效措施时，可适当减小混凝土保护层的厚度：

(1)构件表面设有抹灰层或者其他各种有效的保护性涂料层。

(2)混凝土中采用掺阻锈剂等防锈措施时，可适当减小混凝土保护层厚度。使用阻锈剂应经试验检验效果良好，并应在确定有效的工艺参数后应用。

(3)采用环氧树脂涂层钢筋、镀锌钢筋或采取阴极保护处理等防锈措施时，保护层厚度可适当减小。

(4)当对地下室墙体采取可靠的建筑防水做法或防护措施时，与土接触面的保护层厚度可适当减小，但不应小于 25 mm。

钢筋的混凝土保护层厚度关系到结构的承载力、耐久性、防火等性能，工程施工中通常采用钢筋混凝土垫块来确保保护层厚度，如图 1-6～图 1-8 所示。在当前的质量验收工作中，保护层厚度的控制越来越受到重视，规范要求在验收过程中要进行实体检测。

图 1-6　地梁钢筋混凝土保护层

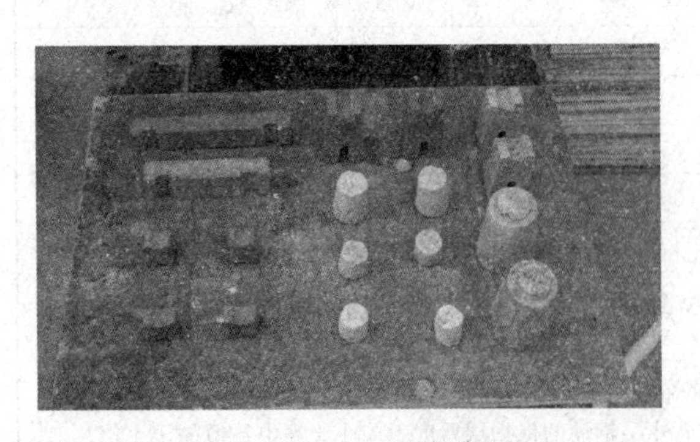

图 1-7　钢筋混凝土保护层垫块

图 1-8　钢筋混凝土保护层塑料垫块

三、常用钢筋混凝土的构件代号

在建筑工程中，所使用的承重构件种类繁多，如梁、板、柱等，为了图示简明扼要，在结构施工图中，常采用代号标注的形式来表示构件的名称；代号后应用阿拉伯数字标注该构件的型号、编号或序号。常用构件代号见表 1-16。

表 1-16　常用构件代号

序号	名称	代号	序号	名称	代号	序号	名称	代号
1	板	B	19	圈梁	QL	37	设备基础	SJ
2	屋面板	WB	20	过梁	GL	38	桩	ZH
3	空心板	KB	21	基础梁	JL	39	挡土墙	DQ
4	槽形板	CB	22	楼梯梁	TL	40	地沟	DG
5	折板	ZB	23	框架梁	KL	41	柱间支撑	DC
6	密肋板	MB	24	框支梁	KZL	42	垂直支撑	ZC
7	楼梯板	TB	25	屋面框架梁	WKL	43	水平支撑	SC
8	盖板或沟盖板	GB	26	檩条	LT	44	梯	T
9	挡雨板或檐口板	YB	27	屋架	WJ	45	雨篷	YP
10	吊车安全走道板	DB	28	托架	TJ	46	阳台	YT
11	墙板	QB	29	天窗架	CJ	47	梁垫	LD
12	天沟板	TGB	30	框架	KJ	48	预埋件	M
13	梁	L	31	刚架	GJ	49	天窗端壁	TD
14	屋面梁	WL	32	支架	ZJ	50	钢筋网	W
15	吊车梁	DL	33	柱	Z	51	钢筋骨架	G
16	单轨吊	DDL	34	框架柱	KZ	52	基础	J
17	轨道连接	DGL	35	构造柱	GZ	53	暗柱	AZ
18	车挡	CD	36	承台	CT			

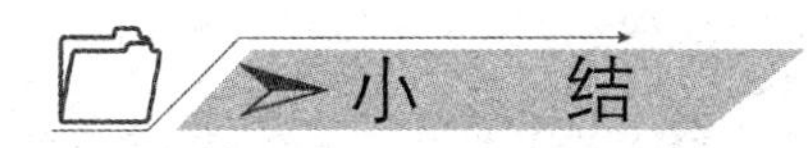

本章主要介绍结构施工图的概念、组成及钢筋和混凝土材料的基本知识，为以后章节计算构件的下料长度、锚固长度、搭接长度提供查阅数据。

第二章　图纸目录和结构设计总说明

内容提要

图纸目录表明该工程图纸由哪些图纸所组成，包括每张图纸的名称、内容，图纸编号等，便于检索和查找。结构设计总说明是结构施工图的纲领性文件，也是施工的重要依据。本章内容主要包括图纸目录和结构设计总说明。

知识目标

掌握结构设计总说明中的相关概念。

能力目标

能掌握识读结构设计总说明的方法。

一、图纸目录

当拿到一套结构图后，首先看到的第一张图便是图纸目录。图纸目录可以帮助人们了解图纸的专业类别、总张数、每张图纸的图名、工程名称、建设单位和设计单位等内容。

图纸目录的形式由设计单位规定，没有统一格式，示例见表 2-1。

表 2-1　图纸目录

建设单位：沈阳××房地产开发有限公司

工程名称：××住宅楼　　　　工程编号：　　　　工程阶段：施工图

序号	图号	图纸名称	图幅	电子文件名	出图日期	第一次修改日期	第二次修改日期	备注
1	S001	首页(一)	A1	S000	2015—01—20			
2	S002	首页(二)	A1	S000	2015—01—20			
3	S101	基础平面布置图	A1	S100	2015—01—20			
4	S201	基础顶～0.100 m墙柱平面布置图	A1	S200	2015—01—20			
5	S202	基础顶～0.100 m边缘构件详图	A1	S200	2015—01—20			
6	S203	标高－0.100 m～8.610 m墙柱平面布置图	A1	S200	2015—01—20			
7	S204	标高－0.100 m～8.610 m边缘构件详图	A1	S200	2015—01—20			

续表

序号	图号	图纸名称	图幅	电子文件名	出图日期	第一次修改日期	第二次修改日期	备注
8	S205	标高8.610～52.210 m墙柱平面布置及详图	A1	S200	2015—01—20			
9	S206	标高52.120～56.320 m墙柱平面布置及详图	A1	S200	2015—01—20			
10	S207	留洞图	A1	S200	2015—01—20			
11	S301	标高±0.000 m结构平面布置及梁板配筋图	A1	S300	2015—01—20			
12	S302	标高2.900 m结构平面布置及板配筋图	A1	S300	2015—01—20			
13	S303	标高2.900 m梁配筋图	A1	S300	2015—01—20			
14	S304	标高H结构平面布置及板配筋图	A1	S300	2015—01—20			
15	S305	标高5.800 m、11.600 m、17.400 m梁配筋图	A1	S300	2015—01—20			
16	S306	标高8.700 m、14.500 m、20.300 m梁配筋图	A1	S300	2015—01—20			
17	S307	标高23.200 m、29.600 m、34.800 m梁配筋图	A1	S300	2015—01—20			
18	S308	标高26.100 m、31.900 m、34.800 m梁配筋图	A1	S300	2015—01—20			
19	S309	标高40.600 m、46.400 m梁配筋图	A1	S300	2015—01—20			
20	S310	标高43.500 m、49.300 m梁配筋图	A1	S300	2015—01—20			
21	S311	标高52.120 m结构平面布置及板配筋图	A1	S300	2015—01—20			
22	S312	标高52.120 m梁配筋图	A1	S300	2015—01—20			
23	S313	标高56.320 m结构平面布置及梁板配筋图	A1	S300	2015—01—20			
24	S501	楼梯详图	A1	S500	2015—01—20			

专业负责人：　　制作人：　　校对人：　　审核人：　　日期：

二、结构设计总说明

结构设计总说明

结构设计总说明主要用来说明该图样的设计依据和施工要求，是整套施工图的首页，放在所有施工图的最前面。

凡是直接与工程质量有关的图样上无法表示的内容，往往在图纸上用文字说明表达出来，这些内容是识读图样必须掌握的，需要认真阅读。其主要内容包括以下几项：

(1)结构概况。如结构类型、层数、结构总高度、±0.000相对应的绝对标高等。

(2)设计的主要依据。如设计采用的有关规范、上部结构的荷载取值(尤其是荷载规范中没有明确规定或与规范取值不同的活荷载标准值及其作用范围)、采用的地质勘察报告、设计计算所采用的软件、建筑抗震设防类别、建设场地抗震设防烈度、设计基本地震加速度值、所属的设计地震分组，以及混凝土结构的抗震等级、人防工程抗力等级、场地土的类别、基本风压值、地面粗糙度类别、设计使用年限、混凝土结构所处的环境类别、结构安全等级等。

(3)地基及基础。如场地土的类别、基础类型、持力层的选用、基础所选用的材料及强度等级、基坑开挖、验槽要求、基坑土方回填、沉降观测点设置与沉降观测要求，若采用桩基础，还应注明桩的类型、所选用桩端持力层、桩端进入持力层的深度、桩身配筋、桩长、单桩承载力、桩基施工控制要求、桩身质量检测的方法及数量要求，地下室防水施工与基础中需要说明的构造要求与施工要求、验收要求，以及对不良地基的处理措施与技术要求。

(4)材料的选用及强度等级的要求。如混凝土的强度等级、钢筋的强度等级、焊条、基础砌体的材料及强度等级、上部结构砌体的材料及强度等级、所选用的结构材料的品种、规格、型号、性能、强度，对地下室、屋面等抗渗要求的混凝土的抗渗等级。

(5)一般构造要求。如钢筋的连接、锚固长度、箍筋要求、变形缝和后浇带的构造做法、主体结构与围护的连接要求等。

(6)上部结构的有关构造及施工要求。如预制构件的制作、起吊、运输、安装要求，梁、板中开洞的洞口加强措施，梁、板、柱及剪力墙各构件的抗震等级和构造要求，构造柱、圈梁的设置及施工要求等。

(7)采用的标准图集名称与编号。

(8)其他需要说明的内容。

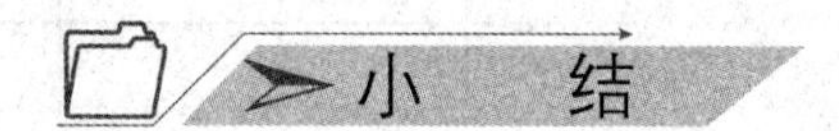

本章主要介绍图纸目录内容，结构施工图组成。掌握结构设计总说明中主要交代的内容，必须掌握其相关概念，为识读基础施工图和上部结构构件施工图打下扎实基础。

第三章　钢筋混凝土基础平法施工图识读

内容提要

基础是建筑物的墙或柱埋在地下的扩大部分，是房屋的地下承重结构。其承受房屋上部结构的全部荷载，通过自身的调整将荷载传递到地基。由于基础的构造与房屋上部的结构形式和地基承载力有密切的关系，故形式多种多样。本章内容主要包括独立基础、筏形基础和桩基础的制图规则及基础的细部构造处理。

知识目标

1. 掌握独立基础识读方法。
2. 掌握筏形基础识读方法。
3. 掌握桩基础识读方法。

能力目标

1. 能理解基础的构造要求，能灵活运用基础构造解决实际问题。
2. 能根据环境选择适宜的基础构造方案。

第一节　基础概述

一、地基与基础

基础是建筑物地面以下承受房屋全部荷载的构件，基础的形式取决于上部承重的结构形式和地基情况。基础是将结构所承受的各种荷载传递到地基上的结构组成部分，是建筑地面以下的承重构件。其承受建筑物上部结构传下来的全部荷载，并将这些荷载连同本身的重力一起传递到地基上。地基则是承受由基础传下来的荷载的土体或岩体。地基承受建筑物荷载而产生的应力和应变随着土层深度的增加而减小，在达到一定深度后就可以忽略不计。直接承受建筑荷载的土层为持力层；持力层以下的土层为下卧层。

二、基础的埋置深度

基础的埋置深度(以下简称基础埋深)是指从基础底面至室外设计地坪的垂直距离。室外设计地坪可分为自然地坪和设计地坪。自然地坪是指施工地段的现在地坪；而设计地坪是指按设计要求工程竣工后室外场地经整平的地坪。基础埋深不得浅于 0.5 m，如图 3-1 所示。

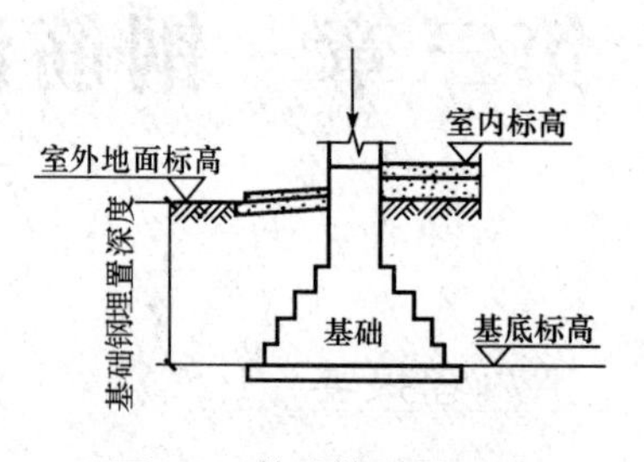

图 3-1　基础的埋置深度

新建基础应低于相邻原有基础。如埋深大于原有基础，则必须保持一定的距离。基础间净距是基础底面高差的 1～2 倍，如图 3-2 所示。基础底面必须置于冰冻线以下 200 mm，如图 3-3 所示。

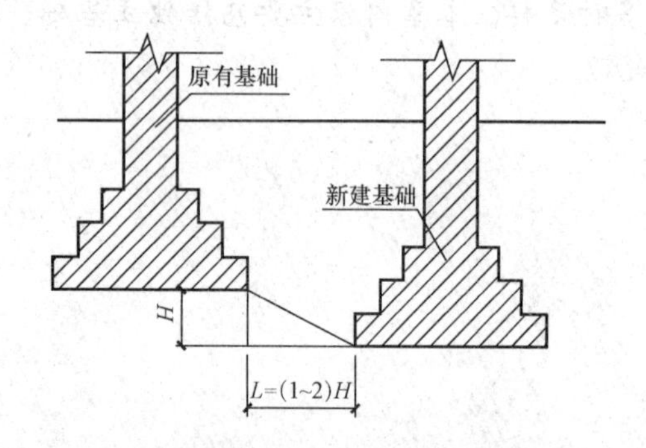

图 3-2　基础埋深与相邻基础的关系

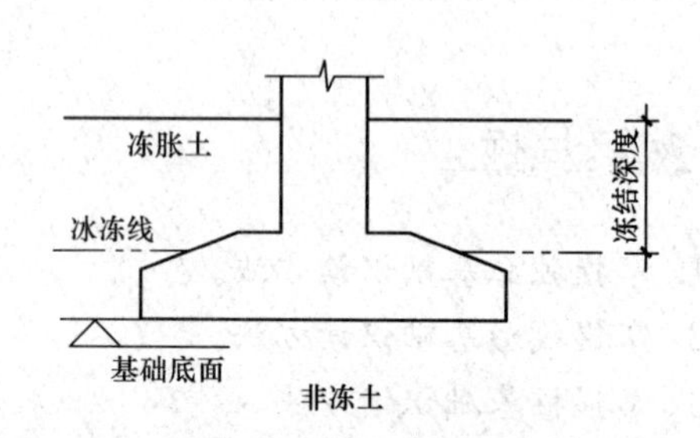

图 3-3　冻结深度对基础埋深的影响

三、基础的分类

按基础埋深不同，基础可分为浅基础和深基础。

(1)埋深为 0.5～5 m 或埋深小于基础深度 4 倍的基础，称为浅基础。浅基础按构造类型可分为以下几种：

1)独立基础：在建筑工程中，柱的基础一般都是单独基础，称为独立基础，如图 3-4 所示。

2)条形基础：墙的基础通常连续设置成长条形，称为条形基础，如图 3-5 所示。

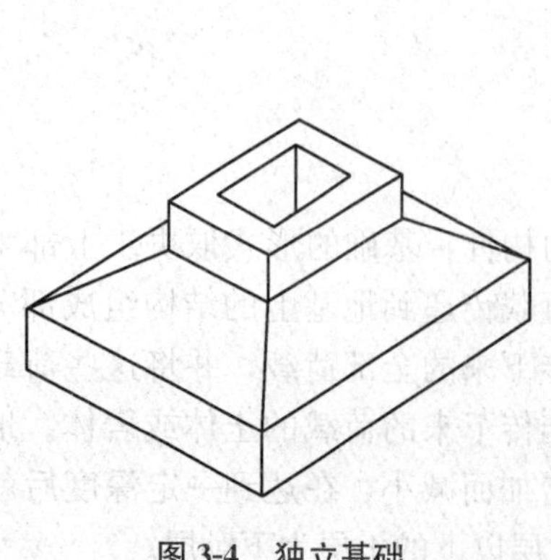

图 3-4　独立基础

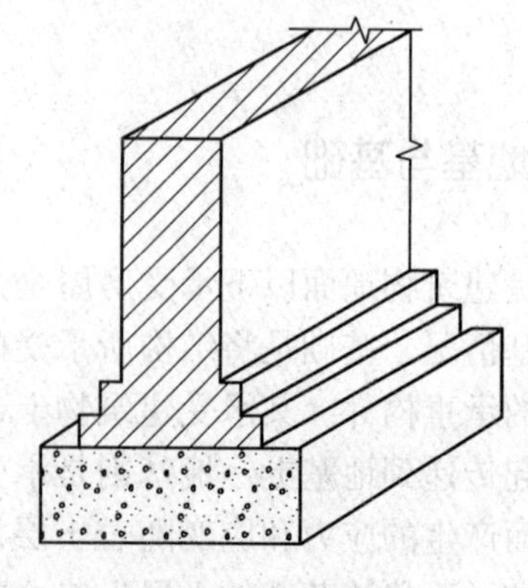

图 3-5　条形基础

3)筏形基础和箱形基础：当柱子或墙传来的荷载很大，地基土较软弱，用独立基础或条形基础都不能满足地基承载力要求时，往往需要将整个房屋底面(或地下室部分)做成一片连续的钢筋混凝土板，作为房屋的基础，称为筏形基础，如图 3-6 所示。为了增加基础板的刚度，以减小不均匀沉降，高层建筑往往将地下室的底板、顶板、侧墙及一定数量的内隔墙一起构成一个整体刚度很强的钢筋混凝土箱形结构，称为箱形基础，如图 3-7 所示。

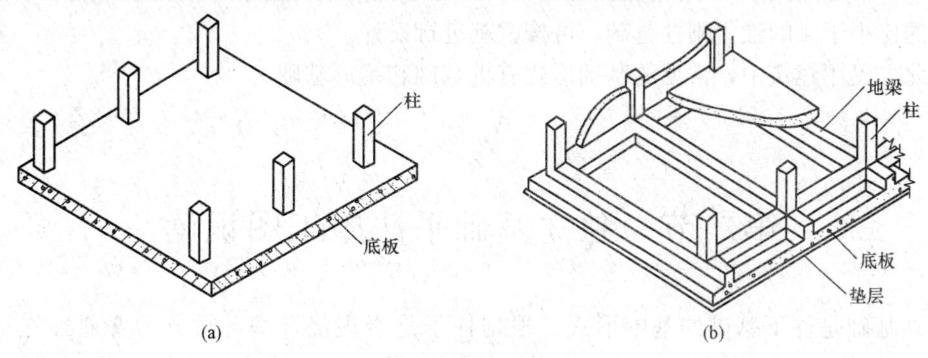

图 3-6　筏形基础

(a)板式基础；(b)梁板式基础

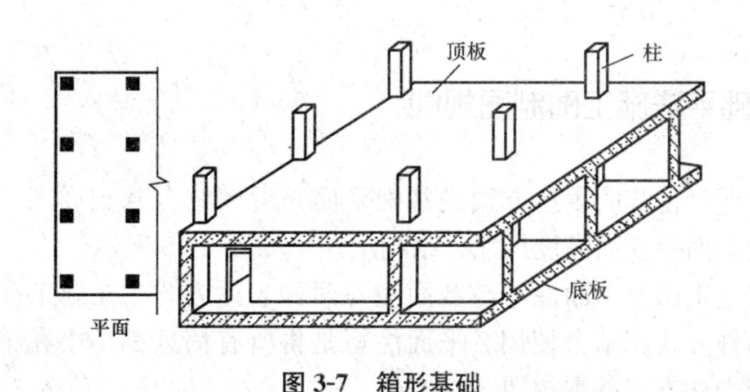

图 3-7　箱形基础

4)壳体基础：为了改善基础的受力性能，基础的形式可不做成台阶状，而做成各种形式的壳体，称作壳体基础，如图 3-8 所示。

(2)埋深大于 5 m 或大于基础宽度 4 倍的基础称为深基础。深基础位于地基深处承载力较高的土层上，如桩基础、地下连续墙和墩基。

1)桩基础：桩基础由基桩和连接于桩顶的承台共同组成。若桩身全部埋于土中，承台底面与土体接触，则称为低承台桩基础；若桩身上部露出地面而承台底位于地面以上，则称为高承台桩基础。建筑桩基通常为低承台桩基础，如图 3-9 所示。在高层建筑中，桩基础应用广泛。

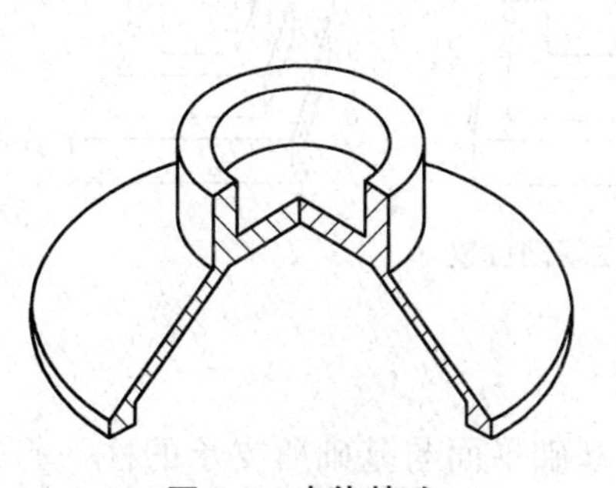

图 3-8　壳体基础

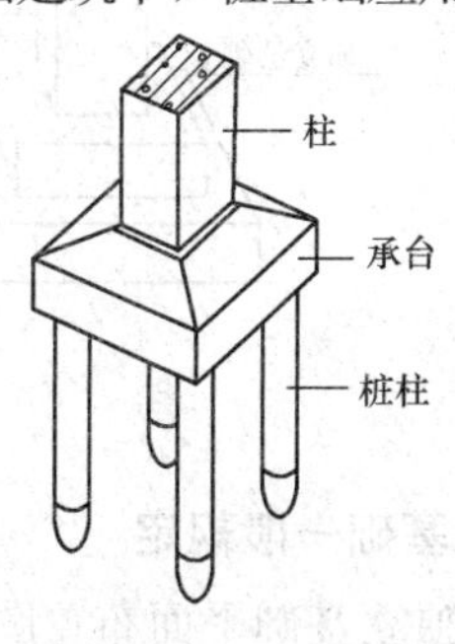

图 3-9　桩基础

2)地下连续墙：地下连续墙是基础工程在地面上采用一种挖槽机械，沿着深开挖工程的周边轴线，在泥浆护壁条件下开挖出一条狭长的深槽，清槽后在槽内吊放钢筋笼，再用导管法灌注水下混凝土筑成一个单元槽段，如此逐段进行，在地下筑成一道连续的钢筋混凝土墙壁，作为截水、防渗、承重、挡水结构。

3)墩基：埋深大于 3 m、直径不小于 800 mm 且埋深与墩身直径的比小于 6 或埋深与扩底直径的比小于 4 的独立刚性基础，可按墩基进行设计。

在北方民用建筑中，常见的基础形式有桩基础和筏形基础。

第二节　独立基础平法施工图识读

独立基础是柱下基础的基本形式。根据柱子是否现浇，基础可分为普通独立基础和杯口独立基础。常用断面形式都有阶形和坡形两类。当建筑物上部结构采用墙体承重，但地基土层较弱时，可以采用墙下独立基础。独立基础穿过软土层，支承在下面结实的土层上。

一、独立基础平法施工图制图规则

独立基础施工图，传统的表达方式是基础平面布置图结合基础详图，基础详图是根据正投影图原理表达平面及立面高度尺寸、结构配筋，如图 3-10 所示。

独立基础平法施工图有平面注写与截面注写两种表达方式。在施工图中可以选用其中的一种，也可以两种方式相结合使用。平面注写是将所有信息都集中在平面图上表达；截面注写方式与传统表达方式基本相同。

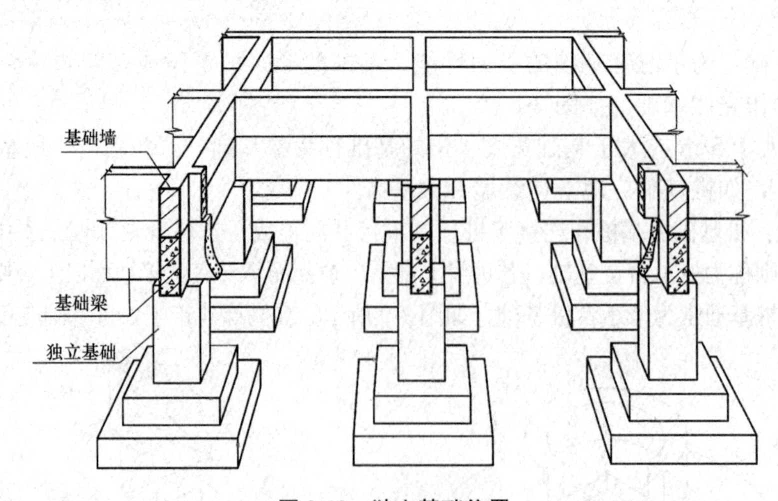

图 3-10　独立基础位置

1. 独立基础一般规定

当绘制独立基础平面布置图时，应将独立基础平面与基础所支承的柱一起绘制。当设置基础连系梁时，可根据图面的疏密情况，将基础连系梁与基础平面布置图一起绘制，或将基础连系梁布置图单独绘制。

在独立基础平面布置图上应标注基础定位尺寸；当独立基础的柱中心线或杯口中心线与建筑轴线不重合时，应标注其定位尺寸；对于编号相同且定位尺寸相同的基础，可仅选择一个进行标注。

2. 独立基础编号

当独立基础截面形状为坡形时，其坡面应采用能保证混凝土浇筑、振捣密实的较缓坡度；当采用较陡坡度时，应要求施工采用在基础顶部坡面加模板等措施，以保证独立基础的坡面浇筑成型、振捣密实。各种独立基础编号见表 3-1。

表 3-1 独立基础编号

类型	基础底板截面形状	代号	序号
普通独立基础	阶形	DJ_J	××
	坡形	DJ_P	××
杯口独立基础	阶形	BJ_J	××
	坡形	BJ_P	××

3. 独立基础平面注写方式

独立基础平面注写方式，可分为集中标注和原位标注两部分内容。

(1)集中标注的内容：基础编号、截面竖向尺寸、配筋三项必注内容，以及基础底面标高(与基础底面基准标高不同时)和必要的文字注解两项选注内容(见表 3-2)。

表 3-2 集中标注

集中标注说明(在基础平面图上集中引出)		
DJ_J××或 BJ_J×× DJ_P××或 BJ_P××	基础编号，具体包括代号、序号	阶形截面编号加下标 J 坡形截面编号加下标 P
h_1/h_2……	普通独立基础截面竖向尺寸	若为阶形条基，各阶尺寸只标 h_1，其他情况各阶尺寸自下而上以“/”分隔顺写
a_1/a_2，$h_1/h_2/h_3$……	杯口独立基础截面竖向尺寸	a_1/a_2 为杯口内尺寸，h 项含义同普通独立基础
B：XΦ××@×××，Y××@×××或 Sn：××Φ××或 O：××Φ××/Φ××@×××/Φ××@×××，Φ××@×××	底板(B)配筋 X 方向，Y 方向钢筋；杯口顶部焊接钢筋网(Sn)钢筋；高杯口杯壁外侧及短柱(O)角筋，长边中部，箍筋配置	X、Y 为平面坐标方向，正交轴网：从左至右为 X，从下至上为 Y；向心轴网：切向为 X，径向为 Y。 Φ：钢筋强度等级符号。 “/”：用来分隔高杯口壁外侧及短柱角筋，长边中部，短边中部，箍筋
(×，×××)	基础底面相对于基础底面基准标高的高差	高者前面加“+”号，低者前面加“－”号，无高差不注
必要文字注解	设计中的特殊要求	如底板筋是否采用剪短方式

(2)原位标注的内容：基础的平面尺寸。素混凝土普通独立基础标注除无基础配筋外，其他项目与普通独立基础相同(见表 3-3)。

表 3-3　原位标注

原位标注说明		
x、y、x_c、y_c，x_i、y_i 或 x、y，x_u、y_u，t_i、x_i、y_i 或 D，d_c，b_i	独立基础两向边长 x、y，柱截面尺寸 x_c、y_c(圆柱为 d_c)，阶宽或坡形平面尺寸 x_i、y_i，杯口上口尺寸 x_u、y_u，杯壁厚度 t_i，圆形独立基础外环直径 D，圆形独立基础阶宽或坡形截面尺寸 b_i	x、y 为平面坐标方向，规定同前。x_u、y_u 按柱截面边长两侧双向各加 75 mm，杯口下口尺寸为插入杯口的相应截面边长每边各加 50 mm；圆形独立基础截面形式通过编号及竖向尺寸加以区别

多柱独立基础标注说明见表 3-4。

表 3-4　多柱独立基础标注说明

多柱独立基础标注说明(基础编号、几何尺寸和配筋与单柱独立基础相同)		
T：XΦ××@×××/XΦ××@×××	双柱间基础顶部配筋(T)：纵向受力筋(梁间受力钢筋)/分布筋强度、直径、间距	对称分布在双柱中心线两侧，非满布时注明总根数，四柱时一般满布
JL××(××B)······	基础梁	注写项目与梁板式条形基础相同
B：XΦ××@×××，YΦ××@×××	底板配筋	同单柱独立基础

【例 3-1】 图 3-11 所示为某独立基础施工图(局部)，该图为普通坡形基础平法施工图平面注写方式的示例，对图上的数字和符号含义该怎样理解呢？

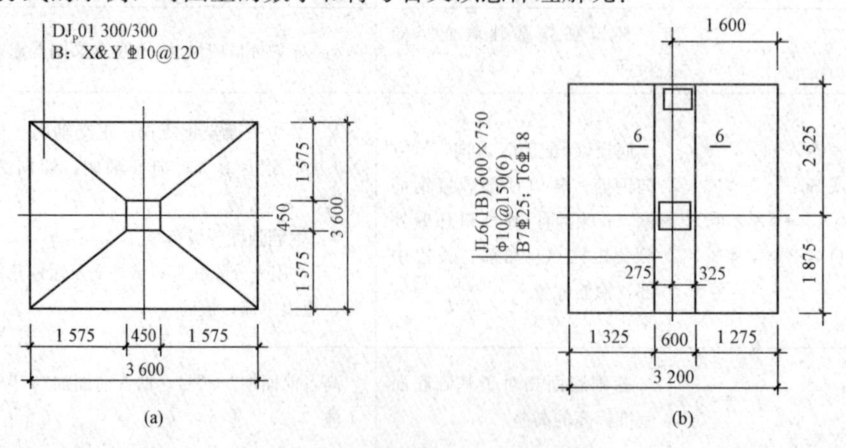

图 3-11　某独立基础施工图(局部)

(a)独立基础；(b)基础梁

【解】 图 3-11 上的数字和符号含义见表 3-5。

表 3-5 图上的数字和符号含义

	图示符号	实际含义
独立基础	DJP01	编号：坡形独立基础 01 号
	300/300	竖向截面尺寸：h_1=300 mm，h_2=300 mm
	B：X&Y⏀10@120	基础底板配筋，X 和 Y 方向均配直径 10 mmHRB400 级钢筋、间距 120 mm
	原位标注	—
	3 600 450 1 575	独立基础两向边长 $x=y$=3 600 mm 柱截面尺寸 $x_c=y_c$=450 mm 阶宽或坡形平面 $x_i=y_i$=1 575 mm
基础梁	JL6(1B)	编号：基础梁 6 号，一跨两端有延伸
	600×750	截面尺寸：梁宽 600 mm，梁高 750 mm
	ϕ10@150(6)	箍筋配置：箍筋为 HPB300 级钢筋，直径 10 mm，按间距 150 mm 布置，均为六肢箍
	B7⏀25 T6⏀18	梁底部配置 HRB400 级贯通筋，7 根直径 25 mm；梁顶部配置 6 根直径 18 mm 的贯通筋
	275 325	梁中心线与平面布置轴线不重合，梁边距轴线尺寸左为 275 mm，右为 325 mm
	其他尺寸	属于独立基础参数

4. 独立基础截面注写方式

独立基础截面注写方式可分为截面注写和列表注写两种表达方式。

采用截面注写方式，应在基础平面布置图上对所有基础进行编号，编号方式同平面注写方式。截面标注的内容和形式与传统“单构件正投影表示方法”基本相同。采用列表注写方式对多个同类基础可进行集中表达时，表中内容为基础截面的几何数据和配筋等，在截面示意图上应标注与表中栏目相对应的代号。

独立基础列表注写实例如图 3-12 所示；独立基础平法施工图实例如图 3-13 所示。

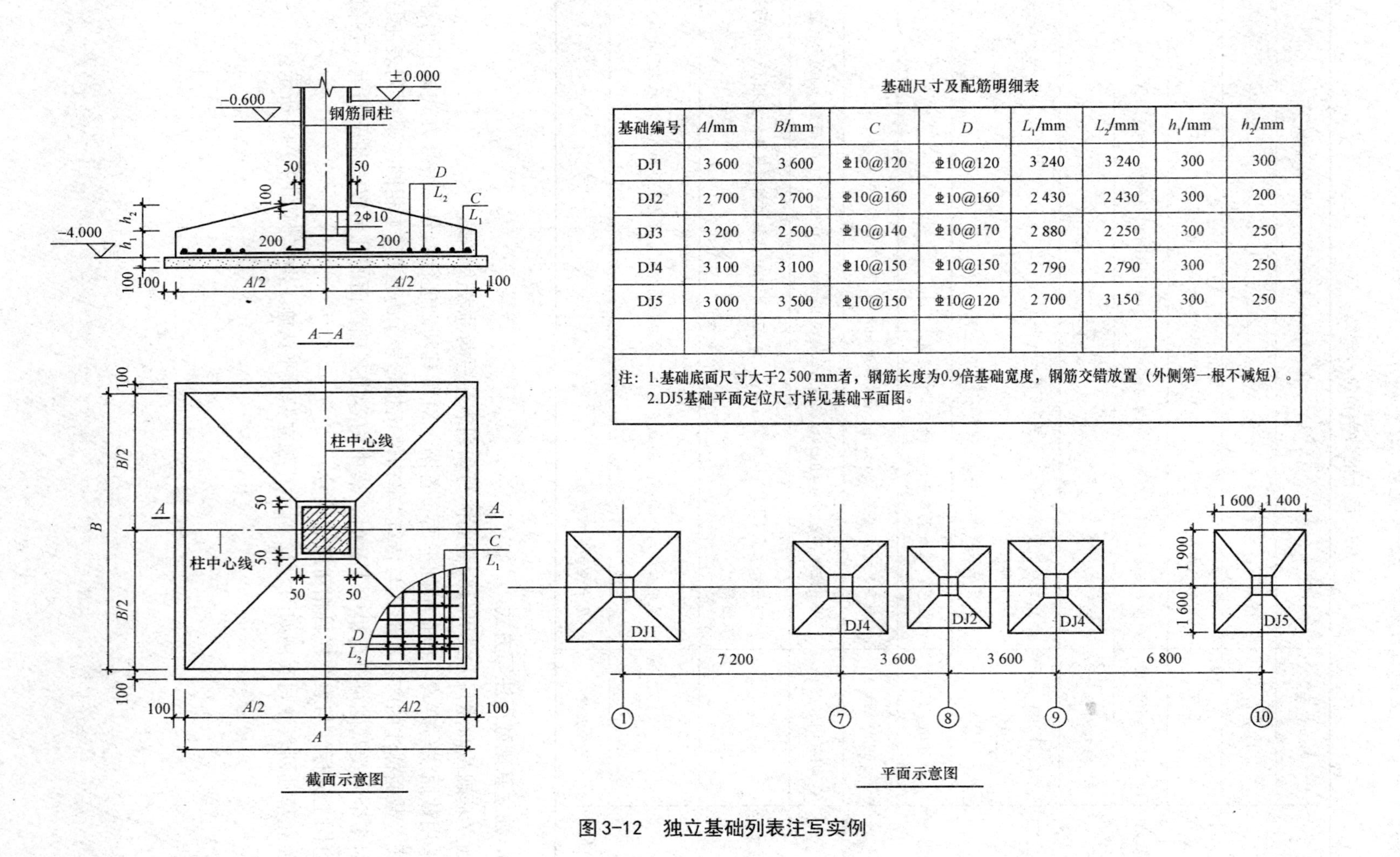

基础尺寸及配筋明细表

基础编号	A/mm	B/mm	C	D	L_1/mm	L_2/mm	h_1/mm	h_2/mm
DJ1	3 600	3 600	⌀10@120	⌀10@120	3 240	3 240	300	300
DJ2	2 700	2 700	⌀10@160	⌀10@160	2 430	2 430	300	200
DJ3	3 200	2 500	⌀10@140	⌀10@170	2 880	2 250	300	250
DJ4	3 100	3 100	⌀10@150	⌀10@150	2 790	2 790	300	250
DJ5	3 000	3 500	⌀10@150	⌀10@120	2 700	3 150	300	250

注：1.基础底面尺寸大于2 500 mm者，钢筋长度为0.9倍基础宽度，钢筋交错放置（外侧第一根不减短）。
2.DJ5基础平面定位尺寸详见基础平面图。

图3-12　独立基础列表注写实例

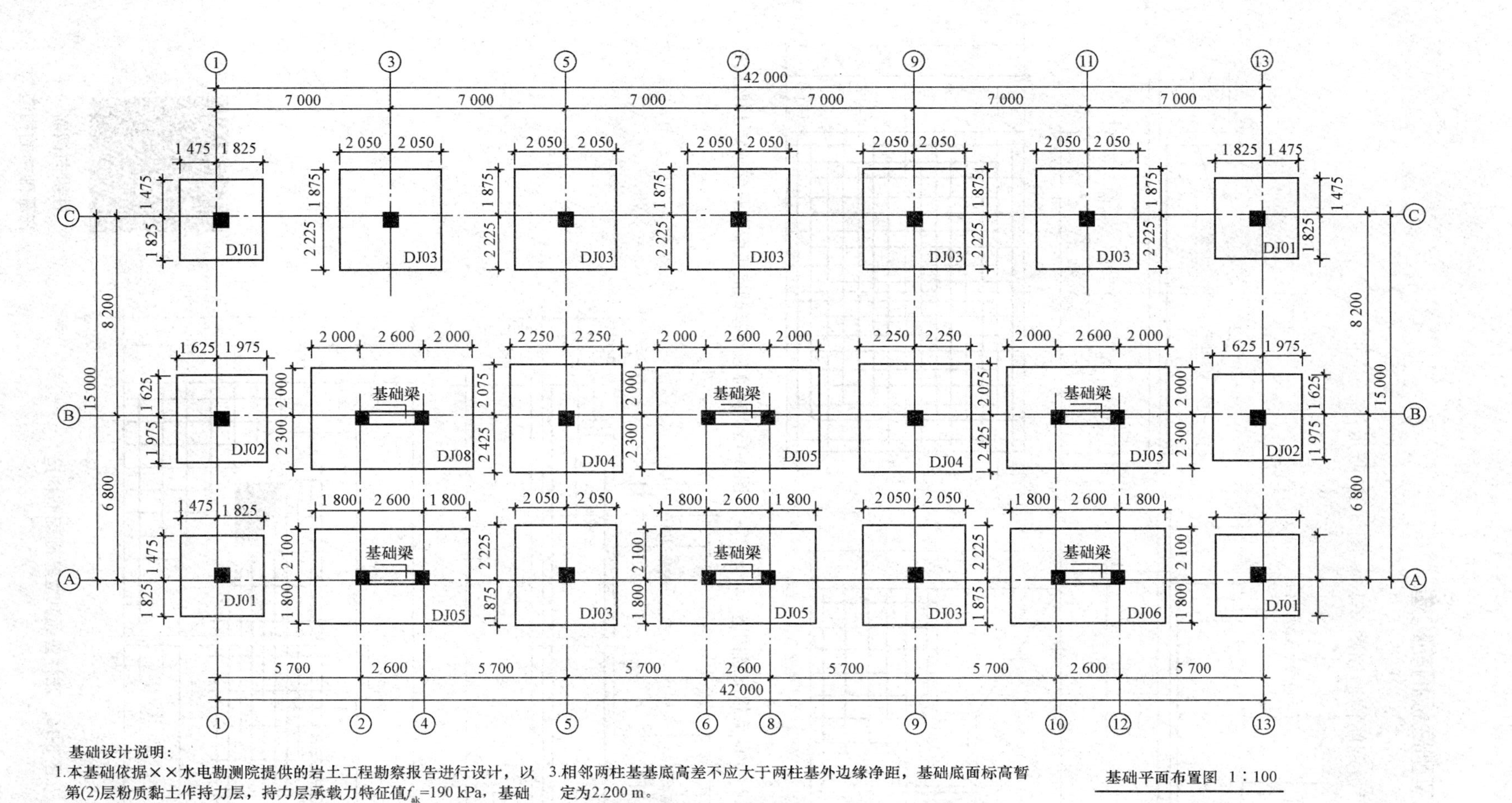

基础设计说明：

1.本基础依据××水电勘测院提供的岩土工程勘察报告进行设计，以第(2)层粉质黏土作持力层，持力层承载力特征值f_{ak}=190 kPa，基础进入持力层不小于200 mm。

2.采用柱下钢筋混凝土独立基础，基础混凝土强度等级为C30，垫层素混凝土强度等级为C15，局部超深仅需调整基底标高。

3.相邻两柱基基底高差不应大于两柱基外边缘净距，基础底面标高暂定为2.200 m。

4.基槽开挖完毕需经相关部门验收合格方可进行下道工序施工。

5.对图纸不明处或有相互矛盾时请及时与本设计人员联系，不得盲目施工。

图3-13　独立基础平法施工图实例

二、独立基础底板钢筋构造

独立基础底板钢筋构造如图 3-14～图 3-17 所示。

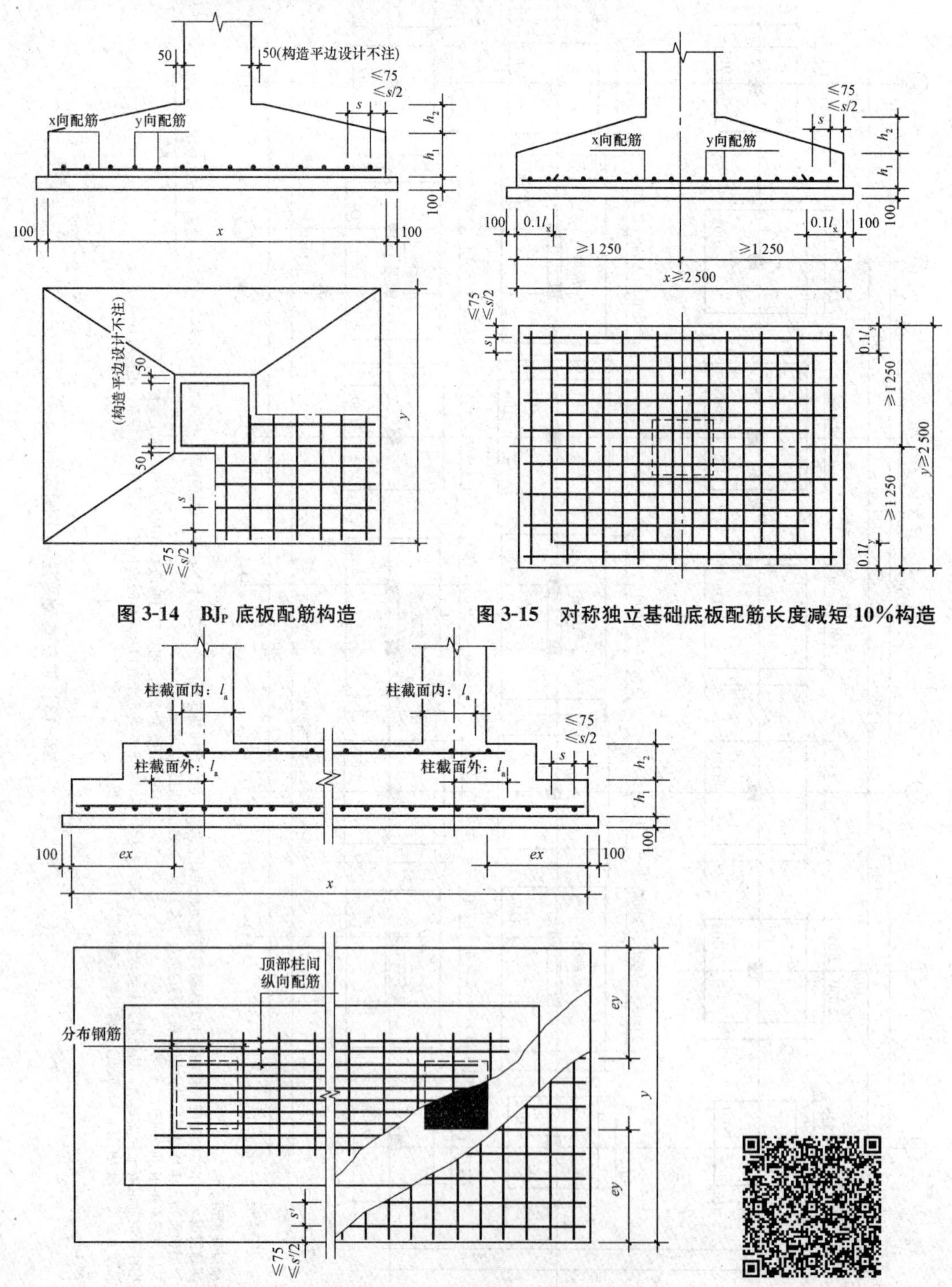

图 3-14　BJP 底板配筋构造

图 3-15　对称独立基础底板配筋长度减短 10%构造

图 3-16　双柱普通独立基础配筋构造

柱纵向钢筋
在基础中的构造

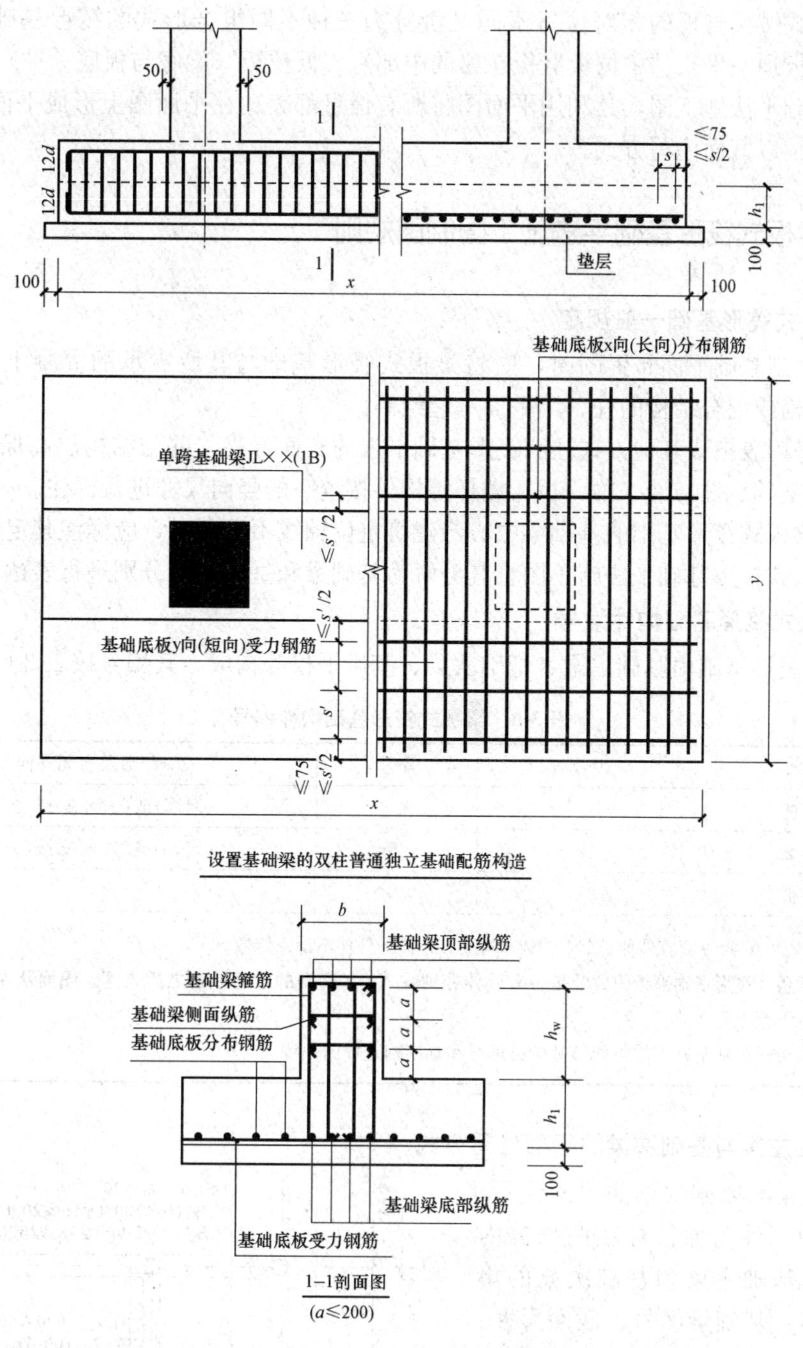

图 3-17　设置基础梁的双柱普通独立基础配筋构造

第三节　筏形基础平法施工图识读

当建筑物上部荷载大而地基又较弱时，采用简单的条形基础或井格基础已不能适应地基变形的需要，因而采用筏形基础。按构造不同，筏形基础可分为平板式和梁板式两类。

其中，梁板式按梁与板的相对位置不同又可分为三种不同组合形式的筏形基础，即“高位板”(梁顶与板顶一平)、“中位板”(板在梁的中部)、“低位板”(梁底与板底一平)。

筏形基础平法施工图，是利用平面图将所有信息都表达在平面图上形成平面注写方式，特别复杂的辅以截面注写方式。

一、梁板式筏形基础平法施工图制图规则

1. 梁板式筏形基础一般规定

(1)当绘制基础平面布置图时，应将梁板式筏形基础与其所支承的混凝土结构、钢结构、砌体结构或混合结构的柱、墙平面一起绘制。

(2)应采用表格或其他方式注明筏形基础平板的底面标高，并与结构层高保持统一，以保证地基与基础、柱与墙、梁、板、楼梯等构件按统一的竖向尺寸进行标注。

(3)当梁板式筏形基础的基础梁中心与建筑定位轴线不重合时，应标注其定位尺寸。

(4)梁板式筏形基础平法施工图将其分解为基础梁和基础底板分别进行表达。

2. 梁板式筏形基础构件编号

梁板式筏形基础由基础主梁、基础次梁、基础平板等构成。其编号按表 3-6 的规定。

表 3-6　梁板式筏形基础构件编号

构件类型	代号	序号	跨数及有无外伸
基础主梁(柱下)	JL	××	(××)或(××A)或(××B)
基础次梁	JCL	××	(××)或(××A)或(××B)
基础平板	LPB	××	

注：1. (××A)为一端有外伸，(××B)为两端有外伸，外伸不计入跨数。
2. 梁板式筏形基础平板跨数及是否有外伸分别在 X、Y 两向的贯通纵筋之后表达。图面从左至右为 X 向，从下至上为 Y 向。
3. 梁板式筏形基础主梁与条形基础梁编号和标准构造详图一致。

3. 基础主梁与基础次梁的平面注写方式

基础主梁与基础次梁的平面注写，可分为集中标注与原位标注两部分内容。其中，基础主梁和基础次梁的集中标注内容：基础梁编号、截面尺寸、配筋三项必注内容，以及基础梁底面标高高差(相对于筏形基础平板底面标高)一项选注内容。底部非贯通筋的延伸长度，当配置不多于两排时，取自支座边向跨内伸至 1/3 净跨处；当非贯通筋配置多于两排时，从第三排起向跨内延伸的长度由设计者注明。

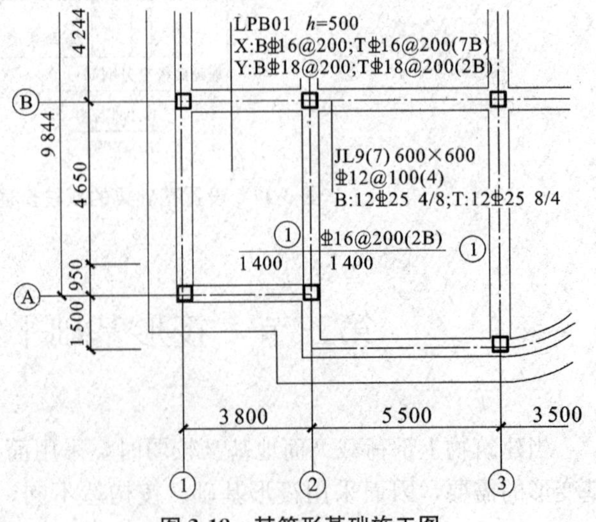

图 3-18　某筏形基础施工图

【例 3-2】 图 3-18 所示为某筏形基

础施工图，叙述基础主梁配筋情况。

【解】 基础主梁配筋情况见表 3-7。

表 3-7 基础主梁配筋情况

图示符号	实际含义
JL9(7)	基础主梁 9，7 跨，两端不悬挑
600×600	截面尺寸：宽 600 mm，高 600 mm
⌀12@100(4)	HRB400 级箍筋为直径 12 mm，间距 100 mm 的四肢箍
B：12⌀25 4/8 T：12⌀25 8/4	底部贯通筋为 HRB400 级钢筋，12 根，直径为 25 mm，分两排，上排 4 根，下排 8 根 上部贯通筋为 HRB400 级钢筋，12 根，直径为 25 mm，分两排，上排 8 根，下排 4 根

4. 梁板式筏形基础平板的平面注写方式

梁板式筏形基础平板的平面注写，可分为板底部与顶部贯通纵筋的集中标注和板底部附加非贯通纵筋的原位标注两部分内容。

集中标注的内容：基础平板编号、截面尺寸、底部与顶部贯通纵筋及其总长度（见表 3-8）。

表 3-8 集中标注

集中标注说明：集中标注应在第一跨引出		
注写形式	表达内容	附加说明
LPB××	基础平板编号，包括代号、序号	梁板式基础的基础平板
h=××××	基础平板厚度	
X：B⌀××@××；T⌀××@××；(×，×A，×B) Y：B⌀××@××；T⌀××@××；(×，×A，×B)	X 向底部与顶部贯通纵筋强度等级、直径、间距；（纵向总长度：跨数及有无外伸） Y 向底部与顶部贯通纵筋强度等级、直径、间距；（纵向总长度：跨数及有无外伸）	用“B”引导顶部贯通纵筋，用“T”引导底部贯通筋。(×)无外伸仅注跨数；(×A)：一端有外伸；(×B)：两端有外伸

原位标注的内容：横跨基础梁下（板支座）的板底部附加非贯通纵筋（见表 3-9）。

板平法施工图对结构平面坐标做了以下规定：当两向轴网正交布置时，从左至右为 X 向，由下至上为 Y 向；当轴网转折时，局部坐标方向顺轴网转折角度做相应转折；当轴网向心布置时，切向为 X 向，径向为 Y 向。

表 3-9　原位标注

板底部附加非贯通筋的原位标注说明：原位标注应在基础梁下相同配筋的第一跨下注写		
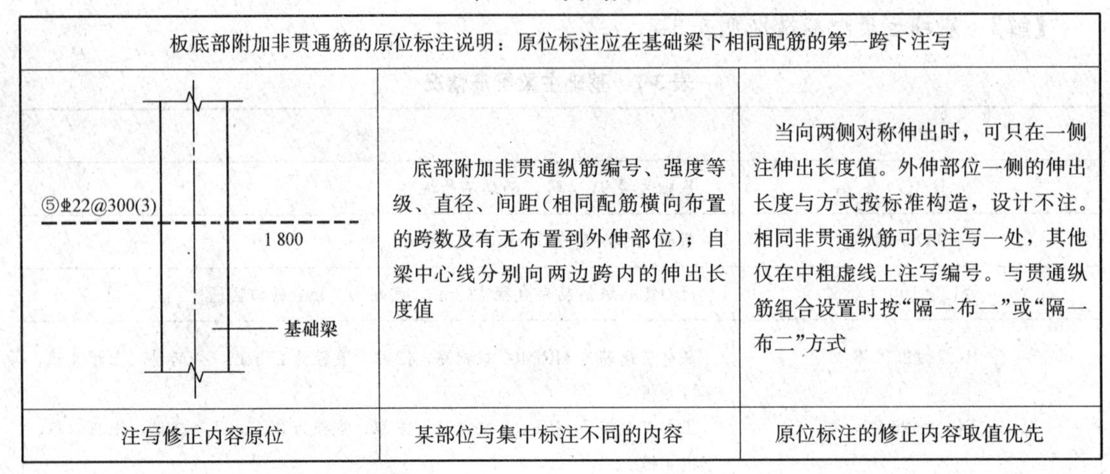	底部附加非贯通纵筋编号、强度等级、直径、间距（相同配筋横向布置的跨数及有无布置到外伸部位）；自梁中心线分别向两边跨内的伸出长度值	当向两侧对称伸出时，可只在一侧注伸出长度值。外伸部位一侧的伸出长度与方式按标准构造，设计不注。相同非贯通纵筋可只注写一处，其他仅在中粗虚线上注写编号。与贯通纵筋组合设置时按“隔一布一”或“隔一布二”方式
注写修正内容原位	某部位与集中标注不同的内容	原位标注的修正内容取值优先

“隔一布一”是指底部附加非贯通纵筋与贯通纵筋交错插空布置，即“隔一根贯通纵筋，布置一根非贯通纵筋”，其标注间距与底部贯通纵筋相同（两者实际组合后的间距为各自标注间距的1/2）。非贯通纵筋的直径可以和贯通纵筋相同，也可以不同。施工布置时，第一根钢筋应布置贯通纵筋。如图 3-19 所示，集中标注 B⌀20@200，相应某跨的原位标注为 ⌀20/22@200。

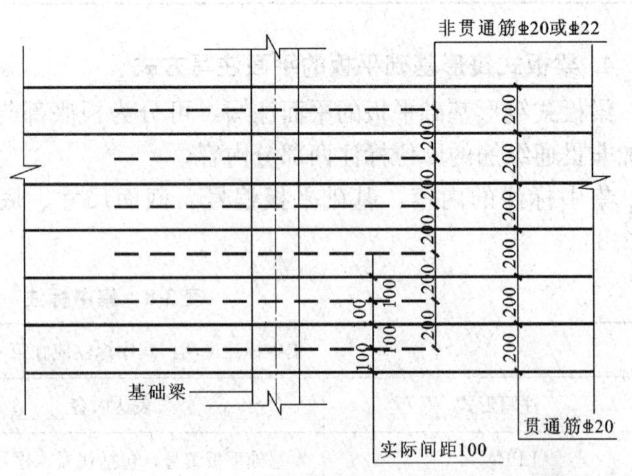

图 3-19　梁板式筏形基础平板底部纵筋“隔一布一”分配图

“隔一布二”是指底部附加非贯通纵筋与贯通纵筋每隔一根贯通纵筋，布二根非贯通纵筋，其标注间距有两种且交替布置，并用“@”分隔；其中，较小间距是较大间距的 1/2，为贯通纵筋间距的 1/3。非贯通纵筋的直径可以和贯通纵筋相同，也可以不同。施工布置时，第一根钢筋应布置贯通纵筋。如图 3-20 所示，集中标注 B⌀20@300，相应某跨的原位标注为 ⌀20@100@200。

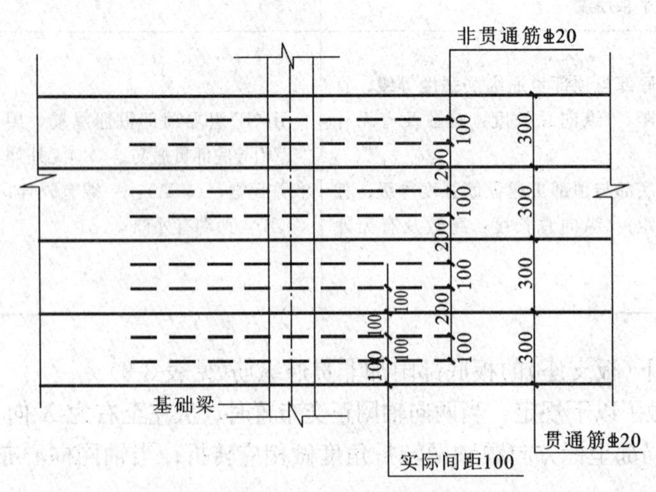

图 3-20　梁板式筏形基础平板底部纵筋“隔一布二”分配图

在图中还应注明其他内容，具体如下：

(1)当在基础平板周边侧面设置纵向构造钢筋，应在图注中注明。